全国机械行业职业教育优质规划教材（高职高专）
经全国机械职业教育教学指导委员会审定

机械制造基础

主　编　关雄飞　李宏林
副主编　岳秋琴
参　编　王苏馨　张　倩
主　审　张辛喜

机 械 工 业 出 版 社

本书是根据高等职业教育机械类专业技能型人才培养的指导思想及要求编写的，内容丰富，涉及面广，适用性强，以够用为度、精简凝练。全书共10章，主要内容包括工程材料、金属切削加工基础知识、车削加工、铣削及其他加工、机械加工工艺规程的制订、机床夹具设计基础、机械装配工艺基础、机械加工质量分析、零件特种加工工艺及典型零件加工工艺设计案例分析等。

本书既可作为高等职业教育数控技术、模具设计与制造、机电一体化技术等专业基础课程用书，也可作为中等职业教育、有关工程技术人员参考用书。

本书配套电子课件，凡选用本书作为教材的教师可登录机械工业出版社教育服务网（www. cmpedu. com），注册后免费下载。咨询电话：010-88379375。

图书在版编目（CIP）数据

机械制造基础/关雄飞，李宏林主编. —北京：机械工业出版社，2019.9（2024.7重印）

全国机械行业职业教育优质规划教材. 高职高专　经全国机械职业教育教学指导委员会审定

ISBN 978-7-111-63731-8

Ⅰ.①机…　Ⅱ.①关…　②李…　Ⅲ.①机械制造-高等职业教育-教材　Ⅳ.①TH

中国版本图书馆CIP数据核字（2019）第208499号

机械工业出版社（北京市百万庄大街22号　邮政编码100037）
策划编辑：王英杰　责任编辑：王英杰
责任校对：张　薇　封面设计：鞠　杨
责任印制：单爱军
北京虎彩文化传播有限公司印刷
2024年7月第1版第4次印刷
184mm×260mm · 19.25印张 · 474千字
标准书号：ISBN 978-7-111-63731-8
定价：49.80元

电话服务	网络服务
客服电话：010-88361066	机　工　官　网：www. cmpbook. com
010-88379833	机　工　官　博：weibo. com/cmp1952
010-68326294	金　　书　　网：www. golden-book. com
封底无防伪标均为盗版	机工教育服务网：www. cmpedu. com

前 言

随着高等职业教育的蓬勃发展和高等职业教学改革的不断深入，编写符合高等职业教育特色要求的教材，是促进高等职业教学改革、培养适应时代要求的高等技术应用性专门人才的一项重要工作。鉴于高等职业教育人才的培养模式和教学内容体系改革的要求，在吸取近年高等职业教学实践中成功经验的基础上，本着高等职业教育基础课程教材要体现以讲清概念、强化应用为教学目的的宗旨，本书对传统的“工程材料”、“机械加工工艺基础”等课程内容进行分析取舍、结构优化，以毛坯成形工艺方法和机械零件表面加工工艺方法为主线，将机械制造过程中的相关基础知识有机串联起来，又吸纳了现代制造体系中的“特种加工技术”和“先进制造技术”的相关内容，形成了新的教学内容体系，使学生在分析、处理实际生产工艺问题时具有更广泛的技术基础，能够更科学、合理地选择工艺方法。

本书各章既有相对独立性，又紧密联系，互相渗透，融为一体。不同学校、不同专业使用本书时，可按具体教学需要进行调整或取舍，以提高教材的适应性。

参加本书编写的有：西安理工大学高等技术学院关雄飞、李宏林、王荪馨、张倩，重庆电子职业技术学院岳秋琴。

具体编写分工如下：关雄飞编写绪论、第 5 章、第 6 章、第 7 章、第 8 章，李宏林编写第 1 章、第 3 章、第 4 章、第 10 章，岳秋琴编写第 2 章，王荪馨、张倩编写第 9 章。关雄飞、李宏林任主编，岳秋琴任副主编，西安理工大学副教授张辛喜任主审。

由于编者水平有限，书中难免会有错误或不足之处，恳请广大读者批评、指正。

编　者

目录

绪论

1. 机械制造业和机械制造技术及其在国民经济中的地位

国民经济中的各个领域（如工业、农业、国防建设、交通运输等）广泛使用着各类机械设备、仪器仪表和工具等装备，机械制造业就是生产这些装备的行业，它不仅为国民经济、国家安全提供装备，而且为人民物质文化生活提供丰富的产品。机械制造技术则是研究机械产品的加工原理、工艺过程和方法及相应设备的一门工程技术。

机械制造业是国民经济持续发展的基础，是工业化、现代化建设的动力源，是在国际竞争中取胜的法宝，是技术进步的主要舞台，是提高人均收入的财源，是国家安全的保障，是发展现代文明的物质基础。

机械制造业的水平体现了国家的综合实力和国际竞争能力。世界上最大的 100 家跨国公司中，80%都集中在制造业领域，当今世界上较发达的 3 个国家即美、日、德，其机械制造业也是世界上最先进的、竞争力最强的。美国约 1/4 人口直接从事制造业，其余人口中又有约半数人所做的工作与制造业有关。日本由于重视制造业，第二次世界大战后经过 30 年时间发展成为世界经济大国。日本出口的产品中，机械产品占 70%以上。

机械制造业是国民经济的支柱产业，国民经济总收入的 60%以上来自制造业；机械制造业产品（含机电产品）约占中国社会物质总产品的 50%。机械制造业是实现跨越发展战略的中坚力量。在工业化过程中，机械制造业始终是推动经济发展的决定性力量。机械制造业是科学技术的载体和实现创新的舞台。没有机械制造业，所谓科学技术的创新就无处体现。

世界发达国家无不具有强大的制造业。美国由于在一段相当长的时间内忽视了制造技术的发展，结果导致经济衰退，竞争力下降，出现在家电、汽车等行业不敌日本的局面。直至 20 世纪 80 年代初，美国才开始清醒，重新关注制造业的发展，至 1994 年美国汽车产量重新超过日本。

纵观机械制造业的发展，可以分为以下几个阶段。

1）18 世纪 60 年代，瓦特改进蒸汽机，标志着第一次工业革命兴起，工业化大生产从此开始。

2）19 世纪中期，麦克斯韦建立电磁场理论，电气化时代开始。

3）20 世纪初，福特汽车生产线、泰勒科学管理方法标志着自动化时代到来（以大量生产（Mass Production）为特征）。

4）第二次世界大战后，计算机、微电子技术、信息技术及软科学的发展，以及市场竞争的加剧和市场需求多样性的趋势，使得中、小批量生产自动化成为可能，并产生了综合自动化和许多新的制造哲理与生产模式。

5）进入 21 世纪，制造技术向自动化、柔性化、集成化、智能化、精密化和清洁化的方向发展。

2. 机械制造业的现状与发展趋势

目前，发达国家机械制造技术已经达到相当高的水平，实现了机械制造系统自动化。产品设计普遍采用计算机辅助设计（CAD），计算机辅助工程（CAE）和计算机仿真等手段，企业管理采用了科学的规范化的管理方法和手段，在加工技术方面也已实现了底层的自动化，包括广泛采用加工中心（或数控技术）、自动引导小车（AGV）等。最近 10 余年来，发达国家主要从具有全新制造理念的制造系统自动化方面寻找出路，提出了一系列新的制造系统，如计算机集成制造系统、智能制造系统、敏捷制造系统、并行工程等。

我国机械制造技术水平与发达国家相比还非常低，大约落后 20 年。最近十几年来，我国大力推广应用计算机集成制造系统（CIMS）技术，20 世纪 90 年代初期已建成研究环境，包括 CIMS 实验工程中心和 7 个开放实验室。在全国范围内，部署了 CIMS 的若干研究项目，诸如 CIMS 软件工程与标准化、开放式系统结构与发展战略，CIMS 总体与集成技术、产品设计自动化、工艺设计自动化、柔性制造技术、管理与决策信息系统、质量保证技术、网络与数据库技术以及系统理论和方法等专题。各项研究均取得了丰硕成果，获得不同程度的进展。

但大部分大型机械制造企业和绝大部分中小型机械制造企业主要局限于 CAD 和管理信息系统，因底层（车间层）基础自动化还十分薄弱，而数控机床编程复杂，因此还没有真正发挥作用。加工中心无论是数量还是利用率都很低。可编程序控制器的使用并不普及，工业机器人的应用还很有限。因此，做好基础自动化的工作仍是我国制造企业一项十分紧迫而艰巨的任务，要努力开展制造业自动化系统的研究与应用。

机械制造技术的发展主要表现在两个方向：一是精密工程技术，以超精密加工的前沿部分、微细加工、纳米技术为代表，并将进入微型机械电子技术和微型机器人的时代；二是机械制造的高度自动化，以 CIMS 和敏捷制造等的进一步发展为代表。

超精密加工的加工精度在 2000 年已达到纳米级，在 21 世纪初开发的分子束生长技术、离子注入技术和材料合成、扫描隧道工程（STE）可使加工精度达到 0.0003～0.0001μm（0.3～0.1nm），现在精密工程正向其终极目标——原子级精度的加工逼近，也就是说，可以做到移动原子级别的加工。加工设备正向着高精、高速、多能、复合、控制智能化、安全环保等方向发展，在结构布局上也已突破了传统机床原有的模式。日本 Mazak 公司在产品综合样本中展示出一种未来机床，该机床在外形上犹如太空飞行器，加工过程中的噪声、油污、粉尘等将不再给环境带来危害。

随着技术、经济、信息、营销的全球化，我国加入 WTO，21 世纪我国制造业的发展趋势可用“三化”来概括，即全球化、虚拟化和绿色化。

（1）全球化　网络通信技术的迅速发展和普及，正在为企业的生产和经营活动带来革命性的变革。首先，产品设计、物料选择、零件制造、市场开拓与产品销售都可以异地或跨越国界进行，实现制造的全球化。其次是集成化与标准化。异地制造实际上是实现产品信息集成、功能集成、过程集成和企业集成的过程。实现集成的基础与关键是标准化，可以说没有标准化就没有全球化。

（2）虚拟化　虚拟化是指设计过程中的拟实技术和制造过程中的虚拟技术。虚拟化可以大大加快产品的开发速度并减少开发的风险。虚拟化的核心是计算机仿真。通过仿真软件来模拟真实系统，以保证产品设计和产品工艺的合理性，保证产品制造的成功和生产周期，发现设计、生产中不可避免的缺陷和错误。

（3）绿色化　已经颁布实施的 ISO 9000 系列国际质量标准和 ISO 14000 国际环保标准为制造业提出了一个新的课题，就是快速实现制造的绿色化。绿色制造则通过绿色生产过程（绿色设计、绿色材料、绿色设备、绿色工艺、绿色包装、绿色管理）生产出绿色产品，产品使用完以后再通过绿色处理后加以回收利用。采用绿色制造能最大限度地减少制造对环境的负面影响，同时原材料和能源的利用效率能达到最高。如何最有效地利用资源和最大限度地降低环境污染，是摆在制造企业面前的一个重大课题。绿色制造实质上是人类社会可持续发展战略在现代制造业的体现，也是未来制造业自动化系统必须考虑的重要问题。

3. 本课程的性质和研究内容

“机械制造技术基础”是为适应高职高专教学改革需要而重新构建的一门课程。它是将“工程材料”“热加工基本知识”“金属切削原理与刀具”“金属切削与机床”“金属切削机床夹具”“机械制造工艺”等传统课程内容，经过分析取舍、结构优化，再吸纳了现代制造体系中的“特种加工技术”“先进制造技术”等相关内容，经整合而形成的一门强调机械制造应用基础知识的机械类课程。设置本课程的目的：不仅使学生在常用工程材料、毛坯与零件的成形方法、切削加工及拟订工艺规程的原则等方面获得必要的基础知识，更重要的是培养学生解决实际问题的能力。

本课程的实践性很强，学生学习本课程之前应具有一定的感性知识。因此，本课程应在“热加工实训”和“机加工实训”之后进行讲授。通过实训，学生初步熟悉了毛坯和零件的成形、切削的方法，常用设备和工具的基本原理和大致结构，并对毛坯及零件的加工工艺过程有一定的了解。在此基础上学习本课程才能达到预期的教学目的。

本课程研究的内容是工程材料和机械加工过程中的基础知识。考虑到后续课程安排，教材内容处理上有所区别。“工程材料”部分以剖析铁碳合金的金相组织为基础，以介绍工程材料的性质和合理选材为重点。“机械零件毛坯的选择”“金属切削加工基础知识”“机械零件表面加工”和“机械加工工艺规程”部分，则着重在“机加工实训”的基础上，把感性知识上升到理论高度，进而归纳成系统性基础知识，为后续课程打好基础。而“特种加工”部分，则着眼于拓宽知识面、提高人才培养的专业适应性。

4. 本课程的任务和要求

本课程的任务在于使学生获得机械制造过程中所必须具备的应用性基础知识和技能。学生学习本课程后，应熟悉各种工程材料性能，并具有合理选用所需材料的能力；学会选用毛坯，并初步掌握零件的成形方法及机械零件表面加工方法；具有选用公差配合的能力；了解工艺规程制订的原则及特种加工、先进制造技术的概念和应用场合。

本课程实践性强，涉及知识面广。学习本课程时，除要重视基本概念、基本知识外，一定要注意理论与实践的结合，只有在实践中加深对课程内容的理解，才能将所学的知识转化为技术应用能力。

第1章 工程材料

教学要求：通过学习，学生应掌握金属材料的力学性能指标和测试方法，以及各个指标的物理意义；熟悉纯金属和合金的结晶过程及其组织特点；了解铁碳合金的基本相；熟记铁碳合金相图，包括相图中主要的点、线、区，理解典型铁碳合金的结晶过程，了解铁碳合金的成分、组织和性能的变化规律，并具有基本的分析和应用能力；掌握碳钢的分类、牌号和应用；了解非铁金属、非金属材料的基本知识和应用；在设计机械零件和选择材料时能根据零件的工作环境、零件所承受的载荷情况应用相关力学性能指标。

工程材料主要包括金属材料、非金属材料和复合材料。金属材料包括两大类型：钢铁材料和非铁金属材料。非铁金属主要包括铝合金、铜合金、钛合金、镍合金等。在机械制造业（如农业机械、电工设备、化工和纺织机械等）中，钢铁材料占90%左右，非铁金属材料约占5%。因此，金属材料特别是钢铁材料仍然是机械制造业使用最广泛的材料。随着科学技术的进步，非金属材料也得到了迅速的发展。非金属材料具有一些金属材料所不具备的性能和特点，如耐蚀、绝缘、消声、质轻、加工成形容易、生产率高、成本低等，所以非金属材料在工业中的应用日益广泛。

1.1 金属材料

1.1.1 金属材料的力学性能

金属材料的力学性能是指金属材料在载荷作用时所表现的性能，如强度、塑性、硬度、疲劳强度等。这些性能是机械设计、材料选择、工艺评定及材料检验的主要依据。

1. 强度

金属材料的强度、塑性一般可以通过金属拉伸试验来测定。

（1）拉伸试样　拉伸试样的形状通常有圆柱形和板状两类。图1-1a所示为圆柱形拉伸试样。在圆柱形拉伸试样中 d_o 为试样直径，L_o 为试样的标距长度，根据标距长度和直径之间的关系，试样可分为长试样（$L_o=10d_o$）和短试样（$L_o=5d_o$）。

（2）拉伸曲线　试验时，将试样两端夹装在试验机的上下夹头上，然后缓慢地增加载荷，随着载荷的增加，试样逐步变形而伸长，直到被拉断为止。在试验过程中，试验机自动记录每一瞬间载荷 F 和变形量 Δl，并给出它们之间的关系曲线，故称为拉伸曲线（或拉伸图）。拉伸曲线反映了材料在拉伸过程中的弹性变形、塑性变形和直到拉断时的力学特性。

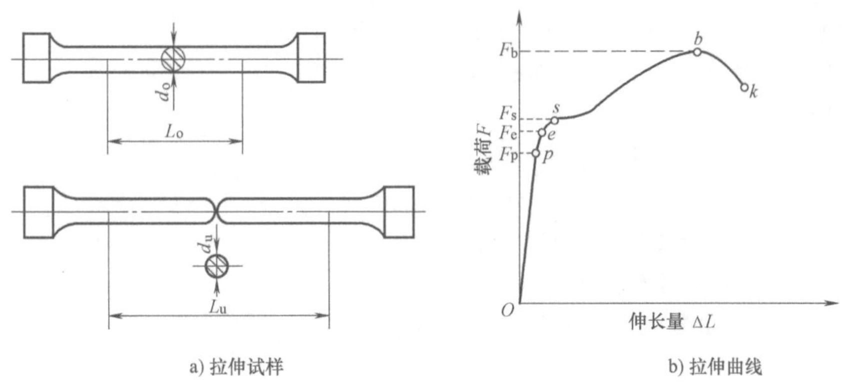

a) 拉伸试样　　b) 拉伸曲线

图 1-1　拉伸试样与拉伸曲线

图 1-1b 为低碳钢拉伸曲线。由图可见，低碳钢试样在拉伸过程中，可分为弹性变形、塑性变形和断裂三个阶段。

当载荷不超过 F_p 时，拉伸曲线 Op 为一直线，即试样的伸长量与载荷成正比地增加，如果卸除载荷，试样立即恢复到原来的尺寸，即试样处于弹性变形阶段。载荷在 $F_p \sim F_e$ 间，试样的伸长量与载荷已不再成正比关系，但若卸除载荷，试样仍然恢复到原来的尺寸，故仍处于弹性变形阶段。

当载荷超过 F_e 后，试样将进一步伸长，但此时若卸除载荷，弹性变形消失，而有一部分变形却不能消失，即试样不能恢复到原来的长度，称为塑性变形或永久变形。

当载荷增加到 F_s 时，试样开始发生明显的塑性变形，在拉伸曲线上出现了水平的或锯齿形的线段，这种现象称为屈服。

当载荷继续增加到某一最大值 F_b 时，试样的局部截面缩小，产生了缩颈现象。由于试样局部截面面积的逐渐减小，故载荷也逐渐降低，当达到拉伸曲线上的 k 点时，试样就被拉断。

(3) 几种常用的强度指标　强度是指金属材料在载荷作用下，抵抗塑性变形和断裂的能力。

1) 弹性极限。材料在应力完全释放时能够保持没有永久应变的最大应力称为弹性极限，用符号 σ_e 表示，即

$$\sigma_e = \frac{F_e}{S_o}$$

式中　F_e——试样产生弹性变形时所承受的最大载荷；

S_o——试样原始横截面积。

2) 屈服强度。金属材料呈现屈服现象时，开始明显塑性变形而力不增加的应力点称为屈服强度，区分为上屈服强度 R_{eH} 和下屈服强度 R_{eL}。

生产中使用的某些金属材料，在拉伸试验中不出现明显的屈服现象，无法确定其屈服点。所以国标中规定，将试样塑性变形量为试样标距长度的 0.2%时，材料承受的应力称为"条件屈服强度"，并以符号 $R_{p0.2}$ 表示。$R_{p0.2}$ 的确定方法如图 1-2 所示：在拉伸曲线横坐标上截取 c 点，使 $Oc = 0.2\% L_o$，过 c 点作 Op 斜线的平行线，交曲线于 s 点，则可找出相应的

载荷 $F_{0.2}$，从而计算出 $R_{p0.2}$。

3）抗拉强度（又称强度极限）。金属材料在断裂前所能承受的最大应力称为抗拉强度，用符号 R_m 表示，即

$$R_m = \frac{F_m}{S_o}$$

式中 F_m——试样在断裂前的最大载荷；

S_o——试样原始横截面积。

脆性材料没有屈服现象，则用 R_m 作为设计依据。

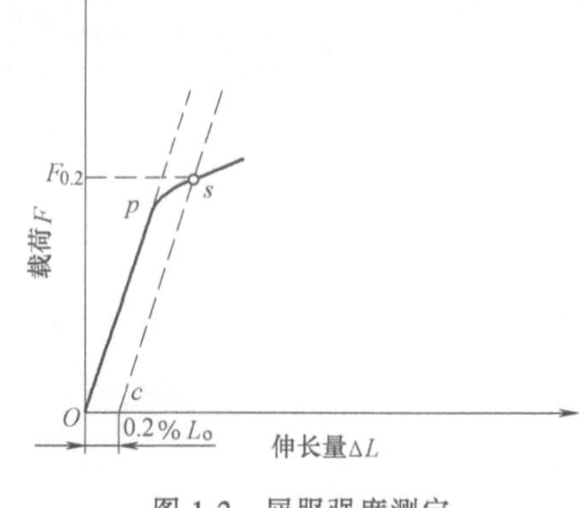

图 1-2　屈服强度测定

2. 塑性

金属材料在载荷作用下，产生塑性变形而不破坏的能力称为塑性。常用的塑性指标有断后伸长率 A 和断面收缩率 Z。

（1）断后伸长率　试样拉断后，标距长度的增加量与原始标距长度的百分比称为断后伸长率，用 A 表示，即

$$A = \frac{L_u - L_o}{L_o} \times 100\%$$

式中 L_o——试样原始标距长度；

L_u——试样断后标距长度。

材料的断后伸长率随标距长度增加而减小。所以，同一材料短试样的伸长率大于长试样的伸长率。

（2）断面收缩率　试样拉断后，标距横截面积的缩减量与原始横截面积的百分比称为断面收缩率，用 Z 表示，即

$$Z = \frac{S_o - S_u}{S_o} \times 100\%$$

式中 S_o——试样原始横截面积；

S_u——试样断后最小横截面积。

Z、A 是衡量材料塑性变形能力大小的指标，Z、A 大，表示材料塑性好，既可保证压力加工的顺利进行，又可保证机件工作时安全可靠。

金属材料的塑性好坏，对零件的加工和使用都具有重要的实际意义。塑性好的材料不仅能顺利地进行锻造、轧制等成形工艺，而且在使用时，万一超载，由于塑性变形，能避免突然断裂。

3. 硬度

硬度是衡量金属材料软硬程度的指标。它是指金属表面抵抗局部塑性变形或破坏的能力，是检验毛坯或成品件、热处理件的重要性能指标。目前生产上应用最广的静载荷压入法硬度试验有布氏硬度、洛氏硬度和维氏硬度。

（1）布氏硬度　布氏硬度试验原理如图 1-3 所示。一般情况下，是用一定直径的硬质合金球或金刚石压头（当产品标准或协议有规定时也可使用淬火钢球压头），以相应的试验力压入试样表面，经规定的保持时间后，卸除试验力，用读数显微镜测量试样表面压痕的

直径。

布氏硬度值 HBW 是试验力 F 除以压痕球形表面积所得的商，即

$$\text{HBW}=0.102\times\frac{F}{A}=\frac{0.102\times 2F}{\pi D(D-\sqrt{D^2-d^2})}$$

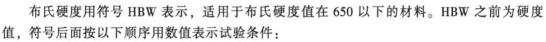

式中 F——试验力（N）；

A——压痕表面积（mm^2）；

d——压痕平均直径（mm）；

D——硬质合金球（金刚石）压头直径（mm）。

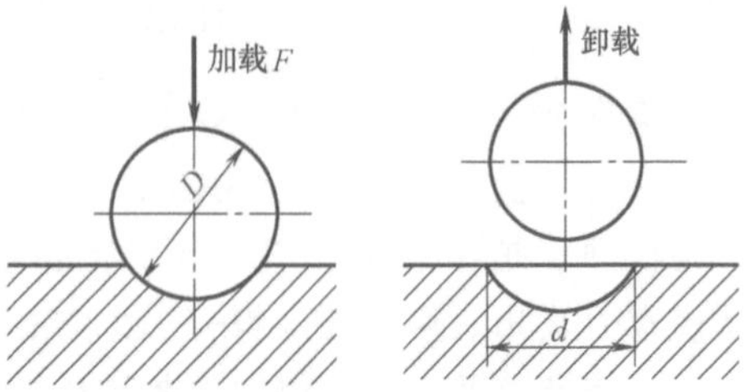

图 1-3 布氏硬度试验原理图

布氏硬度值的单位为 kgf/mm^2（$1\text{kgf/mm}^2\approx 9.8\text{MPa}$），一般情况下可不标出。

布氏硬度用符号 HBW 表示，适用于布氏硬度值在 650 以下的材料。HBW 之前为硬度值，符号后面按以下顺序用数值表示试验条件：

1）球体直径。

2）试验力。

3）试验力保持时间（10~15s 不标注）。

例如：125HBW10/1000/30 表示用直径为 10mm 淬火钢球在 1000×9.8N 试验力作用下保持 30 s 测得的布氏硬度值为 125；500HBW5/750 表示用直径为 5mm 的硬质合金球在 750×9.8N 试验力作用下保持 10~15s 测得的布氏硬度值为 500。

布氏硬度试验是在布氏硬度试验机上进行的。当 F/D^2 的比值保持一定时，能使同一材料所得的布氏硬度值相同，不同材料的硬度值可以比较。试验后用读数显微镜在两个垂直方向测出压痕直径，根据测得的 d 值查表求出布氏硬度值。

布氏硬度试验的优点是测出的硬度值准确可靠，因压痕面积大，能消除因组织不均匀引起的测量误差。布氏硬度值与抗拉强度之间有近似的正比关系：$R_m=k\cdot\text{HBW}$（对于低碳钢，$k=0.36$；对于合金调质钢，$k=0.325$，对于灰铸铁，$k=0.1$）。

布氏硬度试验的缺点是：①布氏硬度值不宜超过 650HBW；②压痕大时，不适宜测量成品件硬度，也不宜测量薄件硬度；③测量速度慢，测得压痕直径后还需计算或查表。

（2）洛氏硬度　以顶角为 120°的金刚石圆锥体或一定直径的硬质合金球作压头，以规定试验力使其压入试样表面，根据压痕的深度确定被测金属的硬度值。如图 1-4 所示，当载荷和压头一定时，所测得的压痕深度 $h=h_3-h_1$ 越大，表示材料硬度越低。一般来说人们习惯数值越大硬度越高，为此，用一个常数 K（对于 HRC，K 为 0.2mm；对于 HRB，K 为 0.26mm）减去 h，并规定每 0.002mm 深为一个硬度单位，因此，洛氏硬度计算公式是

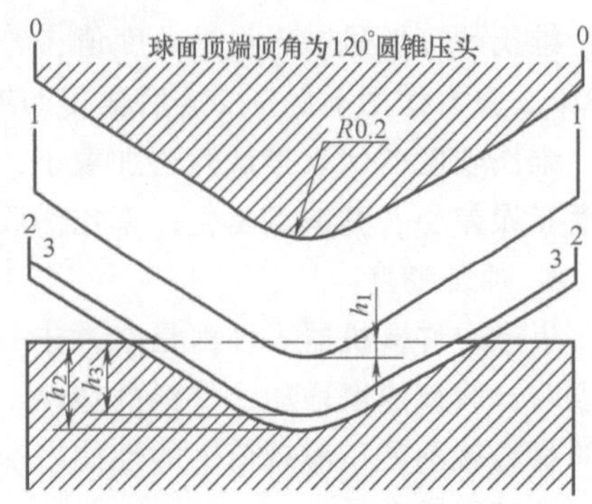

图 1-4 洛氏硬度试验原理图

$$\text{HRC(HRA)}=\frac{0.2\text{mm}-h}{0.002\text{mm}}=100-\frac{h}{0.002\text{mm}}$$

$$\mathrm{HRB}=\frac{0.26\mathrm{mm}-h}{0.002\mathrm{mm}}=130-\frac{h}{0.002\mathrm{mm}}$$

根据所加的试验力和压头不同，洛氏硬度值有三种标度：HRA，HRB，HRC，常用HRC，其有效值范围是 20~70HRC。

洛氏硬度是在洛氏硬度试验机上进行的，其硬度值可直接从表盘上读出。洛氏硬度符号 HR 前面的数字为硬度值，后面的字母表示级数。如 60 HRC 表示 C 标尺测定的洛氏硬度值为 60。

洛氏硬度试验操作简便、迅速、效率高，可以测定软、硬金属的硬度；且压痕小，可用于成品检验。但因压痕小，测量组织不均匀的金属硬度时，重复性差；而且不同的硬度级别测得的硬度值无法比较。

(3) 维氏硬度　维氏硬度试验原理与布氏硬度相同，同样是根据压痕单位面积上所受的平均载荷计量硬度值，不同的是维氏硬度的压头采用金刚石制成的顶部两相对面夹角 α 为 136°的正四棱锥体，如图 1-5 所示。

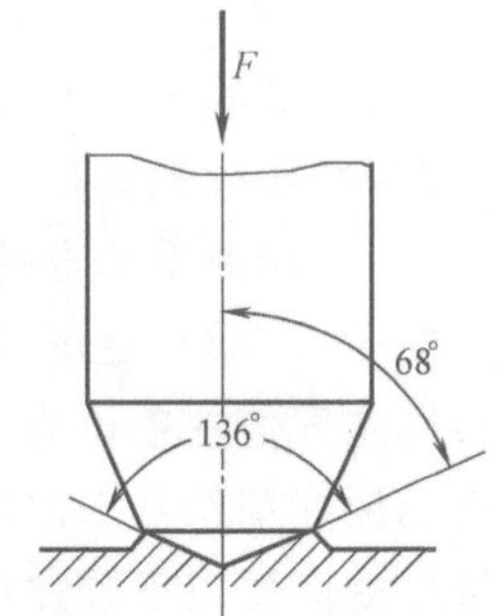

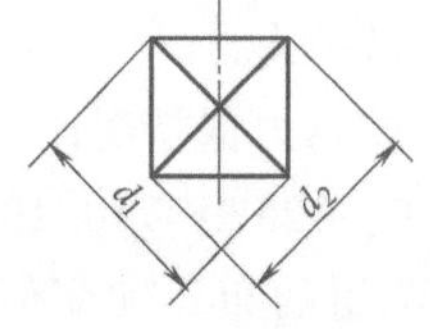

图 1-5　维氏硬度试验原理图

维氏硬度试验是在维氏硬度试验机上进行的。试验时，根据试样大小、厚薄选用 (5~100)×9.8N 试验力压入试样表面，保持一定时间后去除试验力，用附在试验机上的测微计测量压痕对角线长度，然后通过查表或根据下式计算维氏硬度值，即

$$\mathrm{HV}=0.102\times\frac{F}{A}=0.102\frac{2F\sin\frac{136^\circ}{2}}{d^2}\approx0.1891\frac{F}{d^2}$$

式中　A——压痕表面积 (mm^2)；

d——两压痕对角线长度的算术平均值 (mm)；

F——试验力 (N)。

维氏硬度符号 HV 前是硬度值，符号 HV 后附以试验载荷。如 640HV30/20 表示在 30×9.8N 试验力作用下保持 20s 后测得的维氏硬度值为 640。

维氏硬度的优点是试验时加载小，压痕深度浅，可测量零件表面淬硬层，且测量对角线长度 d 误差小；其缺点是生产率比洛氏硬度试验低，不宜于成批生产检验。

4. 冲击韧度

生产中许多机器零件都是在冲击载荷（载荷以很快的速度作用于机件）下工作的。试验表明，载荷速度增加，材料的塑性、韧性下降，脆性增加，易发生突然性破断。因此，使用的材料就不能用静载荷下的性能来衡量，而必须用抵抗冲击载荷的作用而不破坏的能力，即冲击韧度来衡量。

目前应用最普遍的是一次摆锤弯曲冲击试验。将标准试样放在冲击试验机的两支座上，使试样缺口背向摆锤冲击方向，如图 1-6 所示，然后把质量为 m 的摆锤提升到 h_1 高度，摆锤由此高度下落时将试样冲断，并升到 h_2 高度。因此冲断试样所消耗的能量为 K（KU 或 KV）$=mg(h_1-h_2)$。金属的冲击韧度 a_K（$\mathrm{J/cm^2}$）就是冲断试样时在缺口处单位面积所消耗

的能量，即

$$a_K=\frac{K}{A}$$

式中 a_K——冲击韧度（J/cm^2）；

A——试样缺口处原始截面积（cm^2）；

K——冲断试样所消耗的能量（J）。

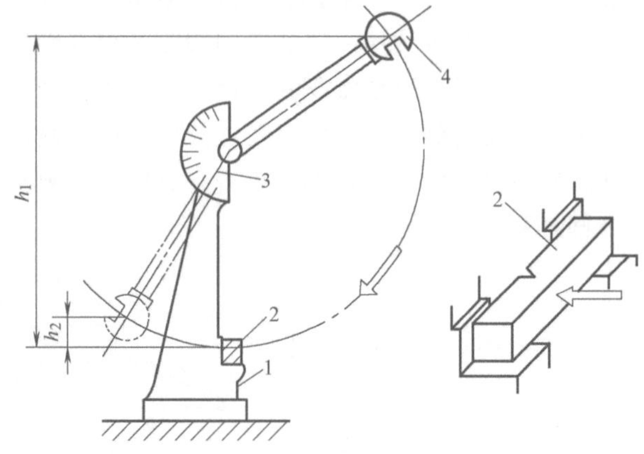

图 1-6 冲击试验原理

1—支座 2—试样 3—指针 4—摆锤

冲击吸收能量 K 值可从试验机的刻度盘上直接读出。K 值的大小，代表了材料的冲击韧度高低。

材料的冲击韧度值除了取决于材料本身之外，还与环境温度及缺口的状况密切相关。所以，冲击韧度除了用来表征材料的韧性大小外，还用来测量金属材料随环境温度下降由塑性状态变为脆性状态的冷脆转变温度，也用来考查材料对缺口的敏感性。

5. **疲劳强度**

许多机械零件是在交变应力作用下工作的，如轴类、弹簧、齿轮、滚动轴承等。虽然零件所承受的交变应力数值小于材料的屈服强度，但在长时间运转后也会发生断裂，这种现象叫疲劳断裂。它与静载荷下的断裂不同，断裂前无明显塑性变形，因此，具有更大的危险性。

交变应力大小和断裂循环次数之间的关系通常用疲劳曲线来描述，如图 1-7 所示。疲劳曲线表明，当应力低于某一值时，即使循环次数无穷多也不发生断裂，此应力值称为疲劳极限，用 σ_D 表示。在指定寿命下使试样失效的应力为疲劳强度，用 S 表示，N 次循环后的疲劳强度用 σ_N 表示。在疲劳强度的测定中，循环次数不可能无穷大，而是规定一定的循环次数作为基数。常用钢材的循环基数为 10^7 次，非铁金属和某些超高强度钢的循环基数为 10^8 次。

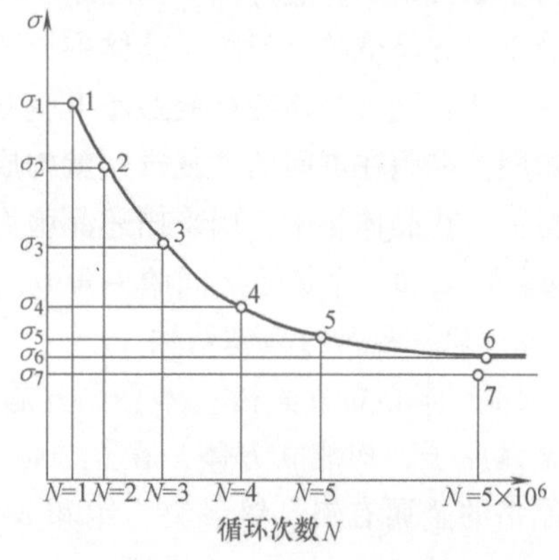

图 1-7 钢的疲劳曲线

疲劳破断常发生在金属材料最薄弱的部位，如热处理过程中产生的氧化、脱碳、过热、裂纹，钢中的非金属夹杂物，试样表面的气孔、划痕等缺陷均会产生应力集中，使疲劳强度下降。为了提高疲劳强度，加工时要降低零件的表面粗糙度值并进行表面强化处理，如表面淬火、渗碳、渗氮、喷丸等，使零件表层产生残余的压应力，以抵消零件工作时的一部分拉应力，从而使零件的疲劳强度提高。

1.1.2 金属晶体结构与结晶

1. 晶体的基本概念

（1）晶体 自然界中的固态物质，虽然外形各异、种类繁多，但都是由原子或分子堆积而成的。根据内部原子堆积的情况，通常可以分为晶体和非晶体两大类。晶体中的原子或分子，在三维空间中按照一定的几何规则做周期性的重复排列（见图 1-8a）；非晶体中的这些质点，则是杂乱无章地堆积在一起，无规则可循。这就是晶体和非晶体的根本区别。

晶体有一定的熔点且性能呈各向异性，而非晶体与此相反。

在自然界中，除普通玻璃、松香、石蜡等少数物质以外，包括金属和合金在内的绝大多数固体都是晶体。

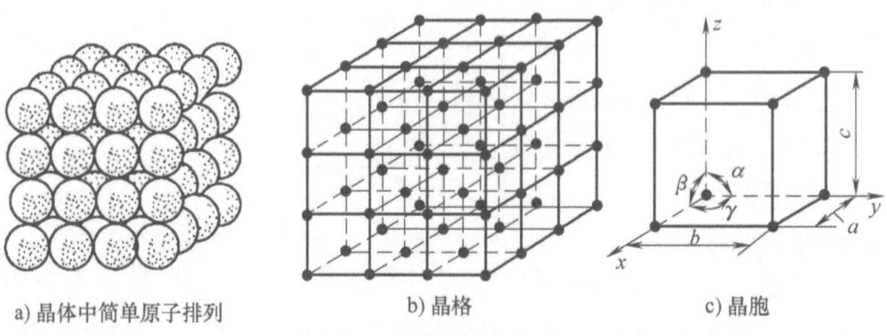

a) 晶体中简单原子排列　　b) 晶格　　c) 晶胞

图 1-8　晶体结构示意图

（2）晶格、晶胞、晶格常数　为了清楚地表明原子在空间的排列规则，可以把原子看成是一个几何质点，把原子之间的相互联系与作用假想为几何直线，这样晶体结构就可以直接用几何学来讨论了。这种用于描述原子在晶体中排列规则的三维空间几何点阵称为晶格。图 1-8b 是简单立方晶格的示意图。晶体中原子的排列规律具有明显的周期性变化，因此在晶格中就存在一个能够代表晶格特征的最小几何单元，称之为晶胞。图 1-8c 是一个简单立方晶格的晶胞示意图。晶胞在空间的重复排列就构成整个晶格。因此，晶胞的特征就可以反映出晶格和晶体的特征。在晶体学中，用来描述晶胞大小与形状的几何参数称为晶格常数，包括晶胞的三个棱边 a、b、c 和三个棱边之间的夹角 α、β、γ 共六个参数。

2. 常见金属的晶体结构

（1）体心立方晶格　体心立方晶格的晶胞如图 1-9a、b 所示。在晶胞的八个角上各有一个金属原子，构成立方体，在立方体的中心还有一个原子，所以称为体心立方晶格。具有这类晶格的金属有铬、钒、钨、钼和 α-铁等。

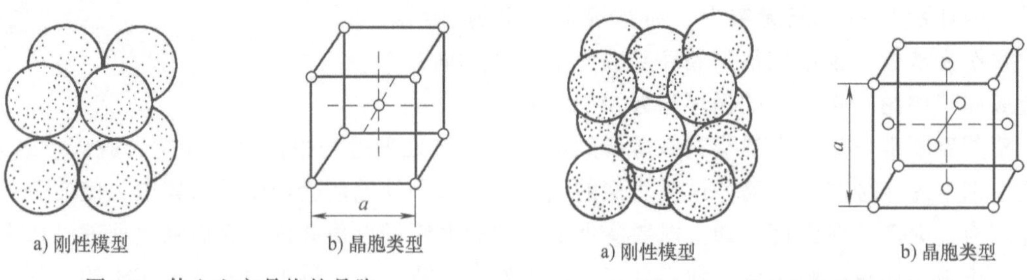

a) 刚性模型　　b) 晶胞类型

图 1-9　体心立方晶格的晶胞

a) 刚性模型　　b) 晶胞类型

图 1-10　面心立方晶格的晶胞

（2）面心立方晶格　面心立方晶格的晶胞如图 1-10a、b 所示。在晶胞的八个角上各有一个原子，构成立方体，在立方体的六个面的中心各有一个原子，所以称为面心立方晶格。具有这类晶格的金属有铝、铜、镍、铅和 γ-铁等。

（3）密排六方晶格　密排六方晶格的晶胞如图 1-11a、b 所示。在晶胞的十二个角上各有一个原子，构成六方柱体，上下底面中心各有一个原子，晶胞内部还有三个原子，所以称为密排六方晶格。具有这类晶格的金属有铍、锌和α-钛等。

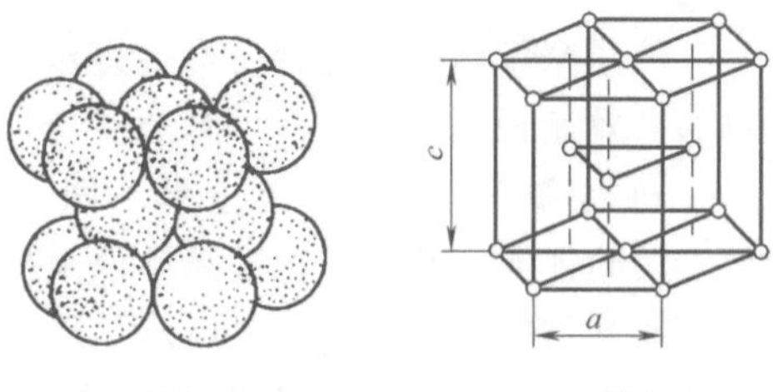

图 1-11 密排六方晶格的晶胞

3. 金属的实际晶体结构

（1）单晶体与多晶体的概念 把晶体看成由原子按一定几何规律作周期性排列而成，即晶体内部的晶格位向是完全一致的，这种晶体称为单晶体，如图 1-12a 所示。在工业生产中，只有经过特殊制作才能获得单晶体，如半导体元件、磁性材料、高温合金材料等。而一般的金属材料，即使一块很小的金属中也含有许多颗粒状小晶体，每个小晶体内部的晶格位向是一致的，而每个小晶体彼此间的位向却不同，这种外形不规则的颗粒状小晶体通常称为晶粒。晶粒与晶粒之间的界面称为晶界。显然，为适应两晶粒间不同晶格位向的过渡，晶界处的原子排列总是不规则的。这种实际上由多晶粒组成的晶体结构称为多晶体，如图 1-12b 所示。

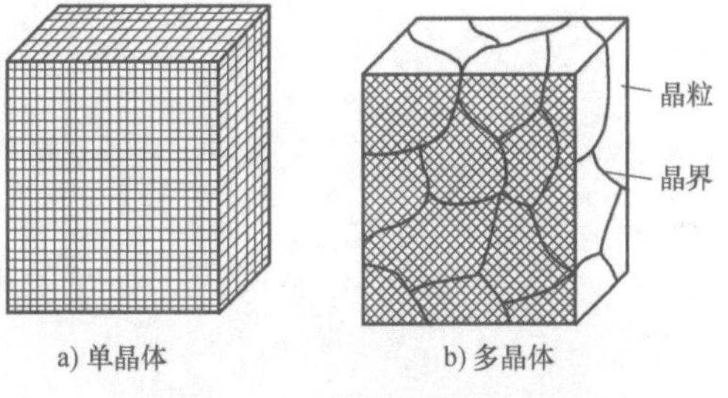

图 1-12 单晶体与多晶体示意图

单晶体在不同方向上的物理、化学和力学性能不相同，即为各向异性。而实际金属是多晶体结构，故宏观上看就显示出各向同性的性能。

（2）晶体中的缺陷 晶体中的原子完全规则排列时，称为理想晶体。实际上金属由于多种原因的影响，内部存在着大量的缺陷。晶体缺陷的存在对金属的性能有着很大的影响。这些晶体缺陷分为点缺陷、线缺陷和面缺陷三大类。

1）点缺陷。最常见的点缺陷是空位和间隙原子，如图 1-13 所示。这些点缺陷的存在会使其周围的晶格发生畸变，引起性能的变化。

晶体中的晶格空位和间隙原子都处在不断地运动和变化之中，晶格空位和间隙原子的运动是金属中原子扩散的主要方式之一，这对热处理过程起着重要的作用。

2）线缺陷。晶体中的线缺陷通常是各种类型的位错。所谓位错就是在晶体中某处有一列或若干列原子发生了某种有规律的错排现象。这种错排有许多类型，其中比较简单的一种形式就是刃型位错，如图 1-14 所示。

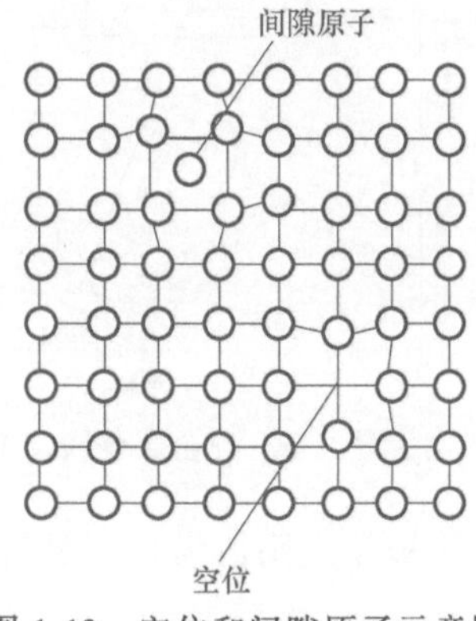

图 1-13 空位和间隙原子示意图

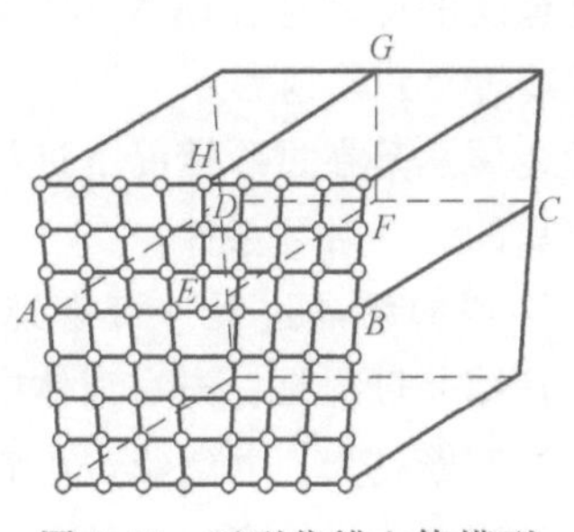

图 1-14 刃型位错立体模型

位错密度越大，塑性变形抗力越大。因此，目前通过塑性变形提高位错密度，是强化金属的有效途径之一。

3）面缺陷。晶界实际上是不同位向晶粒之间原子无规则排列的过渡层，如图 1-15 所示。实验证明，晶粒内部的晶格位向也不是完全一致的，每个晶粒皆是由许多位向差很小的小晶块互相镶嵌而成的，这些小晶块称为亚组织。亚组织之间的边界称为亚晶界。亚晶界实际上是由一系列刃型位错所形成的小角度晶界，如图 1-16 所示。晶界处表现出较高的强度和硬度。晶粒越细小，晶界越多，它对塑性变形的阻碍作用就越大，金属的强度、硬度越高。晶界还有耐蚀性低、熔点低、原子扩散速度较快的特点。

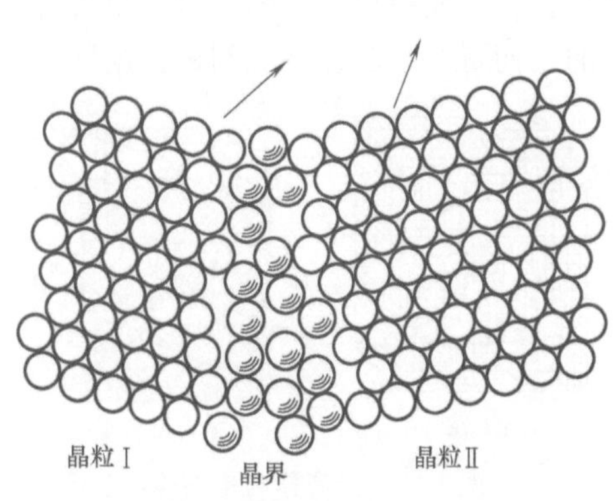

图 1-15　晶界的过渡结构示意图

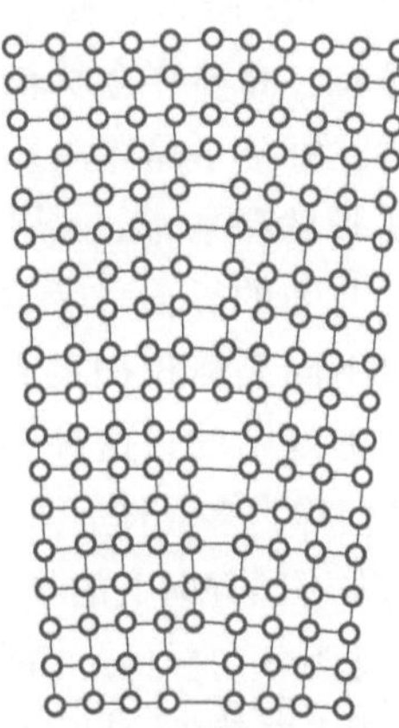
图 1-16　亚晶界结构示意图

4. 纯金属的结晶

（1）纯金属的冷却曲线和冷却现象　金属由液态转变为固态晶体的过程称为结晶。了解金属由液态转变为固态晶体的过程是十分必要的。现以纯金属为例说明如下。

纯金属由液态向固态的冷却过程，可用冷却过程中所测得的温度与时间的关系曲线——冷却曲线来表示，这种方法称为热分析法。

所测得的结晶温度称为理论结晶温度 T_0。在实际生产中，纯金属自液态冷却时，是有一定冷却速度的，有时甚至很大，在这种情况下，纯金属的结晶过程是在 T_1 温度进行的，如图 1-17 所示，T_1 低于 T_0，这种现象称为“过冷”。理论结晶温度 T_0 与实际结晶温度 T_1 之差 $\Delta T=T_0-T_1$ 称为“过冷度”。过冷度并不是一个恒定值，液体金属的冷却速度越大，实际结晶温度 T_1 就越低，即过冷度 ΔT 就越大。

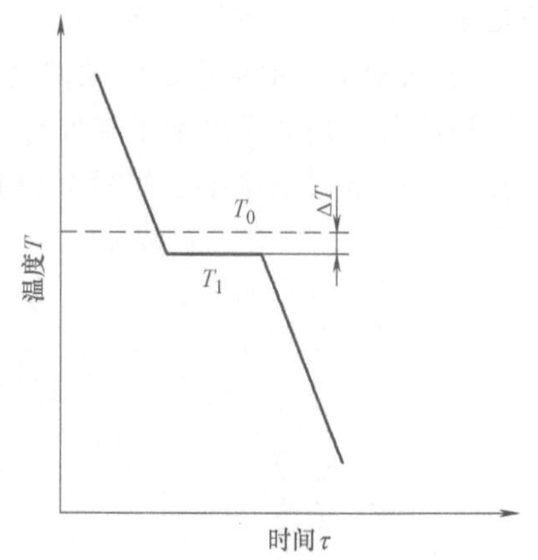

图 1-17　纯金属的冷却曲线

实际金属总是在过冷情况下进行结晶的，所以过冷是金属结晶的一个必要条件。

（2）金属的结晶过程　液态纯金属在冷却到结晶温度时，其结晶过程是：先在液体中产生一批晶核，已形成的晶核不断长大，并继续产生新的晶核，直到全部液体转变成固体为止。最后形成由外形不规则的许多小晶体所组成的多晶体，如图 1-18 所示。

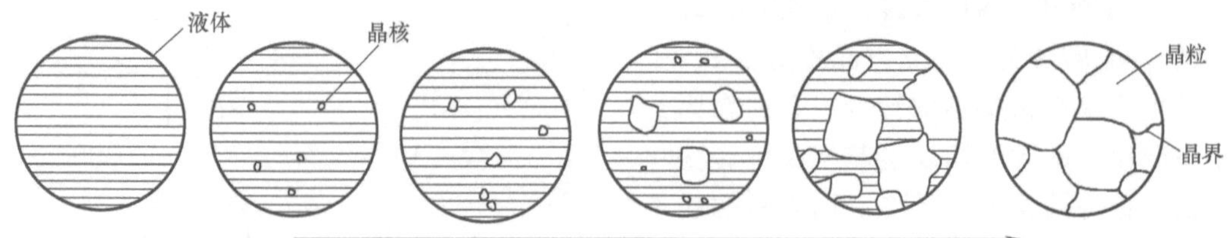

图 1-18　金属的结晶过程示意图

在晶核开始长大的初期，因其内部原子规则排列，其外形也是比较规则的。随着晶核长大和晶体棱角的形成，棱角处的散热条件优于其他部位，因此优先长大，如图 1-19 所示，其生长方式，像树枝一样，先长出枝干，然后再长出分枝，最后把晶间填满，得到的晶体称为树枝状晶体，简称为枝晶。

图 1-19　晶核长大示意图

（3）晶粒大小与金属力学性能的关系 在常温下的细晶粒金属比粗晶粒金属具有较高的强度、硬度、塑性和韧性。

生产中，细化晶粒的方法如下。

1）增加过冷度。结晶时增加过冷度 ΔT 会使结晶后的晶粒变细。

增加过冷度，就是要提高金属凝固的冷却转变速度。实际生产中常常采用降低铸型温度和采用热导率较大的金属铸型来提高冷却速度。但是，对于大型铸件，很难获得大的过冷度，而且太大的冷却速度增加了铸件变形与开裂的倾向，因此工业生产中多用变质处理方法细化晶粒。

2）变质处理。变质处理是在浇注前向液态金属中加入一些细小的难熔的物质（变质剂），在液相中起附加晶核的作用，使形核率增加，晶粒显著细化。如往钢液中加入钛、锆、铝等。

3）附加振动。金属结晶时，利用机械振动、超声波振动、电磁振动等方法，既可使正在生长的枝晶熔断成碎晶而细化，又可使破碎的枝晶尖端起晶核作用，进而增大形核率。

1.1.3　铁碳合金

1. 纯铁

纯铁的熔点为 1538℃。纯铁的冷却曲线如图 1-20 所示。液态纯铁在 1538℃ 时结晶为具有体心立方晶格的 δ-Fe，继续冷却到 1394℃ 时由体心立方晶格的 δ-Fe 转变为面心立方晶格的γ-Fe，再冷却到912℃时又由面心立方晶格的γ-Fe转变为体心立方晶格的α-Fe，先后发生两次晶格类型的转变。金属在固态下由于温度的改变而发生晶格类型转变的现象，称为同素异构转变。同素异构转变有热效应产生，故在冷却曲线上可看到在1394℃和912℃处出现平台。

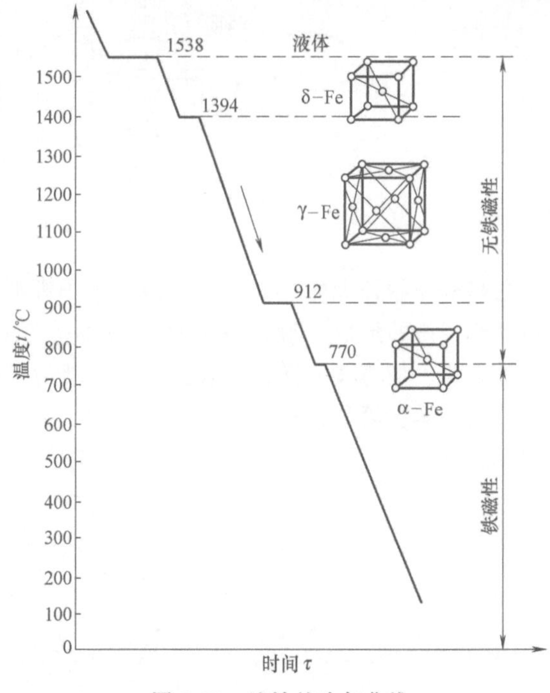

图1-20　纯铁的冷却曲线

纯铁在770℃时发生磁性转变。在770℃以下时，α-Fe呈铁磁性，在770℃以上时，α-Fe的磁性消失。770℃称为居里点。

工业纯铁虽然塑性好，但强度低，所以很少用它制造机械零件。在工业上应用最广的是铁碳合金。

2. 铁碳合金基本相

铁碳合金在液态时铁和碳可以无限互溶；在固态时根据碳的质量分数不同，碳可以溶解在铁中形成固溶体，也可以与铁形成化合物，或者形成固溶体与化合物组成的机械混合物。因此，铁碳合金在固态下有以下几种基本相。

（1）铁素体　碳溶于α-Fe中形成的间隙固溶体称为铁素体，常用符号F表示。铁素体仍保持α-Fe的体心立方晶格，碳溶于α-Fe的晶格间隙中。由于体心立方晶格中原子间的空隙较小，碳在α-Fe中的溶解度也较小，在727℃时，溶碳能力最大，$w_C=0.0218\%$；随着温度降低，α-Fe中的碳的质量分数逐渐减少，在室温时降到0.0008%。

铁素体的力学性能与工业纯铁相似，即塑性、韧性较好，强度、硬度较低。

（2）奥氏体　碳溶于γ-Fe中形成的间隙固溶体称为奥氏体，用符号A表示。奥氏体仍保持γ-Fe的面心立方晶格。由于面心立方晶格间隙较大，故奥氏体的溶碳能力较强。在1148℃时溶碳能力最大，$w_C=2.11\%$；随着温度下降，γ-Fe中的碳的质量分数逐渐减少，在727℃时碳的质量分数为0.77%。奥氏体是一个硬度较低、塑性较高的相，适于锻造。绝大多数钢热成形时要加热到奥氏体状态进行加工。

（3）渗碳体　铁与碳形成的金属化合物Fe_3C称为渗碳体。渗碳体中的$w_C=6.69\%$，熔点为1227℃，是一种具有复杂晶体结构的间隙化合物。渗碳体的硬度很高，但塑性和韧性几乎等于零。渗碳体是碳钢中的主要强化相，在铁碳合金中存在的形式有：粒状、球状、网状和细片状。其形状、数量、大小及分布对钢的性能有很大的影响。

渗碳体是一种亚稳定相，在一定的条件下会分解，形成石墨状的自由碳和铁：$Fe_3C \rightarrow 3Fe+C$（石墨），这一过程对铸铁具有重要的意义。

3. 铁碳合金相图分析

$w_C>6.69\%$的铁碳合金脆性极大，没有使用价值，因此，研究的铁碳合金相图实际上是$Fe\text{-}Fe_3C$相图，如图1-21所示。

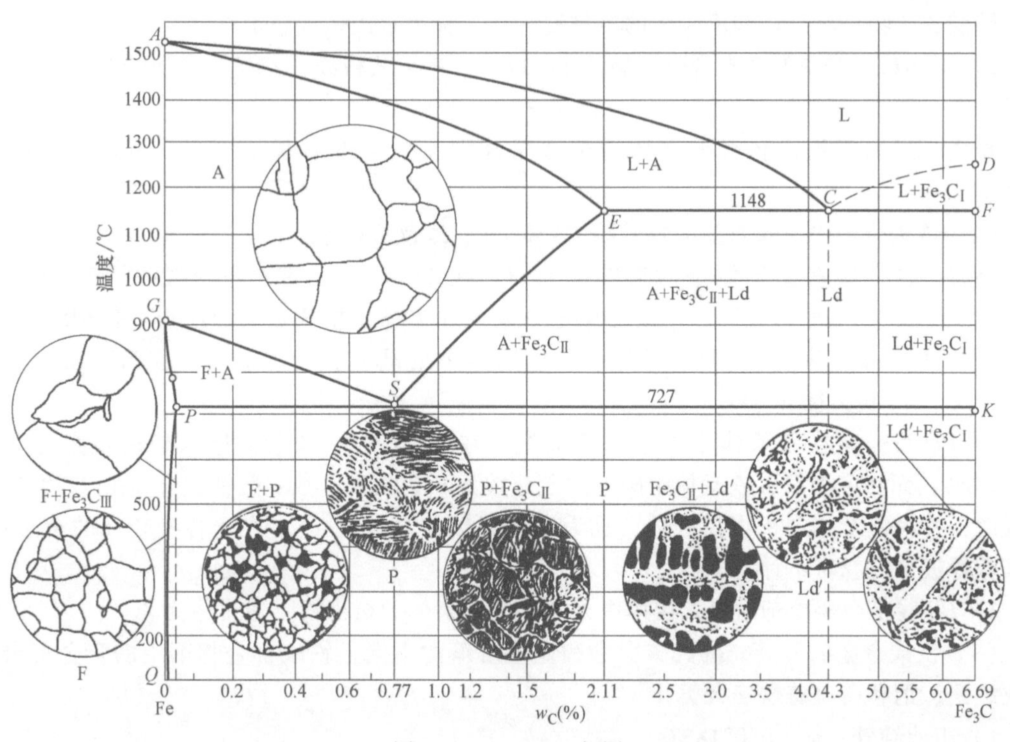

图 1-21　Fe-Fe$_3$ C 相图

(1) 铁碳合金相图分析　相图中的 *AC* 和 *CD* 线为液相线，*AE* 和 *ECF* 线为固相线。相图中有四个单相区：液相区（L）、奥氏体区（A）、铁素体区（F）和渗碳体区（Fe$_3$ C）。

Fe-Fe$_3$ C 相图主要特征点及含义见表 1-1。

表 1-1　Fe-Fe$_3$C 相图中的主要特征点及含义

特征点	温度/℃	碳的含量 w_C(%)	说明
A	1538	0	纯铁的熔点
C	1148	4. 3	共晶点
D	1227	6. 69	渗碳体的熔点
E	1148	2. 11	碳在 γ-Fe 中的最大溶解度
F	1148	6. 69	共晶渗碳体的成分点
G	912	0	α-Fe、γ-Fe 同素异构转变点
K	727	6. 69	共析渗碳体的成分点
P	727	0. 0218	碳在 α-Fe 中的最大溶解度
S	727	0. 77	共析点
Q	室温	0. 0008	碳在 α-Fe 中的溶解度

相图由共晶、共析转变组成：

1) w_C = 2. 11% ~ 6. 69% 的铁碳合金，缓冷至 1148℃（*ECF* 共晶线）都发生共晶转变，即

$$L_C \rightleftharpoons A_E + Fe_3C$$

转变的产物是奥氏体和渗碳体的机械混合物，称为莱氏体（Ld）。

2）w_C≥0.0218%的铁碳合金，缓冷至727℃（*PSK*共析线）都发生共析转变，即

$$A_S \rightleftharpoons F_P + Fe_3C$$

转变的产物是铁素体和渗碳体的机械混合物，称为珠光体（P）。共析转变线以A_1表示。

（2）铁碳合金中三条重要的特性线*ES*线、*PQ*线及*GS*线。

1）*ES*线是碳在奥氏体中的溶解度曲线。在1148℃时，奥氏体中碳的质量分数为2.11%，而在727℃时，奥氏体中碳的质量分数为0.77%。故凡是碳的质量分数>0.77%的铁碳合金自1148℃冷至727℃时，都会从奥氏体中沿晶界析出渗碳体，称为二次渗碳体（$Fe_3C_{Ⅱ}$）。*ES*线又称A_{cm}线。

2）*PQ*线是碳在铁素体中的溶解度曲线。在727℃时，铁素体中的碳的质量分数为0.021 8%，而在室温时，铁素体中碳的质量分数为0.0008%。故一般铁碳合金由727℃冷至室温时，将由铁素体中析出渗碳体，称为三次渗碳体（$Fe_3C_{Ⅲ}$）。在碳含量较高的合金中，因其数量极少可忽略不计。

3）*GS*线是合金冷却时自奥氏体中开始析出铁素体的析出线，通常称为A_3线。

（3）铁碳合金的分类　按其碳含量和显微组织的不同，铁碳合金相图中的合金可分成工业纯铁、钢和白口铸铁三大类。

1）工业纯铁：w_C<0.0218%。

2）钢：0.0218%<w_C<2.11%。钢又分为：

①亚共析钢：0.0218%<w_C<0.77%。

②共析钢：w_C=0.77%。

③过共析钢：0.77%<w_C<2.11%。

3）白口铸铁：2.11%<w_C<6.69%。白口铸铁又分为：

①亚共晶白口铸铁：2.11%<w_C<4.3%。

②共晶白口铸铁：w_C=4.3%。

③过共晶白口铸铁：4.3%<w_C<6.69%。

4. 碳钢

（1）碳钢分类　碳钢按碳的质量分数可分为低碳钢（w_C<0.25%）、中碳钢（w_C=0.25%~0.60%）、高碳钢（w_C>0.60%）；按钢的冶金质量和钢中有害杂质元素硫、磷的质量分数分为普通质量钢（w_S=0.035%~0.050%，w_P=0.035%~0.045%）、优质钢（w_S，w_P均≤0.035%）和特殊质量钢（w_S=0.020%~0.030%，w_P=0.025%~0.030%）；按用途分为结构钢和工具钢。

（2）钢的编号　根据碳钢牌号不同，编号也不尽相同。

1）碳素结构钢的牌号由代表屈服强度“屈”字的汉语拼音字母、屈服强度数值、质量等级符号及脱氧方法符号四个部分按顺序组成。牌号中的Q表示“屈”；A、B、C、D表示质量等级，它反映了碳素结构钢中有害杂质（S、P）质量分数的多少，C、D级钢中硫、磷质量分数最低，质量好，可作重要焊接结构件。例如Q235 AF，即表示屈服强度为235MPa、A等级质量的沸腾钢。F、Z、TZ依次表示沸腾钢、镇静钢、特殊镇静钢，一般情况下符号Z与TZ在牌号表示中可省略。

2）优质碳素结构钢的牌号用两位数字表示，两位数字表示钢中平均碳的质量分数的万分之几。例如45钢，表示平均 $w_C=0.45\%$；08钢表示平均 $w_C=0.08\%$。优质碳素结构钢按锰的质量分数不同，分为普通锰钢（$w_{Mn}=0.25\%\sim0.80\%$）与较高锰含量的钢（$w_{Mn}=0.70\%\sim1.20\%$）两组。较高锰含量的优质碳素结构钢牌号数字后加“Mn”，如45Mn。

3）碳素工具钢的牌号冠以“T”（“T”为“碳”字的汉语拼音首位字母），后面的数字表示碳的平均质量分数的千分之几。碳素工具钢分优质和高级优质两类。若为高级优质钢，则在数字后面加“A”。例如T8A钢，表示平均 $w_C=0.8\%$ 的高级优质碳素工具钢。对于较高锰含量的（$w_{Mn}=0.40\%\sim0.60\%$）的碳素工具钢，则在数字后加“Mn”，如T8Mn、T8MnA等。

4）铸造碳钢的牌号用“ZG”代表“铸钢”二字汉语拼音首位字母，后面第一组数字为屈服强度（单位：MPa），第二组数字为抗拉强度（单位：MPa）。例如ZG200-400，表示屈服强度 R_{eH}（或 $R_{p0.2}$）≥200MPa、抗拉强度 R_m≥400MPa的铸造碳钢件。

（3）碳素结构钢　碳素结构钢的硫、磷含量较多，但由于冶炼容易，工艺性好，价格便宜，在力学性能上一般能满足普通机械零件及工程结构件的要求，因此用量很大，约占钢材总量的70%。

碳素结构钢一般以热轧空冷状态供应。其中牌号Q195碳素结构钢是不分质量等级的，出厂时既保证力学性能，又保证化学成分。而Q215、Q235、Q275牌号的碳素结构钢，当质量等级为“A”“B”级时，只保证力学性能，化学成分可根据需方要求作适当调整；而Q235的“C”“D”级，则力学性能和化学成分都应保证。D级（$w_S\leq0.035\%$，$w_P\leq0.035\%$）质量等级最高，达到了碳素结构钢的优质级。

Q195钢的碳的质量分数很低，塑性好，常用作螺钉、螺母及各种薄板，也可用来代替优质碳素结构钢08钢或10钢制造冲压件、焊接结构件。

Q275钢强度较高，可代替30钢、40钢用于制造较重要的某些零件，以降低原材料成本。

（4）优质碳素结构钢　优质碳素结构钢的硫、磷含量较低，非金属夹杂物也较少，因此力学性能比碳素结构钢优良，被广泛用于制造机械产品中较重要的结构钢零件，为了充分发挥其性能潜力，一般都是在热处理后使用。

08F、10F钢的碳的质量分数低，塑性好，焊接性能好，主要用于制造冲压件和焊接件。15钢、20钢、25钢属于渗碳钢，这类钢强度较低，但塑性和韧性较高，焊接性能及冲压性能较好，可以用于制造各种受力不大，但要求高韧性的零件；此外还可用于制作冲压件和焊接件。渗碳钢经渗碳、淬火+低温回火后，表面硬度可达60HRC以上，耐磨性好，而心部具有一定的强度和韧性，可用来制作要求表面耐磨并能承受冲击载荷的零件。

30钢、35钢、40钢、45钢、50钢、55钢属于调质钢，经淬火+高温回火后，具有良好的综合力学性能，主要用于强度、塑性和韧性要求都较高的机械零件，如轴类零件，这类钢在机械制造中应用最广泛，其中以45钢更为突出。

60钢、65钢、70钢属于弹簧钢，经淬火+中温回火后可获得高的弹性极限、高的屈强比，主要用于制造弹簧等弹性零件及耐磨零件。

优质碳素结构钢中锰含量较高时（15Mn~70Mn），其性能和用途与对应牌号普通锰含量时的相同，但其淬透性略高。

（5）碳素工具钢　这类钢的碳的质量分数为 $w_C=0.65\%\sim1.35\%$，分优质碳素工具钢与高级优质碳素工具钢两类。牌号后加“A”的属于高级优质碳素工具钢（$w_S<0.020\%$，$w_P<0.030\%$；对平炉冶炼的钢，$w_S<0.025\%$）。

此类钢在机械加工前一般进行球化退火，组织为铁素体基体+细小均匀分布的粒状渗碳体，硬度<217HBW。作为刃具，最终热处理为淬火+低温回火，组织为回火马氏体+粒状渗碳体+少量残留奥氏体；其硬度可达 60~65HRC，耐磨性和加工性都较好，价格又便宜，在生产上得到广泛应用。

碳素工具钢的缺点是热硬性差，当刃部温度高于 250℃时，其硬度和耐磨性会显著降低。此外，钢的淬透性也低，并容易发生淬火变形和开裂。因此，碳素工具钢大多用于制造刃部受热程度较低的手用工具和低速、小进给量的机用工具，亦可制作尺寸较小的模具和量具。

（6）铸造碳钢　铸造碳钢一般用于制造形状复杂、力学性能要求比铸铁高的零件，例如水压机横梁、轧钢机机架、重载大齿轮等。这种机件，用锻造方法难以生产，用铸铁又无法满足性能要求，只能用碳钢采用铸造方法生产。

铸造碳钢中碳的质量分数一般为 $w_C=0.2\%\sim0.60\%$。碳的质量分数过高，则塑性差，易产生裂纹。

铸造碳钢的特性及用途举例：

1）ZG 200-400 有良好的塑性、韧性和焊接性能，用于制作承受载荷不大、要求韧性好的各种机械零件，如机座、变速箱壳等。

2）ZG 230-450 有一定的强度和较好的塑性、韧性，焊接性能良好，切削加工性尚可，用于制作承受载荷不大，要求韧性好的各种机械零件，如砧座、外壳、轴承盖、底板、阀体、犁柱等。

3）ZG 270-500 有较高的强度和较好的塑性，铸造性能良好，焊接性能尚好，切削加工性佳，用途广泛，用于制作轧钢机机架、轴承座、连杆、箱体、缸体等。

4）ZG 310-570 的强度和切削加工性良好，塑性和韧性较低，用于制作承受载荷较高的各种机械零件，如大齿轮、缸体、制动轮、辊子等。

5）ZG 340-640 有高的强度、硬度和耐磨性，切削加工性中等，焊接性能较差，流动性好，裂纹敏感性较大，可用于制作齿轮、棘轮等。

5. 铸铁

铸铁是 $w_C\geqslant2.11\%$ 的铁碳合金，合金中含有较多的硅、锰等元素，使碳在铸铁中大多数以石墨形式存在。铸铁具有优良的铸造性能、切削加工性、减摩性与消振性和低的缺口敏感性，而且熔炼铸铁的工艺与设备简单、成本低。目前，铸铁仍然是工业生产中最重要的工程材料之一。

根据铸铁中石墨的形态，铸铁可分为灰铸铁（石墨以片状形式存在）、球墨铸铁（石墨以球状形式存在）、蠕墨铸铁（石墨以蠕虫状形式存在）、可锻铸铁（石墨以团絮状形式存在）。

（1）灰铸铁　灰铸铁化学成分的一般范围是：$w_C=2.5\%\sim4.0\%$，$w_{Si}=1.0\%\sim2.2\%$，$w_{Mn}=0.5\%\sim1.3\%$，$w_S\leqslant0.15\%$，$w_P\leqslant0.3\%$。

灰铸铁组织由金属基体和片状石墨两部分组成。其基体可分为珠光体、珠光体+铁素体、铁素体三种。

1）灰铸铁的性能。灰铸铁的力学性能主要取决于基体组织和石墨的存在形式，灰铸铁中含有比钢更多的硅、锰等元素，这些元素可溶于铁素体而使基体强化，因此，其基体的强度与硬度不低于相应的钢。但由于片状石墨的强度、塑性、韧性几乎为零，所以铸铁的抗拉强度、塑性、韧性比钢低。石墨片的数量越多，尺寸越粗大，分布越不均匀，铸铁的抗拉强度和塑性就越低。灰铸铁的抗压强度、硬度与耐磨性，由于石墨的存在对其影响不大，故灰铸铁的抗压强度较好。为了提高灰铸铁的力学性能，生产上常采用孕育处理，即在浇注前往铁液中加入少量孕育剂（硅铁或硅钙合金），使铁液在凝固时产生大量的人工晶核，从而获得细晶粒珠光体基体及细小均匀分布的片状石墨的组织。经孕育处理后的铸铁称为孕育铸铁。

孕育铸铁具有较高的强度和硬度，具有断面缺口敏感性小的特点，因此孕育铸铁常用于制作力学性能要求较高，且断面尺寸变化大的大型铸件，如机床床身等。

灰铸铁具有良好的铸造性能、切削加工性、减摩性和消振性，铸铁对缺口的敏感性较低。

2）灰铸铁的牌号。灰铸铁的牌号中 HT 表示“灰铁”二字的汉语拼音的首字母，后面三位数字表示最小抗拉强度值，如 HT100、HT150、HT200、HT250、HT300 及 HT350 等。

（2）球墨铸铁　球墨铸铁的化学成分与灰铸铁相比，其特点是碳、硅的质量分数高，而锰的质量分数较低，对硫和磷的限制较严，并含有一定量的稀土镁。一般 $w_C=3.6\%\sim4.0\%$，$w_{Si}=2.0\%\sim3.2\%$。锰有去硫、脱氧的作用，并可稳定和细化珠光体。珠光体基体中 $w_{Mn}=0.5\%\sim0.7\%$，铁素体基体中 $w_{Mn}<0.6\%$。硫、磷都是有害元素，一般 $w_S<0.05\%$，$w_P<0.1\%$。

球墨铸铁的组织是在钢的基体上分布着球状石墨。在铸态下，球墨铸铁的基体是有不同数量铁素体、珠光体，甚至有渗碳体同时存在的混合组织，故生产中需经不同热处理以获得不同的组织。生产中常有铁素体球墨铸铁、珠光体+铁素体球墨铸铁、珠光体球墨铸铁和贝氏体球墨铸铁。

1）球墨铸铁的性能。由于球墨铸铁中石墨呈球状，对金属基体的割裂作用较小，因此使球墨铸铁的抗拉强度、塑性和韧性、疲劳强度高于其他铸铁。球墨铸铁有一个突出优点是其屈服强度比较高，因此对于承受静载荷的零件，可用球墨铸铁代替铸钢。球墨铸铁的力学性能比灰铸铁高，而成本却接近于灰铸铁，并保留了灰铸铁优良的铸造性能、切削加工性、减摩性和缺口不敏感等性能。因此它可代替部分钢制作较重要的零件，对实现以铁代钢、以铸代锻起重要的作用，具有较大的经济效益。

2）球墨铸铁的牌号。我国国家标准中列了八个球墨铸铁的牌号。牌号由“QT”与两组数字组成，其中 QT 表示“球铁”二字汉语拼音的首字母，第一组数字代表最低抗拉强度值，第二组数字代表最低伸长率。

（3）可锻铸铁　可锻铸铁俗称为马铁。可锻铸铁具有一定的塑性与韧性，因此得名，实际上是不能锻造的。可锻铸铁的组织是钢的基体上分布着团絮状的石墨，有铁素体可锻铸铁（黑心可锻铸铁）和珠光体可锻铸铁两种。

可锻铸铁的牌号由“KTH”或“KTZ”与两组数字表示。其中“KT”表示“可锻”二字的汉语拼音首字母；“H”和“Z”分别表示“黑”和“珠”的汉语拼音的首字母；牌号后边第一组数字表示最小抗拉强度值；第二组数字表示最小伸长率。可锻铸铁的力学性能优于灰铸铁，并接近于同类基体的球墨铸铁。但与球墨铸铁相比，可锻铸铁具有铁液处理简易、质量稳定、废品率低等优点。故生产中，常用可锻铸铁制作一些截面较薄，形状较复杂，工作时受振动，而强度、韧性要求较高的零件。因为这些零件若用灰铸铁制造，不能满足力学性能要求；若用铸钢制造，则因其铸造性能较差，质量不易保证。

黑心可锻铸铁常见牌号有 KTH 300-06、KTH 330-08、KTH 350-10、KTH 370-12 等；珠光体可锻铸铁常见牌号有 KTZ 450-06、KTZ 550-04、KTZ 650-02、KTZ 700-02 等。

（4）蠕墨铸铁　蠕墨铸铁是 20 世纪 70 年代发展起来的一种新型铸铁，因其石墨很像蠕虫而命名。蠕墨铸铁的力学性能介于相同基体组织的灰铸铁和球墨铸铁之间，它的抗拉强度、屈服强度、伸长率、疲劳强度均优于灰铸铁，接近于铁素体球墨铸铁；而铸造性能、减振能力、导热性、切削加工性均优于球墨铸铁，与灰铸铁相近。蠕墨铸铁是将蠕化剂（稀土镁钛合金、稀土镁钙合金、镁钙合金等）置于浇包内的一侧，另一侧冲入铁液，经熔化而成的。

蠕墨铸铁的牌号由“RuT”与一组数字表示。其中 RuT 表示“蠕铁”二字汉语拼音的首字母，后面三位数字表示其最小抗拉强度值。蠕墨铸铁主要用于制造气缸盖、气缸套、钢锭模、液压件等零件。常用种类有：RuT260、RuT300、RuT340、RuT380、RuT420 等。

6. 合金钢

（1）低合金高强度结构钢　低合金高强度结构钢是结合我国资源条件发展起来的钢种。它是低碳结构钢，合金元素总质量分数在 3%以下，以 Mn 为主要元素。与碳素结构钢相比，有较高强度，足够的塑性、韧性，良好的焊接性能，较好的耐蚀性和低的冷脆转变温度。为保证有良好的塑性与韧性、良好的焊接性能和冷成形性能，低合金高强度结构钢中碳的质量分数一般均较低，大多数为 $w_C = 0.16\% \sim 0.20\%$。

低合金高强度结构钢大多数在热轧、正火状态下使用，其组织为铁素体+少量珠光体。对于 Q420、Q460 的 C、D、E 级钢，也可先淬成低碳马氏体，然后进行高温回火以获得低碳回火索氏体组织，从而获得良好的力学性能。其中 Q355 钢的应用最广泛。我国的南京长江大桥、内燃机车机体、万吨巨轮及压力容器、载重汽车大梁等都采用 Q355 钢制造。

（2）合金渗碳钢　合金渗碳钢主要用来制造工作中承受较强烈的冲击载荷作用和磨损条件下的渗碳零件，例如，制作承受动载荷和重载荷的汽车变速器齿轮、汽车后桥齿轮和内燃机里的凸轮轴、活塞销等。这类钢经渗碳、淬火和低温回火后表面具有高的硬度和耐磨性，心部具有较高的强度和足够的韧性。

合金渗碳钢中碳的质量分数一般在 0.10%~0.25%之间，以保证渗碳零件心部具有良好的塑性和韧性。碳素渗碳钢的淬透性低，热处理对心部的性能改变不大，加入合金元素是为了保证渗碳零件表面得到高硬度和高耐磨性，大多数合金渗碳钢采用渗碳后淬火+低温回火。

渗碳后的钢种，表层碳的质量分数为 0.85%~1.0%，经淬火和低温回火后，表层组织由合金渗碳体、回火马氏体及少量残留奥氏体组成，硬度可达 58~64HRC。而心部的组织与钢的淬透性及零件的截面有关，当全部淬透时是低碳回火马氏体，硬度可达 40~48HRC，未淬透的情况下则是珠光体+铁素体或低碳回火马氏体加少量铁素体的混合组织，硬度约为 25~40HRC。

（3）合金调质钢　合金调质钢指调质处理后使用的合金结构钢，其具有良好的综合力学性能。合金调质钢广泛用于制造一些重要零件，如机床的主轴、汽车底盘的半轴、柴油机连杆等。

合金调质钢中碳的质量分数一般在0.25%～0.50%之间。若碳的质量分数过低，不易淬硬，回火后达不到所需要的强度；如果碳的质量分数过高，则零件韧性较差。

合金调质钢的主加元素有铬、镍、锰、硅、硼等，以增加淬透性、强化铁素体；钼、钨的主要作用是防止或减轻第二类回火脆性，并增加回火稳定性；钒、钛的作用是细化晶粒。

为了改善切削加工性能，合金调质钢在锻造后应采用完全退火作为预先热处理。最终热处理采用淬火后进行500～650℃的高温回火，以获得回火索氏体，使钢件具有高的综合力学性能。

（4）合金弹簧钢　弹簧是机器、车辆和仪表及生活中的重要零件，主要在冲击、振动、周期性扭转和弯曲等交变应力下工作。弹簧工作时不允许产生塑性变形，因此要求制造弹簧的材料具有较高的强度。常用合金弹簧钢的牌号有60Si2Mn、60Si2CrVA和50CrVA。合金弹簧钢主要用于制造各种弹性元件，如制作汽车、拖拉机、坦克、机车车辆的减振板弹簧和螺旋弹簧，大炮的缓冲弹簧，钟表的发条等。

（5）滚动轴承钢　滚动轴承钢是制造各种滚动轴承的滚珠、滚柱、滚针的专用钢，也可用于其他用途，如用于制作形状复杂的工具、冲压模具、精密量具以及要求硬度高、耐磨性高的结构零件。

一般的轴承用钢是高碳低铬钢，其碳的质量分数为0.95%～1.15%，属于过共析钢，目的是保证轴承具有高的强度、硬度，并能形成足够的碳化物，以提高其耐磨性。铬的含量为w_{Cr}=0.4%～1.65%，铬的作用主要是提高淬透性，使组织均匀，并增加回火稳定性。铬与碳作用形成的$(Fe, Cr)_3C$合金渗碳体，能提高钢的硬度及耐磨性，铬还可提高钢的回火稳定性。

滚动轴承钢的纯度要求极高，硫、磷含量限制极严（w_S<0.020%，w_P<0.027%），故它是一种高级优质钢（但在牌号后不加“A”）。

滚动轴承钢的热处理包括预先热处理（球化退火）和最终热处理（淬火+低温回火）。轴承钢淬火、回火后的组织为极细回火马氏体和分布均匀的细小碳化物以及少量的残留奥氏体，回火后硬度为61～65 HRC。

7. 合金工具钢

合金工具钢按用途分为合金刃具钢、合金模具钢、合金量具钢。

（1）合金刃具钢　合金刃具钢是用来制造各种切削刀具的钢，如车刀、铣刀、钻头等，对合金刃具钢的性能要求是：高硬度、高耐磨性、高热硬性（热硬性是指钢在高温下保持高硬度的能力）、一定的韧性和塑性。

1）低合金刃具钢。为了保证高硬度和耐磨性，低合金刃具钢的碳的质量分数为0.75%～1.45%，加入的合金元素硅、铬、锰可提高钢的淬透性；硅、铬还可以提高钢的回火稳定性，使其一般在300℃以下回火后硬度仍保持在60HRC以上，从而保证一定的热硬性。钨在钢中可形成较稳定的特殊碳化物，基本上不溶于奥氏体，能使钢的奥氏体晶粒保持细小，增加淬火后钢的硬度，同时还可提高钢的耐磨性及热硬性。

刃具毛坯锻造后的预先热处理为球化退火，最终热处理采用淬火+低温回火，组织为细回火马氏体+粒状合金碳化物+少量残留奥氏体，硬度一般为 60HRC。

2）高速工具钢。高速工具钢是一种热硬性、耐磨性较高的高合金工具钢，它的热硬性高达 600℃，可以进行高速切削，故称为高速工具钢。高速工具钢具有高的强度、硬度、耐磨性及淬透性。

高速工具钢的成分特点是碳含量较高且含有大量形成碳化物的元素钨、钼、铬、钒、钴、铝等，碳的质量分数为 $w_C=0.70\%\sim1.65\%$，合金元素总量 $w_{Me}>10\%$。

因高速工具钢中的奥氏体稳定性很好，经锻造后空冷，也会发生马氏体转变。为了改善其切削加工性能，消除残余内应力，并为最终热处理做组织准备，必须进行退火。通常采用等温球化退火（即在 830~880℃范围内保温后，较快地冷却到 720~760℃范围内等温），退火后组织为索氏体及粒状碳化物，硬度为 210~250HBW。

高速工具钢正常淬火、回火后的组织为极细小的回火马氏体+较多的粒状碳化物及少量残留奥氏体，其硬度为 63~66HRC。

我国常用的高速工具钢有三类，钨系高速工具钢（W18Cr4V）、钨钼系高速工具钢（CW6Mo5Cr4V2、W6Mo5Cr4V2、W6Mo5Cr4V3、W9Mo3Cr4V 等）及超硬系高速工具钢（W18Cr4V2Co8、W6Mo5Cr4V2Al）。W18Cr4V 是钨系高速工具钢，其热硬性较高，过热敏感性较小，磨削性好，但碳化物较粗大，热塑性差，热加工废品率较高。W18Cr4V 钢适用于制造一般的高速切削刃具，但不适合制作薄刃的刃具。

（2）合金模具钢　根据工作条件的不同，模具钢又可分为冷作模具钢和热作模具钢。

1）冷作模具钢。冷作模具钢用于制造在室温下使金属变形的模具，如冲模、冷镦模、拉丝模、冷挤压模等。它们在工作时承受高的压力、摩擦与冲击，因此冷作模具要求具有高的硬度和耐磨性、较高的强度、足够的韧性和良好的工艺性。

常用来制作冷作模具的合金工具钢中有一部分为低合金工具钢，如 CrWMn、9CrWMn、9Mn2V、9SiCr、Cr2、9Cr2 等。尺寸比较大、工作载荷较重的冷作模具应采用淬透性比较高的低合金工具钢制造。对于尺寸不很大但形状复杂的冲模，为减少变形也应使用此类钢制造。对于要求热处理变形小的大型冷作模具，可采用高碳高铬模具钢（Cr12、Cr12MoV）制造。

2）热作模具钢。热作模具钢用来制作加热的固态金属或液态金属在压力下成形的模具。前者称为热锻模或热挤压模，后者称为压铸模。

由于模具承受载荷很大，要求强度高，模具在工作时往往还承受很大冲击，所以要求韧性好，综合力学性能好，同时又要求有良好的淬透性和耐热疲劳性能。

常用的热锻模具钢牌号是 5CrNiMo、5CrMnMo。5CrNiMo 钢具有良好的韧性、强度、耐磨性和淬透性。5CrNiMo 钢是世界通用的大型锤锻模用钢，适于制造形状复杂、受冲击载荷较大的大型及特大型锻模。5CrMnMo 钢以锰代镍，适于制造中型锻模。

3）压铸模钢。压铸模工作时与炽热金属接触时间较长，要求有较高的耐热疲劳性能，较高的导热性，良好的耐磨性和必要的高温力学性能。此外，还需要具有耐高温金属液腐蚀和冲刷的能力。

常用压铸模钢是 3Cr2W8V 钢，它具有高的热硬性和耐热疲劳性能。这种钢在 600~650℃下抗拉强度可达 1000~1200MPa，淬透性也较好。

近些年来，铝镁合金压铸模用钢还可用铬系热模具钢 4Cr5MoSiV（H11）及 4Cr5MoSiV1（H13），其中用 4Cr5MoSiV 钢制作的铝合金压铸模具，寿命要高于 3Cr2W8V 钢制作的模具。

（3）合金量具钢　合金量具钢是用于制造游标卡尺、螺旋测微器、量块、塞规等测量工件尺寸的工具用钢。

量具在使用过程中与工件接触，受到磨损与碰撞，因此要求工作部分有高的硬度（58～64 HRC）、耐磨性、尺寸稳定性和足够的韧性。

合金工具钢 9Mn2V、CrWMn 以及 GCr15 钢，由于淬透性好，用油淬造成的内应力比水淬的碳钢小，低温回火后残余内应力也较小；同时合金元素使马氏体分解温度提高，因而使组织稳定性提高，故在使用过程中的尺寸变化倾向较碳素工具钢小。对于要求高精度和形状复杂的量具，常用合金工具钢制造。

量具的最终热处理主要是淬火和低温回火，以获得高硬度和高耐磨性。对于高精度的量具，为保证尺寸稳定，在淬火与回火之间进行一次冷处理（-70～-80℃），以消除淬火后组织中的大部分残留奥氏体。对于精度要求特别高的量具，在淬火、回火后还需进行时效处理。时效温度一般为 120～130℃，时效时间为 24～36h，以进一步稳定组织，消除内应力。量具在精磨后还要进行 8h 左右的时效处理，以消除精磨过程中产生的内应力。

8. 特殊性能钢

特殊性能钢是指具有特殊的物理性能、化学性能的钢。其种类较多，常用的特殊性能钢有不锈钢、耐热钢和耐磨钢。

（1）不锈钢　在腐蚀性介质中具有抵抗腐蚀能力的钢，一般称为不锈钢。

1）金属腐蚀。腐蚀通常可分为化学腐蚀和电化学腐蚀两种类型。化学腐蚀指金属与周围介质发生纯化学作用的腐蚀，在腐蚀过程中没有微电流产生，例如钢的高温氧化、脱碳等。电化学腐蚀指金属在大气、海水及酸、碱、盐类溶液中产生的腐蚀，在腐蚀过程中有微电流产生。在这两种腐蚀中，危害最大的是电化学腐蚀。大部分金属的腐蚀都属于电化学腐蚀。

2）常用不锈钢。目前常用的不锈钢，按其组织状态主要分为马氏体型不锈钢、铁素体型不锈钢和奥氏体型不锈钢三大类。

① 马氏体型不锈钢。常用马氏体型不锈钢中碳的质量分数为 0.1%～0.4%，铬的含量为 w_{Cr}=11.50%～14.4%，属于铬不锈钢，通常指 Cr13 型不锈钢。碳的质量分数较低的 12Cr13 和 20Cr13 钢，具有良好的抗大气、海水、蒸汽等介质腐蚀的能力，塑性、韧性很好，适于制造在腐蚀条件下工作、受冲击载荷的结构零件，如汽轮机叶片、各种阀机泵等。这两种钢的常用热处理方法为淬火后高温回火，以得到回火索氏体组织。

含碳量较高的 30Cr13、68Cr17 钢，经淬火后低温回火，得到回火马氏体和少量碳化物，硬度可达 50HRC 左右，用于制造医疗手术工具、量具、弹簧、轴承及弱腐蚀条件下工作而要求高硬度的耐蚀零件。

② 铁素体型不锈钢。典型牌号有 10Cr17、10Cr17Mo 等。常用的铁素体型不锈钢中，w_C≤0.12%，w_{Cr}=12%～30%，这类钢从高温到室温，其组织均为单相铁素体组织，所以在退火和正火状态下使用，不能利用热处理来强化。其耐蚀性、塑性、焊接性均优于马氏体型不锈钢，但强度比马氏体型不锈钢低，主要用于制造耐蚀零件，广泛用于硝酸和氮肥制造设备中。

③ 奥氏体型不锈钢。这类钢 $w_{Cr}=17\%\sim19\%$，$w_{Ni}=8\%\sim11\%$，故简称 18-8 型不锈钢。其典型牌号有 06Cr19Ni10、12Cr18Ni9、06Cr18Ni11Ti、022Cr17Ni12Mo2 钢等。这类钢中碳的质量分数不能过高，否则易在晶间析出碳化物 $(Cr、Fe)_{23}C_6$ 而引起晶间腐蚀，使钢中铬含量降低而产生贫铬区，故其碳的质量分数一般控制在 0.10%左右，有时甚至控制在 0.03%左右。有晶间腐蚀的钢，稍受力即沿晶界开裂或粉碎。

由于铬镍不锈钢中铬、镍的含量高，且为单相组织，故其耐蚀性好。它不仅能抵抗大气、海水、燃气的腐蚀，而且能抵抗酸的腐蚀，抗氧化温度可达 850℃，具有一定的耐热性。铬镍不锈钢没有磁性，故用它制造的电器、仪表零件，不受周围磁场及地球磁场的影响。又由于塑性很好，可以顺利进行冷、热压力加工。

（2）耐热钢　耐热钢是抗氧化钢和热强钢的总称。

耐热钢的耐热性包括高温抗氧化性和高温强度两方面的综合性能。高温抗氧化性是指钢在高温下阻碍氧化作用的能力；而高温强度是指钢在高温下承受机械载荷的能力，即热强性。因此，耐热钢既要求高温抗氧化性能好，又要求高温强度高。

常用的耐热钢，按正火状态下的组织不同主要有珠光体钢（15CrMo、12CrMo、35CrMo）、马氏体钢（12Cr13、13Cr13Mo、14Cr11MoV、15Cr12WMoV、42Cr9Si2、40Cr10Si2Mo）和奥氏体钢（06Cr19Ni10、06Cr18Ni11Ti、45Cr14Ni14W2Mo）三类。

（3）耐磨钢　耐磨钢是指在冲击和磨损条件下使用的高锰钢。

高锰钢的主要成分是 $w_C=0.9\%\sim1.5\%$，$w_{Mn}=11\%\sim14\%$。经热处理后得到单相奥氏体组织，由于高锰钢极易冷变形强化，切削加工困难，故基本上是铸造成形后使用。

高锰钢铸件的牌号，前面的“ZG”代表“铸钢”二字汉语拼音首字母，其后三位数为以万分表示的碳的平均质量分数；之后为锰及其他合金元素的符号及其名义质量分数。

1.1.4　非铁金属

1. 工业纯铝和铝合金

（1）工业纯铝　纯铝为面心立方晶格结构，无同素异构转变；呈银白色；塑性好（$Z=80\%$），强度低（$R_m=80\sim100$ MPa），一般不能作为结构材料使用，可经冷塑性变形强化。铝的密度较小（约 2.7×10^3kg/m^3），仅为铜的三分之一；熔点 660℃；磁化率低，接近非磁材料；导电、导热性好，仅次于银、铜、金而居第四位。在大气中铝的表面易生成一层致密的 Al_2O_3 薄膜而阻止进一步的氧化，故其耐大气腐蚀能力较强。根据上述特点，纯铝主要用于制作电线、电缆，配制各种铝合金以及制作要求质轻、导热或耐大气腐蚀但强度要求不高的器具。按 GB/T 16474—2011 规定，铝材的牌号有 1070A、1060、1050A、1035、1200 等（即化学成分近似于原牌号 L1、L2、L3、L4、L5）。

（2）铝合金　由于纯铝的强度低，向铝中加入硅、铜、镁、锌、锰等合金元素制成铝合金，则具有较高的强度，并且还可用变形或热处理方法进一步提高强度，故铝合金可作为结构材料用于制造承受一定载荷的结构零件。

根据成分及工艺特点，铝合金可分为变形铝合金和铸造铝合金两类。铝合金相图的一般类型如图 1-22 所示，凡合金成分位于 D 点左边的合金，在加热时能形成单相固溶体组织，这类合金塑性较高，适于压力加工，故称为变形铝合金，如 5A05、3A21、2A01、2A11、2A12、7A04、2A50 等。合金成分位于 D 点以右的合金，都具有低熔点共晶组织，流动性好，塑性低，适于铸造而不适于压力加工，故称为铸造铝合金。对于变形铝合金来说，成分位于 *F* 点左边的合金，其固溶体的成分不随温度的变化而变化，故不能采用热处理强化，称为不能热处理强化的铝合金。成分在 *F* 与 *D* 点之间的合金，其固溶体成分随温度的变化而改变，可用热处理来强化，故称为能热处理强化的铝合金。

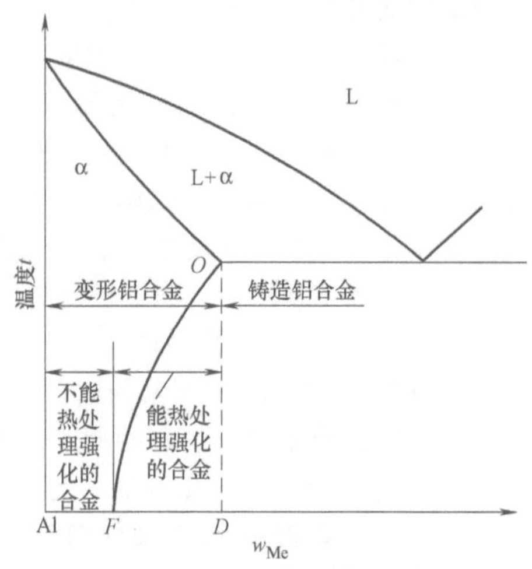

图 1-22 铝合金相图的一般类型

铸造铝合金的代号由“ZL”（“铸铝”二字汉语拼音的首字母）及其后面的三位数字组成，ZL 后面第一位数字表示合金的系列，其中 1、2、3、4 分别表示铝硅、铝铜、铝镁、铝锌系列合金，ZL 后面第二、三位数字表示合金的顺序号。优质合金在其代号后附加字母“A”。常用铝合金代号如 ZL101（ZAlSi7Mg）、ZL102（ZAlSi12）、ZL105（ZAlSi5Cu1Mg）、ZL108（ZAlSi12Cu2Mg1）、ZL201（ZAlCu5Mn）、ZL202（ZAlCu10）、ZL301（ZAlMg10）、ZL401（ZAlZn11Si7）。

2. 工业纯铜和铜合金

（1）工业纯铜　铜是贵重非铁金属，是人类应用最早和最广的一种非铁金属，其全世界产量仅次于钢和铝。工业纯铜又称紫铜，密度为 8.96×10^3kg/m^3，熔点为 1083℃。纯铜具有良好的导电、导热性，其晶体结构为面心立方晶格，因而塑性好，容易进行冷热加工。同时纯铜有较高的耐蚀性，在大气、海水及不少酸类物质中皆耐蚀。但其强度低，强度经冷变形后可以提高，但塑性显著下降。

工业纯铜按杂质含量可分为 T1、T2、T3 三种。“T”为铜的汉语拼音字首，其后数字越大，纯度越低。如 T1 的 $w_{Cu}=99.95\%$，而 T3 的 $w_{Cu}=99.70\%$，其余为杂质含量。纯铜一般不作结构材料使用，主要用于制造电线、电缆、导热零件及配制铜合金。

（2）黄铜　黄铜是以锌为主要合金元素的铜锌合金，按化学成分分为普通黄铜和特殊黄铜两类。

普通黄铜是由铜与锌组成的二元合金。它的色泽美观，对海水和大气腐蚀有很好的抗力。当 $w_{Zn}<32\%$时为单相黄铜，单相黄铜塑性好，适宜于冷、热压力加工；当 $w_{Zn}\geq32\%$时，组成双相黄铜，适宜于热压力加工。

普通黄铜的代号用“H”（黄的汉语拼音字首）+数字表示，数字表示铜的平均质量分数。H80 色泽好，可以用来制造装饰品，故有“金色黄铜”之称。H70 强度高，塑性好，可用深冲压的方法制造弹壳、散热器、垫片等零件，故有“弹壳黄铜”之称。H62、H59 具有较高的强度与耐蚀性，且价格便宜，主要用于热压、热轧零件。

为改善黄铜的某些性能，常加入少量 Al、Mn、Sn、Si、Ni 等合金元素，形成特殊黄铜。特殊黄铜的代号是在“H”之后标以主加元素的化学符号，并在其后标以铜及合金元素的质量分数。例如 HPb59-1 表示 $w_{Cu}=59\%$、$w_{Pb}=1\%$，余量为 Zn 的铅黄铜。

（3）青铜　青铜原指人类历史上应用最早的一种 Cu-Sn 合金。但逐渐地把除锌以外的其他元素的铜基合金也称为青铜。所以青铜包含锡青铜、铝青铜、铍青铜、硅青铜和铅青铜等。青铜的代号为“Q（青）+主加元素符号及其质量分数+其他元素符号及质量分数”。铸造青铜则在代号（牌号）前加“ZCu”。

锡青铜是以 Sn 为主加元素的铜合金，我国古代遗留下来的钟、鼎、镜、剑等就是用这种合金制成的，至今已有几千年的历史，仍完好无损。锡青铜铸造时，流动性差，易产生分散缩孔及铸件致密性不高等缺陷，但它在凝固时体积收缩小，不会在铸件某处形成集中缩孔，故适用于铸造对外形尺寸要求较严格的零件。锡青铜的耐蚀性比纯铜和黄铜都高，特别是在大气、海水等环境中。耐磨性也高，多用于制造轴瓦、轴套等耐磨零件。常用锡青铜牌号有 QSn4-3、QSn6.5-0.1、ZCuSn10P1。

铝青铜是以 Al 为主加元素的铜合金，它不仅价格低廉，且强度、耐磨性、耐蚀性及耐热性比黄铜和锡青铜都高，还可进行热处理（淬火、回火）强化。当 Al 的质量分数小于 5%时，铝青铜强度很低，塑性高；当 Al 的质量分数达到 12%时，塑性已很差，加工困难。故实际应用的铝青铜中 Al 的质量分数一般在 5%~10%之间。当 $w_{Al}=5\%\sim7\%$时，塑性最好，适于冷变形加工。当 $w_{Al}=10\%$时，常用于铸造。常用铝青铜代号有 QAl7，铝青铜在大气、海水、碳酸及大多数有机酸中具有比黄铜和锡青铜更高的耐蚀性，因此铝青铜是无锡青铜中应用最广的一种，也是锡青铜的重要代用品，缺点是其焊接性能较差。铸造铝青铜常用来制造强度及耐磨性要求较高的摩擦零件，如齿轮、轴套、蜗轮等。

铍青铜的含 Be 量很低，$w_{Be}=1.7\%\sim2.5\%$，Be 在 Cu 中的溶解度随温度而变化，故它是唯一可以固溶时效强化的铜合金，经固溶处理及人工时效后，其性能可达 $R_m=1200\text{MPa}$，$A=2\%\sim4\%$，330~400HBW。铍青铜还有较高的耐蚀性和导电、导热性，无磁性。此外，铍青铜有良好的工艺性，可进行冷、热加工及铸造成型，通常用于制作弹性元件及钟表、仪表、罗盘仪器中的零件，电焊机电极等。

3. 钛及其合金

钛及其合金质量轻，比强度高，耐蚀性良好，还有很高的耐热性，实际应用的热强钛合金工作温度可达 400~500℃，因而钛及其合金已成为航空、航天、机械工程、化工、冶金工业中不可缺少的材料。但由于钛在高温中异常活泼，熔点高，熔炼、浇注工艺复杂且价格昂贵，成本较高，因此使用受到一定限制。

（1）纯钛　纯钛是灰白色轻金属，密度为 4.54g/cm^3，熔点为 1668℃，固态下有同素异晶转变，在 882.5℃以下为 α-Ti（密排六方晶格），882.5℃以上为 β-Ti（体心立方晶格）。

纯钛的常用牌号有 TA0、TA1、TA2、TA3。TA0 为高纯钛，仅在科学研究中应用，其余三种均含有一定量的杂质，称工业纯钛。

纯钛焊接性能好，低温韧性好，强度低，塑性好，易于冷压力加工。

（2）钛合金　钛合金可分为三类：α 钛合金（TA5、TA6、TA7、TA8 等）、β 钛合金（TB2、TB3 等）和（α-β）钛合金（TC1、TC2、TC4、TC6、TC9、TC10 等）。我国的钛合金牌号以 TA、TB、TC 后面附加顺序号表示。

1.2 钢的热处理

1.2.1 概述

钢的热处理是指将钢在固态下进行加热、保温和冷却，以改变其内部组织，从而获得所需要性能的一种工艺方法。

热处理的目的是显著提高钢的力学性能，发挥钢材的潜力，提高工件的使用性能和寿命，还可以用于消除毛坯（如铸件、锻件等）中的缺陷，改善其工艺性能，为后续工序做组织准备。随着工业和科学技术的发展，热处理在改善和强化金属材料、提高产品质量、节省材料和提高经济效益等方面将发挥更大的作用。

钢的热处理种类很多，根据加热和冷却方法不同，大致分类如下：

热处理
- 整体热处理：退火、正火、淬火、回火、调质等
- 表面热处理：表面淬火和回火、物理气相沉积、离子注入等
- 化学热处理：渗碳、渗氮、碳氮共渗等

1. 钢在加热时的组织转变

在 $Fe\text{-}Fe_3C$ 相图中，共析钢加热温度超过 PSK 线（A_1）时，其组织完全转变为奥氏体。亚共析钢和过共析钢必须加热到 GS 线（A_3）和 ES 线（A_{cm}）以上才能全部转变为奥氏体。相图中的平衡临界线 A_1、A_3、A_{cm} 是碳钢在极缓慢加热或冷却情况下测定的。在实际生产中，加热和冷却并不是极其缓慢的。加热转变在平衡临界点以上进行，冷却转变在平衡临界点以下进行。加热和冷却速度越大，偏离平衡临界点的程度也越大。为了区别于平衡临界点，通常将实际加热时各临界线标为 Ac_1、Ac_3、Ac_{cm}，实际冷却时各临界线标为 Ar_1、Ar_3、Ar_{cm}，如图 1-23 所示。

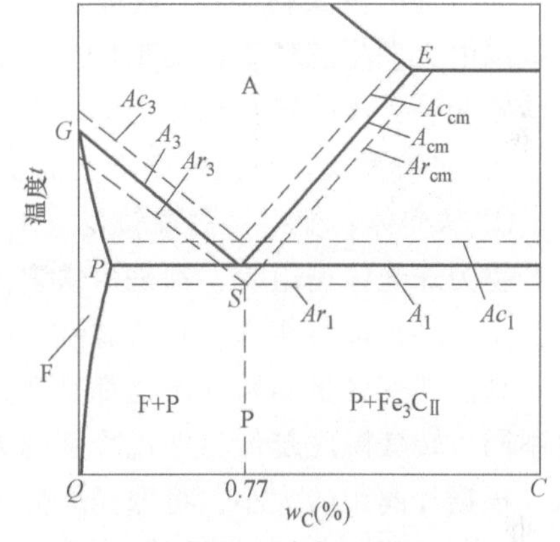

图 1-23　加热（冷却）时 $Fe\text{-}Fe_3C$ 相图中各临界线的位置

由 $Fe\text{-}Fe_3C$ 相图可知，任何成分的碳钢加热到相变点 Ac_1 以上都会发生珠光体向奥氏体的转变，通常把这种转变过程称为奥氏体化。

钢在加热时，奥氏体的晶粒大小直接影响热处理后钢的性能。加热时奥氏体晶粒细小，冷却后组织也细小；反之，组织则粗大。钢材晶粒细化，既能有效地提高强度，又能明显提高塑性和韧性，这是其他强化方法所不及的。因此，在选用材料和热处理工艺上，如何获得细的奥氏体晶粒，对工件使用性能和质量都具有重要意义。

2. 钢在冷却时的组织转变

冷却过程是热处理的关键工序，它决定着钢热处理后的组织与性能。在实际生产中，钢在热处理时采用的冷却方式通常有两种：一种是等温冷却；另一种是连续冷却。

（1）过冷奥氏体的等温转变　奥氏体在临界温度以上时是一稳定相，能够长期存在而不转变。一旦冷却到临界温度以下，则处于热力学的不稳定状态，称为“过冷奥氏体”，它总是要转变为稳定的新相。过冷奥氏体等温转变反映了过冷奥氏体在等温冷却时组织转变的规律。

1）过冷奥氏体的等温转变图。从图 1-24 可见，由过冷奥氏体开始转变点连接起来的曲线称为等温转变开始线；由转变终了点连接起来的曲线称为等温转变终了线。由于曲线形状颇似字母“C”，故也称为“C 曲线”。图 1-24 中 A_1 以下转变开始线以左的区域是过冷奥氏体区；A_1 以下转变终了线以右和 M_s 点以上的区域为转变产物区；在转变开始线与转变终了

线之间的区域为过冷奥氏体和转变产物共存区。M_s 线和 M_f 线分别是马氏体转变开始线和终了线。

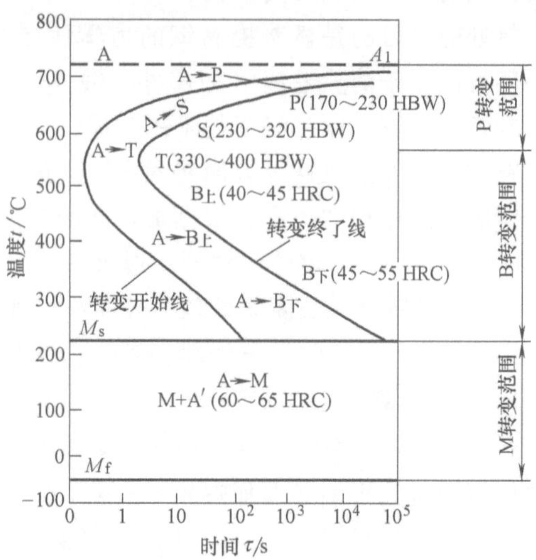

图 1-24　共析钢等温转变图及转变产物

过冷奥氏体在各温度下的等温转变并非瞬间就开始的，而是经过一段“孕育期”（即转变开始线与纵坐标的水平距离）。孕育期的长短反映了过冷奥氏体稳定性的大小，孕育期最短处，过冷奥氏体最不稳定，转变最快，这里被称为等温转变图的“鼻端”。在靠近 A_1 和 M_s 线的温度，孕育期较长，过冷奥氏体稳定性较大，转变速度也较慢。

共析钢的奥氏体在 A_1 温度以下不同温度范围内会发生三种不同类型的转变，即珠光体转变、贝氏体转变和马氏体转变。

2）过冷奥氏体等温转变产物的组织与性能。

① 珠光体转变——高温转变（A_1～550 ℃）。在 A_1～550 ℃ 温度区间，过冷奥氏体的转变产物为珠光体型组织，都是由铁素体和渗碳体的层片组成的机械混合物。奥氏体向珠光体转变是一种扩散型相变，它通过铁、碳原子的扩散和晶格改组来实现。

高温转变区虽然转变产物都是珠光体，但由于过冷度不同，铁素体和渗碳体的片层间距也不同。转变温度越低，即过冷度越大，片间距越小，其塑性变形抗力越大，强度和硬度越高。根据片间距的大小，将珠光体分为以下三种。

a）珠光体。过冷奥氏体在 A_1～650℃之间等温转变，形成粗片状（片间距 $d>0.4\mu m$）珠光体，一般在光学显微镜下放大 500 倍才能分辨出片层状特征，其硬度大约为 170～230HBW，以符号 P 表示。

b）索氏体。过冷奥氏体在 650～600℃之间等温转变为细片状（$d=0.2\sim0.4\mu m$）珠光体，称为索氏体，以符号 S 表示。它要在高倍（1000 倍以上）显微镜下才能分辨出片层状特征，硬度大约为 230～320HBW。

c）屈氏体。过冷奥氏体在 600～550℃之间等温转变为极细片状（$d<0.2\mu m$）珠光体，称为屈氏体，以符号 T 表示。它只能在电子显微镜下放大 2000 倍以上才能分辨出片层状结构，硬度为 35～40 HRC。

上述珠光体、索氏体、屈氏体三种组织，在形态上只有厚薄片之分，并无本质区别，统称为珠光体型组织。

② 贝氏体转变——中温转变（550℃～M_s）。共析成分的奥氏体过冷到等温转变图“鼻端”到 M_s 线的区域，即 550～230℃的温度范围，将发生奥氏体向贝氏体的转变。贝氏体以符号 B 表示。贝氏体是由过饱和碳的铁素体与碳化物组成的两相机械混合物。奥氏体向贝氏体转变时，由于转变温度低，即过冷度较大，此时铁原子已不能扩散，碳原子也只能进行短距离扩散，结果一部分碳以渗碳体或碳化物的形式析出，一部分仍留在铁素体中，形成过饱和铁素体，即得到贝氏体。贝氏体转变属于半扩散型转变，又称中温转变。

③ 马氏体转变——低温转变（M_s 以下）。奥氏体被迅速冷却至 M_s 温度以下便发生马氏体转变。马氏体以符号 M 表示。马氏体转变不属于等温转变，而是在极快的连续冷却过程中形成的。

3）亚共析钢与过共析钢的过冷奥氏体的等温转变。亚共析钢在过冷奥氏体转变为珠光体之前，首先析出先共析相（铁素体），所以在等温转变图上还有一条铁素体析出线，如图 1-25 所示。

过共析钢在过冷奥氏体转变为珠光体之前，首先析出先共析相（二次渗碳体），所以等温转变图上还有一条二次渗碳体析出线，如图 1-26 所示。

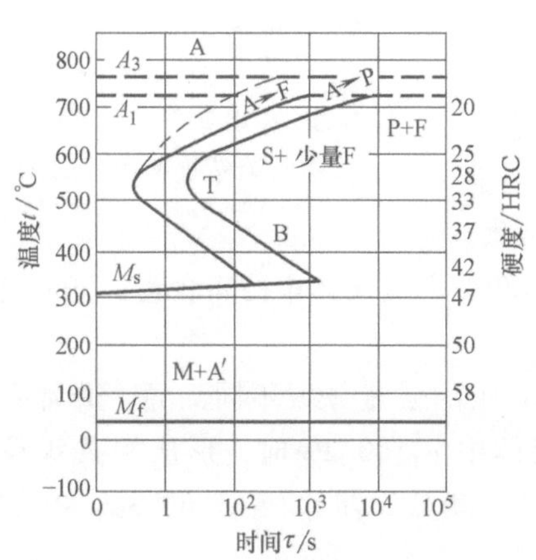

图 1-25 亚共析钢等温转变图

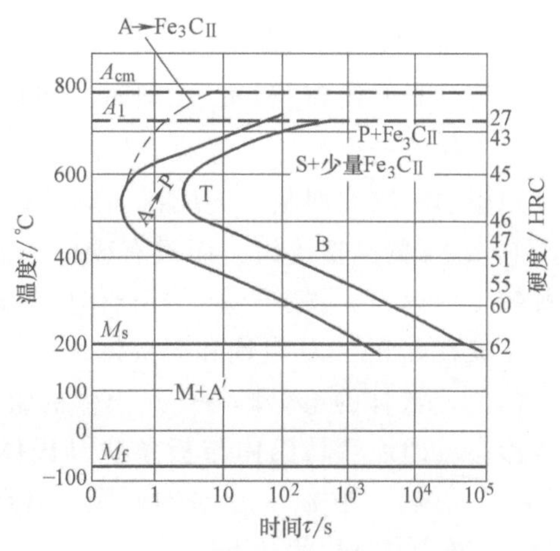

图 1-26 过共析钢等温转变图

（2）过冷奥氏体的连续冷却组织转变

1）连续冷却组织转变图。在实际生产中，过冷奥氏体大多是在连续冷却中转变的，这就需要测定和利用过冷奥氏体连续冷却组织转变图。图 1-27 即为共析钢连续冷却组织转变图，其中没有出现贝氏体转变区，即共析钢连续冷却时得不到贝氏体组织。连续冷却转变的组织和性能取决于冷却速度。采用炉冷或空冷时，转变可以在高温区完成，得到的组织为珠光体和索氏体。采用油冷时，过冷奥氏体在高温下只有一部分转变为屈氏体，另一部分却要冷却到 M_s 点以下转变为马氏体组织，即得到屈氏体和马氏体的混合组织。采用水冷时，因冷却速度很快，冷却曲线不能与转变开始线相交，不能形成珠光体组织，过冷到 M_s 点以下转变成为马氏体组织。v_K 是奥氏体全部过冷到 M_s 点以下转变为马氏体的最小冷却速度，通常称为临界淬火冷却速度。

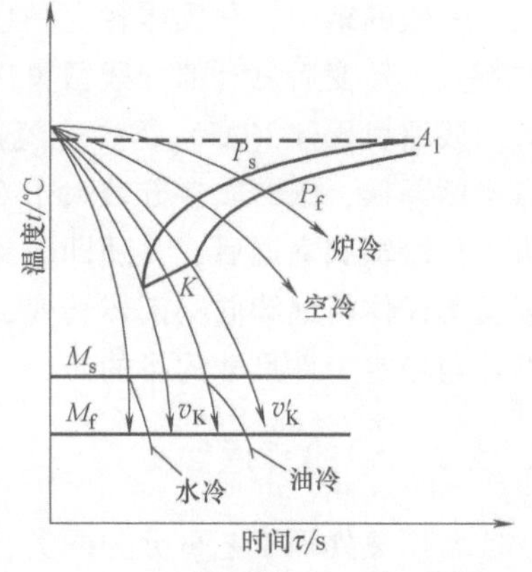

图 1-27 共析钢连续冷却组织转变图

2）过冷奥氏体等温转变图在连续冷却中的应用。过冷奥氏体连续冷却组织转变图测定困难，目前生产中还常应用过冷奥氏体等温转变图来近似地分析过冷奥氏体在连续冷却中的组织转变。图 1-28 是在共析钢的等温转变图上估计连续冷却时组织转变的情况。v_1 冷却速度相当于炉冷，与等温转变图约交于 700~650℃附近，可以判断是发生珠光体转变，最终组织为珠光体，其硬度为 170~230HBW。v_2 冷却速度相当于空冷，大约在 650~600℃发生组织转变，可判断其转变产物是索氏体，硬度为 230~320HBW。v_3 冷却速度相当于油中淬火，一部分奥氏体转变为屈氏体，其余奥氏体在 M_s 点以下转变为马氏体，最终产物为屈氏体和马氏体，其硬度为 45~47HRC。v_4 冷却速度相当于水中淬火，冷却至 M_s 点以下转变为马氏体，其硬度为 60~65HRC。

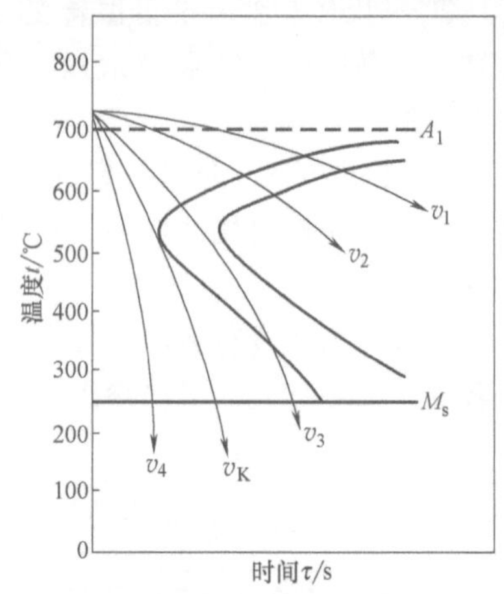

图 1-28　应用等温转变图分析奥氏体在连续冷却中的组织转变

3. 马氏体转变

当转变温度在 M_s 和 M_f 之间时，即有马氏体组织转变。马氏体的转变过冷度极大，转变温度很低，铁原子和碳原子的扩散被抑制，奥氏体向马氏体转变时只发生 γ-Fe 向 α-Fe 的晶格改组，而没有碳原子的扩散。因此，这种转变也称非扩散型转变。马氏体中的碳含量就是转变前奥氏体中的碳含量，则马氏体实质上是碳在 α-Fe 中的过饱和固溶体。

（1）马氏体的组织形态　马氏体的组织形态因其碳的质量分数不同而异。通常有两种基本形态，即片状马氏体与板条状马氏体。当奥氏体中 $w_C<0.2\%$时，形成板条状马氏体（低碳马氏体）。当 $w_C>1.0\%$时，则为片状马氏体（高碳马氏体）。当 $1.0\%>w_C>0.2\%$时，为板条状马氏体+片状马氏体。

（2）马氏体的性能　马氏体的强度与硬度主要取决于马氏体中碳的质量分数。随着马氏体中碳的质量分数增加，其强度与硬度也随之增加。马氏体强化的主要原因是由于过饱和碳原子引起的晶格畸变，即固溶强化。马氏体的塑性与韧性随碳的质量分数增高而急剧降低。板条状马氏体的塑性、韧性相当好，是一种强韧性优良的组织。

一般的钢中，马氏体转变是在不断降温（M_s~M_f）中进行的，而且转变具有不完全性的特点，转变后总有部分残留奥氏体存在。钢中碳的质量分数越高，M_s、M_f 温度越低，淬火后残留奥氏体（A′）越多。随着碳的质量分数或合金元素（除 Co 外）增加，马氏体转变点不断降低，碳的质量分数大于 0.5%的碳钢和许多合金钢的 M_f 都在室温以下。如果将淬火工件冷却到室温后，又随即放到零下温度的冷却介质中冷却（如干冰+酒精、液态氧等），残留奥氏体将继续向马氏体转变，这种热处理工艺称为冷处理。冷处理可达到提高硬度、耐磨性与稳定工件尺寸的目的。

1.2.2　钢的普通热处理

常用热处理工艺可分为两类：预先热处理和最终热处理。预先热处理可消除坯料、半成品中的某些缺陷，为后续的冷加工和最终热处理做组织准备。最终热处理使工件获得所要求的性能。退火与正火主要用于钢的预先热处理，其目的是为了消除和改善前一道工序（铸、锻、焊）所造成的某些组织缺陷及内应力，也为随后的切削加工及热处理做好组织和性能上的准备。退火与正火除经常作为预先热处理工序外，对一般铸件、焊接件以及一些性能要求不高的工件，也可作为最终热处理。各种退火与正火温度的工艺示意图如图 1-29 所示。

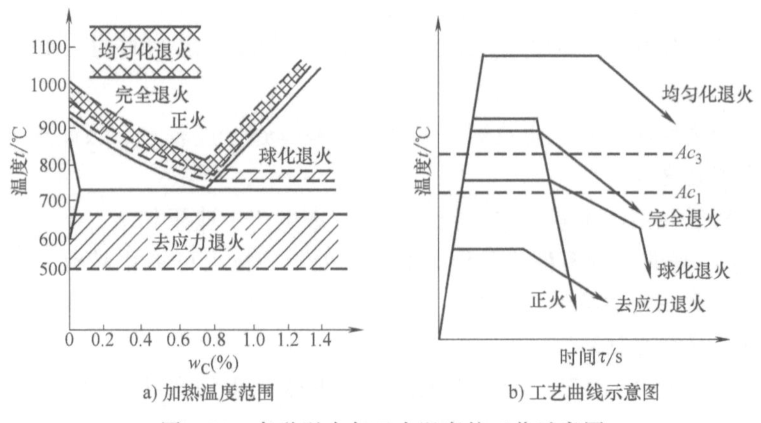

图 1-29　各种退火与正火温度的工艺示意图

1. 钢的退火

根据钢的成分、退火工艺与目的不同，退火常分为完全退火、球化退火、等温退火、均匀化退火、去应力退火和再结晶退火等。

（1）完全退火　完全退火首先是把亚共析钢加热到 Ac_3 以上 30~50℃，保温一段时间，随炉（或埋入干砂、石灰中）缓慢冷却，以获得接近平衡组织的热处理工艺。

完全退火主要用于亚共析碳钢和合金钢的铸件、锻件、焊接件等。其目的是细化晶粒，消除内应力，降低硬度，改善切削加工性能等。

（2）球化退火　球化退火是使钢中碳化物球状化而进行的退火工艺。一般球化退火是把过共析钢加热到 Ac_1 以上 10~20℃，保温一定时间后缓慢冷却到 600℃以下出炉空冷的一种热处理工艺。

球化退火主要用于过共析成分的碳钢和合金工具钢。加热温度只使部分渗碳体溶解到奥氏体中，在随后的缓慢冷却过程中形成在铁素体基体上分布球状渗碳体的组织，这种组织称为球化体（球状珠光体）。球化退火的目的是使二次渗碳体及珠光体中的片状渗碳体球状化，从而降低硬度，改善切削加工性能，并为淬火做好组织准备。

若钢的原始组织中存在严重渗碳体网，应采用正火将其消除后再进行球化退火。

（3）等温退火　对于奥氏体比较稳定的钢，完全退火全过程所需的时间长达数十小时，为缩短整个退火周期，可采用等温退火。其目的与完全退火、球化退火相同。但等温退火能得到更均匀的组织与硬度，而且显著缩短生产周期，主要用于高碳钢、合金工具钢和高合金钢。

（4）均匀化退火　合金钢铸锭在结晶过程中，往往易于形成较严重的枝晶偏析。为了消除铸造结晶过程中产生的枝晶偏析，使成分均匀化，改善性能，需要进行均匀化退火。均匀化退火是把合金钢铸锭或铸件加热到 Ac_3 以上 150~200℃，保温 10~15h 后缓慢冷却的热处理工艺。由于加热温度高、时间长，会引起奥氏体晶粒的严重粗化，因此一般还需要进行一次完全退火或正火。

（5）去应力退火　去应力退火是为了去除锻件、焊件、铸件及机加工工件中的残余应力而进行的退火。去应力退火时，将工件缓慢加热到 Ac_1 以下 100~200℃，保温一定时间后随炉慢冷至 200℃，再出炉冷却。去应力退火是一种无相变的退火。

2. 钢的正火

将钢材或钢件加热到 Ac_3 或 Ac_{cm} 以上 30~50℃，保温一定的时间，出炉后在空气中冷却的热处理工艺称为正火。

正火与退火的主要区别是：正火的冷却速度较快，过冷度较大，因此正火后所获得的组织比较细，强度和硬度高一些。

正火是成本较低和生产率较高的热处理工艺。在生产中应用如下。

1）对于要求不高的结构零件，可作为最终热处理。正火可细化晶粒，正火后组织的力学性能较高。而大型或复杂零件淬火时，可能有开裂危险，所以正火可作为普通结构零件或大型、复杂零件的最终热处理。

2）改善低碳钢的切削加工性能。正火能减少低碳钢中的先共析相（铁素体），提高珠光体的量，细化晶粒，所以能提高低碳钢的硬度，改善其切削加工性能。

3）作为中碳结构钢的较重要工件的预先热处理。对于性能要求较高的中碳结构钢，正火可消除由于热加工造成的组织缺陷，且硬度处在 160~230HBW 范围内，具有良好的切削加工性能，并能减少工件在淬火时的变形与开裂，提高工件质量。为此，正火常作为较重要工件的预先热处理。

4）消除过共析钢中的二次渗碳体网。正火可消除过共析钢中的二次渗碳体网，为球化退火做组织准备。

3. 钢的淬火

淬火是将钢件加热到 Ac_3 或 Ac_1 以上 30~50℃，保温一定时间，然后以适当速度（大于淬火临界冷却速度）冷却获得马氏体和（或）贝氏体组织的热处理工艺。

淬火的目的是为了得到马氏体组织。再经回火后，可使工件获得良好的使用性能，以充分发挥材料的潜力。

（1）钢的淬火工艺

1）淬火加热温度的选择。碳钢的淬火加热温度由 $Fe\text{-}Fe_3C$ 相图来确定，如图 1-30 所示。

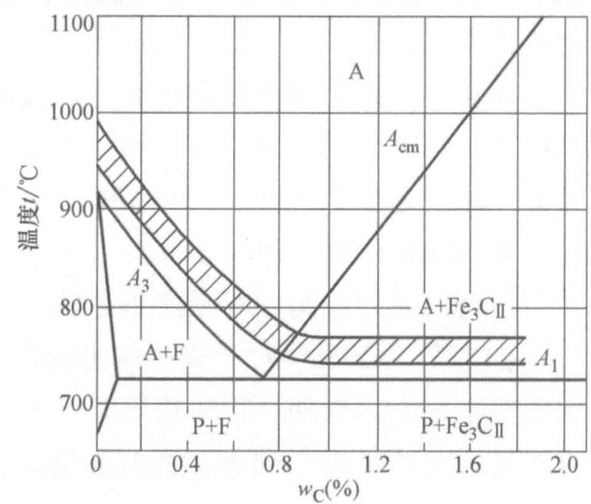

图 1-30　碳钢的淬火加热温度范围

亚共析钢的淬火加热温度为 Ac_3 以上 30~50℃。

共析钢和过共析钢的淬火加热温度为 Ac_1 以上 30~50℃。

对于含有阻碍奥氏体晶粒长大的强碳化物形成元素（如钛、铌、锆等）的合金钢，淬火温度可以高一些，以加速碳化物的溶解，获得较好的淬火效果。而对于促进奥氏体长大元素（如锰等）含量较高的合金钢，淬火加热温度则应低一些，以防止晶粒粗大。

2）淬火冷却介质。目前常用的淬火冷却介质有水、油和盐浴。水最便宜，而且在 650~550℃ 范围内具有很大的冷却能力；但在 300~200℃ 时也能很快冷却，所以容易引起工件的变形与开裂，这是水的最大缺点，但目前仍是碳钢的最常用淬火介质。

油也是最常用的淬火介质，生产上多用各种矿物油。油的优点是在 300~200℃ 范围内冷却能力低，这有利于减少工件的变形。其缺点是在 650~550℃ 范围内冷却能力也低，不适用于碳钢，所以油一般只用作合金钢的淬火介质。

为了减少工件淬火时的变形，可采用盐浴作为淬火介质，如熔化的 $NaNO_3$、KNO_3 等，主要用于贝氏体等温淬火、马氏体分级淬火。其特点是沸点高，冷却能力介于水与油之间，常用于处理形状复杂、尺寸较小和变形要求严格的工件。

为了寻求较理想的淬火介质，已发展新型淬火介质如聚醚水溶液、聚乙烯醇水溶液等。

（2）淬火方法　常用淬火方法有以下几种。

1）单介质淬火。将淬火加热后的钢件在一种冷却介质中冷却，称为单介质淬火，如图1-31 曲线①所示。例如碳钢在水中淬火；合金钢或尺寸很小的碳钢工件在油中淬火。

单介质淬火操作简单，易实现机械化、自动化，应用广泛。缺点是：水淬容易变形或开裂；油淬大型零件容易产生硬度不足现象。

2）双介质淬火。将淬火加热后的钢件先淬入一种冷却能力较强的介质中，在钢件还未到达该淬火介质温度时即取出，马上再淬入另一种冷却能力较弱的介质中冷却，称为双介质淬火，如图1-31 曲线②所示。例如先水后油的双介质淬火法。

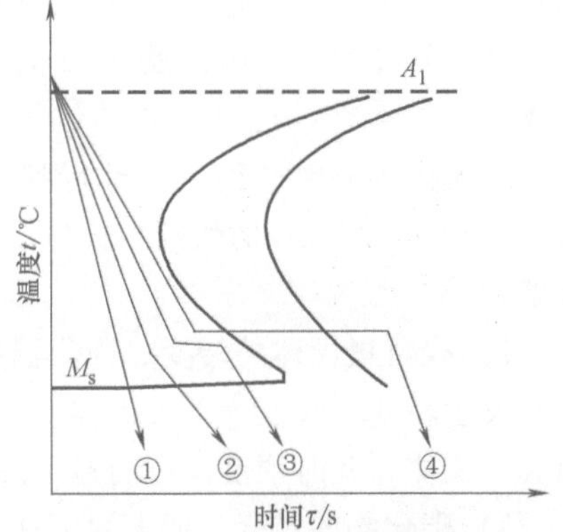

图 1-31　常用淬火方法示意图

①—单介质淬火　②—双介质淬火

③—马氏体分级淬火　④—贝氏体等温淬火

双介质淬火的目的是使过冷奥氏体在缓慢冷却条件下转变成马氏体，以减少热应力与相变应力，从而减少变形、防止开裂。这种工艺的缺点是不易掌握从一种淬火介质转入另一种淬火介质的时间，要求有熟练的操作技艺。它主要用于形状中等复杂的高碳钢和尺寸较大的合金钢工件。

3）马氏体分级淬火。将淬火加热后的钢件，迅速淬入温度稍高或稍低于 M_s 点的硝盐浴或碱浴中冷却，在介质中短时间停留，待钢中内外层达到介质温度后取出空冷，以获得马氏体组织。这种工艺特点是在钢件内外温度基本一致时，使过冷奥氏体在缓冷条件下转变成马氏体，从而减少变形，如图1-31 曲线③所示。这种工艺的缺点是：由于钢在盐浴和碱浴中冷却能力不足，只适用于尺寸较小的零件。

4）贝氏体等温淬火。将淬火加热后的钢件迅速淬入温度稍高于 M_s 点的硝盐浴或碱浴中，保持足够长时间，直至过冷奥氏体完全转变为下贝氏体，然后在空气中冷却，如图 1-31 曲线④所示。下贝氏体的硬度略低于马氏体，但综合力学性能较好，因此在生产中被广泛应用，如用于一般弹簧、螺栓、小齿轮、轴、丝锥等的热处理。

5）局部淬火。如果工件只是局部要求高硬度，可将工件整体加热后进行局部淬火。为了避免工件其他部分产生变形和开裂，也可局部进行淬火。

4. 钢的回火

将淬火钢重新加热到 Ac_1 点以下的某一温度，保温一定时间后冷却到室温的热处理工艺称为回火。一般淬火件必须经过回火才能使用。

（1）回火的目的

1）获得工件所要求的力学性能。工件淬火后得到的马氏体组织硬度高、脆性大，为了满足各种工件的性能要求，可以通过回火调整硬度、强度、塑性和韧性。

2）稳定工件尺寸。淬火马氏体和残留奥氏体都是不稳定组织，它们具有自发地向稳定组织转变的趋势，因而将引起工件形状与尺寸的改变。通过回火可使淬火组织转变为稳定组织，从而保证在使用过程中不再发生形状与尺寸的改变。

3）降低脆性，消除或减少内应力。工件在淬火后存在很大内应力，如不及时通过回火消除，会引起工件进一步的变形与开裂。

（2）淬火钢在回火时组织的转变　钢经淬火后，获得的马氏体与残留奥氏体是亚稳定相。在回火加热、保温中，都会向稳定的铁素体和渗碳体（或碳化物）两相组织转变。根据碳钢回火时的变化过程和形成的组织，一般回火分为四个转变。

1）马氏体分解。在100℃以下，淬火钢内部组织的变化并不明显，硬度基本上也不下降。当回火温度大于100℃时，马氏体开始分解，马氏体中的碳以ε碳化物（$Fe_{2.4}C$）形式析出，使马氏体中碳的过饱和度降低，晶格畸变度减弱，内应力有所下降，析出的ε碳化物不是一个平衡相，而是向Fe_3C转变的过渡相。

这一转变的回火组织是由过饱和α固溶体与ε碳化物所组成，这种组织称为回火马氏体。

马氏体的分解过程一直进行到约350℃。马氏体中碳的质量分数越高，析出碳化物越多。对于$w_C \leqslant 0.2\%$的低碳马氏体，在这一阶段不析出碳化物，只发生碳原子在位错附近的偏聚。

2）残留奥氏体的转变。回火温度达到200~300℃时，马氏体继续分解，残留奥氏体也开始发生转变，转变为下贝氏体。下贝氏体与回火马氏体相似，这一转变后的主要组织仍为回火马氏体，此时硬度没有明显下降，但淬火内应力进一步减少。

3）碳化物的转变。回火温度在250~450℃时，因碳原子的扩散能力增大，碳过饱和α固溶体转变为铁素体，同时，碳化物亚稳定相也转变为稳定的细粒状渗碳体，淬火内应力基本消除，硬度有所降低，塑性和韧性得到提高，此时组织由保持马氏体形态的铁素体和弥散分布的极细小的片状或粒状渗碳体组成，称为回火屈氏体。

4）渗碳体的聚集长大和铁素体再结晶。回火温度大于450℃时，渗碳体颗粒将逐渐聚集长大，随着回火温度升到600℃时，铁素体发生再结晶，使铁素体完全失去原来的板条状或片状，而成为多边形晶粒，此时组织由多边形铁素体和粒状渗碳体组成，称为回火索氏体。

回火碳钢的硬度变化的总趋势是硬度随回火温度的升高而降低。

（3）回火种类与应用　根据对工件力学性能要求的不同，按其回火温度范围，可将回火分为三种。

1）低温回火。淬火钢件在250℃以下回火称为低温回火。回火后的组织为回火马氏体，基本上保持淬火钢的高硬度和高耐磨性，淬火内应力有所降低。低温回火主要用于要求高硬度、高耐磨性的刃具、冷作模具、量具和滚动轴承，渗碳、碳氮共渗和表面淬火的零件。回火后硬度为58~64 HRC。

2）中温回火。淬火钢件在350~500℃之间回火称为中温回火。回火后的组织为回火屈氏体，具有高的屈强比、高的弹性极限和一定的韧性，淬火内应力基本消除。中温回火常用于各种弹簧和模具热处理，回火后硬度一般为35~50 HRC。

3）高温回火。淬火钢件在500~650℃回火称为高温回火。回火后的组织为回火索氏体，具有强度、硬度、塑性和韧性都较好的综合力学性能。因此，高温回火广泛用于汽车、拖拉机、机床等承受较大载荷的结构零件，如连杆、齿轮、轴类、高强度螺栓等的热处理。回火后硬度一般为200~330HBW。

生产中常把淬火+高温回火热处理工艺称为调质处理。调质处理后的力学性能（强度、韧性）比相同硬度的正火好，这是因为前者的渗碳体呈粒状，后者为片状。

调质一般作为最终热处理，但也可作为表面淬火和化学热处理的预先热处理。调质后的硬度不高，便于切削加工，并能获得较低的表面粗糙度值。

除了以上三种常用回火方法外，对于某些精密的工件，为了保持淬火后的硬度及尺寸的稳定性，常进行低温（100~150℃）、长时间（10~50h）回火，称为时效处理。

1.2.3 钢的表面热处理及化学热处理

1. 钢的表面淬火

表面淬火是通过快速加热使钢表层奥氏体化，而不等热量传至中心，立即进行淬火冷却，仅使表面层获得硬而耐磨的马氏体组织，而心部仍保持原来塑性、韧性较好的退火、正火或调质状态的组织。表面淬火不改变零件表面层的化学成分，只是通过表面快速加热淬火，改变表面层的组织来达到强化表面的目的。

许多机械零件，如轴、齿轮、凸轮等，要求表面硬而耐磨，有高的疲劳强度，而心部要求有足够的塑性、韧性，采用表面淬火，使钢表面得到强化，能满足上述要求。

碳的质量分数为0.4%~0.5%的优质碳素结构钢最适宜于表面淬火。这是由于中碳钢经过预先热处理（正火或调质）以后再进行表面淬火处理，既可以保持心部原有的良好的综合力学性能，又可使表面具有高硬度和耐磨性。

表面淬火后，一般需进行低温回火，以减小淬火应力和降低脆性。

表面淬火的方法很多，目前生产中应用最广泛的是感应加热表面淬火，其次是火焰加热表面淬火。

(1) 感应淬火　感应淬火是利用感应电流通过工件表面所产生的热效应，使表面加热并进行快速冷却的淬火工艺。

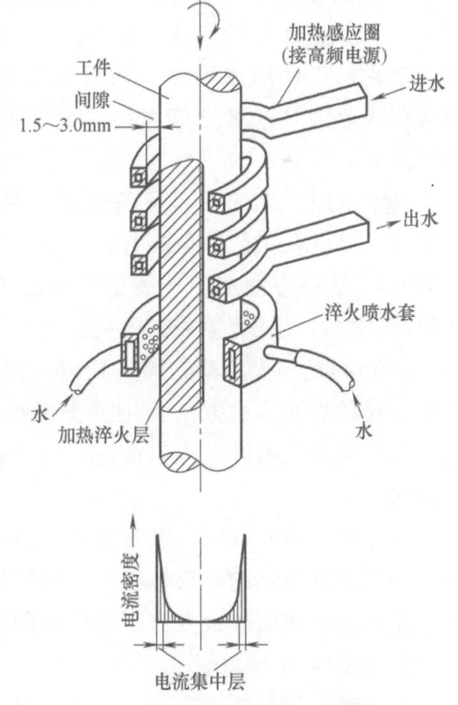

图 1-32　感应淬火示意图

感应淬火的原理如图1-32所示。当感应圈中通入交变电流时，产生交变磁场，于是在工件中便产生同频率的感应电流。由于钢本身具有电阻，因而集中于工件表面的电流可使表层迅速加热到淬火温度，而心部温度仍接近室温，随后立即喷水（合金钢浸油）快速冷却，使工件表面淬硬。

所用电流频率主要有三种：一种是高频感应加热，常用频率为200~300kHz，淬硬层深度为0.5~2mm，适用于中、小模数齿轮及中、小尺寸的轴类零件；第二种是中频感应加热，常用频率为2500~3000Hz，淬硬层深度为2~10mm，适用于较大尺寸的轴和大、中模数的齿轮等；第三种是工频感应加热，电流频率为50Hz，淬硬层深度可达10~20mm，适用于大尺寸的零件，如轮辊、火车车轮等。此外还有超音频感应加热，它是20世纪60年代后发展起来的，频率为30~40kHz，适用于硬化层略深于高频淬硬层，且要求硬化层沿表面均匀分布的零件，如中、小模数齿轮，链轮，轴，机床导轨等。

感应加热速度极快，感应淬火有如下特点：①表面性能好，硬度比普通淬火时高2~3HRC，疲劳强度较高，一般工件可提高20%~30%；②工件表面质量高，不易氧化脱碳，淬火变形小；③淬硬层深度易于控制，操作易于实现机械化、自动化，生产率高。

对于表面淬火零件，在设计图上应标明淬硬层硬度与深度、淬硬部位，有的还应提出对金相组织及限制变形的要求。

（2）火焰淬火　火焰淬火是以高温火焰作为加热源的一种表面淬火方法。常用火焰为氧乙炔焰（最高温度为3200℃）或煤气-氧火焰（最高温度为2400℃）。高温火焰将钢件表面迅速加热到淬火温度，随即喷水快冷使表面淬硬。火焰淬火的淬硬层深度通常为2~8mm。

火焰淬火设备简单，方法易行，但火焰加热温度不易控制，零件表面易过热，淬火质量不够稳定。火焰淬火尤其适宜处理特大或特小件、异形工件等，如大齿轮、轧辊、顶尖、凹槽、小孔等。

（3）接触电阻加热淬火　接触电阻加热的原理如图1-33所示，当工业电流经调压器降压后，电流通过压紧在工件表面的滚轮与工件形成回路，利用滚轮与工件之间的高接触电阻实现快速加热，滚轮移去后，由于基体金属吸热，表面自激冷淬火。

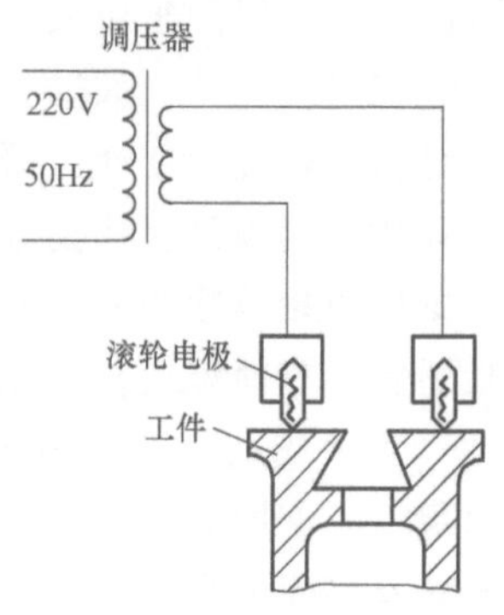

图1-33　接触电阻加热的原理

接触电阻加热淬火可显著提高工件表面的耐磨性和抗擦伤能力。设备及工艺简单易行，淬硬层薄，深度一般为0.15~0.35mm。这种方法适用于表面形状简单的零件，目前广泛用于机床导轨、气缸套等表面淬火。

（4）激光淬火　激光淬火是20世纪70年代发展起来的一种新型的高能密度表面强化方法。这种表面淬火方法是用激光束扫描工件表面，使工件表面迅速加热到钢的临界点以上，而当激光束离开工件表面时，由于基体金属大量吸热，使表面急速冷却而自淬火，故无须冷却介质。

激光淬火的淬硬层深度与宽度一般为：深度小于0.75mm，宽度小于1.2mm。激光淬火后表层可获得极细的马氏体组织，硬度高且耐磨性好。这种方法适用于形状复杂，特别是某些部位用其他表面淬火方法很难处理的（如拐角、沟槽、盲孔底部或深孔）工件。

2. 钢的化学热处理

化学热处理是将金属或合金工件置于一定温度的活性介质中加热和保温，使介质中的一种或几种活性原子渗入工件表面，以改变表面层的化学成分和组织，使表面层具有不同于心部的性能的一种热处理工艺。

化学热处理的种类和方法很多，最常见的有渗碳、渗氮、碳氮共渗等。

（1）钢的渗碳　将钢件在渗碳介质中加热并保温使碳原子渗入表层的化学热处理工艺，

称为渗碳。渗碳的目的是提高工件表面的硬度和耐磨性，同时保持心部的良好韧性。

常用渗碳材料是 w_C = 0.1%～0.25%的低碳钢和低碳合金钢，经过渗碳后，再进行淬火与低温回火，可在零件的表层和心部分别得到高碳和低碳的组织。一些重要零件如汽车、拖拉机的变速器齿轮、活塞销、摩擦片等，都是在循环载荷、冲击载荷、很大接触应力和严重磨损条件下工作的，因此要求此类零件表面具有高的硬度、耐磨性及疲劳强度，心部具有较高的强度和韧性。

常用渗碳温度为900～950℃，渗碳层厚度一般为0.5～2.5mm，图1-34为气体渗碳示意图。

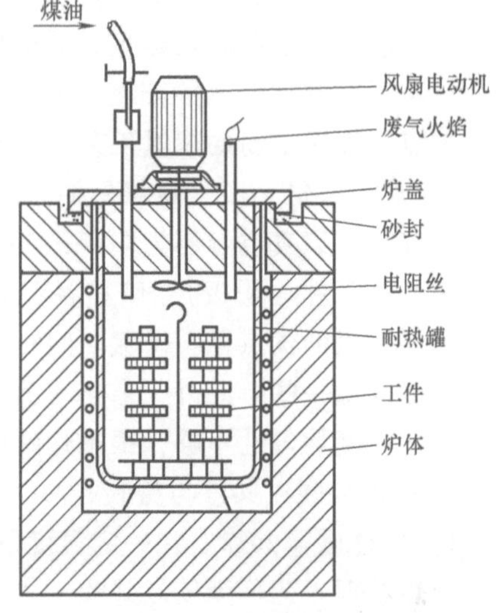

图1-34　气体渗碳示意图

低碳钢零件渗碳后，表面层碳的质量分数为0.85%～1.05%。低碳钢渗碳与缓冷后的组织，表层为珠光体+网状二次渗碳体，心部为铁素体+少量珠光体，两者之间为过渡区，越靠近表面层，铁素体越少。

对于渗碳件，在设计图上应标明渗碳淬火、回火后的硬度（表面和心部），渗碳的部位（全部或局部）及渗层深度等。对于重要的渗碳件，还应提出对金相组织的要求。当工件上某些部位不要求渗碳时，也应在图样上标明，并采用镀铜或其他方法防止该部位渗碳，或留出加工余量，渗碳后再切削除去。

工件经渗碳后都应进行淬火+低温回火。最终表面为细小片状回火马氏体及少量渗碳体，硬度可达58～64HRC，耐磨性很好；心部的组织取决于钢的淬透性，普通低碳钢如15钢、20钢，心部组织为铁素体和珠光体，低碳合金钢如20CrMnTi，心部组织为回火低碳马氏体（淬透件），具有较高强度和韧性。

（2）钢的渗氮　渗氮是在一定温度（一般在 Ac_1 以下），使活性氮原子渗入工件表面的化学热处理工艺，也称氮化。渗氮的目的是提高工件表面的硬度、耐磨性、疲劳强度及耐蚀性。渗氮广泛应用于耐磨性和精度均要求很高的零件，如镗床主轴、精密传动齿轮等；在循环载荷下要求高疲劳强度的零件，如高速柴油机曲轴；要求变形很小和具有一定抗热、耐蚀能力的耐磨件，如阀门、发动机气缸以及热作模具等。

1）气体渗氮。气体渗氮是向密闭的渗氮炉中通入氨气，利用氨气受热分解来提供活性氮原子进行渗氮的方法。渗氮温度一般为550～570℃，因此渗氮件变形很小，比渗碳件变形小得多，同样也比表面淬火件变形小。

应用最广泛的渗氮用钢是38CrMoAl钢，钢中Cr、Mo、Al等合金元素在渗氮过程中形成高度弥散、硬度极高的稳定化合物，如CrN、MoN、AlN等。渗氮后工件表面硬度可高达950～1220HV（相当于68～72HRC），具有很高的耐磨性，因此钢渗氮后，不需要进行淬火处理。

结构钢渗氮前，宜先进行调质处理，获得回火索氏体组织，以提高心部的性能，同时也为了减少渗氮中的变形。由于渗氮层很薄，一般不超过0.6～0.7mm，因此渗氮往往是加工工艺路线中的最后一道工序，渗氮后至多再进行精磨。工件上不需要渗氮的部分可采用镀锡等保护。

对于渗氮工件，在设计图上应标明渗氮层表面硬度、厚度、渗氮区域。对于重要工件，还应提出心部硬度、金相组织及渗氮层脆性级别等具体要求。

气体渗氮的主要缺点是生产周期长，例如要得到 0.3~0.5mm 厚的渗层，需要 20~50h，因此成本高。此外渗氮层较脆，不能承受冲击，在使用上受到一定限制。目前，国内外针对上述缺点，发展了新的渗氮工艺，如离子渗氮等。

2）离子渗氮。离子渗氮是将工件放在低于一个大气压的真空容器内，通入氨气或氮、氢混合气体，以真空容器为阳极，工件为阴极，在两极间加直流高压，迫使电离后的氮正离子高速冲击工件（阴极），使其渗入工件表面，并向内扩散形成渗氮层。

离子渗氮的优点是：渗氮时间短，仅为气体渗氮的 1/2~1/3，易于控制操作；渗氮层质量好，脆性低一些；此外，省电、省气、无公害。缺点是：工件形状复杂或截面相差悬殊时，由于温度均匀性不够，很难达到同一硬度和渗层厚度。

（3）钢的碳氮共渗与氮碳共渗

1）气体碳氮共渗。在一定温度下同时将碳、氮渗入工件表层奥氏体中，并以渗碳为主的化学热处理工艺称为碳氮共渗。由于共渗温度（850~880℃）较高，它是以渗碳为主的碳氮共渗过程，因此处理后要进行淬火和低温回火处理。共渗深度一般为 0.3~0.8mm，共渗层表面组织由细片状回火马氏体、适量的粒状碳氮化合物，以及少量的残留奥氏体组成。表面硬度可达 58~64HRC。气体碳氮共渗所用的钢，大多为低碳钢或中碳钢和合金钢，如 20CrMnTi、40Cr 等。

与渗碳相比，气体碳氮共渗处理温度低且便于直接淬火，因而变形小、共渗速度快、时间短、生产率高、耐磨性高，主要用于汽车和机床齿轮、蜗轮、蜗杆和轴类等零件的热处理。

2）气体氮碳共渗（软氮化）。工件表面渗入氮和碳，并以渗氮为主的化学热处理工艺，称为氮碳共渗。常用的共渗温度为 560~570℃，由于共渗温度较低，共渗 1~3h，渗层深度可达 0.01~0.02mm，又称低温氮碳共渗。与气体渗氮相比，渗层硬度较低，脆性较低，故又称软氮化。

氮碳共渗具有处理温度低、时间短、工件变形小的特点，而且不受钢种限制，碳钢、合金钢及粉末冶金材料均可进行氮碳共渗处理，以达到提高耐磨性、抗咬合、疲劳强度和耐蚀性的目的。由于共渗层很薄，不宜在重载下工作，目前氮碳共渗广泛应用于模具、量具、刃具以及耐磨、承受弯曲疲劳的结构件。

1.2.4 典型零件热处理工艺

1. 热处理技术条件

根据零件的性能要求，在零件图样上应标出热处理技术条件，其内容包括最终热处理方法（如调质、淬火、回火、渗碳等）及应达到的力学性能判据等，作为热处理生产及检验时的依据。

力学性能判据一般只标出硬度值。例如，调质 220~250HBW，淬火、回火 40~45HRC。对于力学性能要求较高的重要件，如主轴、齿轮、曲轴、连杆等，还应标出强度、塑性和韧性判据；有时还要对金相组织提出要求；对于渗碳或渗氮件，应标出渗碳或渗氮部位、渗层深度，渗碳后淬火、回火或渗氮后的硬度等。对于表面淬火零件，应标明淬硬层深度、硬度及部位等。

在图样上标注热处理技术条件时，可用文字和数字简要说明，也可用标准的热处理工艺代号。

2. 热处理工序位置

合理安排热处理工序位置，对保证零件质量和改善切削加工性能有重要意义。热处理按目的和工序位置不同，分为预先热处理和最终热处理，其工序位置安排如下。

（1）预先热处理工序位置　预先热处理包括退火、正火、调质等。一般均安排在毛坯生产之后、切削加工之前，或粗加工之后、半精加工之前。

1）退火、正火工序位置。退火、正火的主要作用是消除毛坯件的某些缺陷（如残余应力、粗大晶粒、组织不均匀等），改善切削加工性能，或为最终热处理做好组织准备。

退火、正火件的加工路线为：毛坯生产→退火（或正火）→机械粗加工。

2）调质工序位置。调质的主要目的是提高零件的综合力学性能，或为后续表面淬火做好组织准备。调质工序一般安排在粗加工后、半精或精加工前。若在粗加工前调质，则零件表面调质层的优良组织有可能在粗加工中大部分被切除掉，从而失去调质的作用。

调质工件的加工路线一般为：下料+毛坯生产（锻造）→正火（或退火）→机械粗加工（留余量）→调质→半精加工（或精加工）。

生产中，灰铸铁件、铸钢件和某些无特殊要求的锻钢件，经退火、正火或调质后，已能满足使用性能要求，不再进行最终热处理，此时上述热处理就是最终热处理。

（2）最终热处理工序位置　最终热处理包括淬火、回火、渗碳、渗氮等。零件经最终热处理后硬度较高，除磨削外不宜再进行其他切削加工，因此最终热处理工序一般安排在半精加工后、磨削加工前。

1）淬火工序位置。淬火分为整体淬火和表面淬火两种。

① 整体淬火件加工路线一般为：下料→锻造→退火（或正火）→粗加工、半精加工（留磨量）→淬火、回火（低、中温）→磨削。

② 表面淬火件加工路线一般为：下料→锻造→退火（或正火）→粗加工→调质→半精加工（留磨量）→表面淬火、低温回火→磨削。

为降低表面淬火件的淬火应力，保持高硬度和耐磨性，淬火后应进行低温回火。

2）渗碳工序位置。渗碳分为整体渗碳和局部渗碳两种。对于局部渗碳件，在不需渗碳部位采取增大原加工余量（增大的量称为防渗余量）或镀铜的方法。待渗碳后淬火前切去该部位的防渗余量。

渗碳件（整体与局部渗碳）的加工路线一般为：下料→锻造→正火→粗、半精加工（留防渗余量或镀铜）→渗碳→淬火、低温回火→磨削。

3）渗氮工序位置。渗氮温度低，变形小，渗氮层硬而薄，因此工序位置应尽量靠后，通常渗氮后不再磨削，对于个别质量要求高的零件，应进行精磨或研磨或抛光。为保证渗氮件心部有良好的综合力学性能，在粗加工和半精加工之间进行调质。为防止因切削加工产生的残余应力使渗氮件变形，渗氮前应进行去应力退火。

3. 典型零件热处理应用案例

【例 1-1】　车床主轴热处理工艺

在机床、汽车制造业中，轴类零件是用量很大且相当重要的结构件之一。轴类零件常承受交变应力的作用，故要求轴有较高的综合力学性能；承受摩擦的部位还要求有足够的硬度和耐磨性。零件大多经切削加工制成，为兼顾切削加工性能和使用性能要求，必须制订出合理的冷、热加工工艺。下面以车床主轴为例进行加工工艺过程分析。

（1）车床主轴的性能要求　图 1-35 所示为车床主轴，材料为 45 钢。热处理技术条件为：

① 整体调质后硬度为 220~250HBW。

② 内锥孔和外锥面的硬度为 45~50HRC。

③ 花键部分的硬度为 48~53HRC。

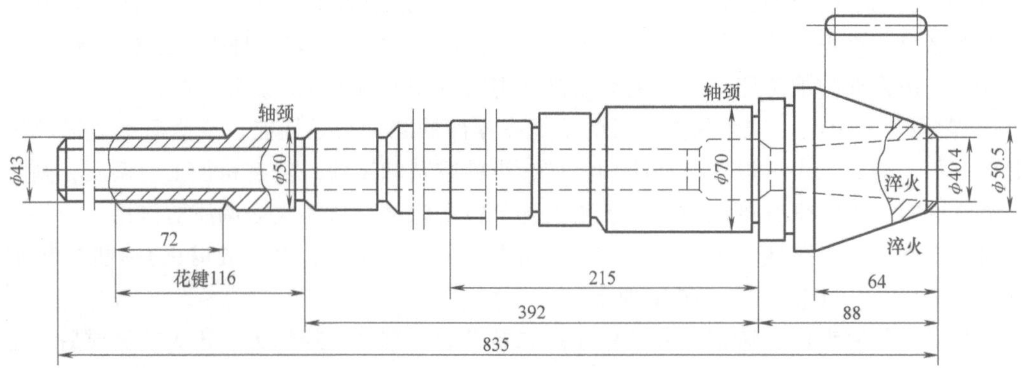

图 1-35　车床主轴

（2）车床主轴工艺过程　生产中车床主轴的工艺过程如下：备料→锻造→正火→粗加工→调质→半精加工→局部淬火（内锥孔、外锥面）、回火→粗磨（外圆、内锥孔、外锥面）→滚铣花键→花键淬火、回火→精磨。

其中正火、调质为预备热处理，内锥孔及外锥面的局部淬火、回火和花键的淬火、回火属最终热处理，它们的作用和热处理工艺分别如下。

1）正火：正火的目的是改善锻造组织，降低硬度（170~230HBW），以改善切削加工性能，也为调质处理做准备。

正火工艺：加热温度为 840~870℃，保温 1~1.5h，保温后出炉空冷。

2）调质：调质是为了使主轴得到较高的综合力学性能和疲劳强度。经淬火和高温回火后硬度为 200~230HBW。调质工艺如下。

① 淬火加热：用井式电阻炉吊挂加热，加热温度为 830~860℃，保温 20~25min。

② 淬火冷却：将经保温后的工件淬入 15~35℃清水中，停留 1~2min 后空冷。

③ 高温回火工艺：将淬火后的工件装入井式电阻炉中，加热至（550±10)℃保温 1~1.5h 后，出炉浸入水中快冷。

3）内锥孔、外锥面及花键部分经淬火和回火是为了获得所需的硬度。

内锥孔和外锥面部分的表面淬火可放入经脱氧校正的盐浴中快速加热，在 970~1050℃温度下保温 1.5~2.5min 后，将工件取出淬入水中；淬火后在 260~300℃温度下保温 1~3h（回火），获得的硬度为 45~50HRC。

花键部分可采用高频淬火，淬火后经 240~260℃回火，获得的硬度为 48~53HRC。

为减少变形，锥部淬火与花键淬火分开进行，并在锥部淬火及回火后，再经粗磨以消除淬火变形，而后再滚铣花键及花键淬火，最后以精磨来消除总变形，从而保证质量。

（3）车床主轴热处理注意事项

1）淬入冷却介质时应将主轴垂直浸入，并可做上下垂直窜动。

2）淬火加热过程中应垂直吊挂，以防工件加热过程中产生变形。

3）在盐浴炉中加热时，盐浴应经脱氧校正。

【例 1-2】 拉刀的热处理工艺

拉刀是拉削加工所用的多齿刀具，外形较为复杂且精度要求较高，材料为 W18Cr4V，热处理后刃部硬度为 63~66HRC，柄部硬度为 40~55HRC。允许热处理变形弯曲挠度小于或等于 0.40mm。拉刀外部形状如图 1-36 所示。

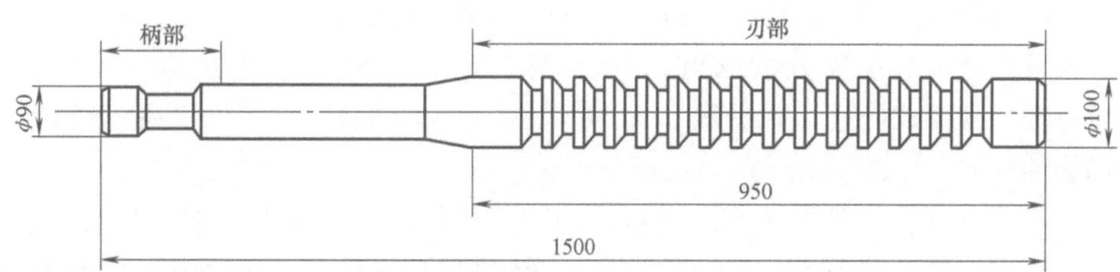

图 1-36 拉刀外部形状

圆拉刀的预备热处理可在一般的任何炉型中进行。但淬火加热、分级淬火和回火必须谨慎选择炉型，目前大部分工厂都采用盐浴炉进行淬火加热和分级淬火，回火多采用带风扇的井式回火炉，也可用盐浴炉。

进入热处理车间淬火回火的拉刀，其工艺路线一般是：

预热（二次）热→冷却→热校直→清洗→回火→热校直→回火→热校直→回火→热校直→柄部处理→清洗→检验（硬度和变形量)→表面处理。

（1）预备热处理

1）锻后退火。圆拉刀锻造后在电炉中等温退火的工艺如图 1-37 所示。

2）消除应力退火。一般情况下，消除应力退火工序，应放在冷加工后、淬火前进行。特殊情况下，如果拉刀毛坯的弯曲变形量大，冷加工前需要进行校直，这时经过校直的拉刀毛坯需经消除应力退火后方可进行冷加工，而在冷加工后，仍需按常规进行消除应力退火。

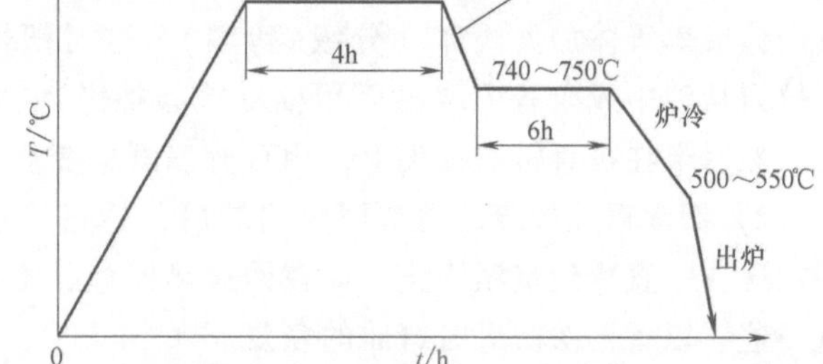

图 1-37 W18Cr4V 钢锻件在电炉中的等温退火工艺

（2）淬火和回火

1）装炉和预热。拉刀在炉中加热或者冷却，必须垂直悬挂，以减少拉刀的弯曲变形。目前大部分工厂还没有专用夹具，只用铁丝捆扎拉刀柄部，再用铁钩悬挂，或用钳子夹住加热。

对于直径为 100mm、长为 1500mm 的拉刀，应采用两次预热：第一次预热温度为 550~650℃，预热时间为 1h 左右，可在空气电阻炉中进行；第二次预热温度为 800~870℃，预热时间为30min左右，在中温盐浴炉中进行。

2）高温加热。拉刀的切削速度一般很低，它工作时的表面温度常在400℃左右，可见拉刀不太需要过高的热硬性，主要需要强度和韧性，所以可选下限温度进行加热，这样既可减少拉刀的弯曲变形和开裂倾向，又可提高强度和韧性，对于直径为100mm的拉刀，适宜的加热温度为（1270±10）℃。加热时间可按高速钢加热系数8～15s/mm选其下限，即13min左右。

3）淬火冷却。拉刀的淬火冷却方式与拉刀产生弯曲、裂纹和是否易于校直有着密切的关系，对于直径为100mm、长为1500mm的拉刀，最好的冷却方案是二次分级加短时等温冷却，这样能控制残留奥氏体、贝氏体和马氏体的相对数量，以利于校直。

第一次分级的盐浴介质为2-3-5盐（20%NaCl+30%KCl+50%$BaCl_2$），盐浴温度为580～650℃，分级冷却时间以拉刀刃部冷到650～800℃为宜，约3min。

第二次分级盐浴介质为100%KNO_3，盐浴温度为450～550℃，分级冷却时间为4min左右，最后等温的盐浴成分（质量分数）为50%KNO_3+50%$NaNO_3$，等温温度为240～280℃，等温时间为40min。

如果没有条件分级加等温冷却，也可采用油冷。将拉刀从高温炉中取出后，要进行延时，待拉刀表面温度冷到1050～1200℃时浸入80～120℃的油中，在油中冷到350℃左右出油，出油后在几秒钟内，要使粘在拉刀上的油自燃。

无论是油冷或分级加等温淬火的拉刀，在冷至200℃左右时，将导向部分浸入中温盐浴中，加热几分钟（深约20mm）后取出，这样可减少顶尖孔开裂的危险。

4）回火。淬火冷却到室温后，放入沸水中清洗，然后在2h内及时回火。拉刀的回火温度为560℃，一般回火三次，每次约90min，即到达回火温度的保温时间，第二次回火和第三次回火间隔不得超过24h。

5）柄部淬火。柄部淬火在拉刀回火后进行。用铁丝将拉刀绑扎起来，柄部朝下，悬挂于中温盐浴炉中，柄部加热温度为（900±10）℃，时间为25min左右，在油中或在230～300℃的硝盐中冷却。

（3）校直

1）淬火后热校直。将拉刀从淬火介质中取出后（不低于200℃），其基体组织基本上为奥氏体或奥氏体加贝氏体（分级+等温），这时塑性极好，可采用螺旋手压机进行热校直。将拉刀从油中或硝盐中取出后用棉纱或布擦净残盐，油冷时可用铁刷刷掉油渍，清理中心孔，然后卡在校直机的顶尖上，用百分表测量变形，取多点加压校正。

2）回火后热校直。每次回火出炉后，趁热检查弯曲量，在400℃左右放在校直机上长期加压，一直冷到室温为止。如在回火热校直后还有回火工序，则应将拉刀向弯曲反方向压过一些，以备再次回火时弯曲的恢复。

3）冷校直。如果拉刀经前几次校直后，弯曲变形量仍超差，可进行冷校直，常用的方法是借柄校直法。即将拉刀没有经过淬火的导向部分压弯（在变形公差范围内），以达到减少刃部偏摆量的校直方法。

【例1-3】 变速器齿轮的渗碳热处理工艺

汽车变速器齿轮是汽车中的重要零件，齿轮可以改变发动机曲轴和传动轴的速度比。齿轮经常在较高的载荷（包括冲击载荷和交变弯曲载荷）下工作，磨损也较大。在汽车运行中，由于齿根受突然变载的冲击载荷以及周期性变动的弯曲载荷，会造成轮齿的脆性断裂或弯曲疲劳破坏；由于轮齿的工作面承受着较大的压应力及摩擦力，会造成麻点接触疲劳破坏及深层剥落，由于经常换档，齿的端部经常受到冲击，也会造成损坏。因此，要求汽车变速器齿轮具有高的抗弯强度、接触疲劳强度和耐磨性，心部有足够的强度和冲击韧度，以保证有较长的使用寿命。

齿轮材料选用20CrMnTi，渗碳层深度为0.8~1.3mm。渗碳层中碳的质量分数为0.8%~1.05%。热处理后齿面硬度为58~62HRC，心部硬度为33~48HRC。零件尺寸如图1-38所示。

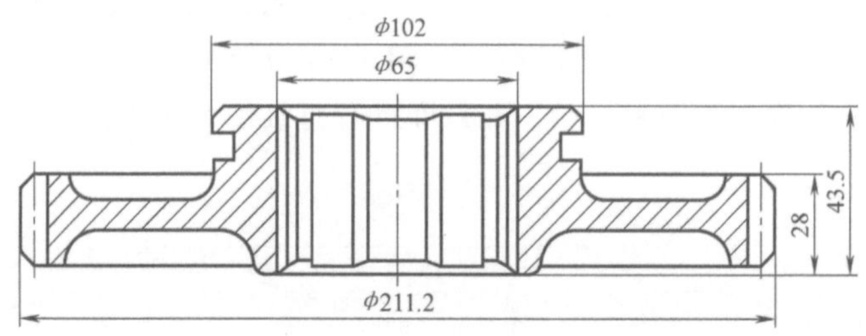

图1-38 汽车变速器齿轮

（1）20CrMnTi的材料特点 20CrMnTi是低合金渗碳钢，淬透性和心部强度均较碳素渗碳钢高，化学成分（质量分数）是：含硅量为0.20%~0.40%；含锰量为0.80%~1.10%；含铬量为1.00%~1.30%；含钛量为0.06%~0.12%。经渗碳淬火处理后，具有良好的耐磨性和抗弯强度，具有较高的抗多次冲击能力。该钢的含碳量较低，因为变速器齿轮要求心部有良好的韧性，合金元素铅和锰是为了提高淬透性，在油中的淬透直径可达40mm左右，这样齿轮的心部淬火后可得到低碳马氏体组织，增加了钢的心部强度。其中的铬元素还能促进齿轮表面在渗碳过程中大量吸收碳，以提高渗碳速度。锰不形成合金碳化物，锰的加入可稍微减弱铬钢渗碳时表面含碳量过高的现象。钢中加入少量的钛，使钢的晶粒不易长大，提高了钢的强度和韧性，并且改善了钢的热处理工艺性能，使齿轮渗碳后可直接淬火。

（2）渗碳操作

1）选择RQ3型井式气体渗碳炉。

2）选用煤油和甲醇同时滴入。

3）加热温度的选择。20CrMnTi钢的上临界点（Ac_3）为825℃，渗碳时必须全部转变为奥氏体，因为γ-Fe的溶碳能力远比α-Fe要大，所以20CrMnTi的渗碳温度略高于825℃，但综合考虑渗碳速度和渗碳过程中齿轮的变形问题，加热温度宜选在920~940℃之间。

4）渗碳保温时间。在已确定齿轮材料的前提下，渗碳时间主要取决于要求获得的渗碳层深度。对于要求渗碳层深度为0.8~1.3mm的汽车变速器齿轮而言，需外加磨削余量才能获实际渗碳层深度，例如齿轮磨削余量单面为0.15mm，则实际渗碳层深度为0.95~1.45mm，因此选择强渗时间为4h，扩散时间为2h。

5）渗碳过程中渗碳剂滴量变化的原则。渗碳操作时，以每分钟滴入渗碳剂的毫升数计算。对于具体渗碳炉，再按实测每毫升多少滴折算成“滴/min”。以75kW井式炉为例，在每炉装的零件的总面积为2~3m^{2}时，强渗阶段煤油的滴量应为2.8~3.2mL/min，甲醇的滴量应为5mL/min。如果实测煤油1mL有28滴，而甲醇1mL有30滴，那么操作时，煤油可按照（84±5）滴/min 计，甲醇按 150 滴/min 计。

6）工艺曲线。20CrMnTi 变速器齿轮的渗碳工艺如图 1-39 所示，渗碳剂选用煤油和甲醇同时直接滴入炉膛。工艺曲线的渗碳过程可分为 4 个阶段，即排气、强渗、扩散及降温出炉（缓冷或直接淬火）。

（3）渗碳后的热处理　渗碳处理后，齿轮由表层的高碳（$w_C=0.8\%\sim1.05\%$）逐渐过渡到基体的低碳，渗碳后缓冷的组织由外向里一般是：过共析层+共析层+亚共析层。这种组织不能使齿轮获得必需的使用性能，只有渗碳后的热处理才能使齿轮获得高硬度、高强度的表面层和韧性好的心部。

1）直接淬火。根据汽车变速器齿轮的性能要求和渗碳零件的热处理特点，20CrMnTi 钢制齿轮在井式炉气体渗碳后常采用直接淬火。图 1-40 所示是渗碳后直接淬火的工艺规范。齿轮经渗碳后延时到一定温度（855~860℃）即进行直接油冷淬火。

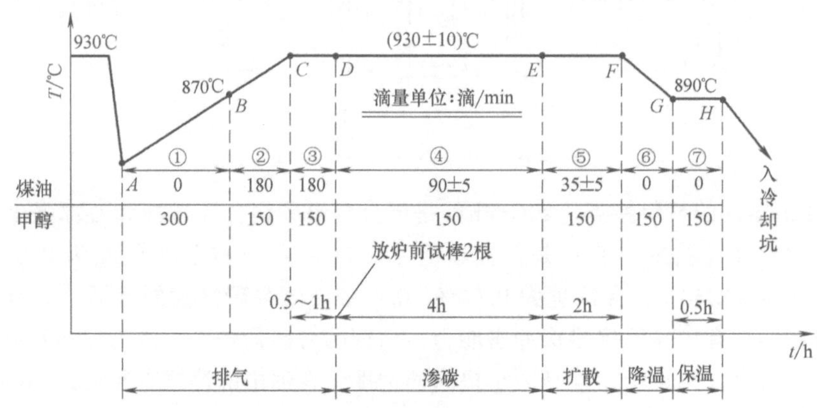

图 1-39　75kW 井式炉气体渗碳典型工艺曲线

延时温度的选择要保证齿轮的心部强度，故选 Ar_3，这样可避免心部出现大量游离铁素体，20CrMnTi 钢的过热倾向小，比较适合于采用直接淬火，这样既大大减少了齿轮的热处理变形和氧化退碳，又能提高经济效益。

2）回火。齿轮直接淬火后，还要经低温回火，回火温度视淬火后的硬度而定，一般为（180±10）℃。低温回火后，虽然渗碳层的硬度变化很小，但是因为回火过程消除了应力，改善了组织，使得渗碳层的抗弯强度、脆断强度和塑性得到了提高。

（4）质量检验　汽车变速器齿轮经渗碳、淬火后的质量检查主要包括以下几方面。

1）渗碳层厚度的测定。测定渗碳层厚度的方法很多，得到认可的方法是显微分析法。对于渗碳齿轮，渗碳层厚度的测定应从渗碳试样表面测至基体组织为止。

2）金相组织检验。20CrMnTi 经渗碳+淬火+回火处理后，其表层组织应为回火马氏体+均匀分布的细粒状碳化物+少量残留奥氏体，心部组织为低碳马氏体+少量铁

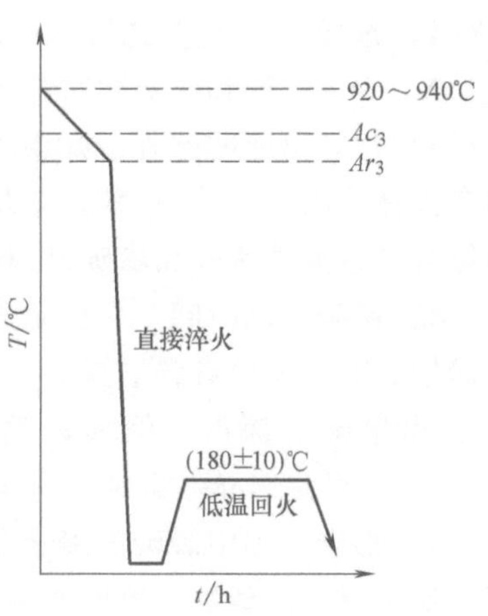

图 1-40　20CrMnTi 钢渗碳后直接淬火工艺规范

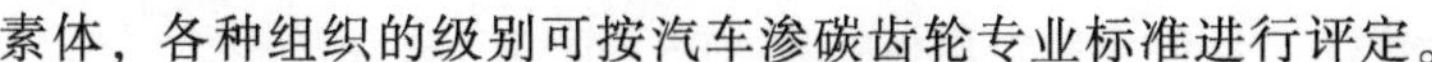

素体，各种组织的级别可按汽车渗碳齿轮专业标准进行评定。

3）表面及心部硬度检查。表面硬度以齿顶的表面硬度为准，以距轮齿端面三分之一齿高位置处的检测值作为心部硬度。

4）渗碳层表面含碳量的检查。齿轮表面含碳量的检查一般采用剥层试样，将每层（厚度一般为0.10mm）铁屑剥下来进行定碳化验。

1.3　非金属材料

1.3.1　高分子材料

高分子材料也称为聚合物材料，是以高分子化合物为基体，再配有其他添加剂（助剂）所构成的材料。高分子材料按特性分为橡胶、纤维、塑料、高分子黏结剂、高分子涂料和高分子基复合材料等。人工合成的有机高分子材料主要有塑料、合成橡胶、合成纤维等。

1. 塑料

（1）塑料的组成　塑料是高分子材料在一定温度区间内以玻璃态使用时的总称。因此塑料材料在一定温度下可变为橡胶态而加工成型；而在另外的一些条件下又可变为纤维材料。但工程上所用的塑料，都是以有机合成树脂为主要成分，加入其他添加剂制成的，其大致组成如下。

1）合成树脂。合成树脂是塑料的主要成分，它决定塑料的主要性能，并起黏结作用，故绝大多数塑料都以相应的树脂来命名。

2）添加剂。工程塑料中的添加剂都是以改善材料的某种性能而加入的。添加剂的作用和类型主要包括以下几种。

① 改善塑料工艺性能的有增塑剂、固化剂、发泡剂和催化剂等。其中增塑剂改善高分子材料的可塑性和柔软性，使其易于成型；固化剂则促进塑料受热发生交联反应，由线型结构变为体型结构，使其尽快达到形状、尺寸和性能的最终稳定化（如环氧树脂中加入乙二胺）；催化剂可加速成型过程中材料的结构转变过程；发泡剂则是为了获得比表面积大的泡沫高分子材料而加入的。

② 改善使用性能的有稳定剂、填料、润滑剂、着色剂、阻燃剂、静电剂等，主要用于改善塑料的某些使用性能。如填料起提高强度、改善某些特殊性能并降低成本的作用；稳定剂可防止使用过程中的老化；润滑剂是为了防止塑料在成型过程中产生粘模，便于脱模；而着色剂、阻燃剂也都有着各自的使用性能。

（2）塑料的分类

1）按热性能分类。

① 热塑性塑料。该类材料加热后软化或熔化，冷却后硬化成型，且这一过程可反复进行，具有可塑性和重复性。常用的材料有聚乙烯、聚丙烯、ABS塑料等。

② 热固性塑料。该类材料成型后，受热不变形软化，但当加热至一定温度时则会分解，故只可一次成型或使用，如环氧树脂等。

2）按使用性能分类。

① 工程塑料。工程塑料是可用作工程结构或机械零件的一类塑料，它们一般有较好的

稳定的力学性能，耐热、耐蚀性较好，且尺寸稳定性好，如 ABS、尼龙、聚甲醛等。

② 通用塑料。通用塑料是主要用于日常生活用品的塑料，其产量大、成本低、用途广，占塑料总产量的 3/4 以上。

③ 特种塑料。特种塑料是指具有某些特殊的物理化学性能的塑料，如耐高温、耐蚀、耐光化学反应等。其产量少、成本高，只用于特殊场合，如聚四氟乙烯（PTFE）具有润滑、耐蚀和电绝缘性。

(3) 常用工程塑料

1) 聚乙烯（PE）。聚乙烯产品相对密度小（$0.91 \sim 0.97 g/cm^3$），耐低温，耐蚀，电绝缘性好。高压聚乙烯质软，主要用于制造薄膜；低压聚乙烯质硬，可用于制造一些零件。聚乙烯产品的缺点是：强度、刚度、硬度低，蠕变大，耐热性差，且容易老化。但若通过辐射处理，使分子链间适当交联，其性能会得到一定的改善。

2) 聚氯乙烯（PVC）。聚氯乙烯是最早使用的塑料产品之一，应用十分广泛。它是由乙烯气体和氯化氢合成氯乙烯再聚合而成的。较高温度下加工和使用时会有少量的分解，产物为有毒的氯化氢及氯乙烯，因此产品中常加入增塑剂和碱性稳定剂，以抑制其分解。根据增塑剂用量不同，可将其制成硬品（板、管）和软质品（薄膜、日用品）。PVC 使用温度一般为 15~55 ℃。其突出的优点是耐化学腐蚀、不燃烧、成本低、易于加工；缺点是耐热性差，抗冲击强度低，还有一定的毒性。若共聚和混合法改进，也可制成用于食品和药品包装的无毒聚氯乙烯产品。

3) 聚苯乙烯（PS）。该类塑料的产量仅次于 PE 和 PVC。PS 具有良好的加工性，其薄膜有优良的电绝缘性，常用于电器零件；其发泡材料的相对密度低达 $0.33 g/cm^3$，是良好的隔声、隔热和防振材料，广泛用于仪器包装和隔热。其中还可加入各种颜色的填料制成色彩鲜艳的制品，用于制造玩具及日常用品。聚苯乙烯的缺点是脆性大、耐热性差，但常将聚苯乙烯与丁烯、丙烯腈、异丁烯、氯乙烯等共聚使用，使材料的抗冲击性能、耐热性和耐蚀性大大提高，可用于机械零件、仪表板、接线盒和开关按钮等。

4) 聚丙烯（PP）。聚丙烯的相对密度小（$0.9 \sim 0.91 g/cm^3$），是塑料中较轻的。其力学性能（如强度、刚度、硬度、弹性模量等）优于低压聚乙烯。它还具有优良的耐热性，在无外力作用时加热至 150℃不变形，因此它是常用塑料中唯一能经受高温消毒的产品。它还有优良的电绝缘性。其主要的缺点是：黏合性、染色性和印刷性差，低温易脆化、易燃，且在光热作用下易变质。

PP 具有好的综合力学性能，故常用来制造各种机械零件、化工管道、容器；其无毒及具有可消毒性，可用于药品的包装。

5) ABS 塑料。ABS 塑料由丙烯腈（A）、丁二烯（B）和苯乙烯（S）三种组元共聚而成，三种组元单体可以以任意比例混合。由于 ABS 为三元共聚物，丙烯腈使材料的耐蚀性和硬度提高，丁二烯提高其柔顺性，而苯乙烯则使其具有良好的热塑性、加工性，因此 ABS 是“坚韧、质硬且刚性”的材料。

ABS 由于其低的成本和良好的综合性能，且易于加工成型和电镀防护，因此在机械、电器和汽车等工业领域有着广泛的应用。

6) 聚酰胺（PA）。聚酰胺的商品名称是尼龙或绵纶，是目前机械工业中应用比较广泛的一种工程热塑性塑料。聚酰胺的机械强度高、耐磨、自润滑性好，而且耐油、耐蚀、消声、减振，大量用于制造小型零件，代替非铁金属及其合金。缺点是耐热性不高，工作温度不超过 100℃；蠕变值也较大；导热性差，约为金属的 1%；吸水性大，易导致性能和尺寸改变。

7）聚甲醛（POM）。聚甲醛是高密度高结晶性的线型聚合物，性能比尼龙好，其按分子链结构特点又分为均聚甲醛和共聚甲醛。聚甲醛性能较好，但热稳定性和耐候性差，大气中易老化，遇火燃烧，目前广泛用于汽车、机床、化工、仪表等工业中。

8）聚碳酸酯（PC）。聚碳酸酯是一种新型热塑性塑料，品种较多。工程上用的是芳香族聚碳酸酯，产量仅次于尼龙。PC 的化学稳定性很好，能抵抗日光、雨水和气温变化的影响；它的透明度高，成型收缩小，因此制件尺寸精度高。它广泛用于机械、仪表、电信、交通、航空、照明和医疗机械等领域。如波音 747 飞机上有 2500 多个零件要用到聚碳酸酯。

9）有机玻璃（PMMP）。有机玻璃的化学名称为聚甲基丙烯酸甲酯，它是目前最好的透明有机物，透光率为 92%，超过了普通玻璃，且其力学性能好，冲击韧性高，耐紫外线和防老化性能好，同时密度低（1.18g/cm^3），易于加工成型。缺点是硬度低，耐磨性、耐有机溶剂腐蚀性、耐热性、导热性差，使用温度不能超过 180℃，主要用于制造各种窗体、罩及光学镜片和防弹玻璃等零部件。

10）聚四氟乙烯（PTFE）。PTFE 是含氟塑料的一种，具有极好的耐高、低温性和耐蚀性，又称特氟隆。PTFE 几乎不受任何化学药品的腐蚀，即使在高温、强酸、强碱及强氧化环境中也很稳定，故有“塑料王”之称；其熔点为 327℃，能在-195～250℃范围内保持性能的长期稳定性；其摩擦系数小，只有 0.04，具有极好的自润滑性；在极潮湿的环境中也能保持良好的电绝缘性。缺点是强度、硬度较低，加热后黏度大，加工成型性较差，只能用冷压烧结方法成型。在高于 390℃工作时将分解出剧毒气体，应予注意。PTFE 主要用于化工管道、泵、电气设备、隔离防护层等方面。

11）酚醛塑料（PF）。由酚类或醛类经缩聚反应而制成的树脂称为酚醛树脂。根据不同的性能要求加入不同的填料，便能制成各种酚醛塑料。它属于热固性塑料，具有优异的耐热性、绝缘性、化学稳定性和尺寸稳定性，较高的强度、硬度和耐磨性，其抗蠕变性能优于许多热塑性工程塑料，广泛用于机械电子、航空、船舶工业和仪表工业中，如高频绝缘件，耐酸、耐碱、耐霉菌件及水润滑轴承。其缺点是质脆，耐光性差，色彩单调（只能制成棕黑色）。

12）环氧塑料（EP）。环氧塑料是在环氧树脂中加入固化剂（胺类和酸酐类）后形成的热固性塑料，具有强度高，耐热性、耐蚀性及加工成型性优良的特点。它成型工艺好，主要用于制作塑料模具、量具、电子元件等。环氧树脂对各种工程材料都有突出的黏附力，是极其优良的黏结剂，有“万能胶”之称，广泛用于各种结构黏结剂和制成各种复合材料，如玻璃钢等。

2. 橡胶

（1）橡胶的组成　橡胶是在使用温度范围内处于高弹态的高分子材料，是常用的弹性材料、密封材料、减振防震材料和传动材料。

工业用橡胶是由生胶（或纯橡胶）和橡胶配合剂组成的。

1）生胶（或纯橡胶）。是橡胶制品的主要成分，也是形成橡胶特性的主要因素，其来源可以是合成的、也可以是天然的，但生胶性能随温度和环境变化很大，如高温发黏、低温变脆，且极易被溶剂溶解，因此必须加入各种不同的橡胶配合剂，以提高橡胶制品的使用性能和加工工艺性能。

2）橡胶配合剂。橡胶中常加入的配合剂有硫化剂、硫化促进剂、防老化剂、填充剂、发泡剂和着色剂等。硫化剂的作用是提高橡胶制品的弹性、强度、耐磨性和抗老化能力；硫化促进剂可缩短橡胶硫化时间，降低硫化温度，减少硫化剂用量，同时能改善橡胶制品的性能；防老化剂是为了防止和延缓橡胶制品的老化；填充剂的作用是提高橡胶制品的强度、硬度，减少生胶的用量及改善工艺性能。

（2）常用橡胶材料　橡胶品种很多，主要有天然橡胶和合成橡胶两类。合成橡胶按用途及使用量分为通用橡胶和特种橡胶。

1）天然橡胶。天然橡胶是橡胶树流出的胶乳，经凝固、干燥等工序制成的弹性固状物，其单体为异戊二烯高分子化合物。它具有很好的弹性，但强度、硬度不高。为提高强度并硬化，需进行硫化处理。天然橡胶是优良的绝缘体，但耐热老化性和耐大气老化性较差，不耐臭氧、油和有机溶剂，且易燃。天然橡胶广泛用于制造轮胎、胶带和胶管等。

2）合成橡胶。合成橡胶是指具有类似橡胶性质的各种高分子化合物。它的种类很多，主要有以下几种。

① 丁苯橡胶。它是合成橡胶中应用最广、产量最大的一种，由丁二烯和苯乙烯聚合而成，具有较好的耐磨、耐自然老化、耐臭氧性，但加工性能不如天然橡胶，广泛用于制造轮胎、胶布、胶鞋、胶管等。

② 顺丁橡胶。顺丁橡胶是以丁二烯为原料，在催化剂作用下经聚合反应而得到的产品，产量仅次于丁苯橡胶。顺丁橡胶具有良好的耐磨性、耐老化性、耐寒性和高弹性，但不易加工、强度较低，主要用于制造轮胎、三角胶带、减振器和橡胶弹簧等。

③ 氯丁橡胶。氯丁橡胶是由氯丁二烯经聚合反应得到的产品，具有良好的耐臭氧、耐油和耐溶剂性能，但绝缘性能较差，主要用于制造胶带、胶管、汽车门窗嵌条等。

④ 丁腈橡胶。丁腈橡胶是由丙烯腈和丁二烯经聚合反应得到的产品，具有良好的耐油性、耐磨性、耐热性，但耐臭氧性、耐寒性较差，加工性能不好，主要用于制造耐油制品，如输油管、耐油密封圈等。

⑤ 聚氨酯橡胶。聚氨酯橡胶是由氨基甲酸酯经聚合而成的，属特种橡胶，具有良好的耐磨性、耐油性，但耐水、酸、碱性能较差，主要用于制造胶辊、实心轮胎和耐磨制品。

⑥ 硅橡胶。硅橡胶是指分子链中含有硅氧键，经硫化后具有弹性的有机硅聚合物，属特种橡胶。它具有耐高温、耐寒、电绝缘性能优良的特点，但抗拉强度低、价格较贵，主要用于制造耐高温、耐寒或耐高温电绝缘制品等。

⑦ 氟橡胶。氟橡胶主要是全氟丙烯和偏二氟乙烯的共聚物，属特种橡胶。它具有良好的耐高温、耐蚀、耐臭氧和大气老化性能，但加工性能差，价格贵，主要用于制造高级密封件、高真空耐蚀件等。

1.3.2 陶瓷材料

1. 概述

陶瓷是人类最早使用的材料之一。现代陶瓷材料是指除金属和有机材料以外的所有固体材料，又称无机非金属材料。

现代陶瓷充分利用了各组成物质的特点以及特定的力学性能和物理化学性能。从组成上看，除了传统的硅酸盐、氧化物和含氧酸盐外，还包括碳化物、硼化物、硫化物及其他的盐类和单质；材料更为纯净，组合更为丰富。而从性能上看，现代陶瓷不仅能够充分利用无机非金属物质的高熔点、高硬度、高化学稳定性，得到一系列耐高温、高耐磨和高耐蚀的新型陶瓷，而且还充分利用无机非金属材料优异的物理性能，制得了大量的不同功能的特种陶瓷，如介电陶瓷、压电陶瓷、高导热陶瓷以及具有半导体特性、超导性和各种磁性的陶瓷，适应了航天、能源、电子等新技术发展的需求，也是目前材料开发的热点之一。

2. 陶瓷材料的分类

陶瓷材料及产品种类繁多，而且还在不断扩大和增多。陶瓷材料大致可以分为普通陶瓷（传统陶瓷）和特种陶瓷两大类。

普通陶瓷是以天然原料如高岭土（$Al_2O_3 \cdot 2SiO_2 \cdot 2H_2O$）、石英（$SiO_2$）、长石（$K_2O \cdot Al_2O_3 \cdot 6H_2O$）等烧结而成，这类陶瓷按性能特征和用途又可分为日用陶瓷、建筑陶瓷、电绝缘陶瓷、化工陶瓷等。

特种陶瓷又称近代陶瓷，是指各种新型陶瓷，多采用高纯度人工合成的原料烧结而成。根据成分不同特种陶瓷可分为氧化物陶瓷、氮化物陶瓷、碳化物陶瓷、金属陶瓷等；按用途又可分为高温陶瓷、光学陶瓷、磁性陶瓷等。

3. 常用工业陶瓷

（1）普通陶瓷　普通陶瓷质地硬，不导电，易于加工成型；但其内部含有较多玻璃相，高温下易软化，耐高温及绝缘性不及特种陶瓷。其成本低，产量大，广泛用于工作温度低于200℃的酸碱介质、容器、反应塔、管道和供电系统的绝缘子等。

（2）特种陶瓷

1）氧化铝陶瓷。这是以 Al_2O_3 为主要成分的陶瓷，一般 Al_2O_3 的质量分数大于45%，另含有少量的 SiO_2。根据 Al_2O_3 质量分数不同，又分为75瓷（含75% Al_2O_3）、95瓷（含95%Al_2O_3）和99瓷（含99% Al_2O_3），后两者又称刚玉瓷。氧化铝陶瓷中 Al_2O_3 含量越高，玻璃相含量越少，气孔越少，其性能也越好；但此时工艺变得复杂，成本升高。

氧化铝陶瓷耐高温性好，在氧化性气氛中的使用温度达1950℃，且耐蚀性好，故可用于制作高温器皿，如熔炼铁、钴、镍等的坩埚及耐热用品等。氧化铝陶瓷有较高的硬度及高温强度，可用于制作高速切削及难切削材料加工的刃具（760℃时硬度为87HRA，1200℃时硬度为80HRA）；还可用于制作耐磨轴承、模具及活塞、化工用泵和阀门等。同时氧化铝陶瓷有很好的绝缘性能，内燃机火花塞基本都是用氧化铝陶瓷做的。氧化铝陶瓷的缺点是脆性大，不能承受冲击载荷，抗热振性差，不适用于有温度急变的场合。

2）其他氧化物陶瓷。BeO、CaO、ZrO_2、CeO_2、MgO等氧化物陶瓷的熔点高，均在2000℃附近，甚至更高，且还具有一系列特殊的优异性能。MgO陶瓷是典型的碱性耐火材料，用于冶炼钢铁、铜、铝、镁以及熔化高纯铀、钍及其合金。BeO陶瓷在还原性气氛中特别稳定，其导热性极好（与铝相近），故抗热冲击性能好，可用于制作高频电炉坩埚和高温绝缘子等电子元件，以及激光管、晶体管的散热片，集成电路基片等。铍的吸收中子截面小，故氧化铍还是核反应堆的中子减速剂和反射材料。但氧化铍粉末及蒸气有剧毒，生产和应用中应注意安全。ZrO_2 陶瓷高强且耐热性好，热导率高，高温下是良好的隔热材料。另外，ZrO_2 陶瓷室温下是绝缘体，但在1000℃以上变为导体，是优异的固体电解质材料，用于离子导电材料（电极），传感及敏感元件和1800℃以上的高温发热体，还可用于熔炼铂

(Pt)、钯（Pd)、铑（Rh）等合金的坩埚。

3）非氧化物陶瓷。常用的非氧化物陶瓷主要有碳化物陶瓷（如 SiC、B_4C)、氮化物陶瓷（如 Si_3N_4，BN 等)，它们也具有各自的优异性能。

氮化硅（Si_3N_4）陶瓷稳定性极好，除氢氟酸外，能耐各种酸碱腐蚀，也可抵抗熔融非铁金属的侵蚀。氮化硅硬度很高，摩擦系数小（只有 0.1~0.2，相当于加了油的金属表面)，耐磨性、减摩性好（自润滑性好)，是很好的耐磨材料。同时 Si_3N_4 还有很好的抗热振性，故氮化硅陶瓷可用于制作腐蚀介质下的机械零件、密封环、高温轴承、燃气轮机叶片、坩埚及刀具等。

碳化硅（SiC）陶瓷是一种高强度、高硬度的耐高温陶瓷，在 1200~1400℃时抗弯强度仍达 500~600 MPa，且其导热性好，热稳定性、耐蚀性、耐磨性也很好，可用于制作火箭尾喷管喷嘴、炉管、热电偶套管等高温下工作的部件；利用它的导热性可制造高温热交换器；利用它的高硬度和耐磨性可制造砂轮、磨料等。

氮化硼（BN）陶瓷按晶体结构不同分为六方结构和立方结构两种。六方氮化硼结构与石墨相似，性能也比较接近，故又称“白石墨”，具有良好的耐热性、导热性和高温介电强度，是理想的散热和高温绝缘材料。另外，六方氮化硼的化学稳定性好，具有极好的自润滑性，同时由于硬度较低，可进行机械加工，能制成各种结构的零件。立方氮化硼为立方结构，结构紧密，其硬度与金刚石接近，是优良的耐磨材料，常用于制作刀具。

陶瓷的品种很多，其所具有的性能也是十分广泛的，在所有的工业领域都得到广泛应用，随着材料的发展，其应用必将越来越广泛。常用工业陶瓷的组成、特性和应用见表 1-2。

表 1-2 常用工业陶瓷的组成、特性和应用

种类	主要组成	性能特征	用途
耐热材料	MgO、ThO_2	热稳定性高	耐火材料
	SiC、Si_3N_4	高温强度高	燃气轮机叶片、火焰导管、火箭喷嘴等
高硬度材料	SiC、Al_2O_3	高弹性模量	复合材料用纤维
	TiC、B_4C、BN	高硬度	切削刀具、模具等
介电材料	Mg_2SiO_4、Al_2O_3	绝缘性	集成电路基板
	$PbTiO_3$、$BaTiO_3$	热电性	热敏电阻
	$PbTiO_3$、$LiNbO_3$	压电性	振荡器
	$BaTiO_3$	强介电性	电容器
光学材料	Al_2O_3CrNd 玻璃	荧光、发光性	激光
	CaAs、CdTe	红外透过性	红外线窗口
	SiO_2	高透明度	光导纤维
	WO_3	电发色效应	显示器
磁性材料	$ZnFe_2O$、γ-Fe_2O_3	软磁性	磁带、磁盘
	$SrO \cdot 6Fe_2O_3$	硬磁性	电声器件、仪表及控制器件的磁心
半导体材料	CdS、CdSe	光电效应	太阳能电池
	VO_2、NiO	阻抗温度变化效应	温度传感器
	LaB_6、BaO	热电子放射效应	热阴极

1.3.3　复合材料

复合材料是由两种或两种以上性质不同的材料组合起来的一种多相固体材料，它不仅保留了组成材料各自的优点，而且还具有单一材料所没有的优异性能。在自然界和人类的发展中，复合材料并不是一个陌生的领域，自然界中的树木、建筑中的混凝土和人体的骨骼等都是复合材料。

现代复合材料则是在充分利用材料科学理论和材料制作工艺的基础上发展起来的一类新型材料。在不同的材料之间，如金属之间、非金属之间、金属与非金属之间进行复合，既保持了各组成部分的性能又有组合的新功能，充分发挥了材料的性能潜力。

工程复合材料的组分是人为选定的，通常可将其划分为基体材料和增强体。基体材料大多为连续的，除保持自身特性外，还有粘接或连接和支承增强体的作用；而增强体主要是起承受载荷或发挥其他特定物理或化学功能的作用。

1. 复合材料的分类

复合材料常见的分类方法有以下三种。

（1）按材料的用途分　可将其分为结构复合材料和功能复合材料两大类。前者常用于工程结构，以承受各种载荷，主要是利用其优良的力学性能；后者则为具有各种独特物理或化学性质的材料，具有优异的功能特性，如吸波、电磁、超导、屏蔽、光学、摩擦润滑等。

（2）按基体材料类型分　按基体的不同复合材料可分为金属基和非金属基两类。目前大量研究和使用的多为以高聚物材料为基体的复合材料。

（3）按增强体特性分　按复合材料中增强体的种类和形态不同，可将其分为纤维增强复合材料、颗粒增强复合材料、叠层或夹层复合材料。

2. 常用复合材料

（1）纤维增强树脂基复合材料　一般来说，纤维增强树脂基复合材料的力学性能主要由纤维的特性决定，化学性能、耐热性等则由树脂和纤维共同决定。按增强纤维的不同，主要有以下几类。

1）玻璃纤维树脂复合材料。玻璃纤维树脂复合材料又称玻璃钢，玻璃钢生产成本低、工艺简单、应用很广，根据所用基体不同可分为两类。

① 热塑性玻璃钢。热塑性玻璃钢是由20%～40%的玻璃纤维和80%～60%的基体材料（如尼龙、聚烯烃类、聚苯乙烯类等热塑性树脂）组成。主要特点是具有高强度、高冲击韧性、良好的低温性能及低热膨胀系数，常用来制造轴承、齿轮、仪表板、壳体等零件。

② 热固性玻璃钢。热固性玻璃钢是由60%～70%的玻璃纤维和40%～30%的基体材料（如环氧树脂、酚醛树脂等）组成。主要特点是密度小，强度高，强度超过一般高强度钢和铝合金及钛合金，耐磨性、绝缘性和绝热性好，吸水性低，易于加工成型。但是，这类材料的弹性模量低，只有结构钢的1/5～1/10，耐热性比热塑性玻璃钢好，但仍不够高，只能在300℃以下工作，主要用于各种机器的护罩、复杂壳体、车辆、船舶、仪表、化工容器、管道等。

2）碳纤维-树脂复合材料。碳纤维-树脂复合材料是由碳纤维与聚酯、酚醛、环氧、聚四氟乙烯等树脂组成，其性能优于玻璃钢，其密度小，强度高，弹性模量高，并具有优良的抗疲劳性能和抗冲击性能、良好的自润滑性、减摩耐磨性、耐蚀性和耐热性。但碳纤维与树脂的结合力低，各向异性明显。这类材料主要应用于运动器材、航空航天、机械制造、汽车工业及化学工业中。

3）硼纤维-树脂复合材料。硼纤维-树脂复合材料是由硼纤维和环氧、聚酰亚胺等树脂组成，具有高的强度和弹性模量、良好的耐热性。其缺点是各向异性明显、加工困难、成本太高，已逐渐被碳纤维取代，主要用于航空航天和军事领域。

4）碳化硅纤维-树脂复合材料。碳化硅纤维-树脂复合材料是由碳化硅与环氧树脂组成的复合材料，具有高的强度和弹性模量，抗拉强度接近碳纤维-环氧树脂复合材料，而抗压强度为其两倍，是一类很有发展前途的新材料，主要用于航空航天领域。

5）有机纤维-树脂复合材料。有机纤维-树脂复合材料是由芳香族聚酰胺纤维（芳纶）与环氧树脂、聚乙烯、聚碳酸酯等树脂组成。主要品种有凯芙拉（Kevlar）、诺麦克斯（Nomex）等。其中最常用的是 Kevlar 纤维与环氧树脂组成的复合材料，其主要性能特点是抗拉强度较高，与碳纤维-环氧树脂复合材料相似；其延展性好，可与金属相当；耐冲击性超过碳纤维增强塑料；有优良的疲劳抗力和减振性，疲劳抗力高于玻璃钢和铝合金，减振能力为钢的 8 倍，主要用于制造防弹衣、飞机机身、雷达线罩、轻型舰船等。

6）纤维增强陶瓷基复合材料。纤维-陶瓷复合材料中的纤维能起到强化陶瓷的作用，但其更重要的作用是增加陶瓷材料的韧性，因此纤维-陶瓷复合材料中的纤维具有“增韧补强”作用。

这种机制几乎可以从根本上解决陶瓷材料的脆性问题。目前用于增强陶瓷材料的纤维主要是碳纤维或石墨纤维，能大幅度提高冲击韧性和热振性，降低陶瓷的脆性，而陶瓷基体则保证纤维在高温下不氧化烧蚀，使材料的综合力学性能大大提高。如碳纤维-Si_3N_4 复合材料可在 1400℃长期工作，可用于制造飞机发动机叶片；碳纤维-石英陶瓷的冲击韧性比烧结石英大 40 倍，抗弯强度大 5~12 倍，能承受 1200~1500℃的高温气流冲蚀，可用于航天飞行器的防热部件。

（2）颗粒增强复合材料　颗粒增强复合材料是由一种或多种颗粒均匀地分布在基体中所组成的材料。一般粒子的尺寸越小，增强效果越明显。颗粒直径小于 0.01~0.1μm 时，称为弥散强化材料。常见的颗粒复合材料有两类。

1）金属颗粒与塑料复合。金属颗粒加入塑料中，可改善导热、导电性能，降低线膨胀系数。如将铅粉加入氟塑料中，可用作轴承材料。含铅粉多的塑料还可以用于制作 γ 射线的罩屏等。

2）陶瓷颗粒与金属复合。陶瓷颗粒与金属复合即金属陶瓷。氧化物金属陶瓷，如 Al_2O_3 金属陶瓷，可用于制造高速切削刀具及高温耐磨材料；钛基碳化钨可用于制造切削刀具；镍基碳化钛可用于制造航天器的高温零件。

（3）叠层或夹层复合材料　叠层或夹层复合材料是由两层或两层以上的不同材料经热压胶合而成，其目的是充分利用各组成部分的最佳性能。这样不但可减轻结构的重量，提高其刚度和强度，还可获得各种各样的特殊功能，如耐磨、耐蚀、绝热隔声等。如最简单的叠层材料有控温的双金属片和用于耐蚀、耐热的不锈钢-普通钢的双层复合钢板材料。

复习思考题

1-1 图 1-41 所示为三种不同材料的拉伸曲线（试样尺寸相同），试比较这三种材料的抗拉强度、屈服强度和塑性大小，并指出屈服强度的确定方法。

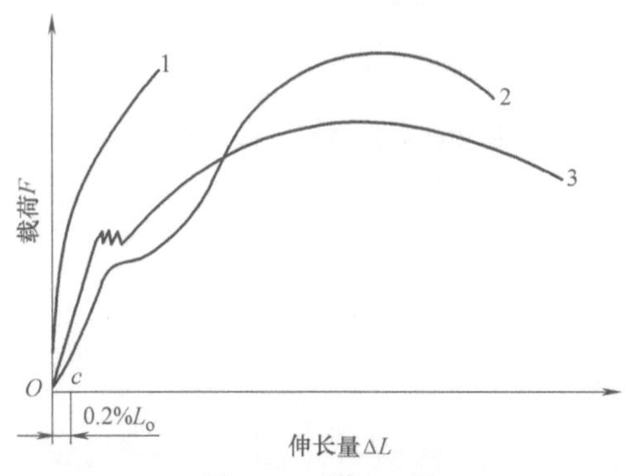

图 1-41 题 1-1 图

1-2 有一低碳钢试样，原直径为 410mm，在试验力为 2100N 时屈服，试样断裂前的最大试验力为 30000N，拉断后长度为 133mm，断裂处最小直径为 46mm，试计算屈服强度、抗拉强度、断后伸长率和断面收缩率。

1-3 为什么相同材料进行拉伸试验时 $A>A_{11.3}$？

1-4 如果其他条件相同，试比较下列铸造条件下铸件晶粒的大小。

1）金属型浇注与砂型浇注。

2）浇注温度较高些与较低些。

3）铸成薄壁件与铸成厚壁件。

4）厚大壁件的表面部分与中心部分。

5）浇注时采用振动与不采用振动。

1-5 液态金属发生结晶的必要条件是什么？可用哪些方法获得细晶粒组织？其依据是什么？

1-6 将 45 钢和 T12 钢分别加热到 700℃、770℃、840℃淬火，这些淬火温度是否正确？为什么 45 钢在 770℃淬火后的硬度远低于 T12 钢在 770℃淬火后的硬度？

1-7 为什么淬火钢回火后的性能主要取决于回火温度，而不是取决于冷却速度？

1-8 为什么淬火后的钢一般都要进行回火？按回火温度不同，回火分为哪几种？指出各种温度回火后得到的组织、性能及应用范围。

1-9 在一批 45 钢制的螺栓中（要求头部热处理后硬度为 43~48HRC）混入少量 20 钢和 T12 钢，若按 45 钢进行淬火、回火处理，能否达到要求？分别说明为什么。

1-10 现有低碳钢和中碳钢齿轮各一个，为使齿面有高硬度和耐磨性，试问各应进行何种热处理？并比较它们经热处理后在组织和性能上有何不同。

1-11 试分析以下几种说法是否正确，为什么？

1）过冷奥氏体的冷却速度越快，钢冷却后的硬度越高。

2）钢经淬火后处于硬脆状态。

3）钢中合金元素含量越多，则淬火后硬度越高。

4）共析钢经奥氏体化后，冷却所形成的组织主要取决于钢的加热温度。

5）同一种钢材在相同加热条件下，水淬比油淬的淬透性好，小件比大件的淬透性好。

1-12　用 T10 钢制造刀具，要求淬硬到 60~64HRC。生产时误将 45 钢当成 T10 钢，按 T10 钢加热淬火，试问能否达到要求？为什么？

1-13　甲、乙两厂同时生产一批 45 钢零件，硬度要求为 220~250HBW。甲厂采用调质，乙厂采用正火，均可达到硬度要求，试分析甲、乙两厂产品的组织和性能差异。

1-14　指出下列工件的淬火及回火温度，并说明回火后得到的组织和大致硬度。

1）45 钢制小轴（要求综合力学性能好）。

2）60 钢制弹簧。

3）T12 钢制锉刀。

1-15　渗碳后的零件为什么必须淬火和回火？淬火、回火后材料表层与心部性能如何？

1-16　常见的热处理缺陷有哪些？如何减小和防止？

第2章 金属切削加工基础知识

教学要求：通过对本章的学习，学生应了解金属切削加工的任务与分类；了解金属切削机床的分类和型号；掌握切削加工成形原理与切削要素；掌握金属切削加工刀具及选用；了解数控机床的工作原理。

2.1 概述

金属切削加工就是利用工件和刀具之间的相对（切削）运动，用刀具上的切削刃切除工件上的多余金属层，从而获得具有一定加工质量的零件的过程。由此可见，只有理解零件加工质量的概念，认识了切削运动和金属切削刀具的基本知识，才能掌握金属切削过程的基本规律，最终得到质量合格的零件。

为了保证机电产品的质量，设计时应对零件提出加工质量的要求。机械零件的加工质量包括加工精度和表面质量两方面，它们的好坏将直接影响产品的使用性能、使用寿命、外观质量、生产率和经济性。

2.1.1 加工精度

经机械加工后，零件的实际几何参数（尺寸、形状、位置）与理想几何参数的符合程度称为机械加工精度，简称加工精度。实际几何参数与理想几何参数之间的差异称为加工误差。加工误差的大小反映了加工精度的高低。误差越大，加工精度越低；误差越小，加工精度越高。

尺寸精度用公差等级来衡量。公差等级数值越小，加工精度越高；公差等级数值越大，加工精度越低。公差等级共有20级，即IT01，IT0，IT1，IT2，…，IT18。各种加工方法所能达到的经济加工精度（公差等级）见表2-1。

2.1.2 表面质量

机械零件的表面质量，主要是指零件加工后的表面粗糙度以及表面层材质的变化。

1. 表面粗糙度

在切削加工中，由于刀痕、塑性变形、振动和摩擦等原因，会使加工表面产生微小的峰谷。这些微小峰谷的高低程度和间距状况称为表面粗糙度。表面粗糙度对零件的耐磨性、耐蚀性和配合性质等有很大影响。它直接影响机器的使用性能和寿命。

国家标准规定了表面粗糙度的评定参数及其数值。常用的评定表面粗糙度的参数是轮廓算术平均偏差 Ra 值，常见加工方法一般能达到的表面粗糙度值见表 2-1。

表 2-1 各种加工方法所能达到的公差等级和表面粗糙度

<table>
<tr><th colspan="2">表面微观特征</th><th>Ra/μm</th><th>加工精度</th><th>加工方法</th><th>应用</th></tr>
<tr><td>不加工</td><td>清除毛刺</td><td></td><td>IT16~IT14</td><td></td><td>铸件、锻件、焊接件、冲压件</td></tr>
<tr><td rowspan="3">粗加工</td><td>明显可见刀痕</td><td>≤80</td><td>IT13~IT10</td><td rowspan="3">粗车、粗刨、粗铣、钻、毛锉、锯断</td><td>用于非配合尺寸或不重要的配合</td></tr>
<tr><td>可见刀痕</td><td>≤40</td><td>IT10</td><td rowspan="2">用于一般要求，主要用于长度尺寸的配合</td></tr>
<tr><td>微见刀痕</td><td>≤20</td><td>IT10~IT8</td></tr>
<tr><td rowspan="3">半精加工</td><td>明显可见刀痕</td><td>≤10</td><td>IT10~IT8</td><td rowspan="3">半精车、精车、精刨、精铣、粗磨</td><td rowspan="4">用于重要配合</td></tr>
<tr><td>可见刀痕</td><td>≤5</td><td>IT8~IT7</td></tr>
<tr><td>微见刀痕</td><td>≤2.5</td><td>IT8~IT7</td></tr>
<tr><td rowspan="3">精加工</td><td>可辨加工痕迹方向</td><td>≤1.25</td><td>IT8~IT6</td><td rowspan="3">精磨、研磨、镜面磨、超精加工</td></tr>
<tr><td>微辨加工痕迹方向</td><td>≤0.63</td><td>IT7~IT6</td><td rowspan="2">用于精密配合</td></tr>
<tr><td>不辨加工痕迹方向</td><td>≤0.32</td><td>IT7~IT6</td></tr>
<tr><td rowspan="5">超精加工</td><td>暗光泽面</td><td>≤0.16</td><td>IT6~IT5</td><td rowspan="5">精磨、研磨、镜面磨、超精加工</td><td rowspan="5">量块、量仪和精密仪表、精密零件的光整加工</td></tr>
<tr><td>亮光泽面</td><td>≤0.08</td><td>IT6~IT5</td></tr>
<tr><td></td><td>≤0.04</td><td></td></tr>
<tr><td></td><td>≤0.02</td><td></td></tr>
<tr><td></td><td>≤0.01</td><td></td></tr>
</table>

一般来说，零件的表面粗糙度值越小，零件的使用性能越好，寿命也越长，但零件的制造成本也会相应增加。

2. 表面层材质的变化

零件加工后表面层的力学、物理及化学等性能会与基体材料不同，表现为加工硬化、存在残余应力、疲劳强度变化及耐蚀性下降等，这些将直接影响零件的使用性能。

零件的加工质量与加工成本有着密切的关系。加工精度要求高，将会使加工过程复杂化，导致成本上升，所以在确定零件加工精度和表面粗糙度时，总的原则是，在满足零件使用性能要求和后续工序要求的前提下，尽可能选用较低的精度和较大的表面粗糙度值。

2.2 切削加工成形原理与切削要素

2.2.1 切削加工成形原理

1. 切削运动

切削运动指在金属切削过程中，切削工具和工件之间的相对运动。如图 2-1 所示，车削时工件的旋转运动是切除多余金属的基本运动，车刀平行于工件轴线的直线运动是为保证切削的连续进行，由这两个运动组成的切削运动来完成工件外圆表面的加工。一般按运动在切削加工中所起作用的不同，又分为主运动和进给运动两大类。

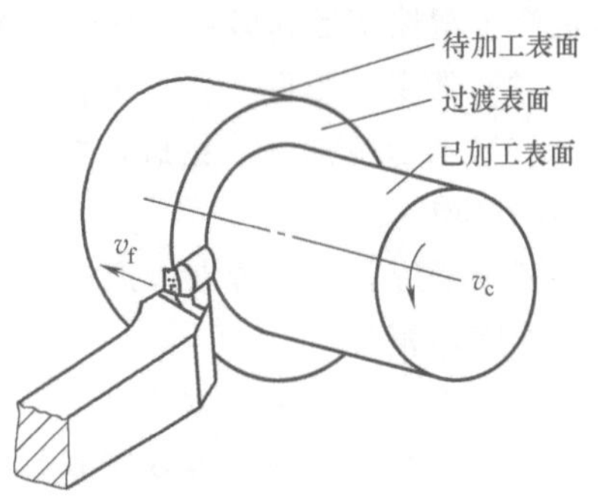

图 2-1　车削运动和切削表面

(1) 主运动　主运动是由机床或人力提供的主要运动，是使切削工具和工件之间产生相对运动，从而切下切屑所必需的最基本的运动，也是切削加工中速度最高、消耗功率最多的运动。如图 2-2 所示，车削时工件的旋转运动、钻削时刀具的旋转运动、刨削时刀具的往复直线运动、铣削时刀具的旋转运动及磨削时砂轮的旋转运动等都是主运动。

(2) 进给运动　进给运动是由机床或人力提供的运动，它使切削工具与工件之间产生附加的相对运动，连续切下切屑，从而得到所需的已加工表面。一般进给运动是切削加工中速度较低、消耗功率较少的运动。如图 2-2 所示，车削时刀具的直线运动、钻削时刀具的轴向运动、刨削时工件的间歇直线运动、铣削时工件的直线运动、磨削时工件的旋转运动及其往复直线运动都是进给运动。

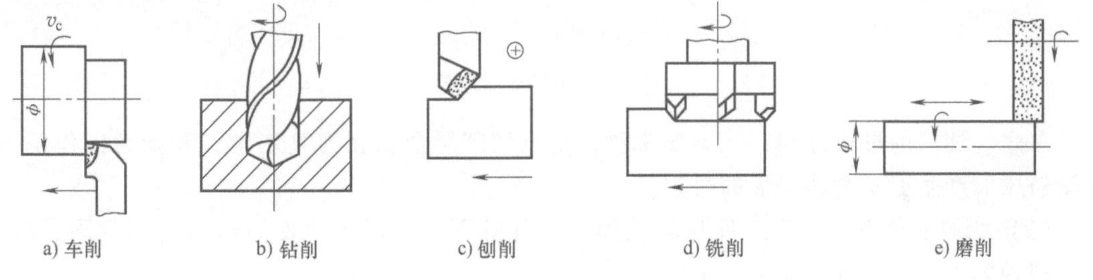

图 2-2　切削运动

各种切削加工，都具有特定的切削运动。切削运动有旋转、直线、连续、间歇等形式。一般主运动只有一个，进给运动可以有一个或几个。主运动和进给运动可由刀具和工件分别完成，也可由刀具（如钻头）单独完成。

在切削加工中，工件上产生三个不断变化的表面（见图 2-1）：

1）待加工表面：加工时即将切除的工件表面。

2）已加工表面：已被切去多余金属而形成的工件新表面。

3）过渡表面：工件上切削刃正在切削的表面，并且是切削过程中不断变化着的表面。

2. 切削变形区的划分

在机床上用刀具切削金属材料时，切削层受到刀具前刀面挤压，切削区域存在三个不同的变形区，如图 2-3 所示。

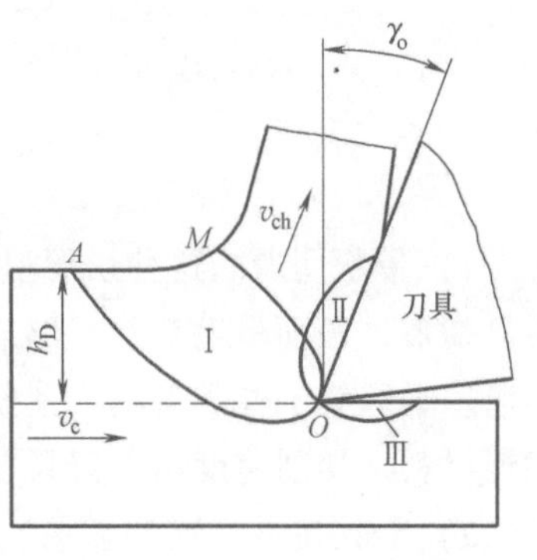

图 2-3　切削时的三个变形区

(1) 第Ⅰ变形区　在切削层中 OA 与 OM 之间的区域，

这是产生塑性变形和剪切滑移的区域。

（2）第Ⅱ变形区　指切屑流出时与刀具前刀面接触挤压、摩擦产生变形的区域。

（3）第Ⅲ变形区　指近切削刃处已加工表面层受刀具刃口与后刀面的挤压、摩擦产生变形的区域。

三个变形区各具特点，又相互联系、相互影响。切削过程中的各种物理现象均与金属层的变形密切相关。

3. 切屑的形成及种类

（1）切屑的形成　在切削塑性材料的过程中，切屑的形成如图 2-4 所示，切削层金属受到刀具前刀面的挤压，经弹性变形、塑性变形，当挤压应力达到强度极限时材料被挤裂。当以上过程连续进行时，被挤裂的金属脱离工件本体，沿前刀面经剧烈摩擦而离开刀具，从而形成切屑。

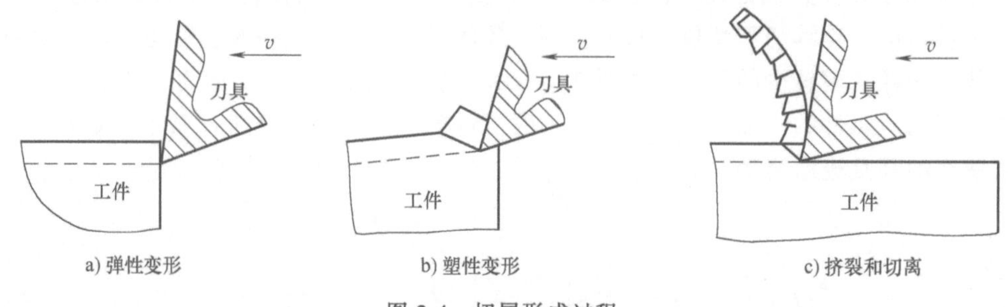

a) 弹性变形　b) 塑性变形　c) 挤裂和切离

图 2-4　切屑形成过程

总之，切屑的形成过程，从本质来讲，是被切削层金属在刀具切削刃和前刀面作用下，经受挤压而产生剪切滑移变形的过程。

（2）切屑的种类　由于工件材料及加工条件的不同，形成的切屑形态也不相同。常见的切屑种类大致有四种，如图 2-5 所示。

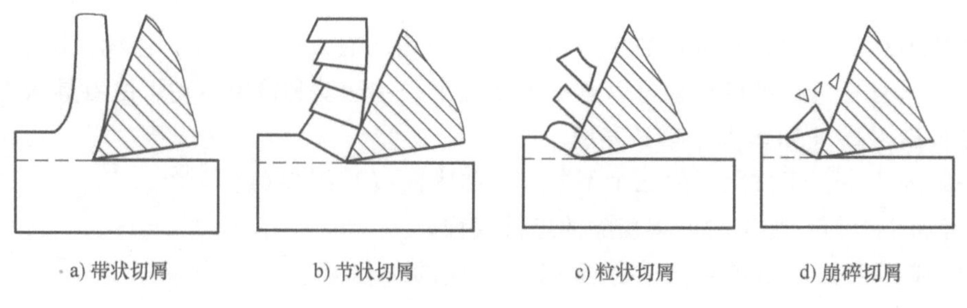

a) 带状切屑　b) 节状切屑　c) 粒状切屑　d) 崩碎切屑

图 2-5　切屑种类

1）带状切屑。这种切屑呈连续的带状或螺旋状，与前刀面相邻的切屑底面很光滑，无明显裂痕，顶面呈毛茸状。形成带状切屑时，切削过程平稳，工件表面较光洁，但切屑连续不断，易缠绕工件和刀具，刮伤已加工表面及损坏刀具，对此应采取断屑措施。通常在切削塑性材料、切削速度高、刀具前角大、切削厚度小的时候易产生带状切屑。

2）节状切屑（挤裂切屑）。它与带状切屑的区别是底面有裂纹，顶面呈锯齿形。形成这类切屑时，切削过程不够平稳，已加工表面的表面粗糙度值较大。切削速度较低、刀具前

角较小、切削厚度较大时易产生节状切屑。

3）粒状切屑（单元切屑）。切削塑性材料时，若整个剪切面上的切应力超过了材料的断裂强度，所产生的裂纹贯穿切屑端面，则切屑被挤裂呈粒状。切削速度极低、刀具前角很小、切削厚度很大时易产生粒状切屑。

4）崩碎切屑。切削铸铁、青铜等脆性材料时，一般不经过塑性变形材料就被挤裂而突然崩落形成崩碎切屑。此时切削力波动较大，并集中在切削刃附近，刀具容易磨损。由于切削过程很不平稳，已加工表面的表面粗糙度值较大。

认识各类切屑形成的规律，就可以主动控制切屑的形成，使其向着有利于生产的方向转化。例如，在加工塑性金属材料时，若产生挤裂切屑，那么增大切削速度和刀具前角、减小切削厚度，挤裂切屑就会转变为带状切屑，使切削过程平稳，已加工表面的表面粗糙度值减小。反之，减小切削速度和刀具前角，增大切削厚度，则挤裂切屑会转变为单元切屑。在加工脆性材料时，切削力集中于切削刃附近，易造成崩刃，切削振动大，影响加工质量。如果提高切削速度、减小切削厚度和增大刀具前角，会使切屑向针状屑、片状屑转变，减小切削振动，提高零件加工质量。

4. 积屑瘤

在一定切削速度范围内，切削钢料、非铁金属等塑性材料时，在切削刃附近的前刀面上常会黏附着一块很硬的金属，它包围着切削刃，且覆盖着刀具部分前刀面，这块硬度很高的金属即为积屑瘤，如图 2-6 所示。

（1）积屑瘤的形成　在切削塑性金属时，切屑从前刀面流出的过程中受到前刀面的挤压、摩擦，使切削区域的温度升高，在一定的温度与压力作用下，与前刀面接触的切屑底层受到很大的摩擦阻力，使这部分金属的流动速度减慢，形成一层很薄的滞流层。当滞流层与前刀面的摩擦阻力超过切屑材料内部的结合力时，就会黏附在刀面上，随后，新的滞流层又在上述基础上不断黏附，这样层层堆积，形成了积屑瘤。积屑瘤是不稳定的，它时生时灭，时大时小。积屑瘤形成后不断长大，当达到一定高度时就会在切削力的作用下破碎。积屑瘤形成、长大、破碎的过程在加工过程中是反复进行的。

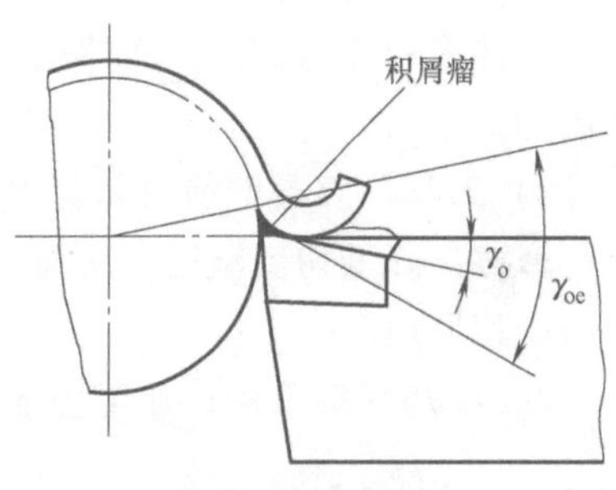

图 2-6　积屑瘤

（2）积屑瘤对加工的影响　积屑瘤对加工的影响主要体现在以下几方面。

1）保护刀具。在积屑瘤形成过程中，金属因强烈的塑性变形而硬化。积屑瘤的硬度一般为原工件材料的 2～3 倍，能代替切削刃进行切削。积屑瘤覆盖并保护着部分切削刃和前刀面，减少了刀具磨损。

2）增大实际前角。有积屑瘤的车刀，实际前角可增大至 30°～50°之间，如图 2-7 所示，因而减小了切屑的变形，降低了切削力。

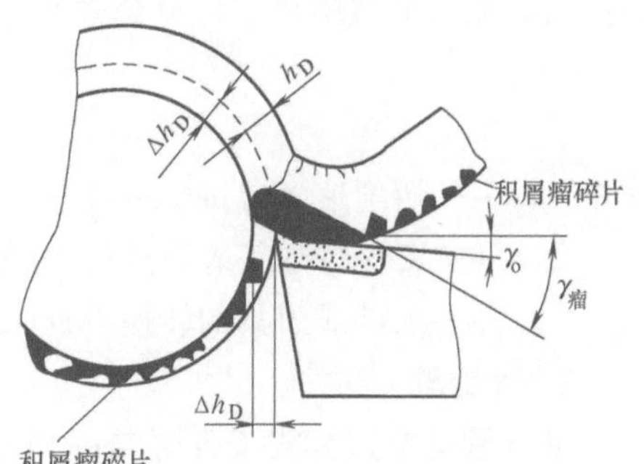

图 2-7　积屑瘤对加工的影响

3）增大切削厚度。积屑瘤的前端伸出切削刃之外（见图 2-7），改变了背吃刀量。有积屑瘤的切削厚度比没有积屑瘤时增大，增大量为 Δh_D，因而影响了工件的加工尺寸精度。

4）增大工件表面粗糙度值。积屑瘤形状不规则，时大时小，时生时灭。积屑瘤脱落时，一部分被切屑带走，另一部分黏附在已加工表面上，增大了已加工表面的表面粗糙度值。积屑瘤的不稳定会引起实际前角变化，从而引起切削力的波动，进一步增大了表面粗糙度值。

由以上可知，积屑瘤对粗加工有利，对精加工是不利的。所以，在精加工时应设法避免积屑瘤的产生。

（3）影响积屑瘤的因素及对积屑瘤的控制

1）工件材料。在工件材料的性能中，影响积屑瘤形成的主要因素是塑性。材料的塑性越好，切削时塑性变形越大，越容易形成积屑瘤。例如，加工低碳钢、中碳钢、铝合金等材料时，都容易形成积屑瘤，而加工铸铁等脆性材料时，则不会产生积屑瘤。要避免积屑瘤的产生，可对工件材料进行适当的热处理，以提高其强度和硬度，降低塑性。

2）切削速度。在工件材料一定时，切削速度是影响积屑瘤的主要因素。切削速度主要是通过切削温度和摩擦来影响积屑瘤的。当切削速度很低（$v_c<5\text{m/min}$）时，切削温度较低，前刀面与切屑的摩擦系数小，积屑瘤不易生成；当切削速度逐渐增大（$v_c=5\sim50\text{m/min}$）时，切削温度升高，摩擦系数加大，则易于形成积屑瘤；当切削速度很高（$v_c>70\text{m/min}$）时，切削温度很高，切屑底层金属变软，摩擦系数变小，积屑瘤则不会产生。因此，一般精车、精铣采用高速切削，而拉削、铰削和宽刃精刨则采用低速切削，以避免或减少积屑瘤的形成。

3）刀具。刀具的前角和前刀面的表面粗糙度均会影响积屑瘤。增大前角可减小变形，减小摩擦，降低切削温度，从而减少积屑瘤。减小前刀面的表面粗糙度值，可减小摩擦，从而减少积屑瘤。

4）冷却润滑条件。使用切削液可减少摩擦，降低切削温度，所以不易产生积屑瘤。

2.2.2 切削用量三要素

切削用量是切削过程中切削速度 v_c、进给量 f 和背吃刀量 a_p 的总称。

1. 切削速度 v_c

切削速度是指切削刃选定点相对于工件主运动的瞬时速度。若主运动为旋转运动，切削速度为其最大的线速度。计算公式为

$$v_c=\frac{n\pi d}{1000}$$

式中 v_c——切削速度（m/min）；

d——工件待加工表面处的直径（mm）；

n——工件或刀具的转速（r/min）。

2. 进给量 f

进给量是指刀具或工件每转一周时，刀具相对于工件在进给方向上的位移量，单位为 mm/r。

3. 背吃刀量 a_p（或切削深度）

背吃刀量是指工件上已加工表面与待加工表面间的垂直距离。车削圆柱面时，背吃刀量的计算公式为

$$a_p = \frac{d_w - d_m}{2}$$

式中　d_w——工件待加工表面的直径；

d_m——工件已加工表面的直径。

2.2.3　切削力与切削功率

切削力是切削加工时工件材料抵抗刀具切削所产生的阻力。切削力影响工艺系统的变形、加工精度及刀具磨损等。

1. 切削力的分解

总切削力是切削层金属的变形抗力、刀具前刀面与切屑之间的摩擦力以及后刀面与过渡表面之间的摩擦力的总和。图 2-8 中的 F 即为总切削力。

总切削力 F 是一个空间力。为了便于测量和计算，以适应机床、刀具设计和工艺分析的需要，常将 F 分解为三个互相垂直的切削分力，如图 2-8 所示。

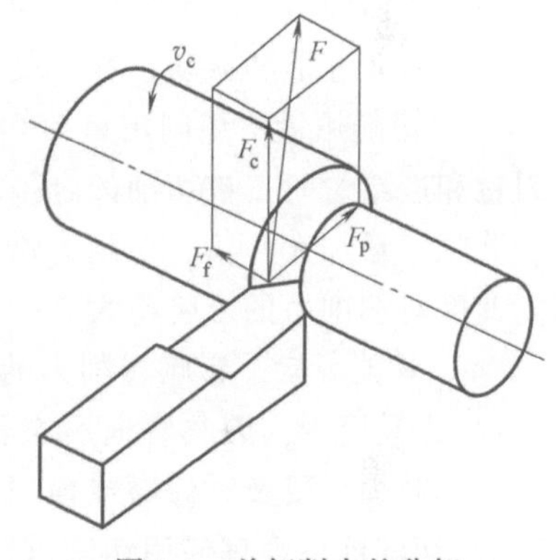

图 2-8　总切削力的分解

(1) 主切削力 F_c　主切削力是总切削力 F 在主运动方向上的分力，也称为切向力。主切削力是三个分力中最大的，消耗的机床功率也最多（95%以上），是计算机床动力和主传动系统零件（如主轴箱内的轴和齿轮）强度和刚度的主要依据。

(2) 进给力 F_f　进给力是总切削力 F 在进给运动方向上的分力，车削外圆时与主轴轴线方向一致，又称轴向力。进给力一般只消耗总功率的 1%～5%，是计算进给系统零件强度和刚度的重要依据。

(3) 背向力 F_p　背向力是总切削力 F 在垂直于进给运动方向上的分力，也称为径向力或吃刀抗力。因为切削时在此方向上的运动速度为零，所以背向力不做功，但会使工件弯曲变形，还会引起工件振动，对表面粗糙度产生不利影响。总切削力与三个分力的关系如下：

$$F = \sqrt{F_c^2 + F_f^2 + F_p^2}$$

2. 切削力和切削功率的计算

(1) 切削力计算　由于切削过程十分复杂，影响因素较多，生产中计算主切削力常采用经验公式，即

$$F_c = K_c A_D = K_c a_p f$$

式中　F_c——主切削力（N）；

K_c——切削层单位面积切削力（N/mm^2）；

A_D——切削层公称横截面积（mm^2）。

K_c 与工件材料、热处理方法、硬度等因素有关，其数值可查切削手册。

(2) 切削功率计算　切削功率是三个切削力消耗功率的总和。在车外圆时，背向力方向速度为零，进给力又很小，二者消耗的功率可忽略不计，因此车外圆时切削功率可按下式计算

$$P_m = F_c v_c$$

式中　v_c——切削速度（m/s）。

机床电动机功率为

$$P_c \geqslant P_m / \eta$$

式中　η——机床传动效率，一般取0.75~0.85。

3. 影响切削力的因素

(1) 工件材料　工件材料是影响切削力的主要因素。工件材料的强度和硬度越高，变形抗力越大，切削力也越大。在强度、硬度相近的材料中，塑性大、韧性高的材料切削时产生的塑性变形大，使之发生变形或破坏所消耗的能量较多，故切削力较大。

(2) 刀具角度　刀具角度中对切削力影响最大的是前角。切削各种材料时，增大刀具的前角会使切削力减小。切削塑性大的材料时，增大前角可使切削力降低得更多一些。刀具主偏角对主切削力、进给力和背向力都有影响，但对背向力的影响最大。为了减小背向力，防止工件弯曲变形和振动，在车削细长轴时常选用较大的主偏角（90°或75°）。

(3) 切削用量　切削用量对切削力的影响主要表现在背吃刀量和进给量上。当增大背吃刀量和进给量时，被切削的金属增多，切削力明显增大。实验表明，当其他切削条件一定时，背吃刀量加大一倍，切削力增大一倍；而进给量加大一倍，切削力只增加68%~86%。切削速度对切削力的影响不大，一般可不予考虑。

(4) 其他因素　影响切削力的其他因素有以下几方面。

1) 刀具磨损。刀具磨损后会使切削力明显增大，甚至引起振动，影响加工质量。所以，刀具磨损后要及时修磨或换刀。

2) 切削液。合理使用切削液，能减小刀具与切屑、加工表面之间的摩擦，使切削力降低20%以上。

3) 刀具材料。不同刀具材料与工件材料间的亲和力和摩擦系数不同，从而产生的切削力不同，如使用陶瓷刀具时，因其与工件间的摩擦系数较小，所以切削力较小。

2.2.4　切削热与切削温度

切削热与切削温度是切削过程中的又一重要物理现象。在金属切削过程中，所消耗的能量大部分转变为热能。大量的切削热导致切削区域温度升高，直接影响刀具的磨损、工件的加工精度及生产率等。因此，研究切削热和切削温度对切削加工具有重要意义。

1. 切削热的产生与传导

在切削过程中，由于切削层金属的弹性变形、塑性变形以及摩擦而产生的热，称为切削热。切削热通过切屑、工件、刀具以及周围的介质传导出去，如图2-9所示。在第一变形区内切削热主要由切屑和工件传导出去，在第二变形区内切削热主要由切屑和刀具传导出去，在第三变形区内切削热主要由工件和刀具传导出去。加工方式不同，切削热的传导情况也不同。不用切削液时，切削热的50%~86%由切屑带走，40%~10%传入工件，9%~3%传入刀具，1%左右传入空气。

2. 影响切削温度的因素

切削区域（工件、切屑、刀具三者之间的接触区）的平均温度，称为切削温度。切削温度可用仪器测定，也可通过切屑的颜色大致判断。如切削碳钢时，切屑的颜色从银白色、黄色、紫色到蓝色，则表明切削温度从低到高。影响切削温度的主要因素如下。

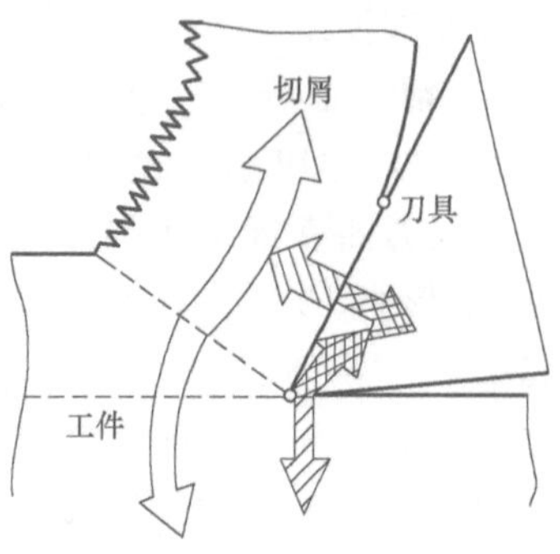

图 2-9　切削热的来源与传导

（1）工件材料　工件材料对切削温度的影响与材料的强度、硬度及导热性有关。材料的强度、硬度越高，切削时消耗的功率越多，切削温度也就越高。材料的导热性好，有利于降低切削温度。

（2）切削用量　增大切削用量，单位时间内切除的金属量增多，产生的切削热也相应增多，致使切削温度上升。但切削速度、进给量、背吃刀量对切削温度的影响程度是不同的。切削速度增大一倍时，切削温度增加 20%～33%；进给量增大一倍时，切削温度约升高 10%；背吃刀量增大一倍时，切削温度大约只升高 3%。因此，为了有效地控制切削温度，选用大的背吃刀量和进给量比选用较大的切削速度有利。

（3）刀具角度　前角和主偏角对切削温度影响较大。前角增大，变形和摩擦减少，因而切削热减少。但前角不能过大，否则刀头部分散热体积减小，不利于降低切削温度。主偏角减小将使切削刃工作长度增加（见图 2-10），散热条件得到改善，有利于降低切削温度。

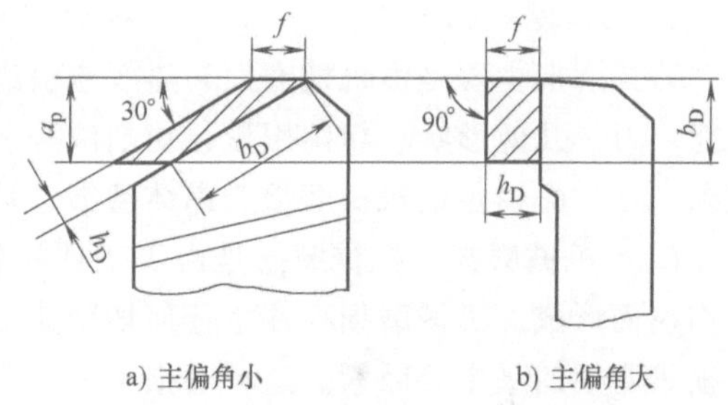

a) 主偏角小　　b) 主偏角大

图 2-10　主偏角与切削刃工作长度

3. 切削热对切削加工的影响

传入切屑及介质中的热对加工没有影响；传入刀头的热量虽然不多，但由于刀头体积小，特别是高速切削时切屑与前刀面发生连续而强烈的摩擦，刀头上切削温度可达 1000℃以上，会加速刀具磨损，降低刀具使用寿命；传入工件的切削热会引起工件变形，影响加工精度。特别是加工细长轴、薄壁套及精密零件时，热变形的影响更需注意。所以，切削加工中应设法减少切削热的产生，改善散热条件。

2.2.5　刀具磨损与刀具寿命

在切削过程中，由于刀具的前、后刀面都处在摩擦和切削热的作用下，必然会产生磨损。刀具过早、过多的磨损会对切削加工产生极大的影响。

1. 刀具磨损的形式

刀具磨损包括正常磨损和非正常磨损两种形式。

（1）正常磨损　工件或切屑将刀具表面的微小颗粒带走的现象称为正常磨损。正常磨损时，其磨损形式如图 2-11 所示。*KT* 表示前刀面磨损的月牙洼的深度，*VB* 表示主后刀面磨损的高度。

1）后刀面磨损。在切削加工中，刀具与工件的相互摩擦，在后刀面靠近切削刃处磨出一段小棱面，后角接近零。用较低的切削速度、较小的切削厚度切削塑性金属材料时，易发生后刀面磨损。

2）前刀面磨损。在以较高的切削速度、较大的切削厚度切削塑性材料时，在前刀面靠近主切削刃处磨出一段月牙洼形的凹坑，会使切削刃强度降低。

3）前、后刀面同时磨损。在副切削刃靠近刀尖处和主切削刃靠近工件外皮处磨出深沟，此时的切削厚度适中。

（2）非正常磨损　在切削加工中，若刀具受到冲击、振动等原因而产生崩刃、破裂的现象，称为非正常磨损。如果刀具结构、刀具几何参数、切削用量以及刀具材料等选择不合理，都可能引起非正常磨损。

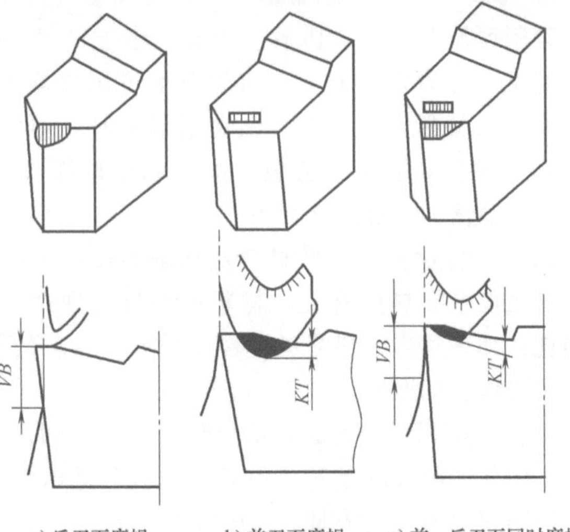

图 2-11　刀具的磨损形式

2. 刀具磨损的原因

刀具磨损主要是由机械磨损和热效应引起。影响刀具磨损的主要因素有工件材料的力学性能、刀具几何形状、切削用量、切削液等。刀具磨损经常是机械、热力、化学作用的综合效果。正常磨损包括机械磨损、黏结磨损、扩散磨损和化学磨损。

（1）机械磨损　机械磨损是由于工件材料中有比基体硬得多的硬质点，在刀具表面刻出沟痕而形成。机械磨损存在于任何切削速度的切削加工中。但对于低速切削的刀具，机械磨损是磨损的最主要因素。这种磨损不但发生在前刀面上，后刀面上也会发生。

（2）黏结磨损　在摩擦副的实际接触面上，产生塑性变形而发生黏结-冷焊。在切削过程中，两摩擦面由于有相对运动，黏结点将产生撕裂被对方带走，即造成黏结磨损。这种磨损主要发生在中等切削速度范围内，是任何刀具材料都会发生的磨损形式。

（3）扩散磨损　在高温下，刀具材料与工件材料的元素发生相互扩散，造成刀具材料性能下降，导致刀具的磨损加速，这种磨损是硬质合金刀具磨损的主要形式。

（4）化学磨损　在切削过程中，由于切削区温度很高，空气中的氧极易与硬质合金中的 Co、WC、TiC 发生化学反应，使刀具材料的性能下降，该磨损易发生于边界上。

3. 刀具的磨损过程

刀具磨损过程曲线如图 2-12 所示，一般可分为三个阶段。

（1）初期磨损阶段（*OA* 段）　由于刃磨后的刀具表面微观形状高低不平，刀具后刀面与加工表面的实际接触面积很小，故磨损较快。

（2）正常磨损阶段（*AB* 段）　由于刀具上微观不平的表层被迅速磨去，表面光洁，摩擦力减小，故磨损较慢。

（3）急剧磨损阶段（*BC* 段）　刀具经过正

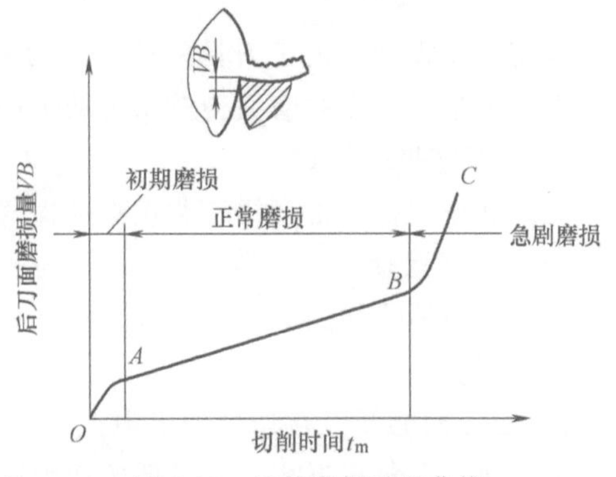

图 2-12　刀具磨损过程曲线

常磨损阶段后即进入急剧磨损阶段，切削刃将急剧变钝。如继续使用，将使切削力骤然增大，切削温度急剧上升，加工质量显著恶化。

4. 刀具耐用度及刀具寿命

（1）刀具磨损限度　在正常磨损阶段后期急剧磨损阶段之前换刀或重磨，既可保证加工质量，又能充分利用刀具材料。在大多数情况下，刀具后刀面都有磨损，而且测量也较容易，故通常以后刀面磨损的宽度 VB 作为刀具磨损限度。

（2）刀具耐用度　刀具耐用度是指两次刃磨之间实际进行切削的时间，以 T（min）表示。在实际生产中，不可能经常测量 VB 的宽度，而是将刀具耐用度作为衡量刀具磨损限度的标准。因此，刀具耐用度的数值应规定得合理。对于制造和刃磨比较简单、成本不高的刀具，耐用度可定得低些；对于制造和刃磨比较复杂、成本较高的刀具，耐用度定得高些。通常，对于硬质合金车刀，$T=60\sim90\text{min}$；对于高速钢钻头，$T=80\sim120\text{min}$；对于齿轮滚刀，$T=200\sim300\text{min}$。

（3）刀具寿命　刀具寿命 t 是指一把新刀具从开始切削到报废为止的总切削时间。刀具寿命与刀具耐用度之间的关系为

$$t=nT$$

式中　n——刀具刃磨次数。

（4）影响刀具耐用度的因素　影响刀具耐用度的因素很多，主要有工件材料、刀具材料、刀具几何角度、切削用量以及是否使用切削液等因素。切削用量中切削速度的影响最大，所以为了保证各种刀具所规定的耐用度，必须合理地选择切削速度。

2.3　刀具及选用

2.3.1　刀具材料

刀具材料指的是刀具切削部分的材料。在金属切削过程中，刀具的切削部分承担主要切削工作，因此刀具材料的性能好坏，将直接影响加工表面的质量、切削效率、刀具寿命和加工成本等。因此，应合理选用刀具材料。刀具柄部是刀具的夹持部位，承受弯矩和扭矩的作用，常选用优质结构钢或优质合金结构钢（如 45 钢或 40Cr）。

1. 刀具材料应具备的性能

在切削加工过程中，刀具的切削部分直接与切屑、工件相互接触，工作表面上承受很大的压力和强烈的摩擦，刀具切削区产生很高的温度并受到很大的应力。在加工余量不均匀的工件或断续加工时，刀具还受到强烈的冲击和振动，因此，刀具材料必须具备以下性能。

（1）高硬度　硬度是刀具材料最基本的性能，其硬度必须高于工件材料的硬度，以便刀具切入工件。在常温下刀具材料的硬度应在 60HRC 以上。

（2）高耐磨性　高耐磨性是刀具抵抗磨损的保障。在剧烈的摩擦作用下刀具磨损要小。一般来说，材料的硬度越高，耐磨性越好。

（3）高耐热性　高耐热性是指刀具在高温下仍能保持原有的硬度、强度、韧性和耐磨性的性能。

（4）足够的强度和韧性　刀具只有具备足够的强度和韧性，才能承受较大的切削力和

切削时产生的振动，以防刀具断裂和崩刃。

（5）良好的工艺性　为便于刀具本身的制造，刀具材料还应具有良好的工艺性能，如切削性能、磨削性能、焊接性能及热处理性能等。

注意，以上刀具材料的性能要求有的是互相矛盾的，例如硬度越高、耐磨性越好的材料，其韧性和抗破损能力往往越差；耐热性好的材料，其韧性也往往较差。实际工作中，应根据具体的切削条件，选择最合适的刀具材料。

2. 常用刀具材料的种类和特性

刀具切削部分的材料种类很多，常用的有工具钢（包括碳素工具钢、合金工具钢和高速工具钢）、硬质合金、陶瓷和超硬刀具材料等。其中碳素工具钢（如 T10A）和合金工具钢（如 9SiCr），因耐热性较差，目前仅用于一些手工工具或切削速度较低的刀具；金刚石（主要是人造金刚石）仅用于有限的场合（金刚石不宜切削铁族金属）。金属切削加工中最常用的刀具材料是高速工具钢和硬质合金。下面重点介绍这两类刀具材料的特性及应用范围。

（1）高速工具钢　高速钢是一种加入了较多钨、铝、铬、钒等合金元素的高合金工具钢。它具有较高的热稳定性，在切削温度高达 500~650℃时，仍能进行切削。与碳素工具钢和合金工具钢相比较，高速工具钢能提高切削速度 1~3 倍，提高刀具寿命 10~40 倍，甚至更多。它可以加工从非铁金属到高温合金范围的广泛材料。

高速工具钢具有很高的强度（抗弯强度为一般硬质合金的 2~3 倍，为陶瓷的 5~6 倍）和冲击韧性，具有一定的硬度（63~66HRC）和耐磨性，适宜制造各类切削刀具。高速工具钢刀具制造工艺简单，能锻造，容易磨出锋利的切削刃，故有“锋钢”之称。因此，在复杂刀具（如钻头、丝锥、铰刀、成形刀具、拉刀、齿轮刀具等）的制造中，高速工具钢占有重要的地位。

高速工具钢按用途不同，可分为普通高速工具钢和高性能高速工具钢；按制造工艺方法不同，可分为熔炼高速工具钢和粉末冶金高速工具钢；按化学成分不同，可分为钨系高速工具钢和钨钼系高速工具钢。表 2-2 列出了几种高速工具钢常用的牌号及其主要用途，可供选择时参考。

表 2-2　常用高速工具钢牌号及其应用范围

类别		典型牌号	主要用途
普通高速工具钢		W18Cr4V（简称 18-4-1）	广泛用于制造钻头、铰刀、铣刀、拉刀、丝锥、齿轮刀具等
		W6Mo5Cr4V2（简称 6-5-4-2）	用于制造要求热塑性好和受较大冲击载荷的热轧刀具，如麻花钻头
高性能高速工具钢	高碳	9W18Cr4V	用于制造对韧性要求不高、但对耐磨性要求较高的刀具
	高钒	W12Cr4V4Mo	用于制造形状简单、对耐磨性要求较高的刀具
	超硬	W6Mo5Cr4V2Al	属于我国独创的新型高速工具钢，其性能与国外 M42 型高速工具钢接近，价格低廉，用于制造复杂刀具和难加工材料用的刀具
		W10Mo4Cr4V3Al	耐磨性能好，用于制造加工高强度耐热钢刀具
		W6Mo5Cr4V5SiNbAl	用于制造形状简单的刀具，如加工铁基高温合金的钻头
		W12Mo3Cr4V3Co5Si	耐磨性好、耐热性好，用于制造加工高强度钢的刀具
		W2Mo9Cr4VCo8（国外牌号：M42）	具有良好的综合性能，用于制造难加工材料（如高温合金、不锈钢等）刀具，但其价格很贵（约为 W18Cr4V 的 8 倍）

(2) 硬质合金　硬质合金是用高硬度、高熔点的金属碳化物（如 WC、TiC 等）粉末和金属黏结剂（如 Co、Mo、Ni 等）经高压成形后，再经高温烧结而成的粉末冶金制品。

硬质合金中的金属碳化物熔点高、硬度高、化学稳定性与热稳定性好，因此，硬质合金的硬度（可达 89~93HRA）、耐磨性和耐热性（热硬温度高达 800~1000℃）都很高，其允许的切削速度远高于高速工具钢（约为高速工具钢的 4~10 倍，切削速度可达 100~300m/min），且加工效率高，能切削诸如淬火钢等硬材料。但其抗弯强度较低，韧性差，脆性大，怕冲击和振动，工艺性差，刃口不及高速工具钢锋利，很少用于制造形状复杂的整体刀具。一般将其制成各种形状的刀片，通过焊接或用机械夹固方式将其固定在刀体上使用。

国际标准 ISO 中将硬质合金分为 K、P、M 三大类。常用硬质合金有钨钴类（YG 类，相当于 K 类）、钨钛钴类（YT 类，相当于 P 类）、通用硬质合金类（TW 类，相当于 M 类）等。我国常用的硬质合金牌号及其应用范围见表 2-3。

表 2-3　常用硬质合金分类、牌号、用途

代号	被加工材料大类	分类代号	国内牌号	用途	同类材料性能比较
K	短切屑的钢铁材料、非铁金属、非金属材料	K01	YG3	铸铁、非铁金属及其合金的精加工、半精加工，要求无冲击	硬度、耐磨性、切削速度↑ 抗弯强度、韧性、进给量↓
		K10	YG6X	铸铁、冷硬铸铁、高温合金的精加工、半精加工	
		K20	YG6	铸铁、非铁金属及其合金的半精加工与粗加工	
		K30	YG8	铸铁、非铁金属及其合金的粗加工，可用于断续切削	
P	长切屑的钢铁材料	P01	YT30	碳钢、合金钢的精加工	
		P10	YT15	碳钢、合金钢连续切削时的精加工、半精加工、粗加工，也可用于断续切削时的精加工	
		P20	YT14		
		P30	YT5	碳钢、合金钢的粗加工，可用于断续切削	
M	长或短切屑的钢铁材料、非铁金属	M10	YW1	不锈钢、高强度钢与铸铁的半精加工与精加工	
		M20	YW2	不锈钢、高强度钢与铸铁的半精加工与粗加工	

(3) 其他刀具材料　用于制作切削刀具的材料还有陶瓷、人造金刚石、立方氮化硼等。

陶瓷材料如 AM、AMF、AMT 等制作的刀具硬度可达 90~95HRA，耐热温度高达 1200~1450℃，能承受的切削速度比硬质合金还要高，但抗弯强度低，冲击韧性差，目前主要用于半精加工和精加工高硬度、高强度钢及冷硬铸铁等材料。

人造金刚石（JR）是目前人工制成的硬度最高的刀具材料。人造金刚石不但可以加工硬度高的硬质合金、陶瓷、玻璃等材料，也可加工非铁金属及其合金，但不宜切削钢铁材料。这是由于铁和碳原子的亲和力强，易产生黏结作用而加速刀具磨损。

立方氮化硼的硬度和耐磨性仅次于人造金刚石，耐热性和化学稳定性好，在 1300~1500℃时仍能切削，但抗弯强度低，焊接性能差。立方氮化硼适用于高硬度、高强度淬火钢

和耐热钢的精加工、半精加工，也可用于非铁金属的精加工。

涂层刀具是在韧性较好的硬质合金基体或其他刀具材料基体上涂覆一层或多层硬度和耐磨性很高的难熔金属化合物（如 TiC、TiN、Al_2O_3 等）而制成的。它较好地解决了材料硬度及耐磨性与韧性的矛盾，具有良好的切削性能。涂层刀具可加工各种结构钢、合金钢、不锈钢和铸铁，干切或湿切均可正常使用。超硬涂层刀具材料可加工硅铝合金、铜合金、石墨、非铁金属及非金属，其应用范围从粗加工到精加工，寿命比硬质合金提高 10～100 倍。涂层刀具不适宜切削高温合金、钛合金、非铁金属及某些非金属，不能采用焊接结构，不能重磨使用。

2.3.2 刀具几何角度与切削层参数

1. 刀具组成及几何参数

切削刀具种类繁多，构造各异。其中较典型、较简单的是车刀，其他刀具的切削部分可以看成是以车刀为基本形态演变而来的刀具，如图 2-13 所示。

（1）刀具切削部分的组成　如图 2-14 所示为普通外圆车刀，由刀体和刀柄两部分组成。刀柄用于夹持刀具，又称夹持部分；刀体用于切削工件，又称切削部分。切削部分一般由三个刀面、两个切削刃和一个刀尖组成。

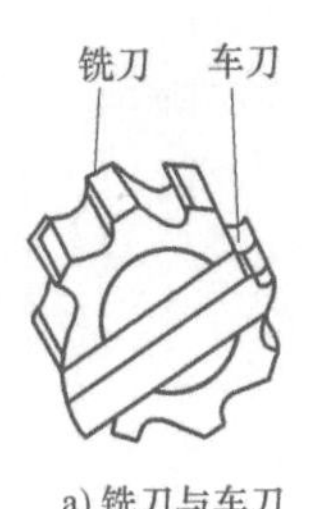

a) 铣刀与车刀

车刀
钻头

b) 车刀与钻头

图 2-13　几种刀具切削部分的形状

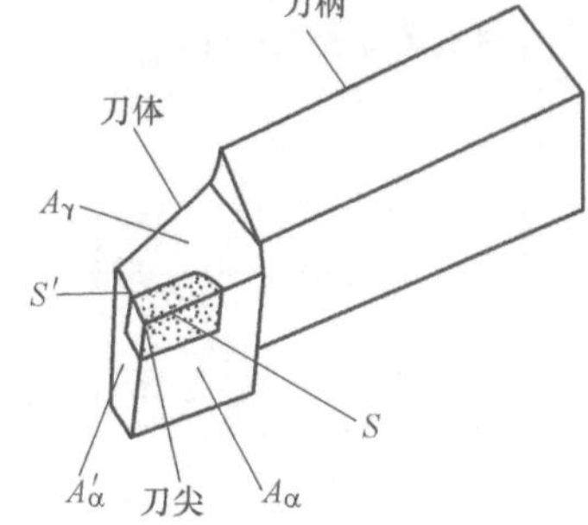

图 2-14　车刀的组成

1）前刀面 A_γ。刀具上切屑流过的表面称为刀具的前刀面，又称前面。

2）后刀面 A_α。刀具上与过渡表面相对的表面称为刀具的后刀面，又称后面。

3）副后刀面 A'_α。刀具上与已加工表面相对的表面称为刀具的副后刀面，又称副后面。

4）主切削刃 S。前刀面与后刀面的交线为主切削刃。

5）副切削刃 S'。前刀面和副刀后面的交线为副切削刃。

6）刀尖。主切削刃和副切削刃的交点为刀尖。刀尖实际上是一段短直线或圆弧。

不同类型的刀具，其刀面、切削刃的数量不完全相同。

（2）刀具的几何角度　刀具角度对切削加工影响很大，为便于度量和刃磨刀具，需要构建刀具静止参考系，如图 2-15 所示。刀具静止参考系由坐标平面和测量平面两部分

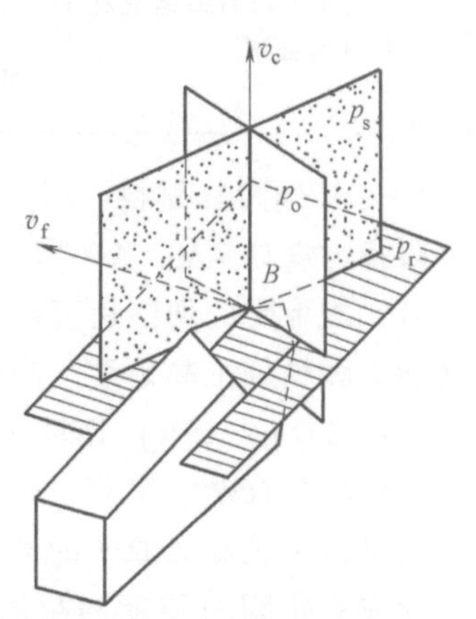

图 2-15　刀具静止参考系

组成。坐标平面包括基面 p_r 和切削平面 p_s，最常用的测量平面为正交平面 p_o。

基面 p_r：指过切削刃选定点 B 且与该点切削速度方向垂直的平面。一般是平行或垂直于制造、刃磨和测量时适合于安装或定位的表面或轴线。如车刀的基面可以理解为平行于底面的平面。

切削平面 p_s：指过切削刃选定点 B 与切削刃相切并垂直于基面的平面。

正交平面 p_o：指过切削刃选定点 B 并同时垂直基面和切削平面的平面。

我们通常把相互垂直的基面、切削平面和正交平面所构成的直角坐标系称为正交平面参考系。刀具的几何角度是在正交平面参考系内度量的，如图 2-16 所示。

1）在正交平面 p_o 内测量的角度。

① 前角 γ_o：前刀面与基面在正交平面内的投影之间的夹角。

② 后角 α_o：主后刀面与切削平面在正交平面内的投影之间的夹角。

③ 楔角 β_o：前刀面与主后刀面在正交平面内的投影之间的夹角。

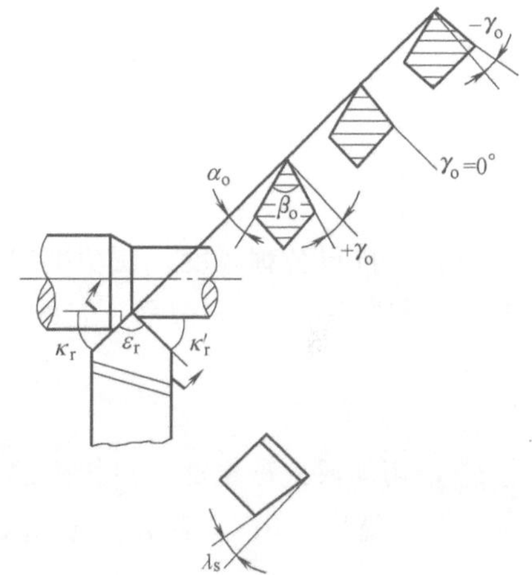

图 2-16　车刀的标注角度

前角、后角和楔角三者之间的关系为：

$$\gamma_o+\alpha_o+\beta_o=90°$$

2）在基面 p_r 内测量的角度。

① 主偏角 κ_r：主切削刃在基面内的投影与进给运动方向之间的夹角。

② 副偏角 κ_r'：副切削刃在基面内的投影与进给运动反方向之间的夹角。

③ 刀尖角 ε_r：主、副切削刃在基面内的投影之间的夹角。

主偏角、副偏角和刀尖角三者之间的关系为：

$$\kappa_r+\kappa_r'+\varepsilon_r=180°$$

3）在切削平面 p_s 内测量的角度。

刃倾角 λ_s：在切削平面中测量的主切削刃与基面间的夹角，如图 2-17 所示。

当刀尖为主切削刃上的最低点时，λ_s 为负值；当刀尖为主切削刃上的最高点时，λ_s 为正值；当主切削刃为水平时，λ_s 为零。

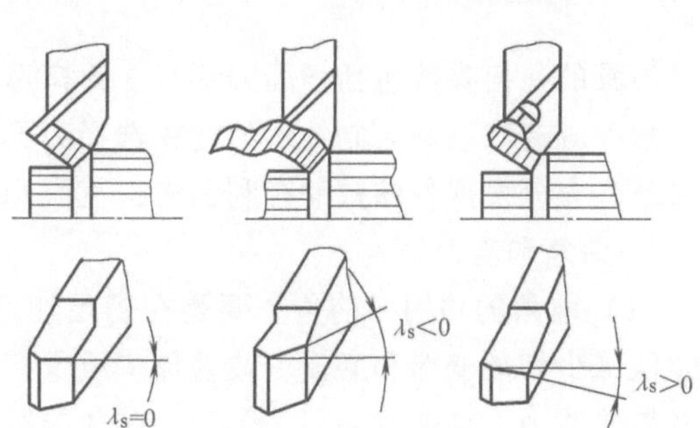

图 2-17　刃倾角

2. 切削层参数

切削层是指在工件上被刀具切削刃切削的一层多余的金属材料。如图 2-18 所示外圆车削，工件转一周，车刀主切削刃移动一个进给量 f（即从位置Ⅰ到位置Ⅱ），车刀切下Ⅰ与Ⅱ之间的金属层即为切削层。切削层在垂直于主运动方向上的断面称为切削层截面，其截面尺寸的大小即为切削层参数，它决定了刀具所承受负荷的大小及切削层尺寸，还影响切削力和刀具磨损、表面质量和生产率。切削层的参数规定在其横截面（即基面 p_r）

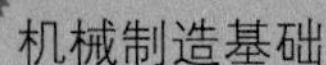

中测量，包括公称厚度、公称宽度及公称横截面面积三项。

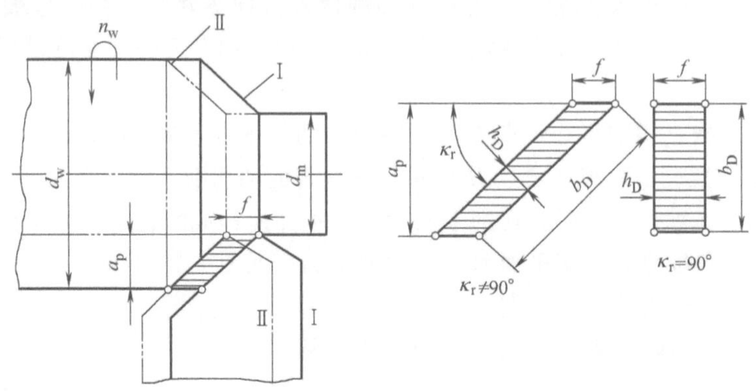

图 2-18　切削层参数

（1）切削层公称厚度　在切削层横截面内，垂直于过渡表面度量的切削层尺寸，称为切削层公称厚度，用 h_D 表示。它的大小反映刀具切削刃单位长度上工作负荷的大小。计算公式为

$$h_D = f\sin\kappa_r$$

（2）切削层公称宽度　在切削层横截面内，平行于过渡表面度量的切削层尺寸，称为切削层公称宽度，用 b_D 表示。它的大小影响刀具的散热情况，计算公式为

$$b_D = \frac{a_p}{\sin\kappa_r}$$

（3）切削层公称横截面面积　切削层在基面内的面积，即切削层横截面的面积，称为切削层公称横截面面积，用 A_D 表示。它的大小反映了切削刃所受载荷的大小，并影响加工质量、生产率及刀具寿命。此面积近似等于进给量与背吃刀量的乘积或切削层公称厚度与切削层公称宽度的乘积。计算公式为

$$A_D = fa_p = h_D b_D$$

2.3.3　刀具的选用

刀具的几何参数包括切削刃形状、刃口形式、刀面形式和切削角度四个方面。刀具的几何参数间既有联系又有制约。因此在选择刀具几何参数时，应综合考虑和分析各参数间的相互关系，充分发挥各参数的有利因素，克服和限制不利影响。

1. 前角和前刀面

（1）前角的功用　前角主要是在满足切削刃强度要求的前提下，使切削刃锋利。增大前角能减少切屑变形和磨损、改善加工质量、抑制积屑瘤等。但前角过大会削弱切削刃的强度及散热能力，易造成崩刃。因而，前角应有一个合理的数值。

（2）前角的选择　前角的选择主要从以下几方面考虑。

1）工件材料的性质。工件材料的强度、硬度低，塑性大，前角应取大值；材料强度、硬度高，应取较小的前角。

2）刀具材料。刀具材料的强度、韧性高，前角可取大值，反之则取小值。如高速工具

钢刀具可取较大的前角值，而硬质合金刀具则应取小值。

3）加工性质。粗加工时，前角应取较小的值，而精加工时，可取较大的值。

（3）前刀面形式　图 2-19 所示为前刀面的各种形式。

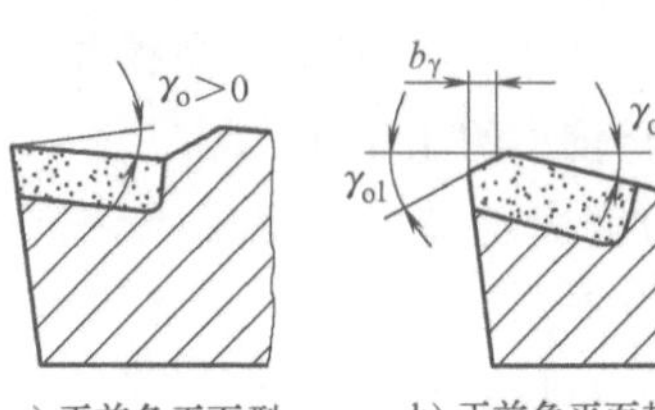

a) 正前角平面型

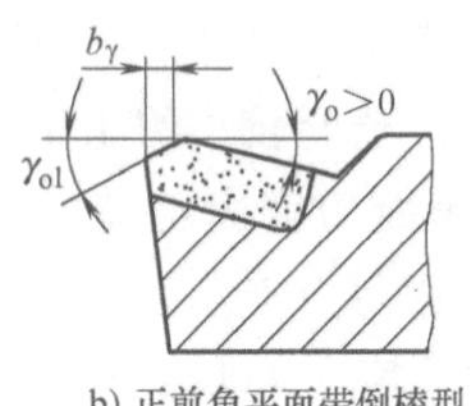

b) 正前角平面带倒棱型

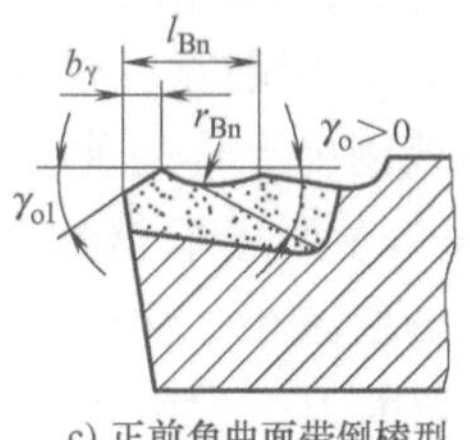

c) 正前角曲面带倒棱型

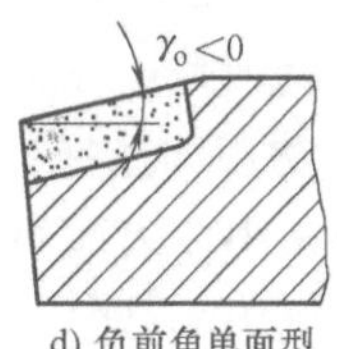

d) 负前角单面型

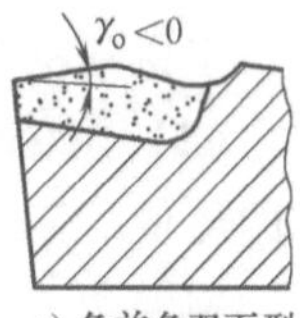

e) 负前角双面型

图 2-19　前刀面的形式

图 2-19a 为正前角平面型。制造简单，能获得较锋利的刃口，但切削刃强度低，传热能力差。

图 2-19b 为正前角平面带倒棱型。在主切削刃口磨出一条窄的负前角的棱边，提高了切削刃口的强度，增加了散热能力，从而可提高刀具寿命。

图 2-19c 为正前角曲面带倒棱型。是在正前角平面带倒棱型的基础上，为了卷屑和增大前角，在前刀面上磨出一定的曲面而形成的。

图 2-19d 为负前角单面型。刀片承受压应力，具有高的切削刃强度，但负前角会增大切削力和增大功率消耗。

图 2-19e 为负前角双面型。可使刀片的重磨次数增加，适用于磨损同时发生在前、后刀面的场合。

2. 后角和后刀面

（1）后角的功用　后角的功用主要是减小后刀面与过渡表面的摩擦，同时也会影响刃口锋利程度和刃口强度。

（2）后角的选择　后角选择的主要依据有两个：一是切削厚度 h_D，二是刀具形式。

1）切削厚度薄，后角应取大值；反之，后角应取小值。

2）对于定尺寸刀具（如拉刀等），为延长刀具寿命，后角应取小值。

副后角通常等于主后角 α_o，但对于切断刀等，为保证副切削刃的强度，通常取小值。

（3）后刀面的形式　后刀面的形式如图 2-20 所示。

双重后角如图 2-20a 所示。能保证刃口强度，减少刃磨工作量。

刃带如图 2-20a 所示。在后刀面上磨出后角为零的小棱边。对于一些定尺寸刀具，如拉刀、铰刀等，可便于控制外径尺寸，避免重磨后尺寸精度迅速变化。但刃带会增大摩擦作用。

消振棱如图 2-20b 所示。在后刀面磨出一条负后角的棱边，可增大阻尼，起消振作用。

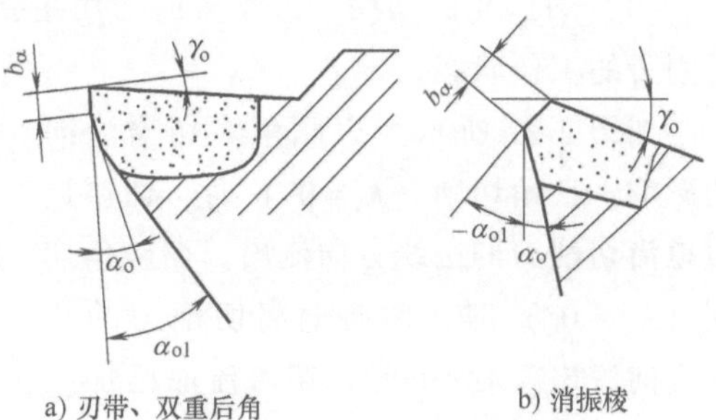

a) 刃带、双重后角　　b) 消振棱

图 2-20　后刀面的形式

3. 主偏角、副偏角和刀尖

（1）主偏角的功用和选择　主偏角主要影响各切削分力的比值，也影响切削层截面形状和工件表面形状。

主偏角减小，F_f 减小，F_p 增加，从而可能顶弯工件和导致切削时产生振动。但当主偏角减小、进给量 f 和背吃刀量 a_p 不变时，切削宽度增加，散热条件改善，刀具寿命提高。

主偏角的选择原则是：在工艺系统刚度允许的前提下，选择较小的主偏角。

（2）副偏角的功用和选择　副偏角主要影响已加工表面的表面粗糙度，也影响切削分力的比值。副偏角减小，表面粗糙度的值减小，但会增大背向力 F_p。

副偏角一般可取 10°~15°。对于切断刀，为保证刀尖强度，可取 10°~20°。

（3）刀尖形式　图 2-21 所示为刀尖的各种形式。

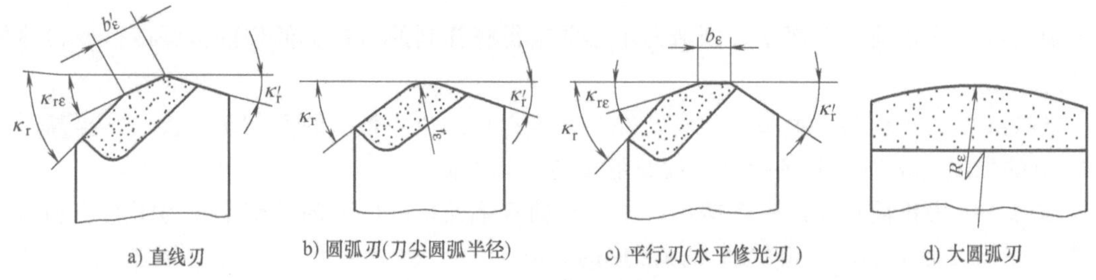

图 2-21　倒角刀尖与刀尖圆弧半径

图 2-21a 为直线刃，也称为过渡刃。一般 $\kappa_{r\varepsilon}=1/2\kappa_r$，，$b'_\varepsilon=(1/5\sim1/4)a_p$，这种刀尖用于粗车或强力车刀上。

图 2-21b 为圆弧刃。刀尖圆弧半径 r_ε 增大，平均主偏角减小，表面粗糙度的值减小，刀具寿命会提高，但 F_p 增大，切削中会产生振动。

图 2-21c 为平行刃，也称为修光刃，是在副切削刃近刀尖处磨出一小段 $\kappa_r=0$ 的平行切削刃。

修光刃长度 $b_\varepsilon=(1.2\sim1.5)f$，修光刃能降低表面粗糙度的值，但 b_ε 过大时易引起振动。

图 2-21d 为大圆弧刃。其平均主偏角和副偏角均较小，刀具强度和寿命均较高，工件表面粗糙度值较小。

4. 刃倾角

（1）刃倾角的功用　刃倾角的功用主要是控制切屑流向，使切削刃锋利的同时，改变切削刃的工作状态。

如图 2-22 所示为刃倾角对切屑流向的影响。直角切削（$\lambda_s=0°$）时，切屑近似地沿切削刃的法线方向流出。而斜角切削（$\lambda_s\neq0°$）时，切屑偏离切削刃的法线方向流出。$\lambda_s<0°$时，切屑流向已加工表面，因而会划伤已加工表面；$\lambda_s>0°$时，切屑流向待加工表面。切屑流向的改变，使实际起作用的前角增大，增加了切

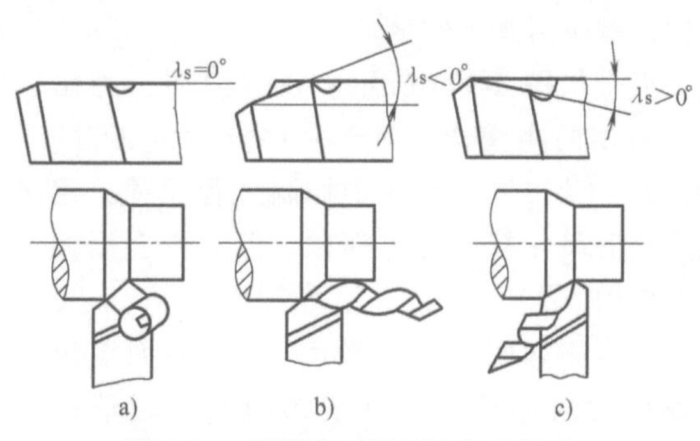

图 2-22　刃倾角对切屑流向的影响

削刃的锋利程度。

在断续切削的条件下，斜角切削可使切削刃逐渐平稳地切入或切出，但当 $\lambda_s>0°$时，刀尖会首先接触工件，易崩刃；而 $\lambda_s<0°$时，远离刀尖的切削刃先接触工件，既保护了刀尖，又提高了承受冲击的能力。但负的刃倾角会使背向力 F_p 增大，导致工件变形及切削中产生振动。

(2) 刃倾角的选择　刃倾角的选择应根据生产条件具体分析，一般情况下可按加工性质选取，精车时 $\lambda_s=0°\sim5°$；粗车时 $\lambda_s=-5°\sim0°$；断续车削冲击特别大时 $\lambda_s=-45°\sim-30°$；工艺系统刚性较差时不宜选负的刃倾角。

2.4　机床的分类与型号

金属切削机床（习惯上简称为“机床”）是用切削加工方法将金属毛坯加工成机械零件的机器。由于机床是制造机器的机器，故也称为“工具机”或“工作母机”。

一切工具都是人手的延伸，机床的诞生也是这样。它的发展把人们从繁重的手工劳动中解放出来，大大提高了劳动生产率，促进了生产力的发展。

机床是机械制造业的基本加工装备，它的品种、性能、质量和技术水平直接影响着其他机电产品的性能、质量、生产技术和企业的经济效益。机械工业为国民经济各部门提供技术装备的能力和水平，在很大程度上取决于机床的水平，所以机床属于基础机械装备。

目前，机床的品种繁多，达千种以上。在机器制造部门所拥有的技术装备中，机床所占的比重一般在50%甚至60%以上。在生产中所担负的工作量约占制造机器总工作量的40%~60%。所以，机床是加工机械零件的主要设备。机床的技术水平直接影响着机械制造工业的产品质量和劳动生产率。一个国家机床工业的发展水平在很大程度上标志着这个国家的工业生产能力和科学技术水平。

2.4.1　机床的分类

机床的品种和规格繁多，为了便于区分、使用和管理，需对机床进行分类。目前对机床的分类方法主要有以下几种。

1. 按加工性质和使用刀具分类

这是主要的一种分类方法。目前，按这种分类法我国将机床分成 11 大类，即车床、钻床、镗床、磨床、齿轮加工机床、螺纹加工机床、铣床、刨插床、拉床、锯床及其他机床。

在每一类机床中，又按工艺范围、布局形式和结构等分为若干组，每一组又细分为若干系列。

2. 按应用范围（通用性）分类

按照机床在使用上的应用范围划分，可将机床分为以下几类：

1）通用机床：这类机床加工零件的品种变动大，可以完成多种工件的多种工序加工。例如卧式车床、万能升降台铣床、牛头刨床、万能外圆磨床等。这类机床结构复杂，生产率低，用于单件小批量生产。

2）专门化机床：用于加工形状类似而尺寸不同的工件的某一工序的机床。例如凸轮轴车床、精密丝杠车床和凸轮轴磨床等。这类机床加工范围较窄，适用于成批生产。

3）专用机床：用于加工特定零件的特定工序的机床。例如用于加工某机床主轴箱的专用镗床、加工汽车发动机气缸体平面的专用拉床和加工车床导轨的专用磨床等，各种组合机床也属于专用机床。这类机床的生产率高，加工范围最窄，适用于大批量生产。

3. 按加工精度分类

同类型机床按加工精度的不同，可分为三种等级，即普通精度机床、精密机床和高精度机床。

精密机床是在普通精度机床的基础上，提高了主轴、导轨或丝杠等主要零件的制造精度。

高精度机床不仅提高了主要零件的制造精度，而且采用了保证高精度的机床结构。以上三种精度等级的机床均有相应的精度标准，其公差若以普通精度级为 1，则大致比例为 1：0.4：0.25。

4. 按自动化程度分类

按自动化程度（即加工过程中操作者参与的程度）划分，可将机床分为手动机床、机动机床、半自动化机床和自动化机床等。

5. 按机床质量和尺寸分类

按机床质量和尺寸划分，可将机床分为：

1）仪表机床。

2）中型机床（机床质量在 10t 以下）。

3）大型机床（机床质量为 10~30t）。

4）重型机床（机床质量为 30~100t）。

5）超重型机床（机床质量在 100t 以上）。

6. 按机床主要工作部件分类

机床主要工作部件数目，通常是指切削加工时同时工作的主运动部件或进给运动部件的数目。按此可将机床分为单轴机床、多轴机床、单刀机床和多刀机床等。

需要说明的是：随着现代化机床向着更高层次发展，如数控化和复合化，使得传统的分类方法难以恰当地进行表述。因此，分类方法也需要不断发展和变化。

2.4.2 机床型号

机床型号是赋予每种机床的一个代号，用以简明地表示机床的类型、主要规格及有关特征等。从 1957 年开始我国就对机床型号的编制方法做了规定。随着机床工业的不断发展，至今已经修订了数次，目前是按 2008 年颁布的标准 GB/T 15375—2008《金属切削机床 型号编制方法》执行，适用于各类通用、专门化及专用机床，不包括组合机床在内。此标准规定，机床型号采用汉语拼音字母和阿拉伯数字按一定规律组合而成。

型号由基本部分和辅助部分组成，中间用“/”隔开，读作“之”。前者需统一管理，后者纳入型号与否，由企业自定。型号构成为：

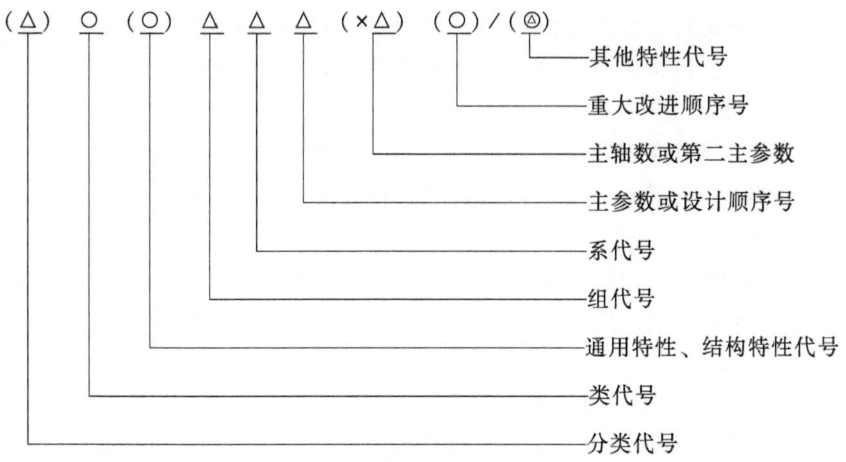

注：1. 有“（　）”的代号或数字，当无内容时，则不表示。若有内容则不带括号。

2. 有“○”符号的，为大写的汉语拼音字母。

3. 有“△”符号的，为阿拉伯数字。

4. 有“◎”符号的，为大写的汉语拼音字母，或阿拉伯数字，或两者兼有之。

1. 机床的分类和代号

金属切削机床的品种和规格繁多，为了便于区别、管理和使用机床，在国家制定的机床型号编制方法中，按照机床的加工方式、使用的刀具及其用途，将机床分为11类：车床、钻床、镗床、磨床、齿轮加工机床、螺纹加工机床、铣床、刨插床、拉床、锯床和其他机床。磨床的品种较多，故又细分为三类。每类机床的代号用其名称的汉语拼音的第一个大写字母表示（见表2-4）。

表2-4　机床的分类和代号

类别	车床	钻床	镗床	磨床			齿轮加工机床	螺纹加工机床	铣床	刨插床	拉床	锯床	其他机床
代号	C	Z	T	M	2M	3M	Y	S	X	B	L	G	Q
读音	车	钻	镗	磨	二磨	三磨	牙	丝	铣	刨	拉	割	其

2. 通用特性和结构特性代号

当某类型机床，除有普通形式外，还有某种通用特性时，则在类代号之后加通用特性代号予以区分。机床的通用特性代号见表2-5，表中代号在各类机床型号中所表示的意义相同。

表2-5　通用特性代号

通用特性	高精度	精密	自动	半自动	数控	加工中心（自动换刀）	仿形	轻型	加重型	柔性加工单元	数显	高速
代号	G	M	Z	B	K	H	F	Q	C	R	X	S
读音	高	密	自	半	控	换	仿	轻	重	柔	显	速

对于主参数相同而结构、性能不同的机床，在型号中加结构特性代号予以区分。如机床型号中有通用特性代号，结构特性代号以大写汉语拼音字母（通用特性代号用过的字母及

“I”“O”不能用）列于其后，能用作结构特性代号的字母有：A、D、E、L、N、P、T和Y；当单个字母不够用时，可将两个字母组合起来使用，如AD、AE等，或DA、EA等。

3. 机床的主参数或设计顺序号

机床型号中的主参数用折算值表示，位于组、系代号之后。当折算数值大于1时，取整数，前面不加“0”；当折算数值小于1时，则取小数点后第一位数，并在前面加“0”。主参数的计量单位，尺寸以毫米（mm）计，拉力以千牛（kN）计，功率以瓦（W）计，扭矩以牛·米（N·m）计。某些通用机床，当无法用一个主参数表示时，则在型号中用设计顺序号表示，设计顺序号由1起始，当设计顺序号小于10时，则在设计顺序号之前加“0”。

4. 机床的第二主参数

当机床最大工件长度、最大切削长度、工作台面长度、最大跨距等以长度单位表示的第二主参数的变化，将引起机床结构、性能发生较大变化时，为了区分，可将第二主参数列入主参数之后，并用“×”分开，读作“乘”。凡属长度（包括跨距、行程等）的，采用“1/100”的折算系数；凡属直径、深度、宽度的，则采用“1/10”的折算系数；如以厚度、模数、轴数作为第二主参数的，则以实际数值列入型号。

5. 机床的重大改进顺序号

当机床的结构、性能有重大改进和提高，并按新产品重新设计、试制和鉴定时，才在机床型号之后，按A、B、C（I、O除外）等汉语拼音字母的顺序选用，加入型号的尾部，以区别原机床型号。

6. 机床的变型代号

如根据不同的加工需要，在基本型号机床的基础上，仅改变机床的部分性能结构时，则在原机床型号后，加1、2、3等阿拉伯数字的顺序号，并用“/”分开，读作“之”，以便与原机床型号区分。

7. 通用机床型号示例

示例1：工作台最大宽度为500mm的精密卧式加工中心，其型号为：THM6350。

示例2：工作台最大宽度为400mm的5轴联动卧式加工中心，其型号为：TH6340/5 L。

示例3：最大磨削直径为400mm的高精度数控外圆磨床，其型号为：MKG1340。

示例4：经过第一次重大改进，其最大钻孔直径为25mm的四轴立式排钻床，其型号为：Z5625×4A。

示例5：最大钻孔直径为40mm，最大跨距为1600mm的摇臂钻床，其型号为：Z3040×16。

示例6：最大车削直径为1250mm，经过第一次重大改进的数显单柱立式车床，其型号为：CX5112A。

另外，某种型号的机床，除了主参数和第二主参数外，还有一些反映机床性能的技术参数。这些技术参数主要包括尺寸参数、运动参数及动力参数。尺寸参数反映了机床能加工零件的尺寸范围以及与附具的联系尺寸。例如卧式车床的顶尖距、主轴内孔锥度、摇臂钻床的摇臂升降距离、主轴行程等。运动参数反映了机床执行件的运动速度，如主轴的转速范围、刀架或工作台的进给量范围等。动力参数多指电动机功率及某些机床的主轴最大允许转矩等。了解机床的主要技术参数，对于正确使用和合理选用机床具有重大意义。例如根据工艺要求，确定切削用量后，就应按照机床所能提供的功率及运动参数，选择合适的机型。又如在设计夹具时，应充分考虑机床的尺寸参数，以免夹具不能正确安装或发生运动干涉。机床的各种主要技术参数，可从机床说明书中查出。

2.5 数控机床简介

2.5.1 数字控制与数控机床的概念

数字控制（Numerical Control）是用数字化信号对机械设备的运动及加工过程进行控制的一种方法，简称数控（NC）。它是一种自动控制技术。它所控制的一般是位置、角度、速度等机械量，也可以控制温度、压力、流量等物理量。

数控机床就是采用了数控技术的机床，或者说是装备了数控系统的机床。国际信息处理联合会（IFIP）第五技术委员会，对数控机床做了如下定义：数控机床是一个装有程序控制系统的机床，该系统能够逻辑地处理具有使用号码或其他符号编码指令规定的程序。定义中所提的程序控制系统，就是所说的数控系统。

进一步说，数控机床是一种以数字量作为指令信息形式，通过电子计算机或专用电子计算装置，对这种信息进行处理而实现自动控制的机床。数控机床是电子技术、计算机技术、自动控制、精密测量、伺服驱动和精密机械结构等新技术综合应用的成果，是一种柔性好、效率高的自动化机床。

2.5.2 数控机床的基本组成及工作原理

如图 2-23 所示，数控机床加工零件的工作过程可分成以下几个步骤实现。

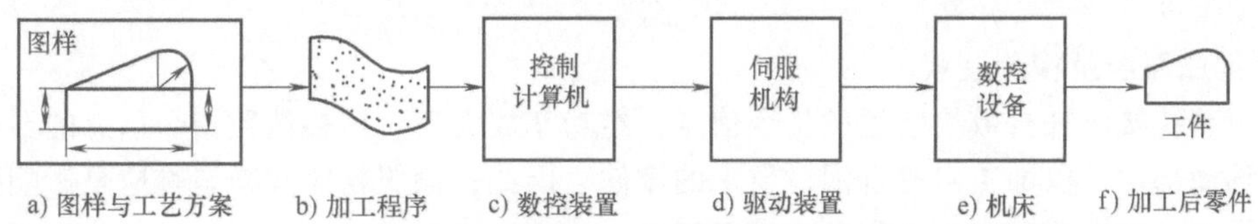

图 2-23 数控机床加工零件的工作过程

1）根据被加工零件的图样与工艺方案，用规定的代码和程序格式编写加工程序。

2）将所编程序指令输入机床数控装置中。

3）数控装置对程序（代码）进行译码，运算之后，向机床各坐标轴的伺服驱动机构和辅助控制装置发出信号，驱动机床各运动部件，并控制所需的辅助动作。

4）机床加工出合格的零件。

分析数控机床的工作过程可知，数控机床的基本组成包括加工程序、输入装置、数控系统、伺服系统和辅助控制装置、检测装置及机床本体，如图 2-24 所示。

1. 加工程序

数控机床工作时，不需要工人直接去操作机床，要对数控机床进行控制，必须编制加工程序。加工程序里存储着加工零件所需的全部操作信息和刀具相对工件的位移信息等。加工程序可存储在控制介质（也称信息载体）上，常用的控制介质有穿孔带、磁带、磁盘等。

信息是以代码的形式按规定格式存储的，代码分别表示十进制的数字（0~9）、字母（A~Z）或符号。目前国际上通常使用 EIA 代码和 ISO 代码，我国规定使用 ISO 代码作为标

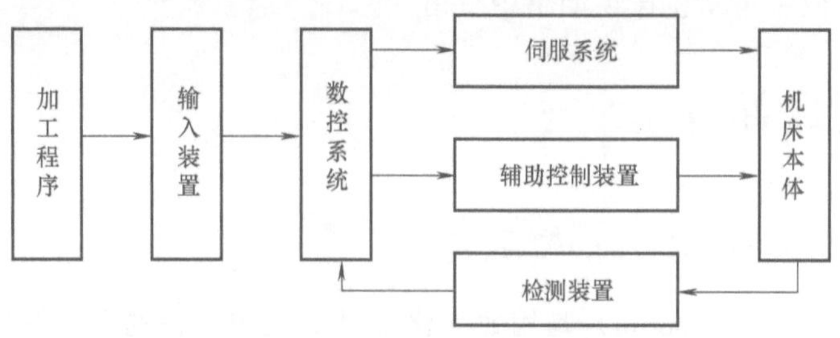

图 2-24 数控机床的基本组成

准代码。

2. 输入装置

输入装置的作用是将控制介质（信息载体）上的数控代码变成相应的电脉冲信号，传递并存入数控系统内。根据控制介质的不同，输入装置可以是光电阅读机、磁带机或软盘驱动器等。数控加工程序也可通过键盘，用手工方式（MDI 方式）直接输入数控系统，或者将数控加工程序由编程计算机通过通信方式传送到数控系统中。

3. 数控系统

数控系统是数控机床的中枢。数控系统接收输入装置送来的脉冲信息，经过数控系统的逻辑电路或系统软件进行编译、运算和逻辑处理后，输出各种信息和指令，控制机床的各部分进行规定有序的动作。这些控制信息中最基本的信息是：经插补运算确定的各坐标轴的进给速度、进给方向和进给位移指令。其他还有主运动部件的变速、换向和起停指令；刀具的选择和交换指令；冷却、润滑装置的起停；工件和机床部件的松开、夹紧，分度工作台的转位等辅助指令。

4. 伺服系统及检测装置

伺服系统接收来自数控装置的指令信息，经功率放大后，严格按照指令信息的要求驱动机床的移动部件，以加工出符合图样要求的零件。因此，伺服精度和动态响应是影响数控机床加工精度、表面质量和生产率的主要因素之一。

检测装置将数控机床各坐标轴的实际位移量检测出来，经反馈系统输入到机床的数控系统中。数控系统将反馈回来的实际位移量与设定位移量进行比较，以控制伺服系统按指令设定值运动。

5. 辅助控制装置

辅助控制装置的主要作用是接收数控装置输出的主运动换向、变速、起停、刀具的选择与交换，以及其他辅助动作的开关量指令信息，经必要的编译、逻辑判断和运算，再经过功率放大后驱动相应的电器，带动机床的机械、液压、气动等装置完成指令规定的动作。

由于可编程序逻辑控制器（PLC）响应快，性能可靠，易于使用、编辑和修改程序，并可直接驱动机床电器，现已广泛用作数控机床的辅助控制装置。

6. 机床本体

数控机床的机床本体仍然由主运动装置、进给传动装置、床身、工作台以及辅助运动装置、液压气动系统、润滑和冷却装置等组成。但数控机床的整体布局、外观造型、传动系统、刀具系统的结构以及操作机构等方面都已发生了很大变化。这种变化的目的是为了满足数控技术的要求和充分发挥数控机床的特点。

2.5.3　数控机床的分类

数控机床种类繁多，据不完全统计，已有400多个品种规格，归纳起来可以用下面几种方法进行分类。

1. 按工艺用途分类

(1) 金属切削类数控机床　这类数控机床有与通用机床种类相同的数控车床、铣床、镗床、钻床、磨床、齿轮加工机床等。此外，还有带有刀库和自动换刀装置的加工中心机床(例如，镗铣加工中心、车削中心等)。

(2) 金属成形类机床　如数控冲床、弯管机、折弯机、板材成形加工机床等。

(3) 特种加工机床　如数控线切割机床、电火花加工机床、激光切割机床和高压水切割机床等。

(4) 其他数控设备　如数控火焰切割机、数控自动装配机、数控多坐标测量机、自动绘图机及工业机器人等。

2. 按控制运动方式分类

(1) 点位控制　点位控制数控机床的特点是机床运动部件只能实现从一个位置到另一个位置的精确定位，在移动和定位过程中不进行任何加工。数控系统只需要控制行程起点和终点的坐标值，而不控制运动部件的运动轨迹。数控钻床、数控冲床、数控点焊机均属于点位控制。图2-25所示为点位控制加工示意图。

(2) 点位直线控制　其特点是除了控制点与点之间的准确位置外，还需保证移动轨迹是一条直线，一般是沿着与坐标轴平行方向做切削运动，或是沿着与坐标轴成45°的方向做斜线运动。可用于加工阶梯轴或盘类零件的数控车床或用于数控镗床等。图2-26所示为点位直线控制加工示意图。

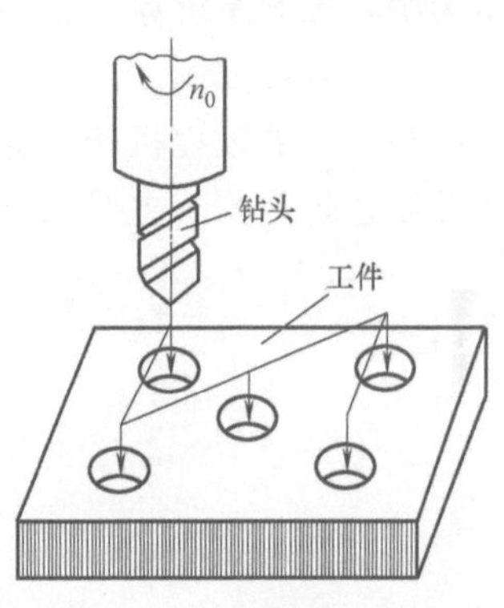

图2-25　点位控制加工示意图

(3) 轮廓控制(又称连续控制)　其特点是能够对两个或两个以上的坐标轴同时进行联动控制。它不仅要控制运动部件的起点与终点坐标位置，而且要控制整个加工过程中每一点的速度与位移量，即要控制运动轨迹，用于加工平面内的直线、曲线表面或空间曲面。轮廓控制多用于数控车床、铣床、磨床和齿轮加工机床等。图2-27所示为轮廓控制加工示意图。

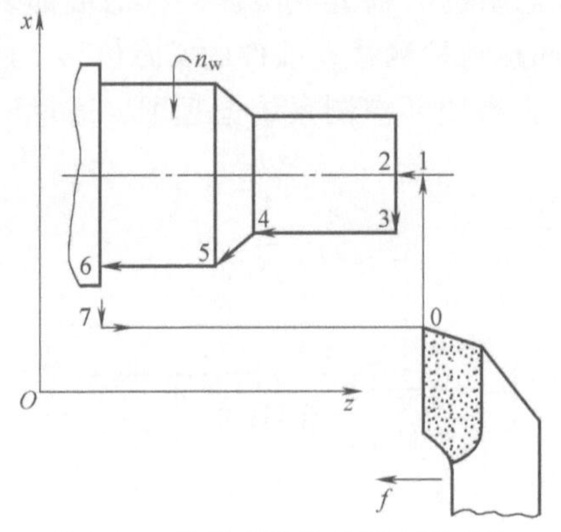

图2-26　点位直线控制加工示意图

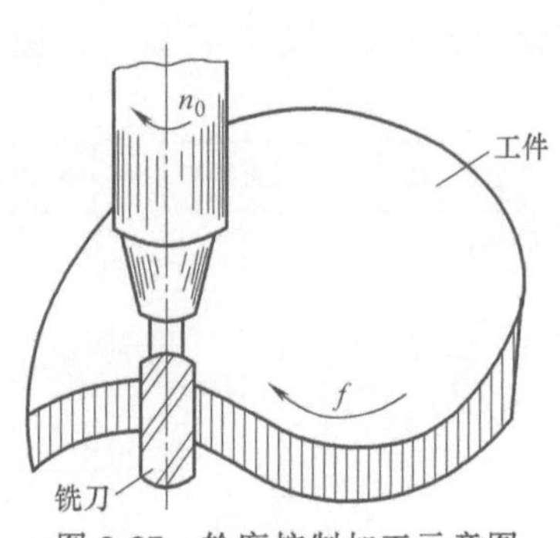

图2-27　轮廓控制加工示意图

3. 按伺服系统的类型分类

（1）开环控制系统　图 2-28 所示为开环控制系统原理图。这类数控机床的伺服系统不带位置检测元件，伺服驱动元件一般为功率步进电动机。数控装置输出的控制脉冲通过步进驱动电路，不断改变步进电动机的供电状态，使步进电动机转过相应步距角，再经过机械传动链驱动，实现运动部件的直线位移。移动部件的移动速度和位移量是由输入脉冲的频率和脉冲数所决定的。

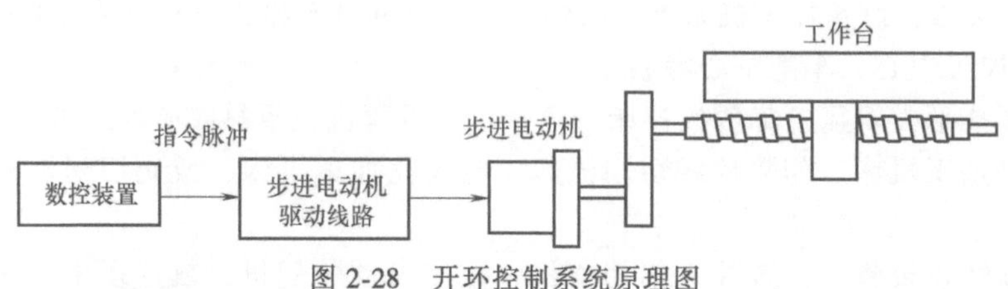

图 2-28　开环控制系统原理图

开环控制系统结构简单、调整方便、精度低，一般用于加工精度要求不高的中小型数控机床，特别是经济型数控机床。

（2）闭环控制系统　闭环控制是在机床移动部件上直接安装直线位移检测装置，将测量的实际位移值反馈到数控装置中，并与输入的指令位移值进行比较，用差值对机床进行控制，使移动部件按照实际需要的位移量运动，最终实现移动部件的精确运动和定位。图 2-29 所示为闭环控制系统原理图，通过测速机和位置检测器进行测量，并将其与命令值相比，构成速度与位置环控制。

闭环控制的数控机床，加工精度高、速度快，但现场调试、维修困难，成本高，系统稳定性控制也较困难，主要用于高精度数控机床。

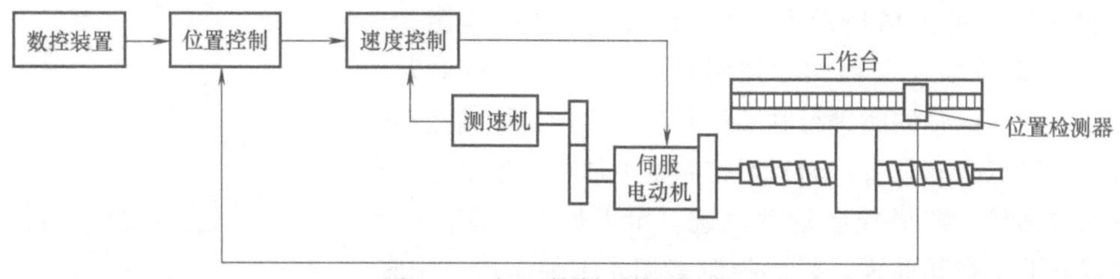

图 2-29　闭环控制系统原理图

（3）半闭环控制系统　半闭环控制是在伺服电动机的轴上或滚珠丝杠的端部装有角位移检测装置，通过检测伺服电动机或丝杠的转角间接地检测移动部件的实际位移，然后反馈到数控装置中，并对误差进行修正。图 2-30 所示为半闭环控制系统原理图，通过测速机和

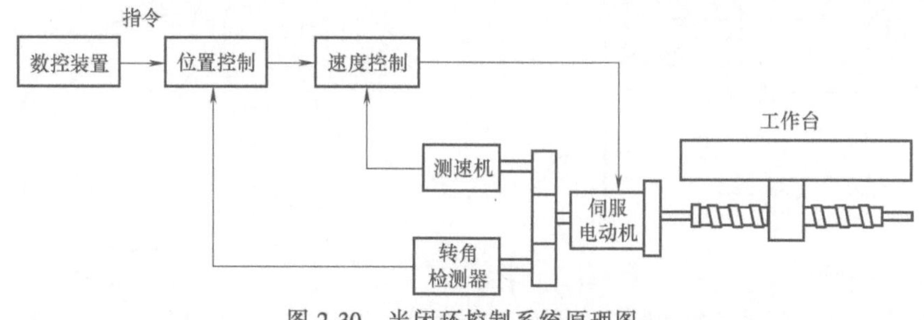

图 2-30　半闭环控制系统原理图

转角检测器进行测量，并将其与命令值比较，构成速度与位置环控制。

半闭环控制系统调试比较方便，并且具有很好的稳定性，广泛应用于各类中等精度以上连续控制的数控机床中。

除了上述三种分类方法以外，目前还出现了其他一些分类方法，按所使用的数控装置结构进行分类，即硬件数控（NC）和计算机数控（CNC，亦称软件数控）；也有按控制坐标轴数与联动轴数进行分类，如三轴二联动、四轴四联动等；还有按功能水平高低的进行分类，如高档数控、中档数控和低档数控（又称经济型数控）等。

2.5.4 数控机床的特点及应用范围

1. 数控机床的加工特点

数控机床加工与普通机床加工相比较有以下特点。

(1) 加工精度高　目前数控机床的加工精度已提高到±0.005mm，定位精度已达到±(0.002~0.005)mm，并且，数控机床的传动系统与机床结构都具有很高的刚度和热稳定性，因此加工精度高。此外，数控机床的自动加工方式避免了人为的干扰因素，同一批零件的尺寸一致性好，加工质量十分稳定。

(2) 对加工对象的适应性强　在数控机床上改变零件加工时，只需重新编制或更换加工程序，就能实现对新零件的加工。这就为复杂结构的单件、小批量生产以及试制新产品提供了极大的方便。

(3) 生产效率高　数控机床主轴的转速和进给量的变化范围大，并且数控机床的结构刚性好，因此可进行大切削用量的强力切削，这就提高了数控机床的切削效率，节省了机动时间。数控机床的移动部件空行程运动速度快，工件装夹时间短，刀具可自动更换，辅助时间比一般机床少。在加工中心上加工时，一台机床实现了多道工序的连续加工，生产效率的提高更为明显。

(4) 自动化程度高，劳动强度低　数控机床对零件的加工是按事先编好的程序自动完成的，操作者除了装卸工件、操作键盘、进行关键工序的中间检测以及观察机床运行之外，不需要进行繁杂的重复性手工操作，劳动强度与紧张程度均减轻，劳动条件也得到相应的改善。

(5) 良好的经济效益　数控机床虽然设备昂贵，加工时分摊到每个零件上的设备折旧费较高，但在单件、小批量生产的情况下，使用数控机床加工可节省划线工时，减少调整、加工和检验时间，节省了直接生产费用。数控机床加工一般不需制作专用工夹具，节省了工艺装备费用。数控机床加工精度稳定，减少了废品率，使生产成本进一步下降。此外，数控机床可实现一机多用，节省了厂房面积和建厂投资，因此使用数控机床可获得良好的经济效益。

(6) 有利于现代化管理　采用数控机床加工，能准确地计算零件加工工时和费用，可有效地简化检验工夹具、半成品的管理工作。这些特点都有利于实现生产管理现代化。

数控机床使用数字信息与标准代码输入，适于数字计算机联网，因此成为计算机辅助设计、制造及管理一体化的基础。

2. 数控机床的应用范围

数控机床具有一般机床不具备的许多优点，其应用范围正在不断扩大，但它不能完全代替普通机床、组合机床和专用机床，也不能以最经济的方式解决机械加工中的所有问题。数控机床最适合加工具有以下特点的零件：

1）多品种小批量生产的零件。

2）形状结构比较复杂的零件。

3）精度要求比较高的零件。

4）需要频繁改型的零件。

5）价格昂贵，不允许报废的关键零件。

6）生产周期短的急需零件。

复习思考题

2-1　切削加工由哪些运动组成？它们各有什么作用？

2-2　切削用量的三要素是什么？它们的单位是什么？

2-3　刀具的正交平面参考系由哪些平面组成？它们是如何定义的？

2-4　常用刀具的材料有哪几类？各适用于制造哪些刀具？

2-5　硬质合金按化学成分和使用特性分为哪四类？各适宜加工哪些工件材料？

2-6　金属切削过程中三个变形区是怎样划分的？各有哪些特点？

2-7　切屑类型有哪四类？各有哪些特点？

2-8　各切削分力对加工过程有何影响？试述背吃刀量 a_p 与进给量 f 对切削力的影响规律。

2-9　切削热是如何产生的？它对切削过程有什么影响？

2-10　试述背吃刀量 a_p、进给量 f 对切削温度的影响规律。

2-11　简述刀具磨损的原因。高速工具钢刀具、硬质合金刀具在中速、高速加工时产生磨损的主要原因是什么？

2-12　切削变形、切削力、切削温度、刀具磨损和刀具寿命之间存在着什么关系？

2-13　何谓工件材料的切削加工性？它与哪些因素有关？

2-14　试分析碳素结构钢中含碳量大小对切削加工性的影响。

2-15　说明前角和后角的大小对切削过程的影响。

2-16　说明刃倾角的作用。

2-17　简述半精车切削用量的选择方法。

2-18　常用切削液有哪几种？各适用于什么场合？

2-19　影响机床精度的主要因素是什么？如何检测机床的回转精度？

2-20　机床的运动一般分为哪几种？各运动形式对零件加工成形起什么作用？

2-21　常见的传动机构有哪几种形式？各自有什么特点？

2-22　解释下列机床型号的含义：CC6125B，X5030，Y3150E，M1432B。

2-23　简述数控机床的工作原理及特点。

第3章 车削加工

教学要求：通过对本章的学习，读者应掌握车床的结构和功能；会进行机床传动系统分析和传动链计算；掌握车刀的种类、结构和用途；掌握车刀和工件的安装方法；熟悉车削加工方法；了解车床精度的检验方法。

3.1 车削加工的特点

车削加工是指在车床或车削中心等机床上的加工，主要用于加工各种回转体零件，它是机械加工中应用最广泛的加工方法之一。

车削加工时工件的旋转运动为主运动，刀具的移动为进给运动。车削的工艺范围很广，适于加工各种轴类和盘套类零件。如图 3-1 所示，能车削内外圆柱面、车圆锥面、车槽、车成形面、车端面、车螺纹，还可以钻孔、铰孔、钻中心孔、攻螺纹、滚花等。

车削加工通常为连续切削，切削过程平稳，可以选用较大的切削用量，故生产率较高。车削的尺寸公差等级一般为 IT10～IT7，精细车时可达 IT6～IT5；表面粗糙度一般为 $Ra6.3$～$0.8\mu m$，精细车时可达 $Ra0.4$～$0.2\mu m$。

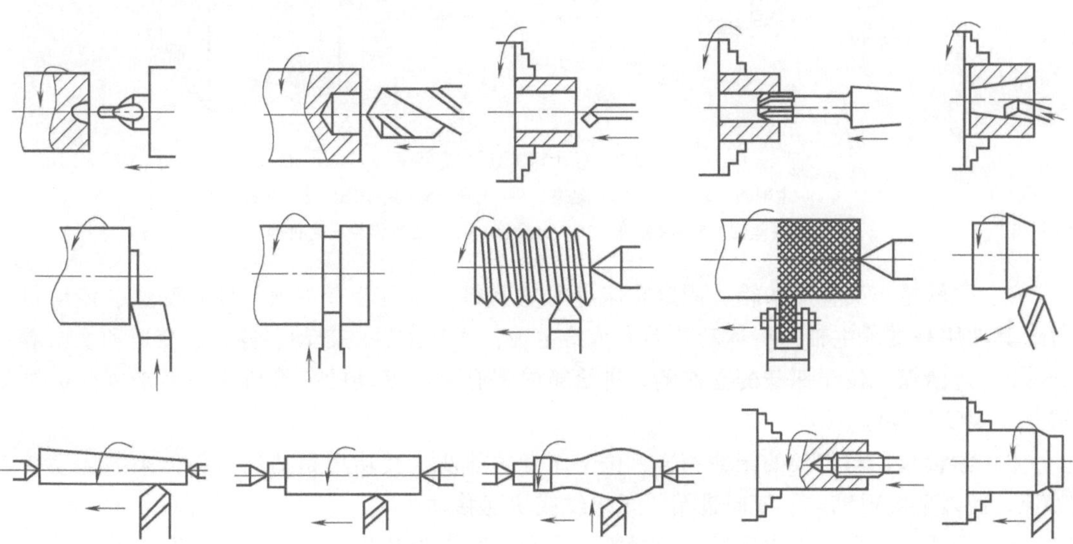

图 3-1　车削加工的典型表面

3.2 车床的结构与传动

车床是金属切削机床中使用最广泛的一类，其数量占机床总数的20%~30%。车床的种类很多，按其用途和结构不同，分为卧式车床、立式车床、转塔车床、单轴自动车床、多轴自动和半自动车床、仿形及多刀车床、专门化车床等。随着科学技术的发展，各类数控车床及车削中心的应用也日益广泛。

在各类车床中，卧式车床的应用最广泛。CA6140型车床是一种典型的普通卧式车床，其外形及组成如图3-2所示。它能加工内外圆柱面、圆锥面，完成车削米制、寸制、模数制和径节制螺纹以及孔加工等工序。车床床身上最大回转直径为400mm，最大工件长度为2000mm，主电动机功率为7.5kW。

3.2.1 CA6140型卧式车床的结构组成

CA6140型卧式车床的主要组成部分有主轴箱、进给箱、溜板箱、刀架、尾座、床身和床腿等，如图3-2所示。

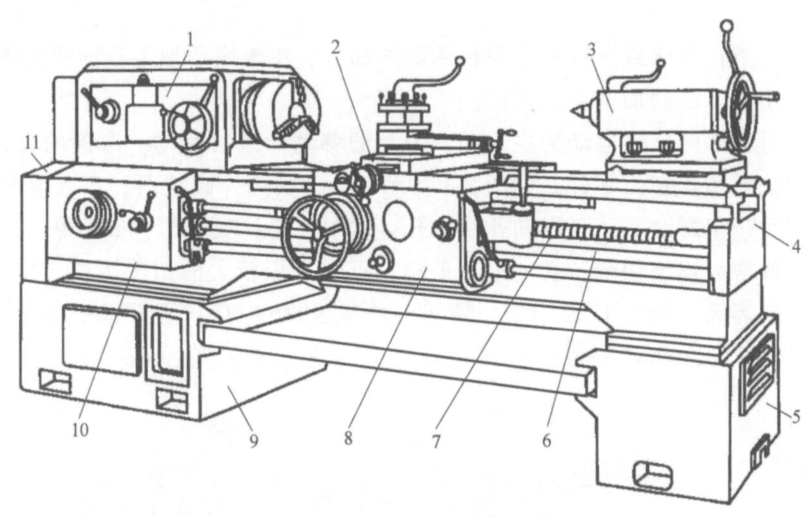

图3-2 CA6140型卧式车床

1—主轴箱 2—刀架 3—尾座 4—床身 5、9—床腿 6—光杠 7—丝杠 8—溜板箱 10—进给箱 11—变换齿轮变速机构

1）主轴箱：又称床头箱，固定在床身的左上部，箱内装有主轴部件和变速、传动机构等。其功用是支承主轴并将运动和动力传给主轴，实现主轴的起动、停止、变速和换向等。

2）进给箱：位于床身的左前侧。进给箱内装有进给运动的变换机构，用来改变进给量或加工螺纹的导程。

3）溜板箱：与刀架的床鞍相连，位于床身的前侧。其功用是把进给箱传来的运动传给刀架，使刀架实现纵向、横向进给，车螺纹或快速移动。

4）刀架：刀架部件由床鞍、中滑板、小滑板和方刀架组成，用来装夹车刀并使其做纵向、横向或斜向进给运动。

5）尾座：安装在床身右端导轨面上。其功用是安装作为定位用的后顶尖，或装上孔加工刀具后可实现在车床上钻孔、扩孔、铰孔和攻螺纹等加工。

6）床身：装在左右床腿上，共同构成了车床的基础，用于安装车床的各个主要部件，使它们在工作时保持准确的相对位置或运动轨迹。

3.2.2 CA6140 型卧式车床的主运动、进给运动传动系统

CA6140 型卧式车床的传动系统图如图 3-3 所示，它表明了机床的全部运动联系，包括主运动传动链、车螺纹进给运动传动链、机动进给运动传动链和刀架快速移动传动链。

（1）主运动传动链 主运动传动链的作用是把电动机的运动及动力传给主轴，使主轴带动工件旋转以实现主运动，并满足主轴变速和换向等要求。

1）主运动传动路线。运动由电动机经 V 带传动副 ϕ130mm/ϕ230mm 传至主轴箱中的轴Ⅰ。在轴Ⅰ上装有双向多片摩擦离合器 M_1，用来使主轴实现正转、反转或停止。当压紧 M_1 左部摩擦片时，轴Ⅰ的运动经离合器 M_1 及齿轮副 56/38 或 51/43 传给轴Ⅱ，使轴Ⅱ得到两种不同的转速，此时主轴Ⅵ正转。当 M_1 向右端压紧时，轴Ⅰ的运动经 M_1 及齿轮副 50/34、34/30 传至轴Ⅱ，由于中间经过轴Ⅶ上的惰轮 Z34，故轴Ⅱ的转向与 M_1 左位时的相反，此时主轴反转。当 M_1 处于中间位置时，则轴Ⅰ空转，主轴停止转动。

运动由轴Ⅱ传至轴Ⅲ，可经过三对齿轮副 22/58、39/41 或 30/50 中的任何一对，使轴Ⅲ得到不同的转速。运动从轴Ⅲ至主轴Ⅵ有两条传动路线：

① 高速传动路线。将主轴Ⅵ上的滑移齿轮 Z50 移至左位，使其与轴Ⅲ上的齿轮 Z63 相啮合，则轴Ⅲ的运动经齿轮副 63/50 直接传给主轴，使主轴获得高速运动（$n_{主}$=450~1400r/min）。

② 低速传动路线。将主轴上的滑移齿轮 Z50 移至右位，使齿式离合器 M_2 啮合，于是轴Ⅲ的运动经齿轮副 20/80 或 50/50 传给轴Ⅳ，再经齿轮副 20/80 或 51/50 传给轴Ⅴ，而后经齿轮副 26/58 及离合器 M_2 传至主轴，使主轴获得低速运动（$n_{主}$=10~500r/min）。

上述主运动传动路线可用传动路线表达式表示如下：

$$\text{电动机}-\frac{\phi130\text{mm}}{\phi230\text{mm}}-\text{I}-\left[\begin{array}{l}\underset{\text{（正转）}}{\text{M}_1\text{（左）}}-\begin{bmatrix}\frac{51}{43}\\ \frac{56}{38}\end{bmatrix}\\ \underset{\text{（反转）}}{\text{M}_1\text{（右）}}-\frac{50}{34}-\text{VII}-\frac{34}{30}\end{array}\right]-\text{II}-\begin{bmatrix}\frac{22}{58}\\ \frac{30}{50}\\ \frac{39}{41}\end{bmatrix}-\text{III}-\left[\begin{array}{l}\begin{bmatrix}\frac{20}{80}\\ \frac{50}{50}\end{bmatrix}-\text{IV}-\begin{bmatrix}\frac{20}{80}\\ \frac{51}{50}\end{bmatrix}-\text{V}-\frac{26}{58}-\text{M}_2\\ \frac{63}{50}\end{array}\right]-\text{VI（主轴）}$$

进行机床运动分析时，常采用“抓两端，连中间”的方法，即首先确定传动链的首、末端执行件，然后再分析这两个执行件之间的传动联系。对于主运动传动链，其首端件为电动机，末端件为主轴。

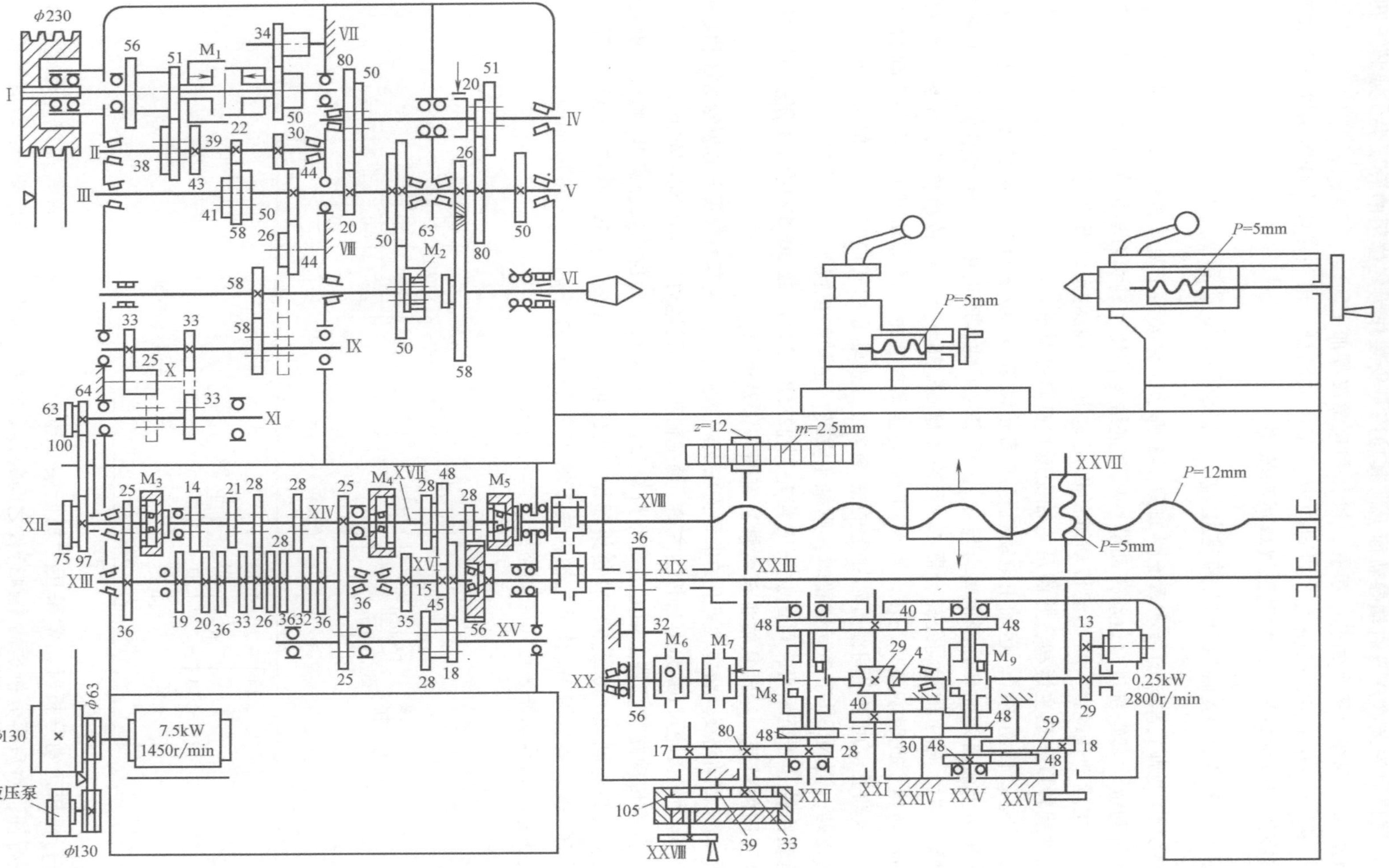

图 3-3 CA6140 型卧式车床的传动系统图

2）主轴转速级数及转速计算。根据传动路线表达式和传动系统图可以看出，主轴正转时，利用各传动轴间传动比的不同组合，理论上共可得 2×3(1+2×2)= 30 条传动主轴的路线，但实际上因为在轴Ⅲ到轴Ⅴ之间有两条传动路线的传动比基本相同，所以主轴实际上只能获得 2×3(1+3)= 24 级不同转速（10～1400r/min）。同理，主轴反转时，只能获得 3×(1+3)= 12 级不同转速（14～1580r/min）。主轴反转主要用于车螺纹时的退刀，以避免“乱扣”。

主轴的转速可按下列运动平衡式计算

$$n_{主}=n_{电}\times\frac{130}{230}\times(1-\varepsilon)\,i_{\mathrm{I}-\mathrm{II}}\,i_{\mathrm{II}-\mathrm{III}}\,i_{\mathrm{III}-\mathrm{IV}} \tag{3-1}$$

式中 $n_{主}$——主轴转速（r/min）；

$n_{电}$——电动机转速（r/min）；

ε——V 带传动的滑动系数，ε 取 0.02；

$i_{\mathrm{I}-\mathrm{II}}$、$i_{\mathrm{II}-\mathrm{III}}$、$i_{\mathrm{III}-\mathrm{IV}}$——轴Ⅰ-Ⅱ、轴Ⅱ-Ⅲ、轴Ⅲ-Ⅳ间的可变传动比。

（2）进给运动传动链　进给运动传动链是实现刀架纵向、横向运动及变速和换向的传动链。在进给传动链中，有两种不同性质的传动路线：一条是车螺纹传动路线，经丝杠带动溜板箱，使刀架纵向移动，是内联系传动链；另一条是机动进给传动路线，经光杠带动溜板箱，使刀架作纵向或横向移动，是外联系传动链。

由于螺纹的导程或刀具的进给量均是以主轴每转一周时刀架的移动量来表示的，所以分析进给运动传动链时，把主轴和刀架作为该传动链的两个末端件。进给运动从主轴Ⅵ开始，经轴Ⅸ和轴Ⅺ间的换向机构、挂轮架上的交换齿轮，传入进给箱。从进给箱传出的运动，分别经丝杠或光杠带动刀架移动。

1）螺纹进给传动链。CA6140 型卧式车床可以车削右旋或左旋的米制、寸制、模数制和径节制四种标准螺纹，还可以车削大导程、非标准和较精密的螺纹。车削螺纹时，要求主轴每转一周，刀架移动一个导程。车削各种螺纹的传动路线表达式如下：

$$\text{主轴}\ \mathrm{VI}-\left[\begin{array}{c}\dfrac{58}{58}\\ (\text{正常螺纹导程})\\ \dfrac{58}{26}-\mathrm{V}-\dfrac{80}{20}-\mathrm{IV}-\left[\begin{array}{c}\dfrac{50}{50}\\ \dfrac{80}{20}\end{array}\right]-\mathrm{III}-\dfrac{44}{44}-\mathrm{VIII}-\dfrac{26}{58}\\ (\text{扩大螺纹导程})\end{array}\right]-\mathrm{IX}-\left[\begin{array}{c}\dfrac{33}{33}\\ (\text{右旋螺纹})\\ \dfrac{33}{25}-\mathrm{X}-\dfrac{25}{33}\\ (\text{左旋螺纹})\end{array}\right]-\mathrm{XI}-$$

$$\left[\begin{array}{c}\dfrac{63}{100}\times\dfrac{100}{75}\\ (\text{米制、寸制螺纹})\\ \dfrac{64}{100}\times\dfrac{100}{97}\\ (\text{模数、径节螺纹})\end{array}\right]-\mathrm{XII}-\left[\begin{array}{c}\dfrac{25}{36}-\mathrm{XIII}-i_j-\mathrm{XIV}-\dfrac{25}{36}\times\dfrac{36}{25}\\ (\text{米制及模数螺纹})\\ M_3\,\text{合}-\mathrm{XIV}-\dfrac{1}{i_j}-\mathrm{XIII}-\dfrac{36}{25}\\ (\text{寸制及径节螺纹})\end{array}\right]-\mathrm{XV}-i_b-\mathrm{XVII}-M_5\,\text{合}-$$

$$\mathrm{XVIII}(\text{丝杠})-\text{开合螺母}-\text{刀架}$$

式中，i_j 代表轴XIII和轴XIV间 8 种可选择的传动比（26/28、28/28、32/28、36/28、19/14、20/14、33/21、36/21），i_b 代表轴XV和轴XVII间 4 种可选择的传动比［(28/35)×(35/28)、(18/45)×(35/28)、(28/35)×(15/48)、(18/45)×(15/48)］。i_j 的 8 种传动比值基本按等差数列排列，改变 i_j 值，就能车削出按等差数列排列的导程值。这样的变速机构称为基本螺距机构，简称基本组。i_b 的 4 种传动比成倍数关系排列，改变 i_b 值，就可将基本组的传动比成倍地增大或缩小。这样的变速机构称为增倍机构，简称增倍组。

车削螺纹时的运动平衡式为

$$L=KP=1_{主轴}\ iL_{丝}$$

式中 L——被车削螺纹的导程（mm）；

K——被车削螺纹的线数；

P——被车削螺纹的螺距（mm）；

$1_{主轴}$——主轴为 1 转；

i——从主轴至丝杠间的总传动比；

$L_{丝}$——机床丝杠的导程，CA6140 型卧式车床的 $L_{丝}=12\text{mm}$。

车削米制螺纹时的运动平衡式为

$$L=1\times\frac{58}{58}\times\frac{33}{33}\times\frac{63}{100}\times\frac{100}{75}\times\frac{25}{36}\times i_j\times\frac{25}{36}\times\frac{36}{25}\times i_b\times 12\text{mm}$$

将上式化简后得

$$L=KP=7i_ji_b$$

按上述传动路线，选用不同的 i_j 和 i_b，可加工 20 种标准导程的米制螺纹，导程为 1~12mm。若经背轮机构的扩大导程传动路线可将螺纹导程扩大 4 倍（主轴转速为 40~125r/min）或 16 倍（主轴转速为 10~32r/min），车削米制螺纹的最大导程为 192mm。同理，选用正常导程传动路线，对应可加工 22 种每英寸（1in=25.4mm）牙数为 2~24 的标准寸制螺纹，11 种模数为 0.25~3 的标准模数螺纹及 24 种每英寸牙数为 7~96 的标准径节螺纹。

2）纵向、横向进给传动链。车削内、外圆柱面及端面等时，可使用机动进给。从主轴VI至进给箱轴XVII的传动路线与车削螺纹时的相同。此后，将进给箱中的齿式离合器 M_5 脱开，切断与丝杠的联系，并将轴XVII上的齿轮 Z28 与光杠XIX左端齿轮 Z56 啮合，运动传至光杠XIX，再经溜板箱中的传动机构，分别传至齿轮齿条机构和横向进给丝杠XXVII，使刀架做纵向或横向机动进给。

纵向进给传动链经米制螺纹的传动路线的运动平衡式为

$$f=1\times\frac{58}{58}\times\frac{33}{33}\times\frac{63}{100}\times\frac{100}{75}\times\frac{25}{36}\times i_j\times\frac{25}{36}\times\frac{36}{25}\times i_b\times\frac{28}{56}$$

$$\times\frac{36}{32}\times\frac{32}{56}\times\frac{4}{29}\times\frac{40}{30}\times\frac{30}{48}\times\frac{28}{80}\times\pi\times 2.5\times 12\text{mm}$$

简化后得

$$f_{纵}=0.71i_ji_b$$

CA6140 型卧式车床的纵向进给量可由四种不同的传动路线得到，共有 64 级，变换范围为 0.028~6.33mm/r。

横向进给传动链的运动平衡式与上式类似。当传动路线相同时，所得的横向进给量是纵向进给量的一半，也有 64 级，变换范围为 0.014～3.16mm/r。所有纵、横向进给量的数值及相应的操作手柄应处于的位置均可从进给箱上的标牌中查到。

（3）刀架快速移动　刀架在机动进给或退刀的过程中，按下快速移动按钮，快速移动电动机的运动经齿轮副 13/29 传动，再经后续的机动进给路线使刀架在该方向上做快速移动。松开快速移动按钮后，快速移动电动机停止转动，刀架仍按照原来的速度机动进给。XX 轴上的超越离合器 M_6，用来防止在光杠与快速移动电动机同时传动时出现运动干涉而损坏传动机构。

3.2.3　机床的精度

机床的精度分为机床加工精度和机床静态精度。机床加工精度是指被加工零件达到的尺寸精度、形状精度和位置精度。机床的精度直接影响工件的加工质量，因此合格的机床精度是保证加工质量的首要条件。机床的精度主要由机床的几何精度和工作精度所决定。

机床的几何精度，是指机床上某些支承、导向用基础零件工作表面的几何形状精度和相互位置精度。例如，床身导轨面的直线度、主轴轴颈的圆度、主轴轴线与导轨面的平行度等。机床的几何精度对加工质量有着重要影响。因此，它是评定机床精度的主要标准。

机床的工作精度，是指机床在运动状态和切削力作用下的精度，即机床在工作状态下的精度。它除了直接受机床几何精度的影响外，还与运动部件之间的配合、调整是否正确，机床构件的热变形、刚度、振动等因素有关。因此，机床的工作精度一般都以实际加工的工件质量来评定。

1. 影响机床精度的主要因素

（1）机床主轴的回转精度　主轴部件的工作质量是影响机床加工质量极其关键的因素，主轴的回转精度是主轴部件工作质量的最基本指标。主轴的回转精度主要包括主轴定心轴颈的径向圆跳动、轴肩支承端面圆跳动和轴向窜动。影响主轴回转精度的主要因素有以下几方面。

1）主轴本身的几何精度：如主轴锥孔中心线对轴颈中心线的同轴度、轴肩支承端面圆跳动等。

2）轴承的几何精度：滚动轴承的几何精度取决于轴承各组成零件的几何精度，而采用滑动轴承的主轴回转精度，基本只受主轴本身几何精度的影响。

3）轴承装配质量：如轴承圈是否歪斜、间隙调整是否合适等。

（2）导轨精度　机床导轨用于支承运动部件并保证其运动精度。运动部件的运动精度直接影响着机床的加工精度。

1）导轨的导向精度：它是指运动部件沿导轨运动时运动轨迹的直线度（对于直线导轨）或圆度（对于圆导轨）；运动部件之间或运动部件与有关基面之间的相互位置的准确性。运动部件的运动轨迹不准确，必定会引起工件形状误差与相互位置误差。

2）影响导轨精度的主要因素：影响导轨精度的因素很多，除了制造和安装造成的误差外，在使用过程中的热变形、导轨间隙调整不当及导轨磨损等都会影响其精度。

2. 机床几何精度检验

新制造的机床出厂时，必须按规定的项目和要求进行检验，磨损或损坏后经修理的机床，亦同样必须逐项进行检验，合格后才能正式使用。在生产中，如果遇到工件加工质量问题，必要时，亦需对机床进行几何精度检验。以卧式车床为例，下面简要介绍机床精度检验方法。

（1）床身导轨的直线度和两导轨的同一平面度　床身导轨精度通常用水平仪（见图 3-4）检验。水平仪的主要部分是一个固定在水平仪框体内封闭的弧形玻璃管，玻璃管凸出的弧形管壁上刻有数条刻线，管内装有乙醚或酒精，其中留有一气泡用于指示。水平仪倾斜时，气泡便相对玻璃管移动。根据气泡移动方向和在刻线上移动的格数，可以得出被测平面的倾斜方向和角度。水平仪玻璃管上的刻度值表示被测面的斜率。例如，刻度值为 0.02/1000 的水平仪，其气泡移动一格，相当于被测平面在 1m 长度上两端的高度差为 0.02mm（见图 3-5）。

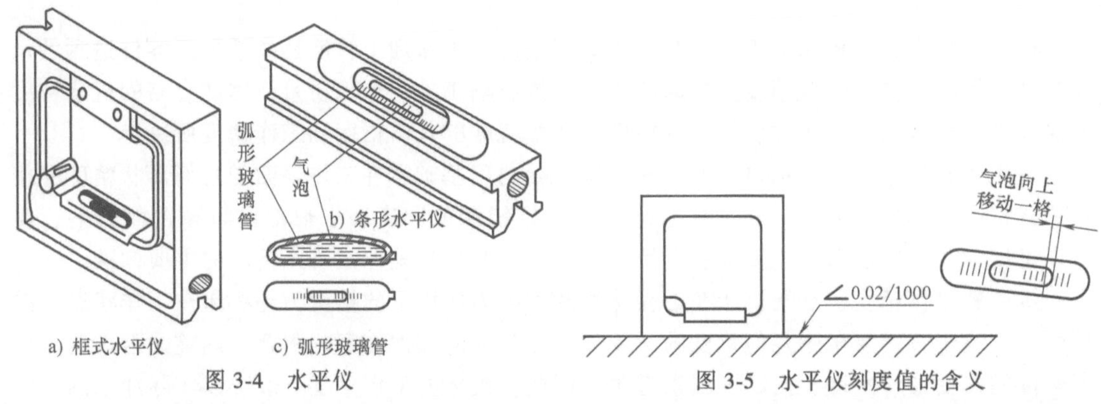

图 3-4　水平仪

图 3-5　水平仪刻度值的含义

1）床身导轨在垂直平面内的直线度。将水平仪纵向放置在床鞍上靠近主轴箱的前导轨处（见图 3-6 中位置Ⅰ），床鞍自主轴箱一端的极限位置开始，自左向右依次移动，每次移动距离应约等于检验局部误差的长度。记录床鞍在每一位置时水平仪的读数（水泡偏移方向及格数），然后将这些读数用适当比例在直角坐标纸中逐点标出，顺次连接各点，即得到导轨全长在垂直平面内的直线度曲线，如图 3-7 所示。作曲线两端连线，曲线与连线在同一横坐标上的最大差值（见图 3-7 中 b-b'）即为导轨全长的直线度误差。导轨每段两测量点之间误差值之差为该段导轨的局部直线度

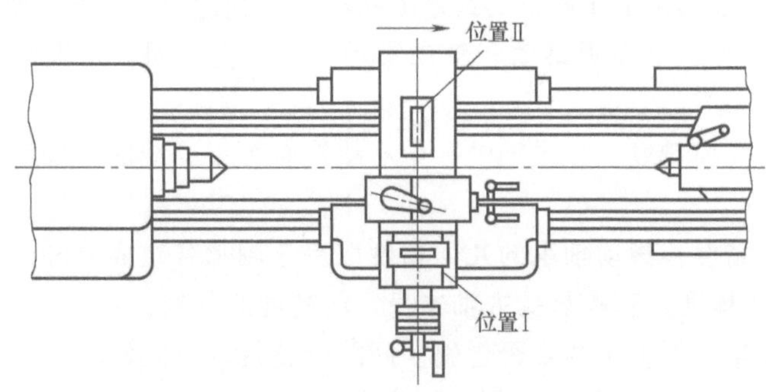

图 3-6　床身导轨在垂直平面内的直线度和同一平面度检验

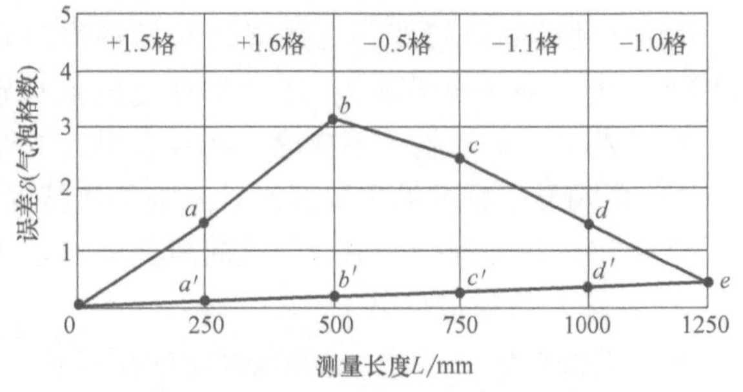

图 3-7　导轨在垂直平面内的直线度曲线

误差（见图 3-7 中 d-d'等）。

2）床身两导轨同一平面度。水平仪横向放置在中滑板上（见图 3-6 中位置Ⅱ），纵向等距离移动床鞍，移动距离与直线度检验时相同。记录中滑板在每一位置时水平仪的读数。水平仪在全部测量长度上读数的最大代数差值，就是导轨同一平面度的误差。

（2）床鞍移动在水平面内的直线度　如图 3-8 所示，在前、后顶尖间顶紧一根检验棒。刀架上装一百分表，先分别在检验棒两端圆柱面上检验其等高性；合格后，百分表测头再顶在检验棒的侧母线上，调整尾座，使百分表在检验棒两端的读数相等。然后再移动床鞍，百分表在滑板全部行程上读数的最大差值，就是床鞍移动在水平面内的直线度误差。

为了消除检验棒误差的影响，按上述方法测取一次读数后，将检验棒旋转 180°，重复进行测量，然后取两次测量的平均值作为误差值。

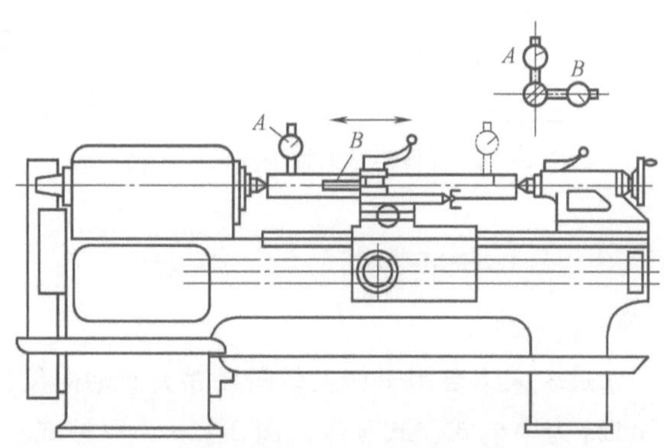

图 3-8　床鞍移动在水平面内的直线度检验

（3）主轴的轴向窜动、定心轴颈径向圆跳动和轴肩支承端面圆跳动　在做这三项测量时均需在轴端加一定的推力，检验方法如图 3-9 所示。

1）主轴轴向窜动的检验：将锥度标准检验棒插入主轴锥孔中，在检验棒中心孔中用润滑脂（牛油）粘置一钢珠，然后将平头百分表测头触在钢珠上，转动主轴即可测得主轴轴向窜动误差。

2）主轴定心轴颈径向圆跳动检验：测头触在轴颈部定位圆柱面上，旋转主轴后测量。

3）主轴轴肩支承端面圆跳动的检验：测头触在主轴轴肩支承面上，旋转主轴后测量。

（4）床鞍移动对主轴轴线的平行度　检验方法如图 3-10 所示。带锥柄的检验棒插入主轴锥孔中，在床鞍上放置百分表架，先转动主轴测量检验棒与主轴的同轴度，合格后按图 3-10 中 A、B 位置分别安置百分表，每次移动床鞍时对检验棒圆柱面全长进行测量。若测量时床鞍移动 300mm，在这一范围内百分表上读数的最大差值就是主轴轴线在该平面位置时每 300mm 与床鞍移动方向的平行度误差。

（5）丝杠轴向窜动　检验方法如图 3-11 所示。将一个钢珠粘在丝杠右端的中心孔内，在床面上放一磁座百分表，平测头触及钢珠，然后慢速转动丝杠，读出其最大变动值。

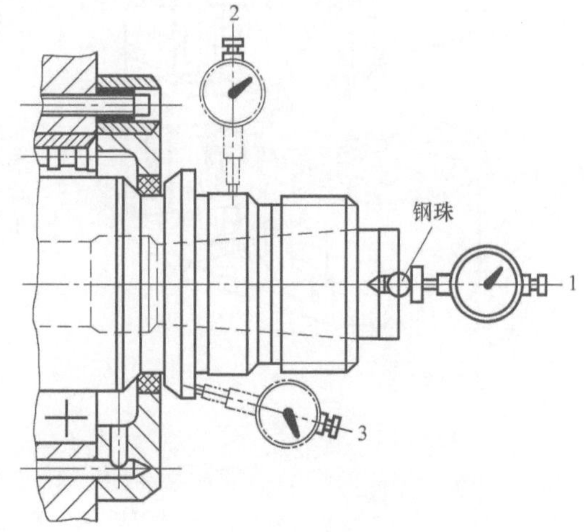

图 3-9　主轴回转精度的检验

1—主轴轴向窜动的检验位置

2—主轴定心轴颈径向圆跳动检验位置

3—主轴轴肩支承端面圆跳动的检验位置

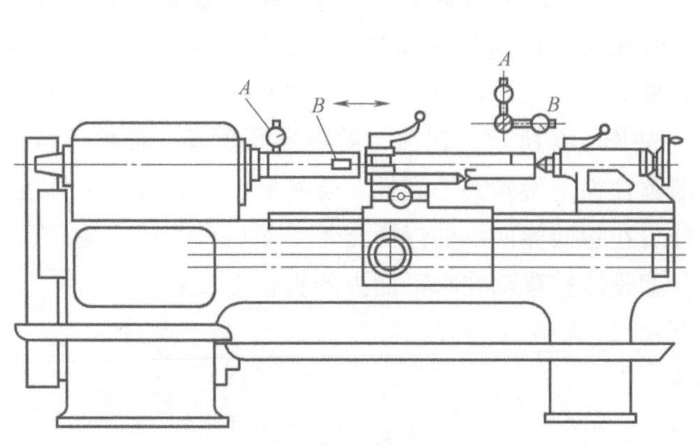

图 3-10　床鞍移动对主轴轴线的平行度检验

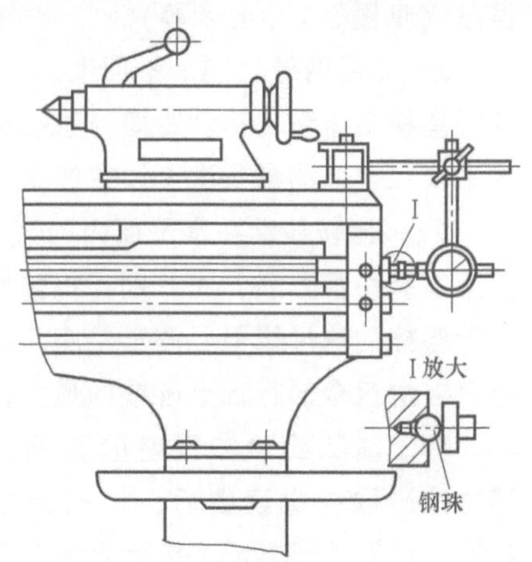

图 3-11　丝杠轴向窜动的检验

3.2.4　其他车床简介

1. 立式车床

立式车床主要用于加工径向尺寸大而轴向尺寸较小且形状比较复杂的大型或重型零件。图 3-12a 为单柱式立式车床，图 3-12b 为双柱式立式车床，前者加工直径一般小于 1600mm，后者加工直径一般大于 2000mm。

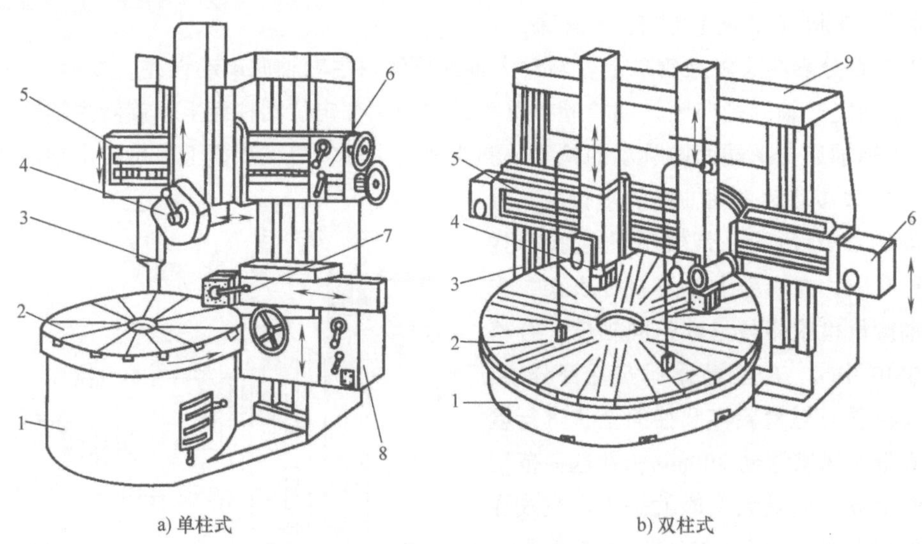

a) 单柱式　　b) 双柱式

图 3-12　立式车床

1—底座　2—工作台　3—立柱　4—垂直刀架　5—横梁　6—垂直刀架进给箱　7—侧刀架　8—侧刀架进给箱　9—顶梁

立式车床在结构布局上的主要特点是主轴垂直布置，工作台台面水平布置。因此，工件的装夹和找正都比较方便，而且工件及工作台的重量能均匀地作用在工作台导轨或推力轴承上，大大地减轻了主轴及其轴承的载荷，因此机床易于长期保持加工精度。

立式车床是电厂辅机装备、重型电机以及冶金矿山机械制造等行业不可缺少的加工装备。

立式车床的工作台2装在底座1上，工件装夹在工作台上并由工作台带动做旋转运动。进给运动由垂直刀架4和侧刀架7实现。侧刀架可在立柱3的导轨上移动以实现垂直进给，还可沿刀架滑座的导轨做横向进给。同理，垂直刀架可沿其刀架滑座的导轨做垂直进给，也可以沿横梁5的导轨移动做横向进给。横梁5可以沿立柱导轨上下移动，以适应加工不同高度工件的需求。

2. 转塔车床

图3-13为CB3463-1型半自动转塔车床。转塔车床适于在成批生产中加工形状比较复杂，需要较多工序和较多刀具的工件，特别是有内孔和内外螺纹的工件，如各种阶梯小轴、套筒、螺钉、螺母、接头、法兰盘和齿轮坯等。转塔车床与卧式车床在结构上的主要区别是转塔车床没有尾座和丝杠，而在床尾装有一个可纵向移动的转塔刀架。

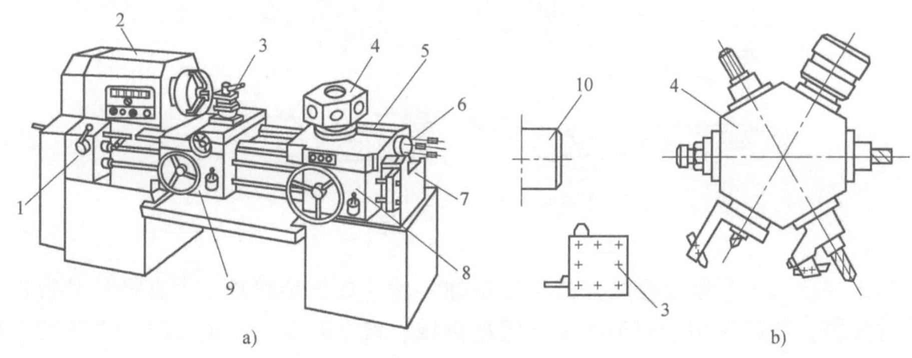

图3-13　转塔车床

1—进给箱　2—主轴箱　3—前刀架　4—转塔刀架　5—纵向溜板　6—定程装置
7—床身　8—转塔刀架溜板箱　9—前刀架溜板箱　10—主轴

该机床主传动系统由一双速电动机驱动，采用四组摩擦片式液压离合器和双联滑移齿轮变速，由插销板电液控制，可半自动获得16级不同转速。机床的进给运动由转塔刀架和前、后刀架完成。六工位的转塔刀架和前刀架均由机、电、液联合控制，实现快速趋近工件—工作进给—快速退回原位的工作循环。

转塔车床前刀架与卧式车床的刀架相似，既可纵向进给，切削大直径的外圆柱面，也可以横向进给，加工端面和内外沟槽。转塔刀架只能做纵向进给，它一般为六角形，可在六个面上各安装一把或一组刀具。为了在刀架上安装各种刀具及进行多刀切削，可采用各种辅助工具。转塔刀架用于车削内、外圆柱面，钻、扩、铰孔和攻螺纹等。前刀架和转塔刀架各由一个独立的溜板箱来控制它们的运动。转塔刀架设有定程机构，加工过程中当刀架到达预先调定的位置时，可自动停止进给或快速返回原位。

在转塔车床上加工工件时，根据工件的加工工艺过程，预先将所用的全部刀具装在刀架上，每把（组）刀具只用于完成某一特定工步，并根据工件的加工尺寸调整好位置。同时还需相应地调整定程装置，以便控制每把刀具的行程终点位置。机床调整完成后，只需接通刀架的进给运动程序，并在工作行程终了时将其退回，便可获得所要求的加工尺寸。在加工中不需频繁地更换刀具，也不需经常对刀和测量工件尺寸，从而可以大大缩短辅助时间，提高生产率。当零件改变时，只要改变程序并重新调整机床上的纵向、横向行程挡块即可。

3. 落地车床

落地车床又称花盘车床、端面车床、大头车床或地坑车床。它适用于车削直径为 800～4000mm 的直径大、长度短、重量较轻的盘形、环形工件或薄壁筒形工件等，适用于单件、小批量生产。结构特点：无床身、尾座，没有丝杠，如图 3-14 所示。

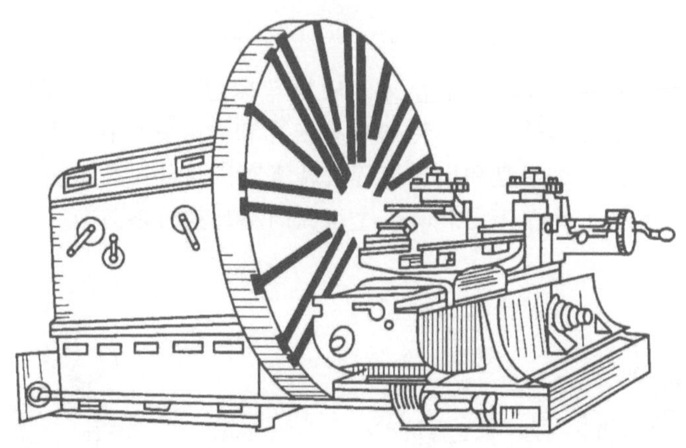

图 3-14　落地车床

落地车床主要用于车削直径较大的重型机械零件，如轮胎模具、大直径法兰管板、汽轮机配件、封头等，广泛应用于石油化工、重型机械、汽车制造、矿山铁路设备及航空部件的加工制造。落地车床底座导轨采用矩形结构，跨距大，刚性好，适宜于低速重载切削。操纵站安装在前床腿位置，操作方便，外观协调。落地车床结构采用主轴箱主轴垂直于滑板运动的床身导轨，主轴箱和横向床身连接在同一底座上，底座上为山型导轨结构，可手动调节滑板的横向移动。机床铸件通过振动时效消除内应力，床身也经过超音频淬火，导轨需磨削加工。落地车床承载能力大，刚性强，操作方便，能够车削各种零件的内外圆柱面、端面、圆弧等成形表面，是加工各种轮胎模具及大平面盘类、环类零件的理想设备。

4. 液压仿形半自动车床

液压仿形半自动车床通过液压随动伺服阀控制刀架进给。在靠模轮廓控制下，伺服阀进出油口开度和方向不断变化，以控制刀架驱动液压缸进油量的大小与方向，使得刀具将工件加工得与靠模轮廓相一致。

液压仿形半自动车床以最大棒料直径为主参数，具有实现半自动控制的液压随动仿形机构；根据靠模轮廓在一次装夹中自动完成中小型工件的多工序加工，适用于大批、大量生产。形状不太复杂的非圆表面和轴类零件，可车削圆柱面、圆锥面和成形表面。液压仿形半自动车床的外形结构如图 3-15 所示。

5. 自动车床

自动车床能按一定程序自动完成中小型工件的多工序加工，能自动上、下料，重复加工一批同样的工件，适用于大批、大量生产。图 3-16 为 C1312 型单轴转塔自动车床结构外形图。

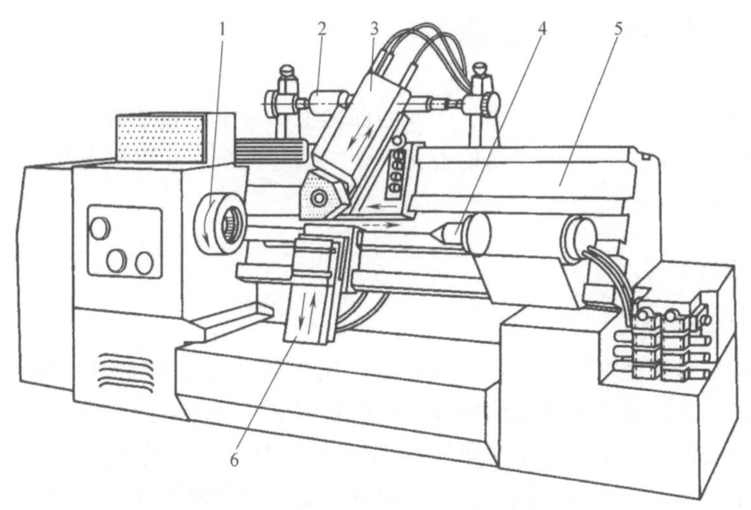

图 3-15　液压仿形半自动车床

1—主轴　2—靠模　3—液压仿形刀架　4—顶尖　5—床身　6—下刀架

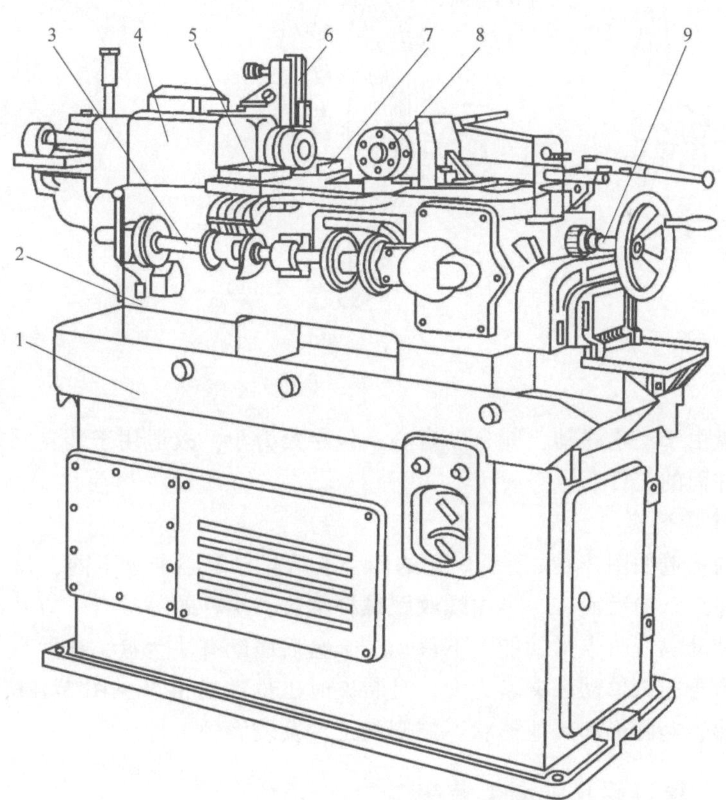

图 3-16　C1312 型单轴转塔自动车床

1—底座　2—床身　3—分配轴　4—主轴箱　5—前刀架　6—上刀架
7—后刀架　8—转塔刀架　9—辅助轴

3.3 工件的装夹及车床附件

在车床上装夹工件时，应使被加工表面的回转中心与车床主轴的轴线重合，以保证工件位置准确；要把工件夹紧，以承受切削力，保证工作时安全。在车床上加工工件时，主要有以下几种装夹方法。

3.3.1 卡盘装夹

1. 自定心卡盘装夹

自定心卡盘是车床最常用的附件，其结构如图 3-17 所示。当转动小锥齿轮时，与之啮合的大锥齿轮也随之转动，大锥齿轮背面的平面螺纹使三个卡爪同时向中心移动或胀开，以夹紧不同直径的工件。由于三个卡爪能同时移动并对中（对中精度为 0.05～0.15mm），故自定心卡盘适于快速夹持截面为圆形、正三边形、正六边形的工件。自定心卡盘本身还带有三个“反爪”，反方向装到卡盘体上即可用于夹持直径较大的工件。

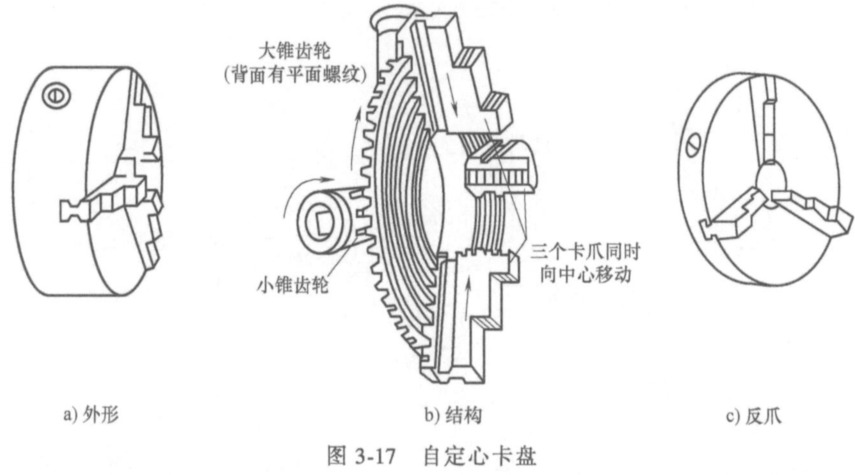

图 3-17 自定心卡盘

自定心卡盘由于三爪联动，能自动定心，但夹紧力小，故适用于装夹圆棒料、六角棒料及外表面为圆柱面的工件。

2. 用单动卡盘装夹

单动卡盘的构造如图 3-18a 所示。它的四个卡爪与自定心卡盘不同，是互不相关的，可以单独调整。每个爪的后面有一半内螺纹跟螺杆啮合，螺杆的一端有一方孔，是用来安插卡盘扳手的。当转动螺杆时卡爪就能上下移动。卡盘后面配有法兰盘，法兰盘的内螺纹与主轴螺纹相配合。由于四爪单动，夹紧力大，且装夹时工件需找正（见图 3-18b、c），故适合于装夹毛坯，方形、椭圆形和其他形状不规则的工件及较大的工件。

3.3.2 顶尖、跟刀架及中心架装夹

卡盘装夹适合于装夹长径比小于 4 的工件，而当某些工件在加工过程中需多次装夹，要求有同一基准，或无须多次装夹，但为了增加工件的刚性（加工长径比为 4～10 的轴类零件时），往往采用双顶尖装夹工件，如图 3-19 所示。

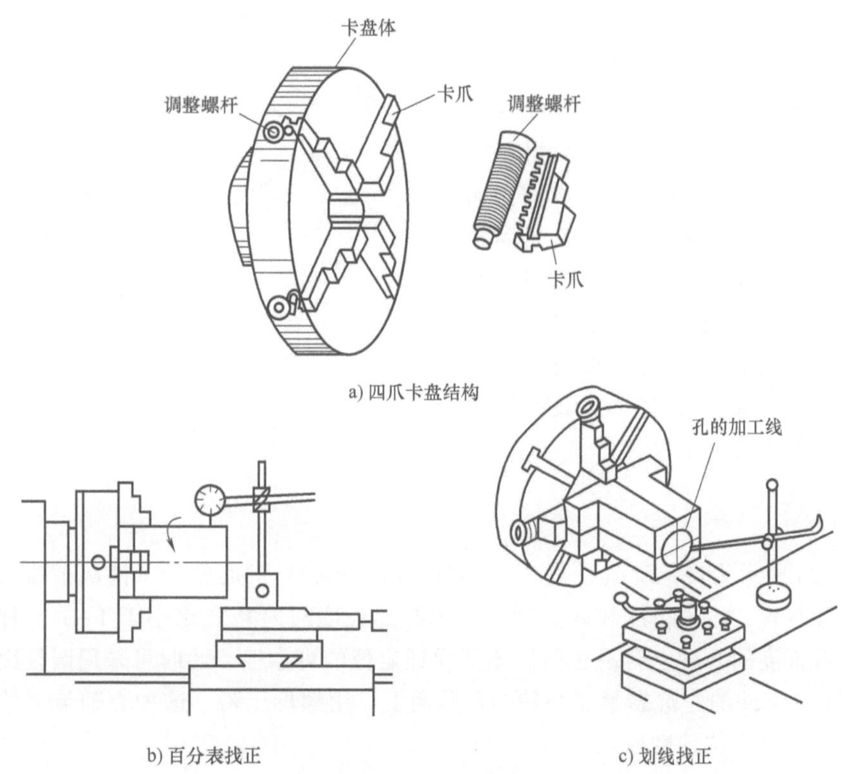

图 3-18　单动卡盘及其找正

用顶尖装夹，必须先在工件两端面上用中心钻钻出中心孔，再把轴安装在前、后顶尖上。前顶尖装在车床主轴锥孔中与主轴一起旋转，后顶尖装在尾座套筒锥孔内。后顶尖有固定顶尖和回转顶尖两种。固定顶尖与工件中心孔发生摩擦，在接触面上要加润滑脂润滑。固定顶尖定心准确，刚性好，适合于低速切削和工件精度要求较高的场合。回转顶尖随工件一起转动，与工件中心孔无摩擦，适合于高速切削，但定心精度不高。用两顶尖装夹时，需有鸡心夹头和拨盘夹紧来带动工件旋转。

当加工长径比大于 10 的细长轴时，为了防止轴受切削力的作用而产生弯曲变形，往往需要采用中心架或跟刀架支承，以增加其刚性。

中心架的应用如图 3-20 所示。中心架固定于床身导轨上，不随刀架移动。中心架应用

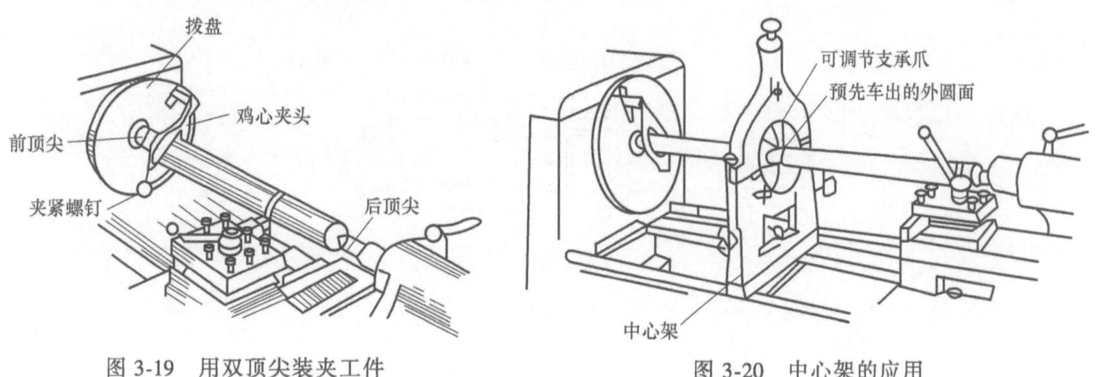

图 3-19　用双顶尖装夹工件

图 3-20　中心架的应用

比较广泛，尤其是在中心距很长的车床上加工细长工件时，必须采用中心架，以保证工件在加工过程中有足够的刚性。

图 3-21 所示为跟刀架的使用情况，使用跟刀架的目的与使用中心架的目的基本相同，都是为了增加工件在加工中的刚性。其不同点在于跟刀架只有两个支承点，而另一个支承点被车刀所代替。跟刀架固定在床鞍上，可以跟随床鞍与刀具一起移动，从而有效地增强了工件在切削过程中的刚性。所以跟刀架常被用于精车细长轴工件上的外圆，有时也适用于需一次装夹而不能调头加工的细长轴类工件。

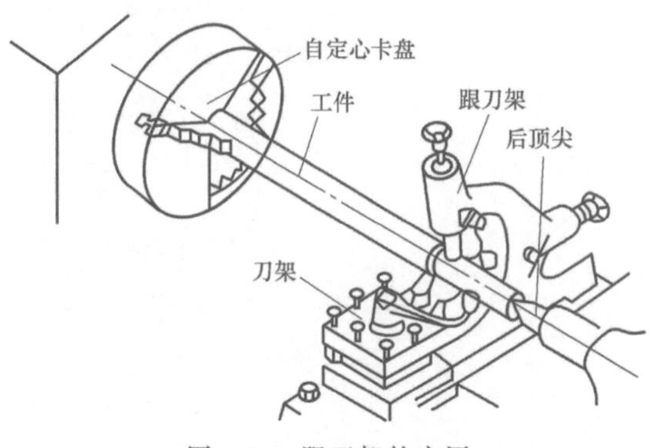

图 3-21 跟刀架的应用

3.3.3 用心轴装夹

如图 3-22a 所示为带锥度（一般为 1∶1000~1∶2000）的心轴，工件从小端压紧到心轴上，不需夹紧装置，定位精度较高。当工件内孔的长度与内径之比小于 1~1.5 时，由于孔短，套装在带锥度的心轴上容易歪斜，不能保证定位的可靠性，此时可采用圆柱面心轴，如图 3-22b 所示，工件的左端靠紧在心轴的台阶面上，用螺母压紧。这种心轴与工件内孔常采用间隙配合，因此定位精度较差。

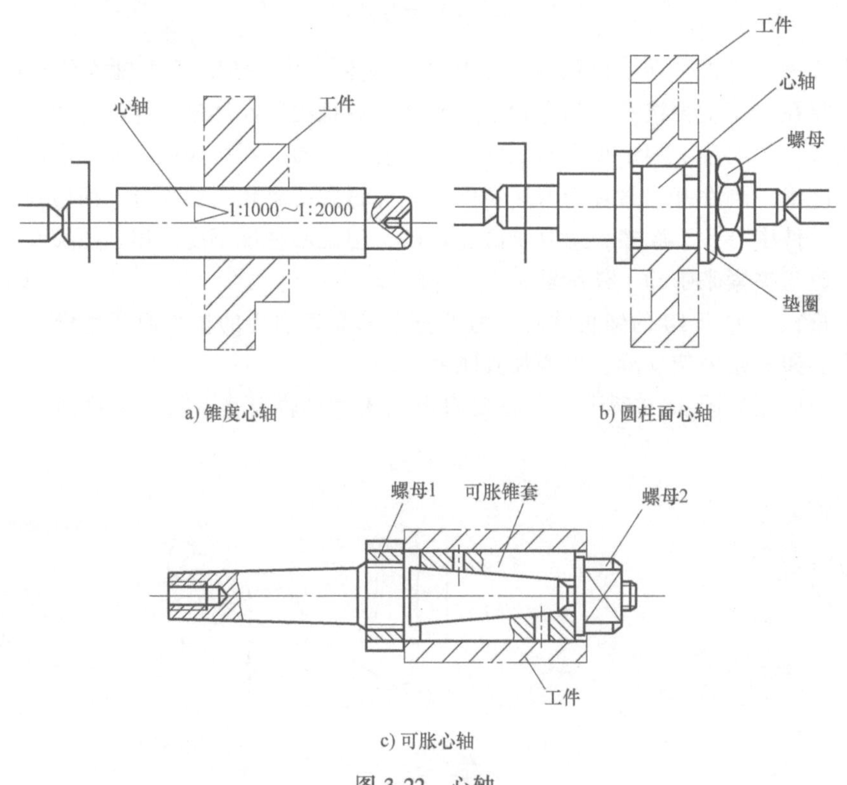

图 3-22 心轴

如图 3-22c 所示为可胀心轴示意图。转动螺母 2，可使可胀轴套沿轴向移动，心轴锥部使套筒胀开，撑紧工件。在胀紧前，工件孔与套筒外圆之间有较大的间隙。采用这种装夹方式，装卸工件方便，可缩短夹紧时间，且不易损伤工件的被夹紧表面。

采用心轴装夹适用于已加工内孔的工件。利用内孔定位，装夹在心轴上，然后再把心轴装夹在车床前、后顶尖之间。用心轴装夹可以保证工件孔与外圆、孔与端面的位置精度。但对工件的定位表面有一定的尺寸、形状精度和表面粗糙度要求。在成批、大量生产中，常用于加工小型零件。其定位精度与心轴制造质量有关，通常为 0.01~0.02mm。

3.3.4 用花盘与弯板装夹

形状不规则、无法使用自定心卡盘或单动卡盘装夹的工件，可用花盘装夹。花盘是安装在车床主轴上的一个大圆盘，盘面上的许多长槽用以安插螺栓，工件可用螺栓和压板直接装夹在花盘上，如图 3-23 所示；也可以把辅助支承角铁（弯板）用螺钉牢固夹持在花盘上，工件则装夹在弯板上，图 3-24 所示为加工轴承座端面和内孔时在花盘上装夹的情况。为了防止转动时因中心偏向一边而产生振动，在工件的另一边要加平衡铁。工件在花盘上的位置需仔细找正。

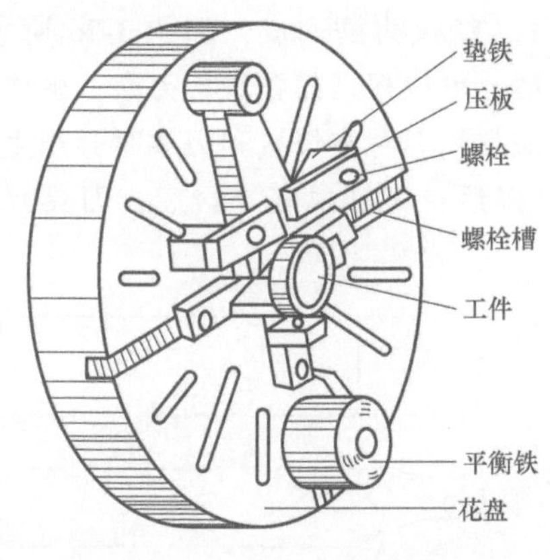

图 3-23 在花盘上装夹零件

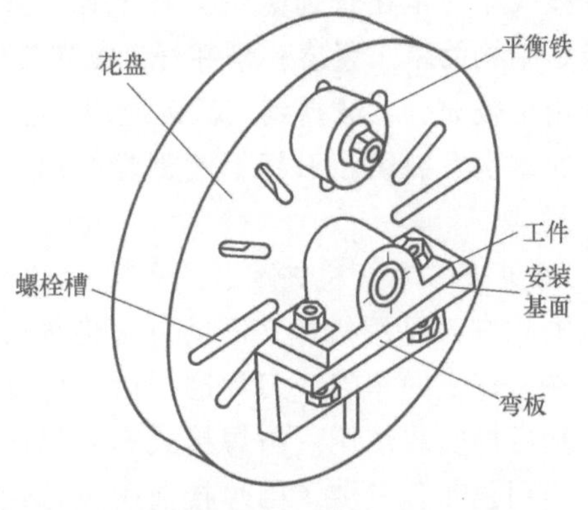

图 3-24 在花盘上用弯板装夹零件

3.4 车刀

车刀是金属切削加工中应用最广泛的刀具之一。在各类型刀具中，它的结构最为简单且制造方便。按不同的使用要求，可采用不同的材料和不同的结构。

3.4.1 车刀的分类

车刀的种类较多。按用途可分为外圆车刀、内孔车刀、端面刀、车槽刀、螺纹车刀及成形车刀等，如图 3-25 所示。按切削部分的材料可分为高速工具钢车刀、硬质合金车刀、陶瓷车刀和金刚石车刀等。按结构可分为整体式车刀、焊接式车刀、机夹重磨式车刀和可转位式车刀。

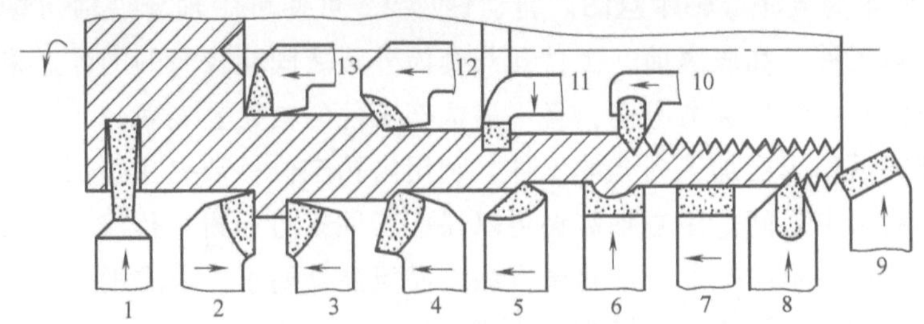

图 3-25　车刀的种类及其用途

1—切断刀　2—左偏刀　3—右偏刀　4—弯头车刀　5—直头车刀　6—成形车刀　7—宽刃精车刀　8—外螺纹车刀　9—端面车刀　10—内螺纹车刀　11—内槽车刀　12—通孔车刀　13—不通孔车刀

3.4.2　车刀的结构

1. 整体式车刀

整体式车刀主要是高速工具钢车刀，截面为正方形或矩形，使用时根据不同用途进行修磨。

2. 焊接式车刀

焊接式车刀是在普通碳钢刀杆上镶焊硬质合金刀片，经过刃磨而成，如图 3-26 所示。其优点是结构简单、紧凑，刚性好，制造方便，使用灵活，可以根据需要进行刃磨；硬质合金的利用也较充分，故得到广泛的应用。但也存在一定缺点：刀片在焊接和刃磨时会产生内应力，容易引发裂纹；刀杆不能重复使用，当刀片用完以后，刀杆也随之报废；刀具互换性差。

3. 机夹式车刀（机夹重磨式车刀）

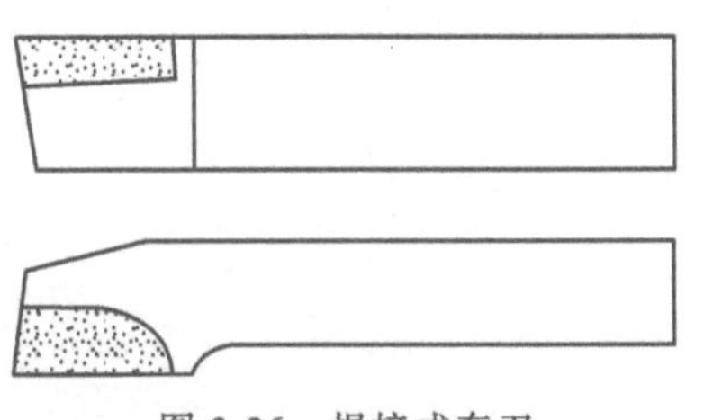

图 3-26　焊接式车刀

机夹式车刀是用机械夹固的方法将普通硬质合金刀片安装在刀杆上的车刀。刀片磨损后，可以卸下重磨切削刃，然后再安装使用。与焊接式车刀相比，刀杆可多次重复使用，而且避免了因焊接而引发刀片裂纹、崩刃和硬度降低等缺点，提高了刀具使用寿命。图 3-27 所示为上压式机夹式车刀，用螺钉和压板从刀片的上面进行夹紧，并用可调节螺钉适当调整切削刃的位置，需要时可在压板前端钎焊硬质合金作为断屑器。机夹式车刀刀片的夹固方式一般应保证刀片重磨后切削刃的位置有一定的调整余量，并应考虑断屑要求。安装刀片可保留所需的前角，重磨时仅刃磨后面即可。此外，常用的夹紧方式还有侧压式、弹性夹紧式及切削力夹紧式等。

4. 可转位式车刀（机夹不重磨车刀）

可转位式车刀是使用可转位刀片的机夹车刀，它由刀杆、刀片、刀垫和夹紧元件组成，如图 3-28 所示。与普通机夹式车刀的区别在于切削刃用钝后不需要重磨，只要松开夹紧装置，将刀片转过一个位置，重新夹紧后便可使用新的切削刃进行切削。当全部切削刃都用钝后，可更换相同规格的新刀片。可转位式刀片已标准化，种类很多，可根据需要选择。可转位式车刀是车刀发展的主要方向，它具有以下优点。

1）刀具使用寿命长：避免了焊接式车刀在焊接、刃磨刀片时所产生的热应力，提高了

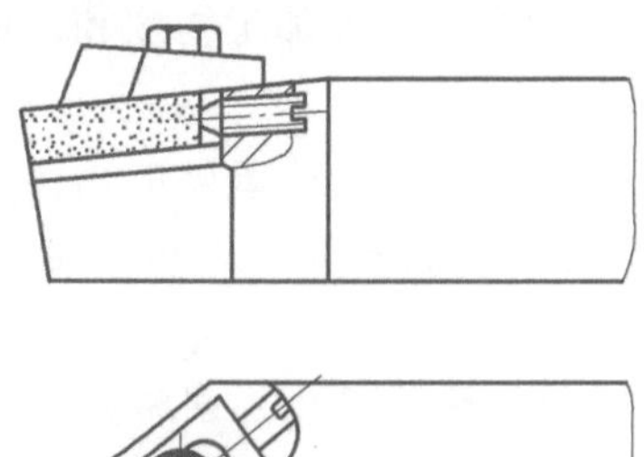

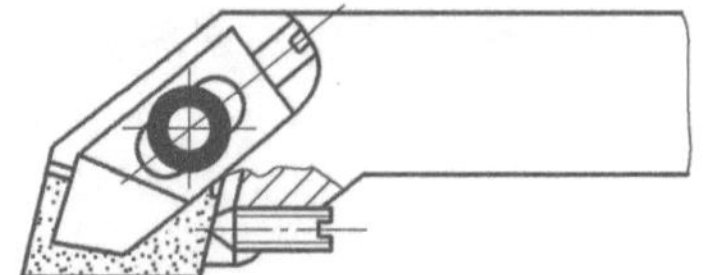

图 3-27　上压式机夹式车刀

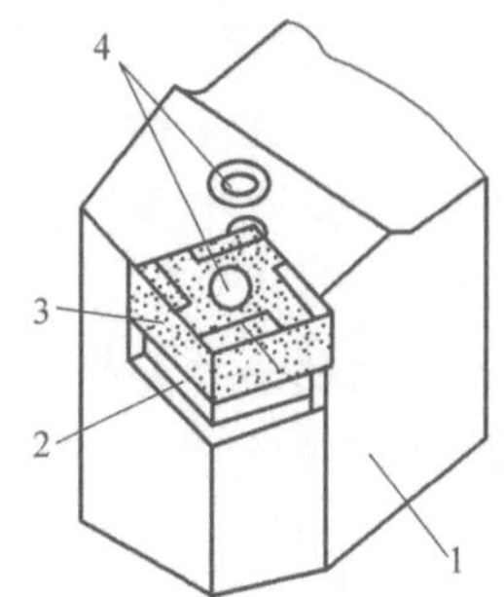

图 3-28　可转位式车刀

1—刀杆　2—刀垫　3—刀片　4—夹紧元件

刀具的耐磨及抗破损能力，刀具使用寿命一般比焊接式车刀提高 1 倍以上。

2）切削稳定可靠：可转位式刀片的几何参数及卷屑槽形状是压制成形的（或用专门设备刃磨的），只要切削用量选择适当，能保证切削性能稳定、断屑可靠。

3）生产率高：可转位式刀片转位、更换方便迅速，并能保持切削刃与工件的相对位置不变，从而减少了辅助时间（缩短 75%～85%），提高了生产率。

4）有利于涂层刀片的使用：可转位式刀片不必焊接和刃磨，有利于涂层刀片的使用。涂层刀片耐磨性、耐热性好，可提高切削速度和刀具使用寿命。

5）刀具已标准化：可实现一刀多用，减少储备量，便于刀具管理。

可转位式车刀大都是利用刀片上的孔进行定位夹紧。对定位夹紧结构的要求是定位精确、夹紧可靠，结构简单，操作方便，并且不应妨碍排屑。

5. 成形车刀

成形车刀是加工回转体成形表面的专用车刀。其刃形是根据工件廓形设计的，又称样板车刀。成形车刀加工质量稳定，生产率高，刀具可重磨次数多、使用寿命长。但它的设计制造较复杂，成本较高，所以主要用于成批和大量生产时中小尺寸零件的加工。限于制造工艺，成形车刀一般用高速工具钢制造。成形车刀按结构和形状可分为平体成形车刀、棱体成形车刀和圆体成形车刀三类，如图 3-29 所示。

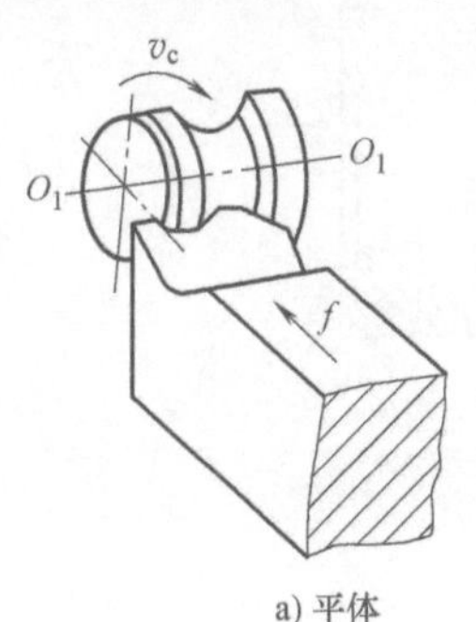

a) 平体

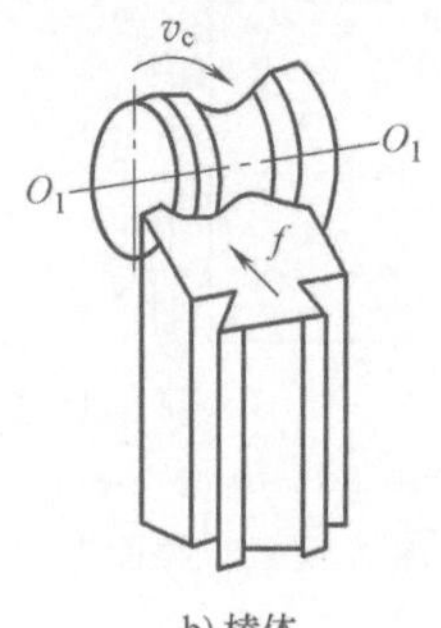

b) 棱体

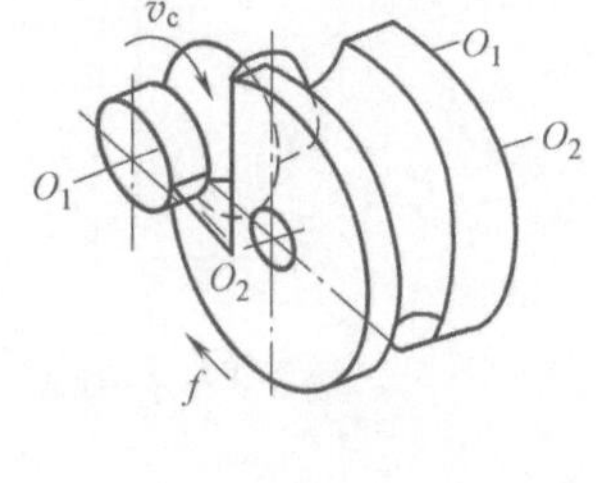

c) 圆体

图 3-29　成形车刀的类型

3.4.3　车刀的安装

车刀必须正确、牢固地安装在刀架上，如图 3-30 所示。安装车刀时应注意下列几点。

1）刀头不宜伸出太长，否则切削时容易产生振动，从而影响工件加工精度和表面粗糙度。一般刀头伸出长度不超过刀杆厚度的两倍。

2）刀尖应与车床主轴中心线等高。车刀装得太高，后刀面与工件摩擦加剧；装得太低，切削时工件会被抬起。刀尖的高低，可根据尾座顶尖高低来调整。车刀的安装如图 3-30a 所示。

3）车刀底面的垫片要平整，并尽可能用厚垫片，以减少垫片数量。调整好刀尖高低后，至少要用两个螺钉交替将车刀拧紧。

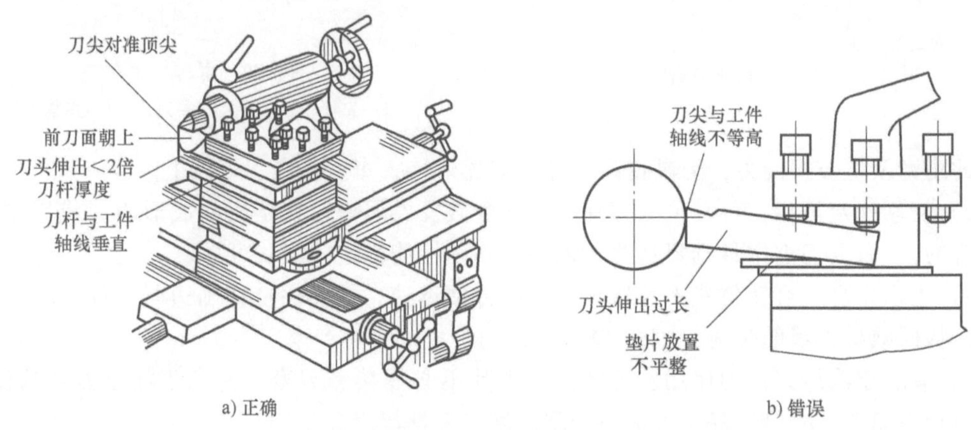

图 3-30　车刀的安装

3.5　车削工艺

3.5.1　车端面、外圆及台阶

1. 车端面

图 3-31 所示为常见的端面车刀及车端面的方法。

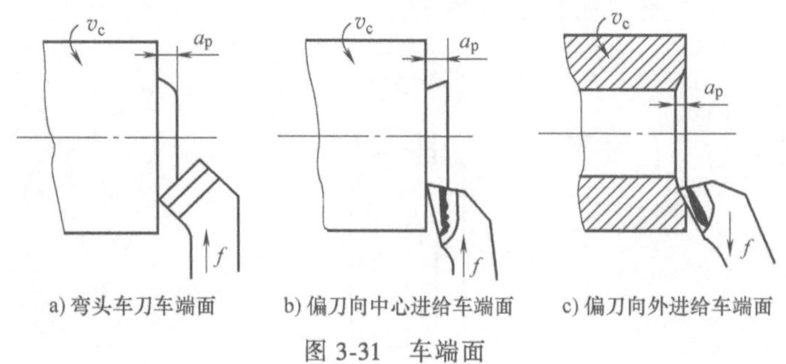

图 3-31　车端面

车端面时应注意以下事项。

1）车刀的刀尖应对准工件旋转中心，防止车出的端面中心留下凸台或崩碎刀尖，这时用弯头车刀效果好些。

2）车端面时，为了获得较小的表面粗糙度值，工件转速可以比车外圆时高些。

3）车削直径较大的端面时，若出现凹陷或凸起时，应检查车刀和方刀架是否锁紧，以及床鞍的松紧程度，或紧固床鞍，同时用小刀架调整背吃刀量。

2. 车外圆与台阶

（1）车外圆　外圆车削一般可以分为粗车和精车两个阶段。

粗车外圆就是把毛坯上的多余部分（即加工余量）尽快地车去，粗车时还应留有一定的精车余量。刀具应选用较小前角、较小后角和负值刃倾角，以增加刀头强度与散热能力。如75°大背吃刀量强力车刀，或粗车用90°右偏刀，均可保证高生产率。

精车外圆是把少量余量车去，使工件达到工艺上规定的尺寸精度和表面粗糙度。刀具要选用较大前角、较大后角和正值刃倾角，刃口应光洁、锋利，一般选用90°偏刀。

车外圆时应注意以下事项。

1）粗车和精车开始时，都应进行试切，试切方法及步骤如图3-32所示。

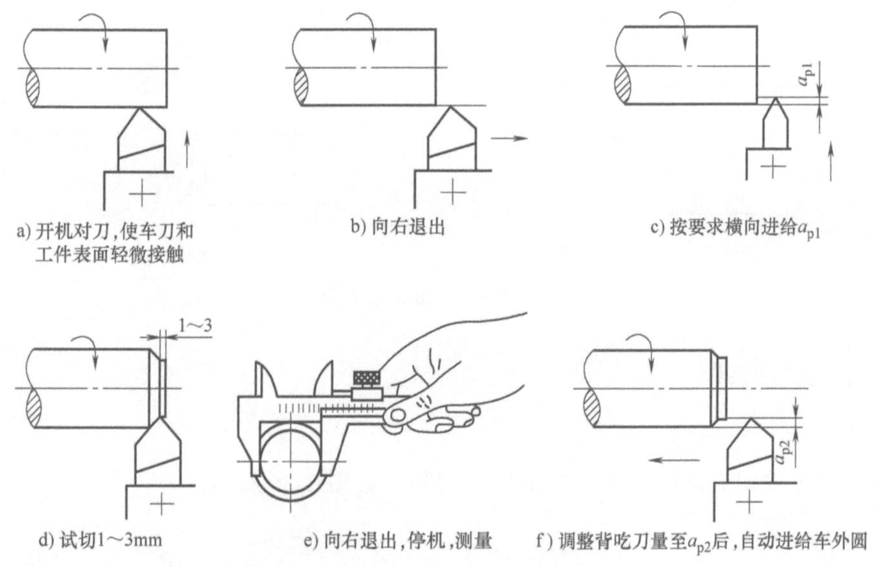

a_{p1}
1~3
a_{p2}
a) 开机对刀，使车刀和工件表面轻微接触
b) 向右退出
c) 按要求横向进给a_{p1}
d) 试切1~3mm
e) 向右退出，停机，测量
f) 调整背吃刀量至a_{p2}后，自动进给车外圆

图3-32　试切方法及步骤

2）充分利用进给手柄上的刻度盘调节背吃刀量；要熟知刻度盘每移动一小格时，车刀移动量为工件直径减小量的2倍，由于丝杠与螺母传动中有配合间隙，在摇转手柄过头时，应反向多退一圈再前移，以消除间隙的影响。

3）精车前要注意工件的温度，待工件冷却后再精车；还要注意合理选用切削液，如低速精车钢制工件时应用乳化液润滑，低速精车铸铁件时，使用煤油润滑，以获得理想的表面粗糙度值。

4）精车时要准确地测量工件的外径，应正确使用外径千分尺。

（2）车台阶　车削台阶实际上是车外圆与端面的组合加工，其关键是准确控制台阶的长度尺寸，具体控制方法如下。

1）用大滑板刻度盘控制。先将大滑板摇至车刀刀尖刚好接触工件端面，调整大滑板刻度盘的零线，然后可根据台阶长度摇动大滑板计数。

2）刻线痕法（见图 3-33）。可先用钢直尺、深度游标卡尺或量规量出台阶长度，再用刀尖在台阶的位置处刻出细线为痕界，但此长度应比台阶长度略短为宜。

3）用挡铁定位法。在固定在床身导轨某一位置上（相应主轴锥孔内也应限位），设置等于工件长度尺寸的活动挡块若干，当车削完成相应规定尺寸时，调换挡块。此法在批量生产中采用较多。

4）台阶长度的测量方法。可用钢直尺、深度游标卡尺或量规（见图 3-34 和图 3-35）测量台阶长度，还有用圆盘式多位挡铁测量等方法。

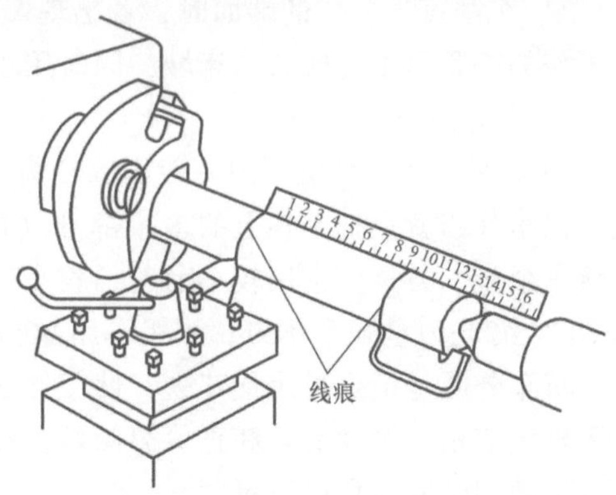

图 3-33　刻线痕确定台阶位置

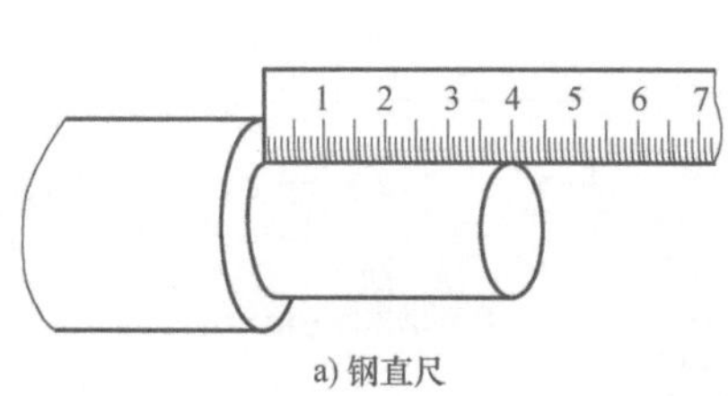

a) 钢直尺

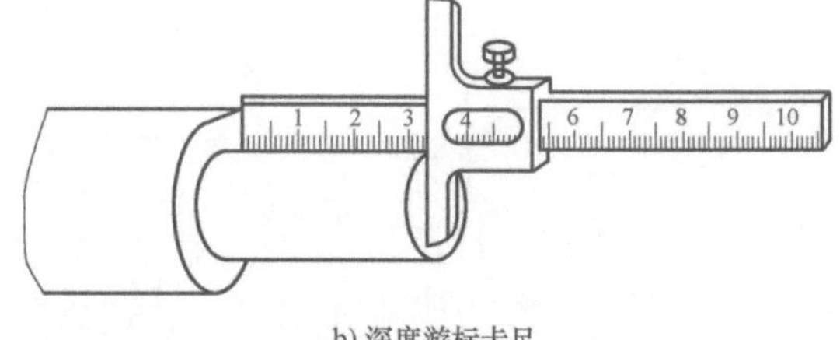

b) 深度游标卡尺

图 3-34　台阶长度测量

3.5.2　切断与切槽

1. 切断

把坯料或工件切成两段的加工方法称为切断，如图 3-36 所示。

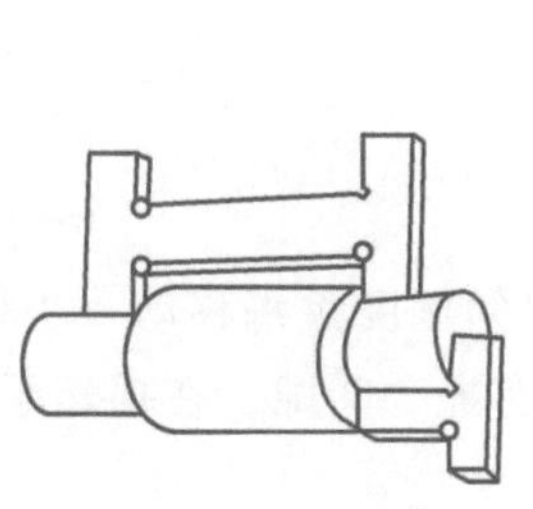

图 3-35　量规测量

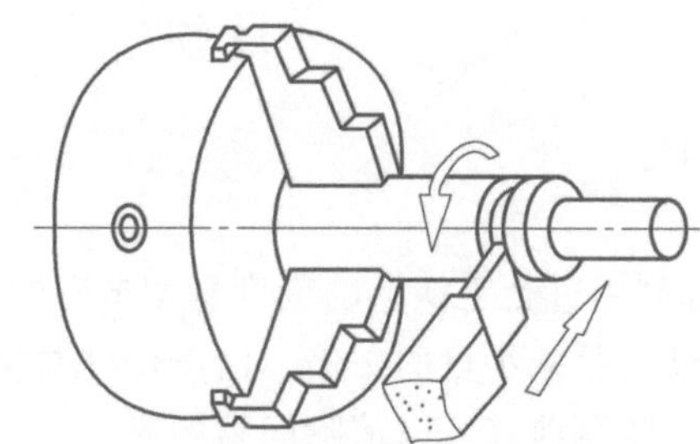

图 3-36　切断

（1）切断刀　切断刀以横向进给为主，刃窄，刀尖长，刀头要伸进工件内部，散热条件差，排屑困难，易引起振动，车削时稍不小心，就会折断刀头，因此合理选择切断刀很重要。切断刀的种类很多，按材料可分为高速工具钢切断刀和硬质合金切断刀，按结构分为焊接式切断刀、整体式切断刀、机夹式切断刀等（见图 3-37）。

（2）切断时注意事项

1）切断毛坯时，最好先用外圆车刀把工件先车圆，或开始时尽量减少进给量，以免造成“扎刀”现象。

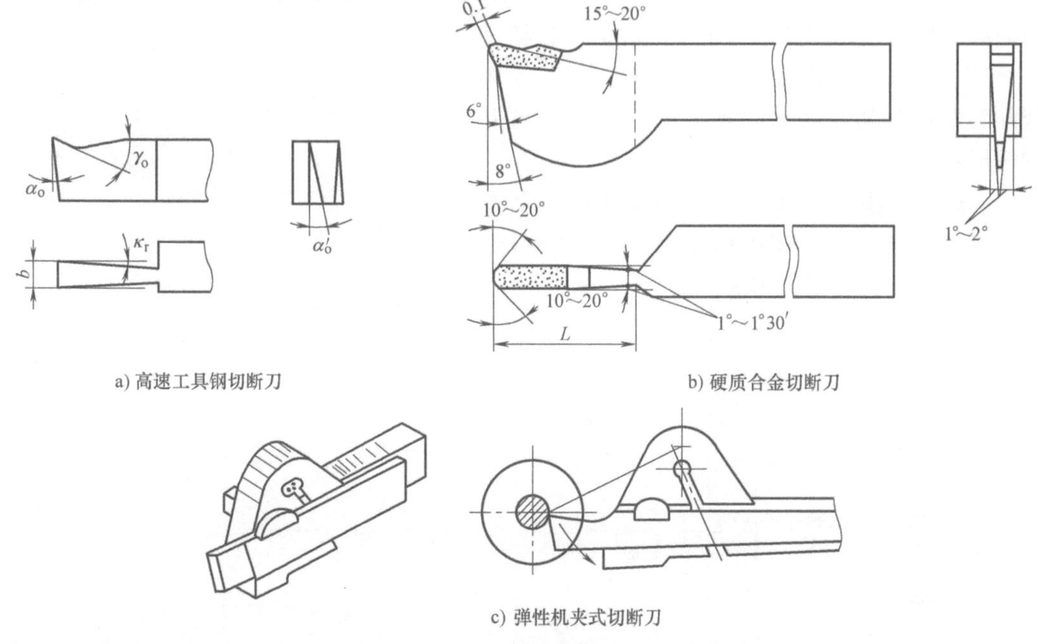

a) 高速工具钢切断刀

b) 硬质合金切断刀

c) 弹性机夹式切断刀

图 3-37 切断刀

2）用卡盘装夹工件时，切断位置尽可能靠近卡盘，以避免振动。

3）手动进给切断时，摇动手柄应连续、均匀，切钢料时要加注切削液，即将切断时，进给速度要更慢些，以免折断刀头。如不得不中途停机时，应先把车刀退出再停机。

4）工件采用一夹一顶装夹时，工件不应完全切断，应在卸下工件后再折断。对于空心工件，切断前用铁钩定位工件内孔，以便切断时接住工件。

2. 切槽

在工件表面上车削沟槽的方法称为切槽。按所处位置，沟槽可分为外槽、内槽与端面槽。一般加工外槽的切槽刀的角度和形状基本与切断刀相同，在车窄外槽时，切槽刀的主切削刃宽应与槽宽相等，刀头长度应尽可能短一些。

1）车外圆沟槽。可用切槽刀直接车出。

2）车端面直槽。在端面上切直槽时，切槽刀的一个刀尖 a 相等于车削内孔，因此刀尖 a 处的副后面必须按端面槽圆弧的大小刃磨圆弧形 R（见图 3-38），并磨有一定后角。

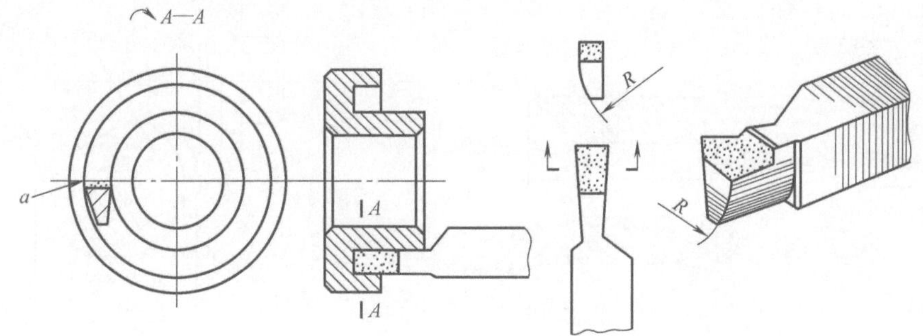

图 3-38 车端面直槽

3）车 45°外沟槽。45°外沟槽车刀与一般端面沟槽车刀相同（见图 3-39），刀尖 a 处的副后面应磨成相应的圆弧 R，车削时可把滑板转过 45°，利用小滑板进给车削成形。同样，车圆弧沟槽或外圆端面沟槽也要求切槽刀的形状与工件要求的槽形一致。

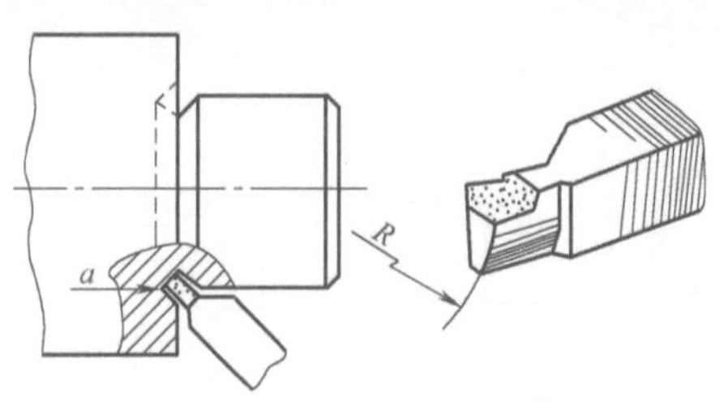

图 3-39　车 45°外沟槽

4）车 T 形槽。车削 T 形槽必须使用三种车刀，分三步才能完成，如图 3-40 所示，即先切深、再切宽。注意弯头刀要磨出 R 弧。

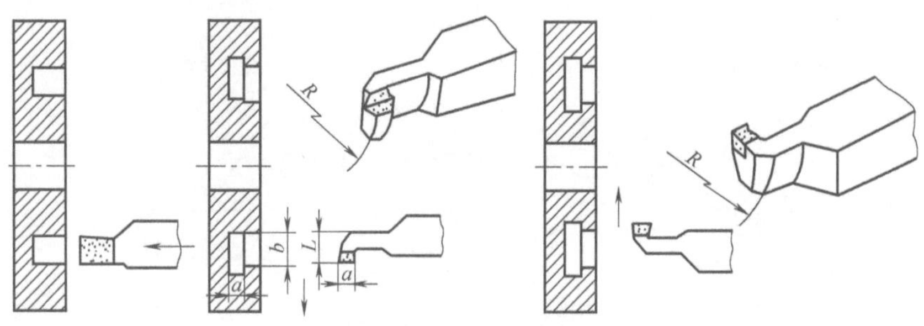

图 3-40　车 T 形槽

3.5.3　车圆锥

锥面有外锥面和内锥面之分，锥面配合紧密，拆卸方便，多次拆卸后能保持精确的对中性，因此应用广泛。常用车削锥面的方法如下。

1. 宽刀法

如图 3-41 所示，用与工件轴线成锥面斜角 α 的平直切削刃（长度略大于待加工锥面长度）直接车成锥面。其优点是方便、迅速，能加工任意角度和锥面；缺点是圆锥面不能太长，且要求机床与工件具有较好的刚性。宽刀法适用于批量生产中、短内外锥面的加工。

2. 转动小滑板法

如图 3-42 所示，根据零件锥角 α 将小滑板转 $\alpha/2$（中溜板上有刻度），车削时，转动小滑板手柄，车刀就沿圆锥的母线移动，车出锥面。此法方便，不受锥角大小限制，且能保证

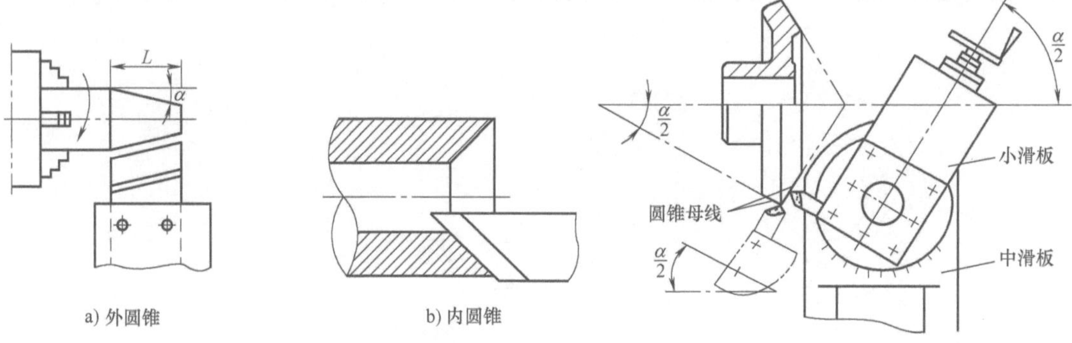

图 3-41　宽刀法车削圆锥

图 3-42　转动小滑板法车圆锥

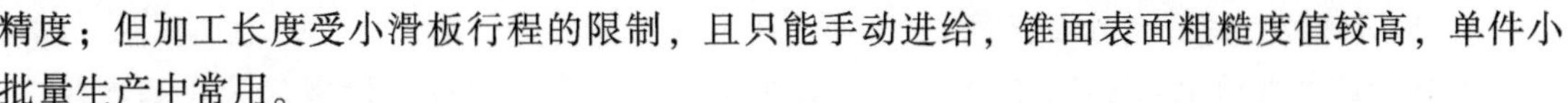

精度；但加工长度受小滑板行程的限制，且只能手动进给，锥面表面粗糙度值较高，单件小批量生产中常用。

3. 偏移尾座法

小锥度长锥体常用此法车削。如图 3-43 所示，将尾座偏移一个距离 S，使安装在两顶尖间的工件锥面的母线平行于纵向进给方向，车刀做纵向进给即可车出圆锥面。

尾座偏移量　　$S=L\times(D-d)/2l=L\tan(\alpha/2)$

式中　L——工件长度；

α——圆锥的锥角；

D——圆锥的大端直径；

d——圆锥的小端直径；

l——圆锥长度。

4. 机械靠模法

这种方法适用于圆锥角度小、精度要求高、尺寸相同和数量较多的圆锥体的车削（见图 3-44）。此法调整方便、准确，可以采用自动进给车削圆锥体和圆锥孔，加工质量较高；但要使用专用靠模工具，靠模装置的角度调节范围较小，一般在 12°以下。

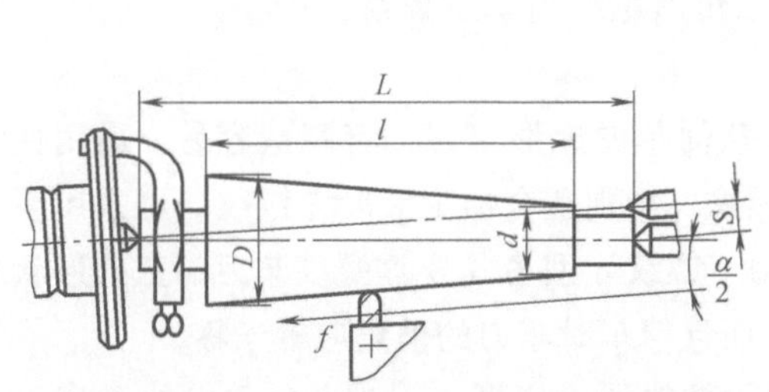

图 3-43　偏移尾座法车圆锥

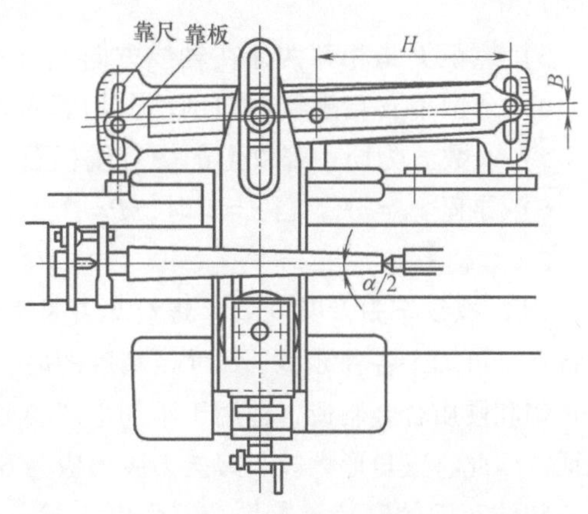

图 3-44　机械靠模法车圆锥

3.5.4　车螺纹

螺纹是零件上的常见表面之一，按用途不同，可分为连接螺纹和传动螺纹两类。前者主要用于零件的固定连接，常用的有普通螺纹和管螺纹，螺纹牙型多为三角形。传动螺纹用于传递动力、运动或位移，其牙型多为梯形或锯齿形。

车削螺纹的基本技术要求是保证螺纹的牙型和螺距的精度，并使相配合的螺纹具有相同的中径。

在车床上加工螺纹主要是指用车刀车削各种螺纹。对于直径较小的螺纹，也可在车床上先车出大径或中径，再用板牙或丝锥套或攻螺纹。

1. 普通螺纹各部分名称及尺寸

普通螺纹各部分名称如图 3-45 所示，其中大径、螺距、中径、牙型角为最基本要素，也是车螺纹必须掌握的内容。

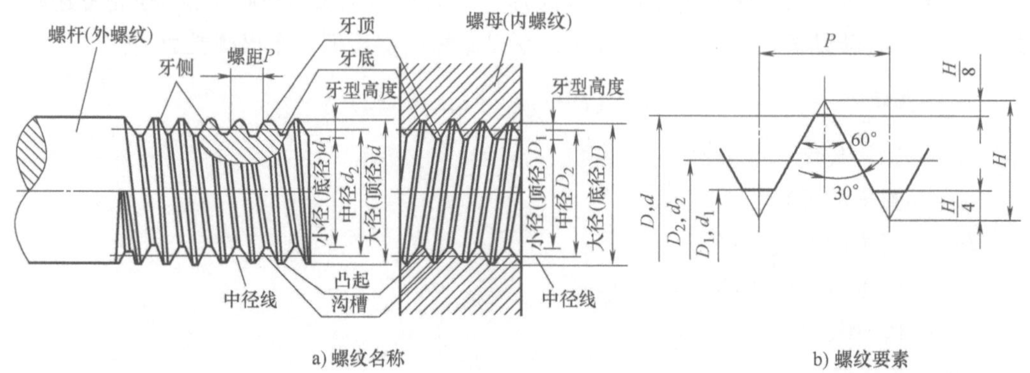

a) 螺纹名称　　b) 螺纹要素

图 3-45 普通螺纹名称符号和要素

1）大径 D、d（公称直径）为螺纹主要尺寸，D 为内螺纹大径，d 为外螺纹大径。

2）中径 D_2、d_2 为螺纹的假想圆柱面直径，此处螺纹牙宽与槽宽相等，是检验的主要控制尺寸。

3）螺距 P 指相邻两牙在轴线方向上对应两点间的距离。

4）牙型角 α 指螺纹轴向剖面上相邻两牙侧之间的夹角，米制为 60°，寸制为 55°。

5）线数 n 为同一螺纹上的螺旋线根数。

6）导程 $P_h=nP$。当 $n=1$ 时，$P=P_h$，一般三角形螺纹为单线螺纹，$P=P_h$。

2. 螺纹车削

（1）螺纹车刀及其安装　螺纹车刀是截面形状简单的成形车刀，有制造容易、通用性强的特点，可加工各种牙型、尺寸及精度的内、外螺纹，特别适合加工大尺寸螺纹。可采用高速工具钢和硬质合金制造，适用于不同生产类型。由于螺纹牙型角 α 要靠螺纹车刀的正确形状来保证，因此，三角形螺纹车刀的刀尖角应为 60°，而且精车时车刀的前角应等于零。

螺纹车刀的安装要求是：刀尖中心与车床主轴轴线严格等高，刀尖角的等分线垂直于主轴轴线，使螺纹两牙型半角相等。可用图 3-46 所示的样板对刀。

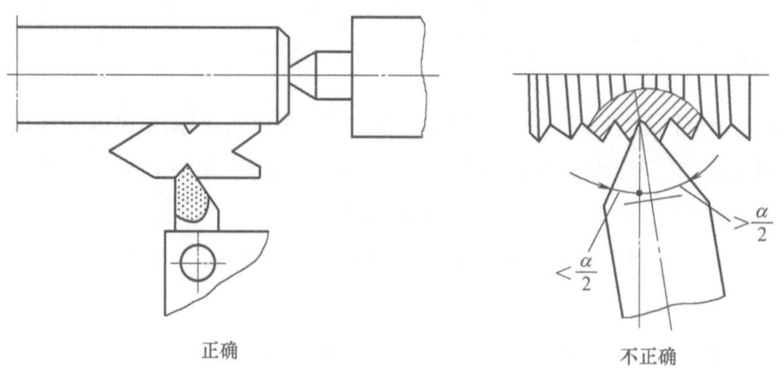

图 3-46 螺纹车刀的安装

(2) 车螺纹时车床的调整　在车床上车螺纹时，为获得正确的螺距，必须用丝杠带动刀架进给，使工件每转一周，刀具移动的距离等于螺距或导程，主轴至刀架的传动简图如图 3-47 所示。通常在具体操作时可按车床进给箱标牌上的示值和交换齿轮齿数及加工螺纹的螺距值，调整相应的进给箱手柄，便可满足车螺纹需要。

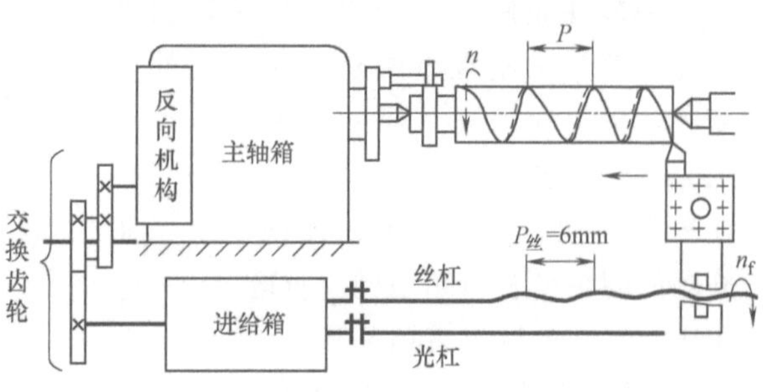

反向机构
主轴箱
交换齿轮
进给箱
丝杠
光杠
P
n
$P_{丝}$=6mm
n_f

图 3-47　车螺纹传动简图

(3) 螺纹车削的注意事项　螺纹的牙型是经过多次进给形成的，如图 3-48 所示。一般每次进给都采用一侧切削刃进行切削，这种方法适用于较大螺纹的粗加工，称为斜进刀法。有时为了保证螺纹两侧同样光滑，可采用左右切削法，采用此法加工时可利用小刀架先做左或右的少量进给。

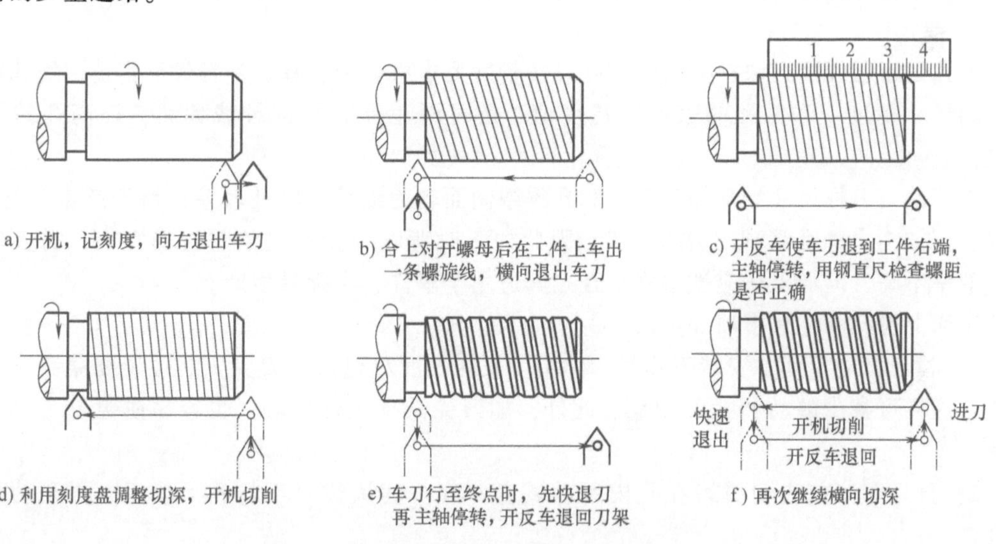

1 2 3 4
快速退出
开机切削
开反车退回
进刀
a) 开机，记刻度，向右退出车刀
b) 合上对开螺母后在工件上车出一条螺旋线，横向退出车刀
c) 开反车使车刀退到工件右端，主轴停转，用钢直尺检查螺距是否正确
d) 利用刻度盘调整切深，开机切削
e) 车刀行至终点时，先快退刀再主轴停转，开反车退回刀架
f) 再次继续横向切深

图 3-48　螺纹车削的操作过程

为了避免车刀与螺纹槽对不上而产生“乱扣”，在车削过程中和退刀时，始终应保持主轴至刀架的传动系统不变，即不得脱开传动系统中的任何齿轮或对开螺母（车削中不能提起开合螺母），应采用开反车退刀的方法。如果车床丝杠的螺距是工件导程的整倍数，可在车削时，按下开合螺母手柄车螺纹，提起开合螺母停止进给。在粗车螺纹时，此法效率高。精车螺纹时，还应采用开反车退刀，以控制加工尺寸和表面粗糙度。车螺纹时要不断地用切削液冷却、润滑工件。

3.5.5　孔加工

在车床上可利用麻花钻、扩孔钻、铰刀和镗刀等刀具进行孔加工。

1. 钻孔

在车床上钻孔时，工件的旋转为主运动，钻头的移动为进给运动，如图 3-49 所示。钻孔时，钻头装在尾座的套筒里，用手转动手轮使套筒带着钻头实现进给运动。钻孔的尺寸精度靠钻头直径保证，尺寸公差等级一般低于 IT10。

在车床上钻孔，一般不需划线，易保证孔与外圆的同轴度及与端面的垂直度。

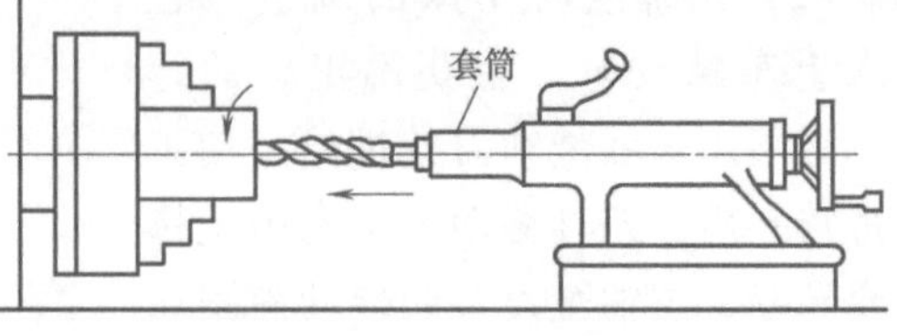

图 3-49　在车床上钻孔

车床上钻孔的注意事项如下。

1）为便于钻头定心，防止钻偏，要先将工件端面车平，并预钻定心小坑。

2）装夹钻头时，钻头的工作部分略长于孔深。钻不通孔时，可利用尾座套筒上的刻度或在钻头上用粉笔做标记，以控制孔深，也可用量具测量。

3）钻孔时因孔内散热、排屑困难，麻花钻刚度差，送进要缓慢；在钢件上钻孔时要用切削液冷却钻头。要及时退钻排屑，快钻透时，速度要控制，钻透后要退出钻头再停机。

4）孔径小于 ϕ30mm 时，直接在实体工件上钻出；孔径大于 ϕ30mm 时，应先钻后扩。

用麻花钻钻孔为孔的粗加工，是扩孔、铰孔或镗孔的预加工工序。

2. 镗孔

镗孔是指用镗削方法扩大工件的孔。按精度要求可分为粗镗、半精镗和精镗。镗孔可提高孔的尺寸精度、降低孔的表面粗糙度值，还可纠正原有孔的轴线偏斜，提高孔的位置精度。

由于镗刀刀杆尺寸受待加工孔径和孔深限制而较为细长，刚性较差，易于产生“让刀”现象，使加工出的孔形成“喇叭口”，因此加工时背吃刀量和进给量选择宜小，需多次进给，效率不高，但加工适应性很强，且尤其适用于单件、小批量生产。

车床上镗孔的注意事项如下。

1）镗刀杆应粗壮。安装刀具时，伸出刀架的长度尽量短，刀尖安装位置要略高于主轴中心，这样可减少颤动和扎刀现象。此外，如刀尖低于工件中心，也容易使镗刀下部碰坏孔壁。

2）开动车床前先使镗刀在孔内手动试走一遍，确认镗刀不与孔干涉后，再开动车床镗孔。

3）对镗孔深度的控制要求不高时，可以在刀杆上用粉笔标记。对于精度要求较高的孔，应用千分尺或内径百分表测量。大批量生产时，可用塞规测量。

3.5.6　其他车削工艺

在车床上还可车削多种零件表面，如成形面、球面、偏心件、绕弹簧、滚花等。

1. 车成形面

有些机器零件如手轮、手柄、圆球、凸轮等的表面，其轴向剖面为曲线，称为成形面（也称特形面）。对这类零件的加工，应结合零件特点、要求及批量大小，分别采用不同方法进行加工。

（1）用双手赶刀法　对于数量少或单个零件，可采用双手赶刀法加工成形面。如图 3-50 所示就是用右手握小滑板手柄，左手控制中滑板手轮，通过双手合成运动。双手赶刀法车削成形面时，关键是双手配合恰当，不需要其他特殊工具，只要求操作技术熟练，但效率低。

成形面车削完成后，要用锉刀或砂布修整、抛光。

(2) 用成形车刀法　成形车刀法是指将车刀刃磨成工件特形面的形状，从径向或轴向进给将特形面加工成形的方法。具体有普通成形刀法(见图3-51)、棱形成形刀法、圆形成形刀法、分段切削成形刀法等。

成形车刀法的特点是操作简便、生产率高，但刀具制造与刃磨困难，只适宜成批生产轴向尺寸较小的工件。在大批量生产的自动车上常用。

(3) 靠模法　在车床上利用靠模板车削成形面，实际上和靠模车圆锥的方法基本上相同。将锥度靠模板换成一个带有成形面的靠模板即可。此法生产率高，可自动进给，能获得较高的精度和较小的表面粗糙度值，工件互换性好。但制造靠模增加了成本，故此法主要用于成批生产中，尤其适合加工轴向尺寸较大、曲率不大的成形面。

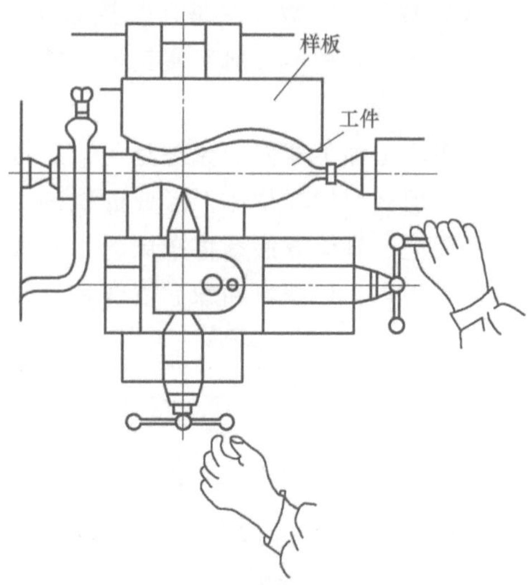

图3-50　双手赶刀法车成形面

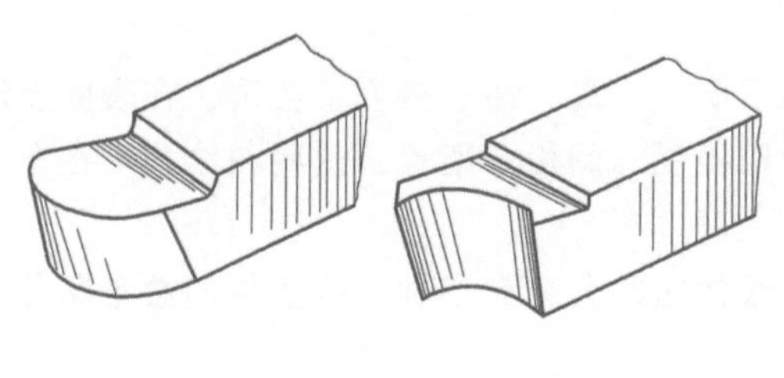
a) 普通成形车刀

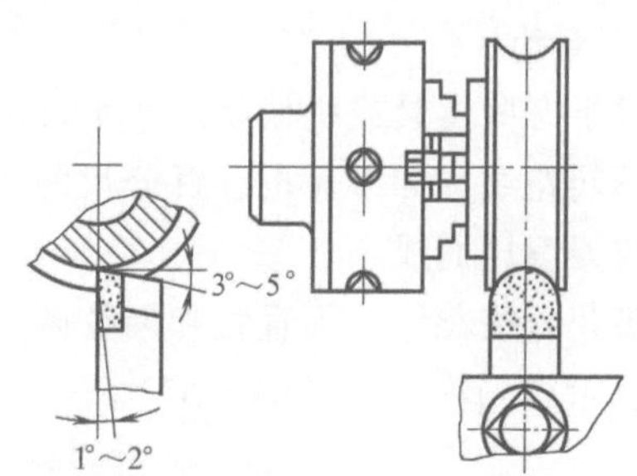

b)成形车刀使用方法

图3-51　普通成形车刀和使用方法

图3-52所示为将靠模安装在床身后面。车床的中滑板需与丝杠脱开。图3-53所示为利用尾座装靠模车削成形面。也可用横向靠模方法车削成形面等。

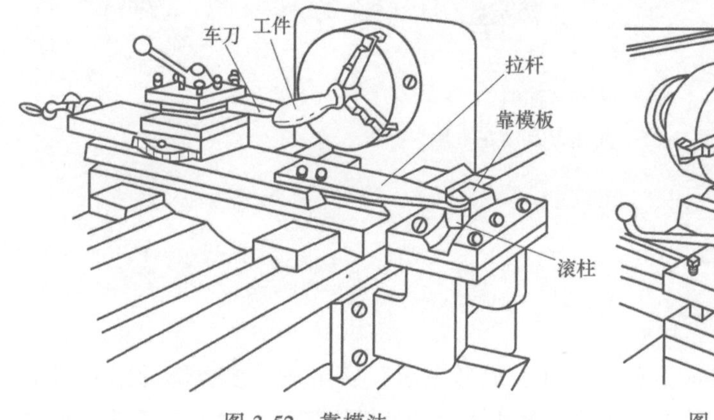

图3-52　靠模法

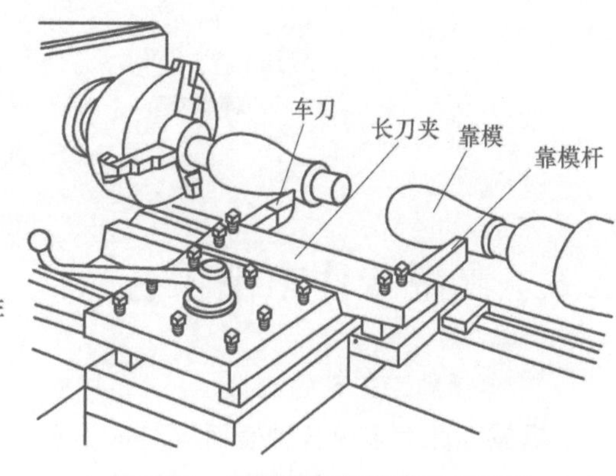

图3-53　用尾座装靠模车削成形面

(4) 数控法 数控法是在数控车床上编制程序，使车刀按特形面母线轨迹移动车削成形面的方法。此法不仅加工质量好，效率高，且对工件形状限制少。

2. 车球面

在车床上加工球面的原理是一个旋转的刀具沿着一个旋转的物体运动，两轴线相交，但不重合，那么刀尖在物体上形成的轨迹则为一球面。车削时，工件中心线与刀具中心线要在同一平面上。具体方法是将车床的小滑板拆卸下来，在滑板上安装能进行回转运动的专用工具，以车削内、外圆弧和球面（见图 3-54）。可采用手动或自动车削。

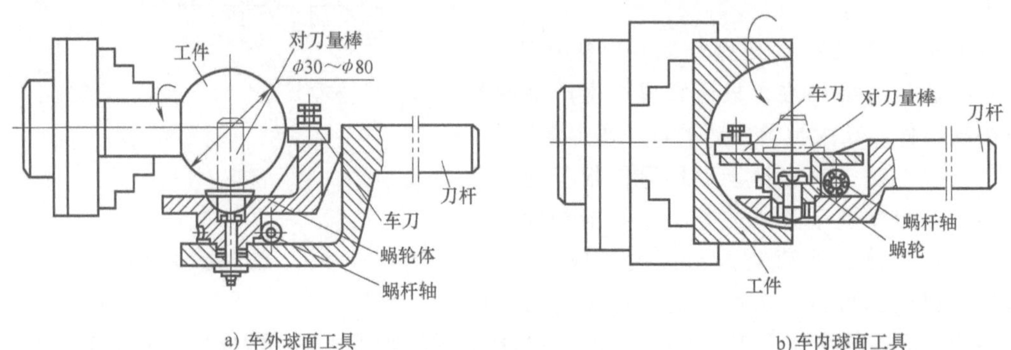

图 3-54 车球面

3. 滚花

对于有些工具或机械零件的手握部位，为了防止打滑、便于持握、美观，在表面上滚出各种不同花纹，如手表把、百分尺的套筒、丝锥扳手、圆板牙架等，这些花纹均可在车床上用滚花刀滚压而成。

滚花刀按花纹分为直纹和网纹两类；按花纹的粗细分又有多种；按滚轮的数量又分为单轮、双轮和三轮等（见图 3-55）。

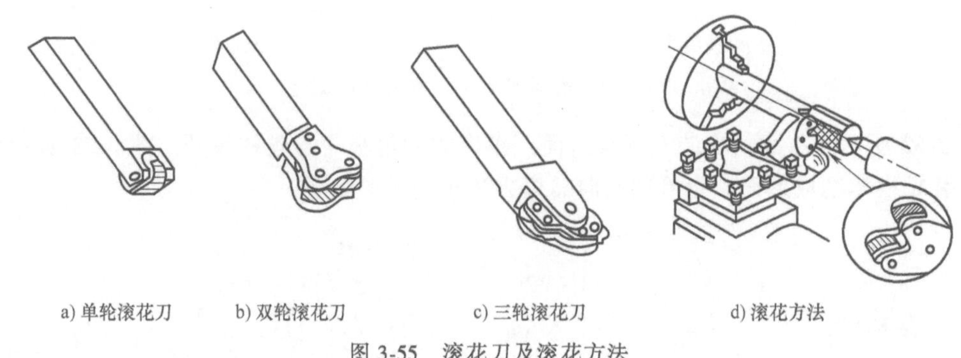

图 3-55 滚花刀及滚花方法

3.6 典型零件车削工艺

1. 零件加工工艺的制订

机械零件大多由各种表面（外圆、孔、平面、成形表面）所组成，多数都可以采用车削方法加工。依据在保证加工质量的前提下使生产成本较低的基本原则，决定各零件的车削工艺方案。

不同的零件具有不同的车削工艺，制订工艺的一般步骤如下。

（1）技术要求分析　首先要熟悉、了解零件的作用，产品的用途、性能、工作条件以及其他要求；然后再仔细分析零件的工作图，熟悉、了解零件的结构、尺寸、公差等级、表面粗糙度、材料和热处理要求等全面、系统的情况；从而找出其中关键的技术问题，为拟订零件车削工艺打下基础。

（2）由零件材料及毛坯成形方式确定车削工艺　在生产纲领等因素影响下，毛坯有不同的成形方法，由此，对毛坯进行车削的工艺也有所不同，如由自由锻坯经滚齿、插齿加工的齿轮与由精锻齿轮坯加工的齿轮，其车削工艺必有差异，要使车削工艺与零件材料的切削性能相适应。

（3）工艺分析　工艺分析的主要内容是确定主要加工表面的加工方法，确定主要精基准面，而精基准面对保证主要加工表面的精度和零件的加工顺序有决定性影响。

（4）确定加工顺序　整个加工过程可划分为粗加工阶段、半精加工阶段、精加工阶段及光整加工阶段，同时要考虑辅助工序和热处理工序的合理安排。根据零件的技术要求，这些划分可简可繁。

（5）确定工艺方法及加工余量　包括确定每一工序所选用的机床、工件装夹方法、加工方法、度量方法及加工尺寸。对于一般的轴、套类工件加工，单件小批生产时应尽量选用通用车床、通用工夹量具，以缩短准备时间和减少加工费用；大批量生产时可选用高效专用机床和专用工夹量具。

2. 典型零件车削工艺示例

锤头柄是回转体，其加工几乎涵盖了车削的所有工艺，是车削工艺的典型零件，其零件图如图3-56所示，具体车削工艺过程见表3-1。

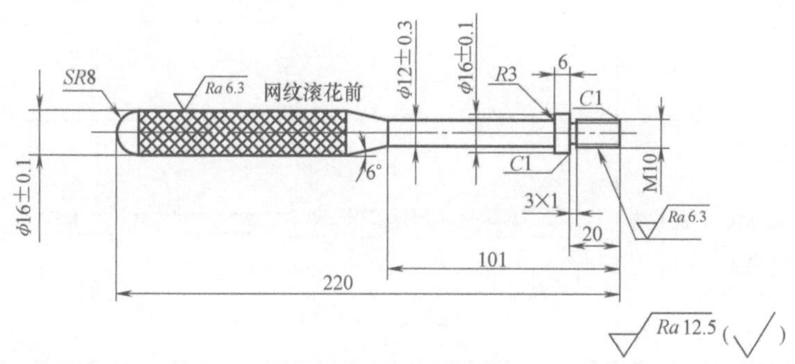

图3-56　锤头柄零件图

表3-1　车削工艺过程

加工顺序	加工内容	加工图例	使用工具
1	车端面见平，钻中心孔	Ra 12.5 Ra 12.5	端面车刀 中心钻

（续）

加工顺序	加工内容	加工图例	使用工具
2	车外圆，保证总长 220mm；车 ϕ(16±0.1) mm 至尺寸，车 5mm×1mm 退刀槽	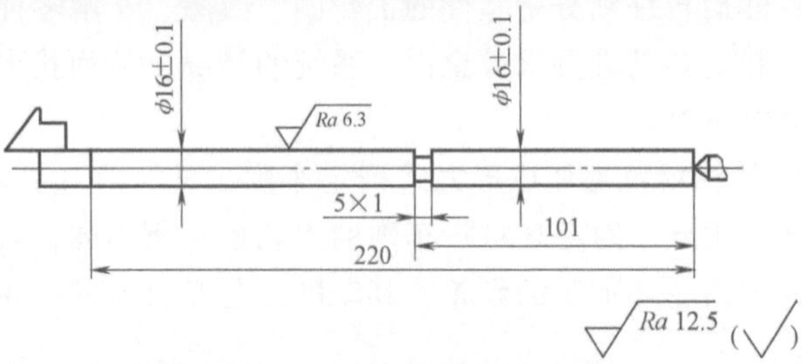	外圆车刀 切槽刀 游标卡尺
3	滚花 m=0.5mm	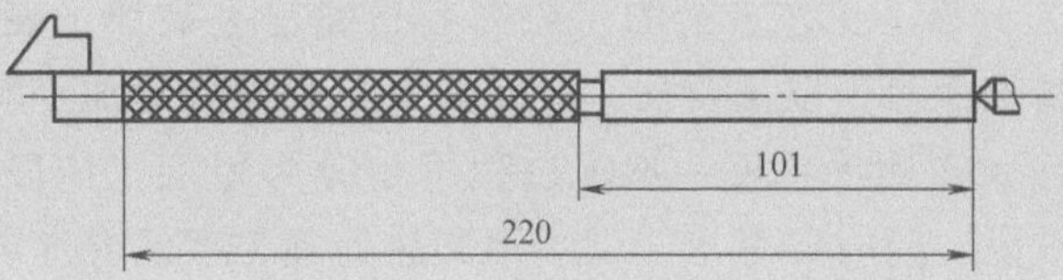	滚花刀
4	车 ϕ(12±0.3) mm 至尺寸，并倒 R3mm 圆角	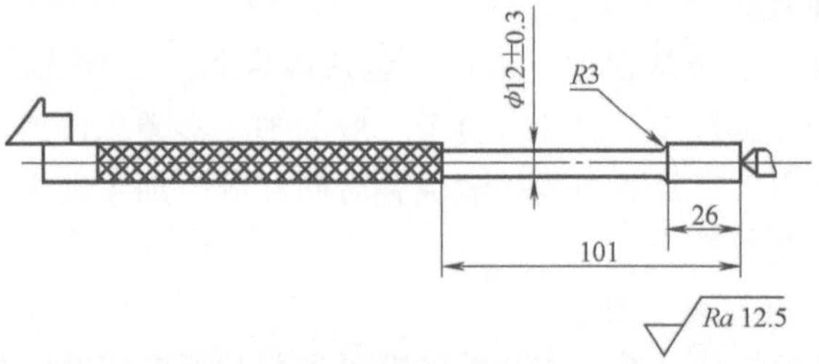	外圆车刀 圆弧车刀 游标卡尺
5	车锥度至尺寸	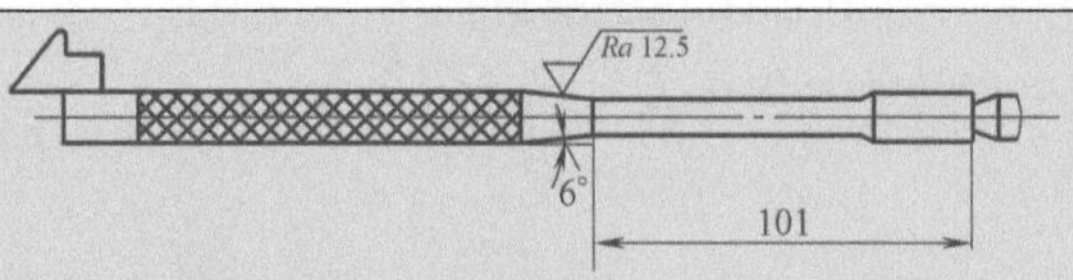	外圆车刀
6	车螺纹外圆 $\phi 10^{\ 0}_{-0.2}$mm 至尺寸，倒角 C1 两处	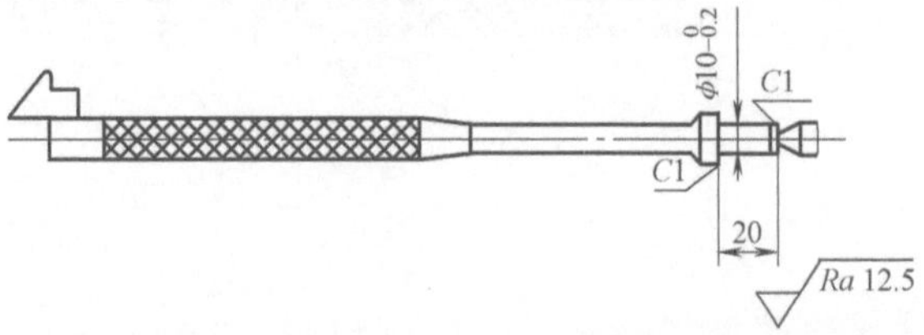	外圆车刀 游标卡尺
7	车 3mm×1mm 退刀槽，车螺纹 M10	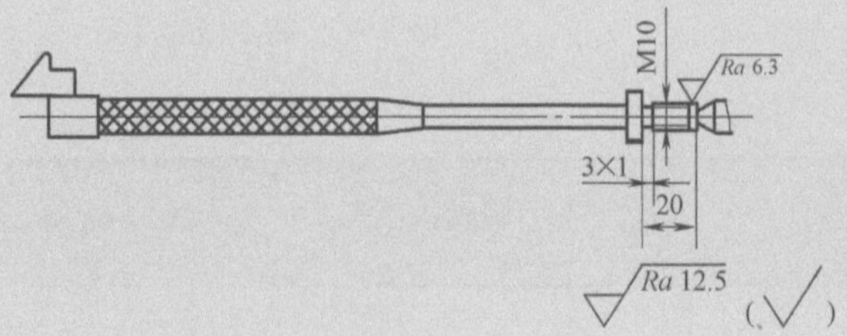	切槽刀 螺纹车刀 游标卡尺
8	打磨 ϕ(16±0.1) mm、ϕ(12±0.3) mm 及锥面，按总长 220mm 切断	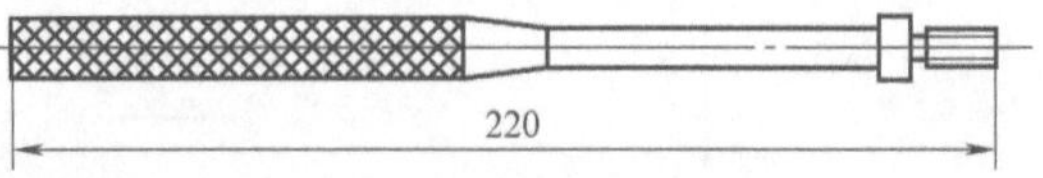	砂布 切断刀

（续）

加工顺序	加工内容	加工图例	使用工具
9	调头、车 *SR*8mm 球面，并磨光	Ra 12.5 *SR*8	外圆车刀 样板 砂布

复习思考题

3-1 卧式车床由哪几部分组成？各有何功能？

3-2 车削可以加工哪些表面？精度及表面粗糙度能达到多少？

3-3 粗车、精车的目的是什么？精车为什么要试切？请叙述其操作步骤。

3-4 在车床上钻孔与在钻床上钻孔有何异同？还会产生“引偏”吗？

3-5 车床的主轴转速是否是切削速度？车端面时，主轴转速不变，其切削速度是否变化？

3-6 图 3-57 所示为某立式钻床的主轴传动系统图。

（1）列出传动路线表达式。

（2）列出传动链运动平衡式。

（3）计算最大和最小主轴转速。

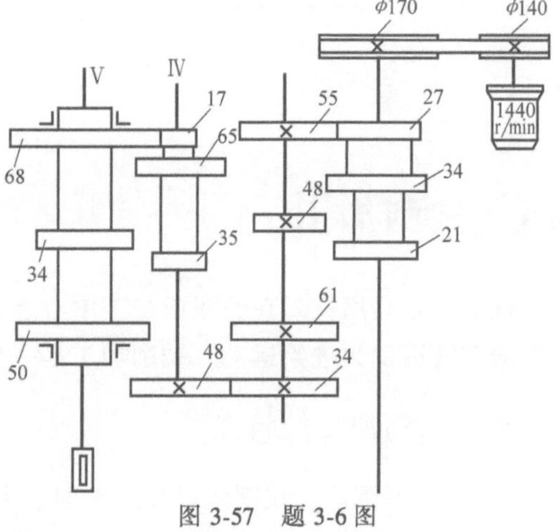

图 3-57 题 3-6 图

3-7 为了保证机床的加工精度，对机床的主轴有何要求？

3-8 影响机床精度的主要因素是什么？如何检测机床的回转精度？

3-9 切槽刀和切断刀形状很相近，可否相互代替使用？

3-10 归纳车锥面与车成形面的工艺方法及其特点。

3-11 螺纹车刀的形状和外圆车刀有何区别？应如何安装？为什么？

3-12 在车床上装夹工件主要有哪几种方法？各有何特点？适用于什么场合？

3-13 为什么说车削应用很广泛？

第4章 铣削及其他加工

教学要求：通过教学，学生应掌握铣床的结构和功能；掌握铣刀的种类、结构和用途，以及铣削加工方法；熟悉常用铣床附件的功用；掌握刨床、镗床、磨床的结构、用途和加工方法；了解齿轮加工机床的结构、加工原理及加工方法。

4.1 铣削加工

铣削加工是用铣刀在铣床或加工中心上加工的方法。铣削时铣刀的旋转运动为主运动，工件的直线运动为进给运动。铣削加工是一种应用非常广泛的加工方法。

4.1.1 铣削加工的特点

1）工艺范围广。铣削可以加工平面、台阶面、沟槽、螺旋表面、成形面等，还可以切断，如图 4-1 所示。

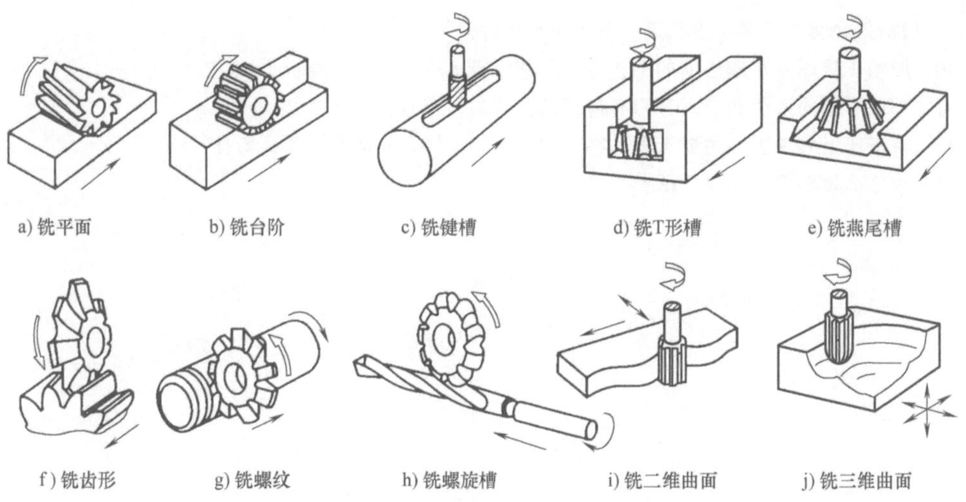

图 4-1 铣削加工的应用

2）生产率高。铣刀是多刃刀具，铣削时同时参加切削的刀齿数多，并可采用较高的切削速度，所以铣削的生产率较高。

3）切削过程不平稳。铣削是断续切削过程，铣削力在不断变化，使切削过程不平稳。刀齿切入、切出时受到很大的机械冲击，易引起振动。同时，刀齿还经受时冷时热的应力冲击，容易出现裂纹和崩刃。

4）加工质量中等。粗铣的尺寸公差等级可达 IT13～IT11，表面粗糙度为 Ra12.5μm；精铣的尺寸公差等级可达 IT8～IT7，表面粗糙度为 Ra6.3～1.6μm。

4.1.2　铣床

铣床的类型很多，主要有卧式铣床、立式铣床、龙门铣床、数控铣床及加工中心等。

1. 卧式升降台铣床

卧式万能铣床是目前应用较广泛的一种升降台铣床，如图 4-2 所示。床身 2 固定在底座上，内部装有主电动机、主轴变速机构 1 及主轴 3 等。床身顶部的导轨上装有横梁 4，可沿水平方向调整其前后位置。安装铣刀的铣刀杆，一端插入主轴，另一端由横梁 4 上的刀杆支架 5 支承，主轴带动铣刀旋转实现主运动。升降台 9 安装在床身前侧的垂直导轨上，可上下垂直移动。升降台内装有进给变速机构 10，用于工作台的进给运动和快速移动。在升降台的横向导轨上装有回转盘 7，它可绕垂直轴在±45°范围内调整角度。工作台 6 安装在回转盘 7 上的导轨上，可沿导轨做纵向移动。床鞍 8 可带动工作台沿升降台横向导轨做横向移动。因此，固定工件的工作台可以在三个方向上调整位置，并可以带动工件实现其中任一方向的进给运动。

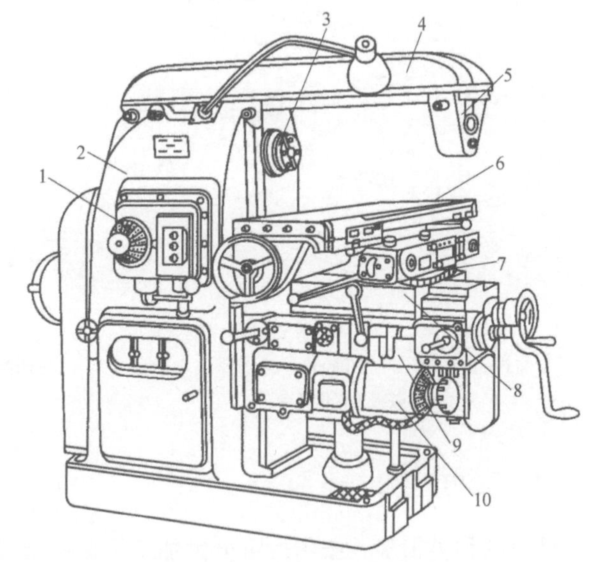

图 4-2　卧式升降台铣床

1—主轴变速机构　2—床身　3—主轴　4—横梁　5—刀杆支架　6—工作台　7—回转盘　8—床鞍　9—升降台　10—进给变速机构

2. 立式升降台式铣床

图 4-3 所示为立式升降台铣床的外形图。立式升降台铣床与卧式升降台铣床的主要区别是安装铣刀的主轴 2 垂直于工作台面，其工作台 3、床鞍 4 及升降台 5 与卧式升降台铣床相同。在立式铣床上可用各种面铣刀或立铣刀加工平面、斜面、沟槽、凸轮及成形面等。立铣头 1 可根据加工要求在垂直平面内调整角度，主轴 2 可沿轴线方向进行调整。

3. 龙门铣床

龙门铣床的主体采用龙门式框架，如图 4-4 所示，在它的横梁 3 和立柱 5、7 上安装有铣头。横梁可沿立柱升降，以适应不同高度工件的加工。两个垂直铣头 4、8 可在横梁上沿水平方向调整位置。两个水平铣头 2、9 可沿垂直方向调整位置。每个铣头都是一个独立的

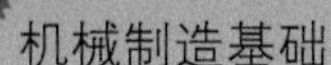

部件，铣刀旋转为主运动，工作台带动工件做纵向进给运动，铣头可沿各自轴线做轴向移动，实现进给运动。

龙门铣床主要用于大型工件的平面、沟槽的加工。龙门铣床的刚性好，加工精度较高，可用多把铣刀同时铣削，所以生产率较高，适于成批和大量生产。

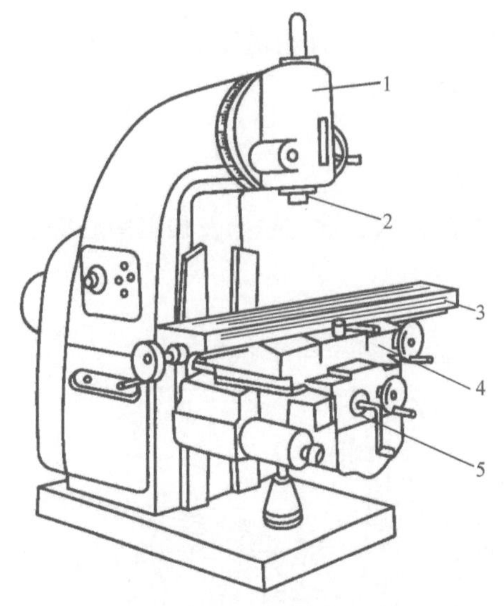

图 4-3 立式升降台铣床

1—立铣头 2—主轴 3—工作台 4—床鞍 5—升降台

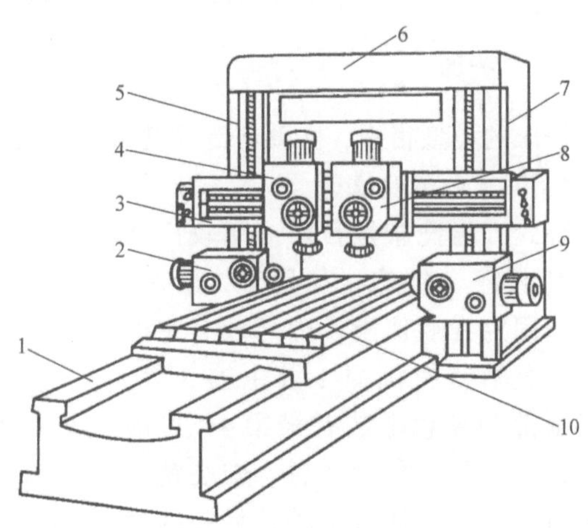

图 4-4 龙门铣床

1—床身 2、9—水平铣头 3—横梁 4、8—垂直铣头 5、7—立柱 6—顶梁 10—工作台

4.1.3 铣刀

铣刀的种类很多，按用途可分为加工平面用铣刀、加工沟槽用铣刀、加工成形面用铣刀三种类型。

1. 加工平面用铣刀

(1) 圆柱铣刀 圆柱铣刀如图 4-5a 所示，切削刃分布在圆柱表面上，没有副切削刃。按结构形式又分为高速钢整体式和硬质合金镶齿式。这种铣刀安装后刚性较差，容易产生振动，生产率低，主要用于卧式铣床上加工宽度小于铣刀长度的狭长平面。

根据加工要求不同，圆柱铣刀有粗齿、细齿之分。粗齿的容屑槽大，用于粗加工，细齿用于精加工。

(2) 面铣刀 面铣刀如图 4-5b 所示，主切削刃分布在圆柱或圆锥表面上，端面切削刃为副切削刃，铣刀的轴线垂直于被加工表面。按刀齿材料分为高速钢面铣刀和硬质合金面铣刀两大类，多制成套式镶齿结构。面铣刀主要用在立式铣床上加工平面，特别适合较大平面的加工。面铣刀安装后刚性好，可采用较大的切削用量，生产率高；因副切削刃的修光作用，使加工表面粗糙度值小，因此应用广泛。

2. 加工沟槽用铣刀

(1) 盘形铣刀 盘形铣刀有槽铣刀、两面刃铣刀、三面刃铣刀和错齿三面刃铣刀，如图 4-5c、d、e、f 所示。槽铣刀一般用于加工浅槽。两面刃铣刀用于加工台阶面。三面刃铣

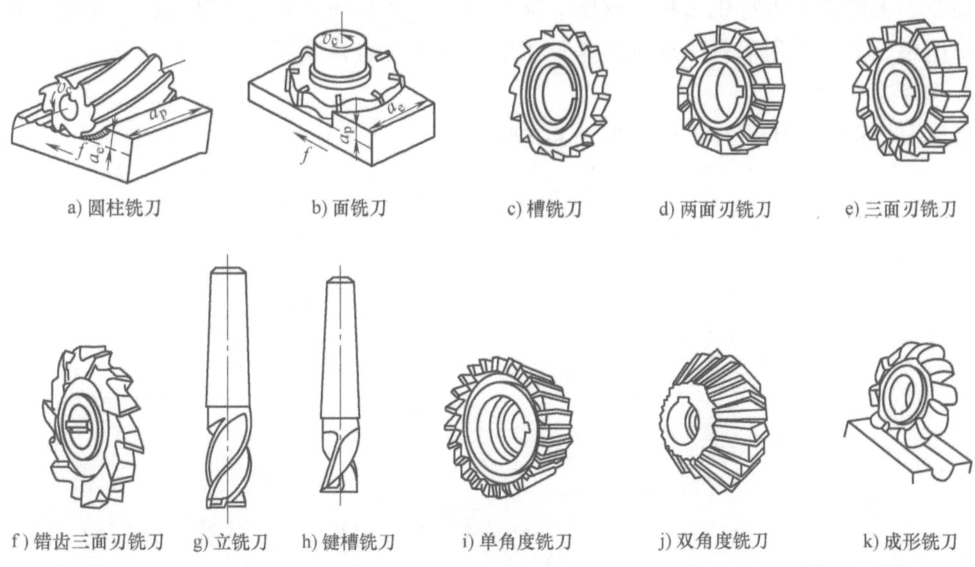

图 4-5　铣刀类型

刀用于切槽和加工台阶面。锯片铣刀是薄片的槽铣刀，只在圆周上有刀齿，用于切削窄槽或切断工件；为了避免夹刀，其厚度由边缘向中心减薄，使两侧形成副偏角。

(2) 立铣刀　立铣刀如图 4-5g 所示，用于加工平面、台阶面和沟槽等。立铣刀一般由 3 个或 4 个刀齿组成，圆柱面上的切削刃是主切削刃，端刃是副切削刃。用立铣刀铣槽时槽宽有扩张，故应取直径比槽宽略小的铣刀（0.1mm 以内）。

(3) 键槽铣刀　键槽铣刀如图 4-5h 所示，其外形与立铣刀相似，所不同的是其圆周上只有两个螺旋刀齿，其端面刀齿的切削刃延伸至中心，因此在铣削圆头封闭键槽时，可以做适量的轴向进给。键槽铣刀重磨时只磨端刃。

(4) 角度铣刀　角度铣刀有单角度铣刀（见图 4-5i）和双角度铣刀（见图 4-5j），用于铣削沟槽和斜面。角度铣刀的大端和小端直径相差较大时，往往造成小端刀齿过密，容屑空间较小。

加工沟槽的铣刀已标准化，由工具厂生产。

3. 加工成形面用铣刀

(1) 成形铣刀　如图 4-5k 所示，成形铣刀是用于加工成形面的刀具，其刀齿廓形要根据被加工工件的廓形专门设计。

(2) 模具铣刀　模具铣刀用于加工模具型腔或凸模成形表面，在模具制造中应用广泛。按工作部分的外形可分为圆锥形平头、圆柱形球头、圆锥形球头等。硬质合金模具铣刀可取代金刚石锉刀和磨头加工淬火后硬度小于 65HRC 的各种模具，切削效率可提高几十倍。

4.1.4　铣削方式

选择合适的铣削方式可减轻振动，使铣削过程保持平稳，从而提高工件加工质量、铣刀使用寿命及铣削生产率。

1. 端铣和周铣

铣削方式分端铣和周铣两种。用排列在铣刀端面上的刀齿进行铣削称为端铣；用排列在铣刀圆柱面上的刀齿进行铣削称为周铣。端铣的生产率和加工表面质量都比周铣高。目前在平面铣削中，大多采用端铣。周铣用来加工成形表面和组合表面。

2. 逆铣和顺铣

周铣有逆铣和顺铣两种方式，如图 4-6 所示。

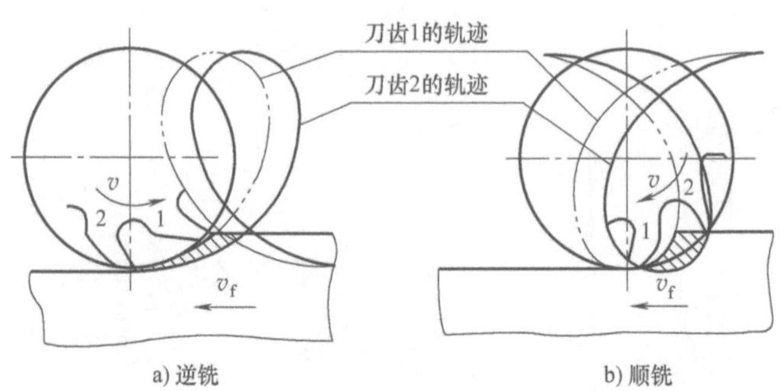

图 4-6　逆铣和顺铣

（1）逆铣　铣削时，铣刀切入工件时的切削速度方向和工件的进给方向相反，这种铣削方式称为逆铣，如图 4-6a 所示。逆铣时，刀齿的切削厚度从零逐渐增大至最大值。刀齿在开始切入时，由于切削刃钝圆半径的影响，刀齿在已加工表面上滑擦一段距离后才能真正切入工件，因而刀齿磨损快，加工表面质量较差。此外，刀齿对工件的垂直铣削分力向上，不利于工件的夹紧。但在逆铣时，工作台所受纵向铣削分力与纵向进给方向相反，使丝杠与螺母间的传动面始终贴紧，故工作台不会发生窜动现象，铣削过程较平稳。

（2）顺铣　铣削时，铣刀切出工件时的切削速度方向与工件的进给方向相同，这种铣削方式称为顺铣，如图 4-6b 所示。顺铣时，刀齿的切削厚度从最大逐渐减至零，没有逆铣时的刀齿滑行现象，刀具使用寿命比逆铣时长，已加工表面质量较高。从图 4-6b 中可以看出，顺铣时刀齿对工件的垂直铣削分力始终将工件压向工作台，避免了上下振动，加工比较平稳。但纵向铣削分力方向始终与进给方向相同，如果工作台驱动丝杠与螺母传动副有间隙，会使工作台带动丝杠窜动，造成工作台振动和进给不均匀，容易打刀。因此，如采用顺铣，必须要求铣床工作台进给丝杠螺母副有消除侧向间隙机构。

3. 对称铣削与不对称铣削

端铣有以下三种铣削方式。

（1）对称铣削（见图 4-7a）　工件安装在铣刀的对称位置上，切入、切出时切削厚度相同，具有较大的平均切削厚度，可避免刀齿在前一刀齿切过的冷硬层上工作。一般端铣多采用这种铣削方式，尤其适于铣削淬硬钢。

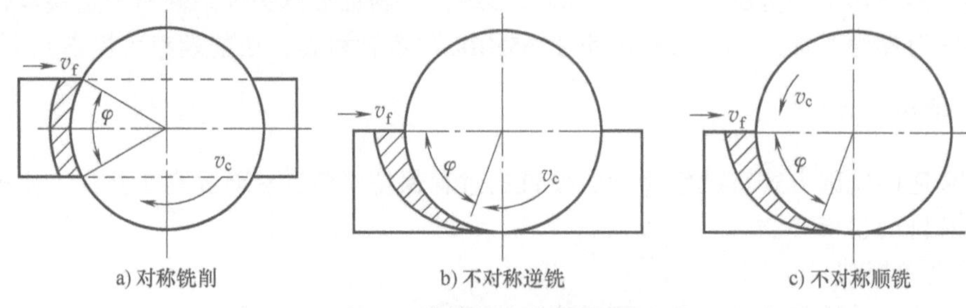

图 4-7　端铣的三种铣削方式

（2）不对称逆铣（见图 4-7b） 这种铣削方式在切入时切削厚度最小，切出时切削厚度最大，用于铣削碳钢和一般合金钢时，可减小切入时的冲击，提高铣刀的使用寿命。

（3）不对称顺铣（见图 4-7c） 这种铣削方式在切入时切削厚度最大，切出时切削厚度最小。实践证明，不对称顺铣用于加工不锈钢和耐热合金时，可减少硬质合金的剥落磨损，可提高切削速度 40%～60%。

4.2 刨削加工与拉削加工

4.2.1 刨削概述

刨削加工是在刨床上利用刨刀对工件进行切削加工的一种方法。刨刀或工件所做的直线往复运动是主运动，进给运动是工件或刀具沿垂直于主运动方向所做的间歇运动。刨削主要用于加工平面、沟槽和成形面，如图 4-8 所示。刨削加工的尺寸公差等级一般可达 IT8～IT7，表面粗糙度可达 $Ra6.3 \sim 1.6\mu m$。

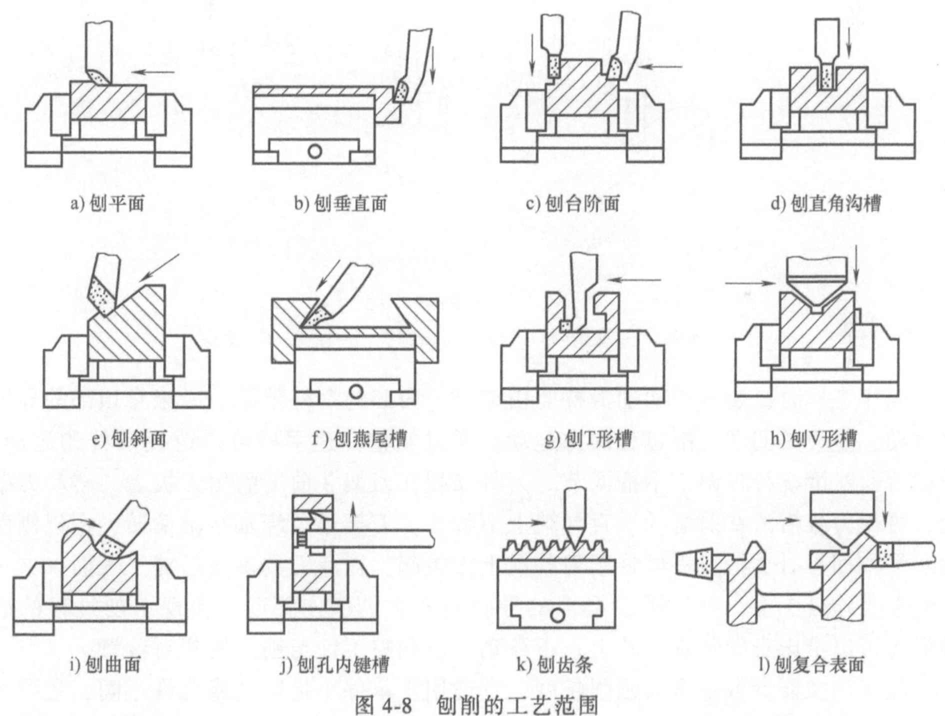

图 4-8 刨削的工艺范围

刨削加工的特点如下。

1）加工费用低；刨床结构简单，操作方便，通用性好；刨刀结构简单，易于刃磨。

2）刨削适于加工窄长的平面及沟槽，可达到较高的直线度。

3）生产率较低。由于主运动是直线往复运动，因而限制了切削速度的提高，又存在着空行程，故生产率不高，适于单件小批生产。但在加工窄长平面和进行多件或多刀加工时，生产率较高。

4）刨削过程中有冲击，冲击力的大小与切削用量、工件材料、切削速度等有关。

4.2.2 刨床及刨刀

1. 刨床

刨床主要有牛头刨床、龙门刨床和插床三种类型。

(1) 牛头刨床　牛头刨床主要由床身、滑枕、刀架、横梁、工作台等组成，外形如图4-9所示。

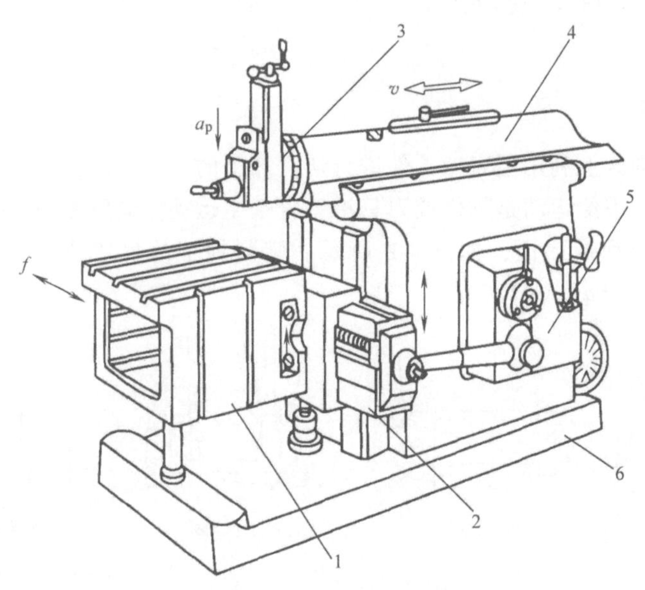

图 4-9　牛头刨床外形图

1—工作台　2—横梁　3—刀架　4—滑枕　5—床身　6—底座

牛头刨床工作时，装有刀架的滑枕 4 由床身 5 内部的摆杆带动，沿床身顶部的导轨做直线往复运动，使刀具实现切削过程的主运动。通过调整变速手柄可以改变滑枕的运动速度，行程长度可通过滑枕行程调节手柄调节。刀具安装在刀架 3 前端的抬刀板上，转动刀架上方的手轮，可使刀架沿滑枕前端的垂直导轨上下移动。刀架还可绕水平轴偏转，用以刨削侧面和斜面。滑枕回程时，抬刀板可将刨刀朝前上方抬起，以免刀具擦伤已加工表面。夹具或工件则安装在工作台 1 上，并可沿横梁上的导轨做间歇的横向移动，实现切削过程的进给运动，横梁还可以沿床身的竖直导轨上、下移动，以调整工件与刨刀的相对位置。

牛头刨床的主要参数是最大刨削长度，它适用于单件小批生产或机修车间，主要用于加工中、小型零件。

(2) 龙门刨床　龙门刨床主要用于加工大型或重型零件上的平面、沟槽和各种导轨面。图 4-10 所示为龙门刨床的外形，它由横刀架 9、横梁 3、立柱 6、顶梁 5、立刀架 4、工作台 2、床身 1 等部分组成。龙门刨床的主参数是最大刨削宽度。与牛头刨床相比，其体积大，结构复杂，刚性好，传动平稳，工作行程长，主要用来加工大型复杂零件的平面，或同时加工多个中、小型零件，加工精度和生产率都比牛头刨床高。

(3) 插床　插床多用于加工与安装基面垂直的面，如插削键槽等，故为立式结构。插床相当于立式牛头刨床，滑枕带动刀具做上下往复运动，工件可做纵横两个方向的移动。圆

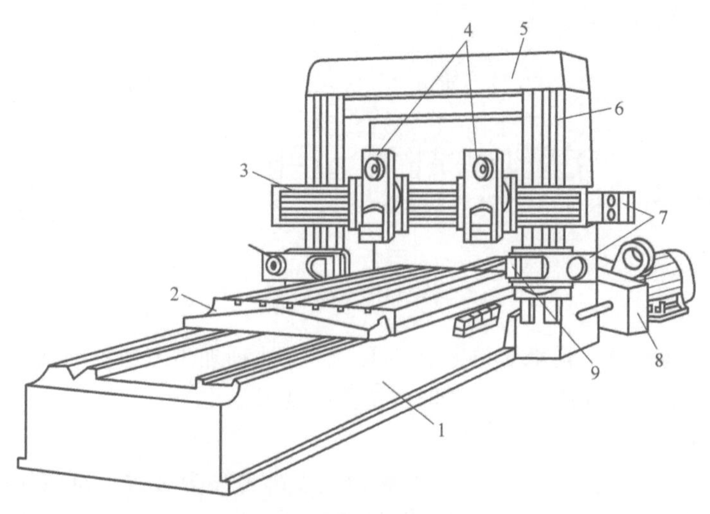

图 4-10　龙门刨床外形

1—床身　2—工作台　3—横梁　4—立刀架

5—顶梁　6—立柱　7—进给箱　8—驱动机构　9—横刀架

工作台还可做分度运动以插削按一定角度分布的键槽。

对于牛头刨床和插床，刀具的回程都无法利用，换向冲击又限制了切削速度的提高，故生产率较低，多用于单件、小批生产车间和工具修理车间。牛头刨床和插床已在很大程度上分别被铣床和拉床所代替。

2. 刨刀

刨削所用的刀具是刨刀，按加工表面的形状和用途不同，刨刀一般可分为平面刨刀、偏刀、角度偏刀、切刀、弯切刀和成形切刀等，如图 4-11 所示。平面刨刀用来刨平面；偏刀用来刨垂直面或斜面；角度偏刀用来刨燕尾槽和角度；弯切刀用来刨 T 形槽及侧面槽；切刀及割槽刀用来切断工件或刨沟槽。此外，还有成形切刀，用来刨特殊形状的表面。刨刀的形状与车刀相似，但由于刨削过程是不连续的，刨削冲击力易损坏刀具，因而刨刀刀杆截面通常要比车刀的大。为了避免刨刀扎入工件，刨刀常做成弯头的。

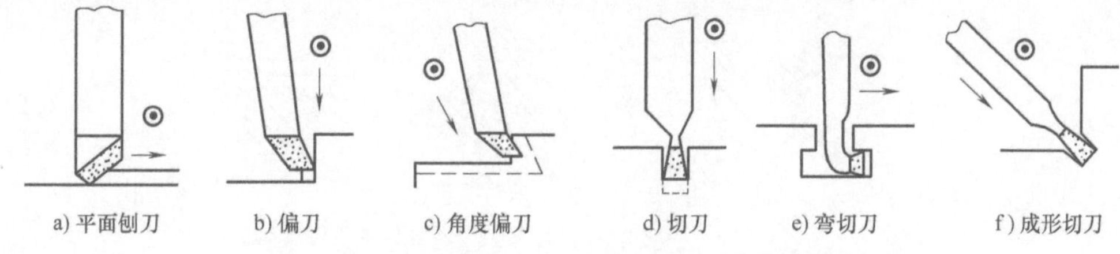

a) 平面刨刀　b) 偏刀　c) 角度偏刀　d) 切刀　e) 弯切刀　f) 成形切刀

图 4-11　刨刀类型

4.2.3　拉削加工

拉削加工是用各种不同的拉刀在拉床上切削出内、外几何表面的一种加工方式。拉削时，拉刀与工件的相对运动为主运动，一般为直线运动，如图 4-12 所示。拉刀是多齿刀具，后一刀齿比前一刀齿高，进给运动靠刀齿的齿升量（前后刀齿高度差）来实现。

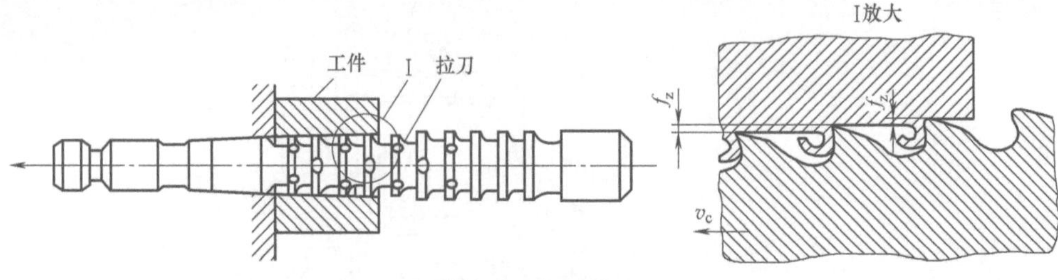

图 4-12　拉削加工

当刀具在切削过程中不是承受拉力而是压力时，这种加工方法称为推削加工，这时的刀具称为推刀。推削加工主要用于修光孔和校正孔的变形。

1. 拉削加工的特点

1）生产率高。拉刀是多齿刀具，同时参加工作的刀齿数较多，总的切削宽度大，并且拉削的一次行程能够完成粗加工、半精加工和精加工。

2）加工质量好。拉刀为定尺寸刀具，具有校准齿进行校准修光工作；拉床一般采用液压传动，拉削过程平稳。

3）拉床结构简单，操作方便。

4）拉刀使用寿命长。拉削时切削速度较低，刀具磨损慢，拉刀刀齿磨钝后可多次重磨。

5）拉削属于封闭式切削，容屑、排屑和散热均较困难。

6）拉刀结构复杂，制造成本高，且属于专用刀具，所以拉削适用于成批大量生产。

拉削可以加工各种形状的内孔、平面及成形表面等，但只能加工贯通的等截面表面。如图 4-13 所示为拉削的一些典型表面形状。拉削加工的尺寸公差等级可达 IT8～IT7，表面粗糙度可达 $Ra3.2 \sim 0.8\mu m$。

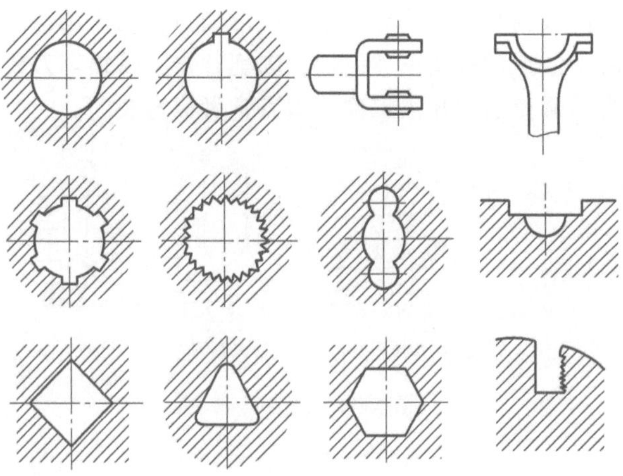

图 4-13　拉削的典型表面形状

2. 拉床

拉床按用途可分为内拉床和外拉床；按布局可分为卧式拉床、立式拉床、连续式拉床等。卧式内拉床是最常用的拉床，外形如图 4-14 所示，主要用于加工各种内表面，如圆孔、花键孔、键槽等。

3. 拉刀

(1) 拉刀的种类　拉刀按所加工表面的不同可分为内拉刀和外拉刀两大类。内拉刀常用的有圆孔拉刀、方孔拉刀、花键拉刀、渐开线齿轮拉刀等。外拉刀常用的有平面拉刀、齿槽拉刀、直角拉刀等。

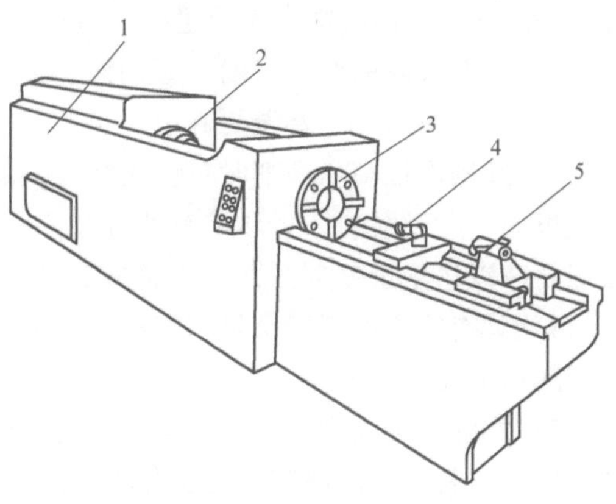

图 4-14　卧式内拉床外形图

1—床身　2—液压缸　3—支承座　4—滚柱　5—护送夹头

(2) 拉刀的结构　拉刀的种类很多，但其组成部分基本相同，如图 4-15 所示为圆孔拉刀结构。拉刀的头部是拉刀的夹持部分，用于传递动力。颈部是头部和过渡锥之间的连接部分，以便于头部穿过拉床的挡壁，此处可以打标记。过渡锥用于引导拉刀逐渐进入工件孔中。前导部用于引导拉刀正确地进入孔中，防止拉刀歪斜。切削部担负全部余量的切削工作，由粗切齿、过渡齿和精切齿三部分组成。相邻刀齿的半径差称为齿升量 f_Z，粗切齿齿升量较大，由过渡齿齿升量逐步递减至精切齿。校准部起修光和校准作用，并可作为精切齿的后备齿。校准齿齿升量等于零。后导部用于保持拉刀最后的正确位置，防止拉刀即将切离工件时因下垂而损坏已加工表面或刀齿。尾部用于又长又重的拉刀，可以支承并防止拉刀下垂，一般拉刀则不需要。

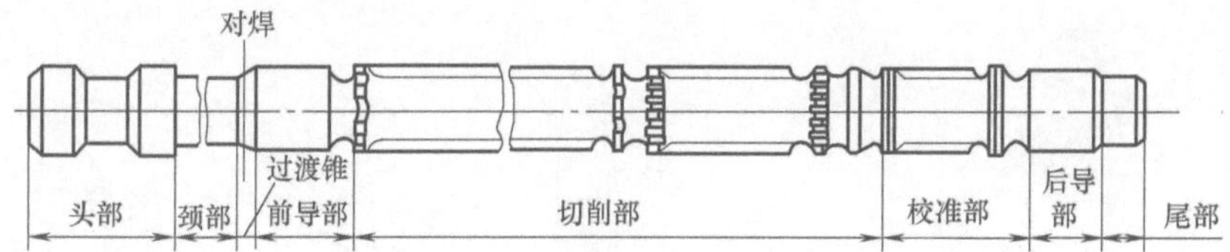

图 4-15　圆孔拉刀结构

4.3　磨削加工

用磨料磨具（砂轮、砂带、油石、研磨料等）对工件表面进行加工的方法称为磨削加工。磨削不但可以对外圆面、内圆面和平面进行精加工，而且还能加工各种成形面及刃磨刀具等，如图 4-16 所示。随着磨削工艺的不断发展、成熟，磨削已能经济、高效地切削大量的金属，可以部分代替车削、铣削、刨削用于粗加工和半精加工，而且可以代替气割、锯削来切断钢锭以及清理铸、锻件的硬皮和飞边，用于毛坯的荒加工。磨削一般常用于半精加工和精加工，在毛坯制造精度日益提高的情况下，也可以直接把毛坯磨削至成品。

4.3.1　磨削加工的特点

磨削加工本质上属于切削加工，但与通常的切削加工相比又有以下显著特点。

1) 具有很高的加工精度和很小的表面粗糙度值。磨削加工的尺寸公差等级可达 IT6～IT5 或更高。普通磨削时表面粗糙度值为 $Ra0.8 \sim 0.2\mu m$，精密磨削时表面粗糙度值可达

$Ra0.025\mu m$；镜面磨削时表面粗糙度值可达 $Ra0.01\mu m$。

2）具有很高的磨削速度。磨削时，砂轮的转速很高，普通磨削可达 30~35m/s，高速磨削可达 45~60m/s，甚至更高。

3）磨削温度高。磨削时单位能耗大，磨削速度高，产生大量的切削热，加上砂轮的导热性很差，所以磨削区会形成瞬时高温，一般可达 800~1000℃。因此，在磨削时要充分供给切削液以将热量带走，否则易烧伤工件。

4）具有很小的切削余量。磨粒的切削厚度极薄，均在微米级以下，因此加工余量比其他切削加工要小得多。

5）能够磨削硬度很高的材料。磨削除能加工普通材料外，还能加工一般刀具难以切削的高硬度材料，如淬硬钢、硬质合金及其他坚硬材料。但磨削不宜精加工塑性较大的非铁金属工件。

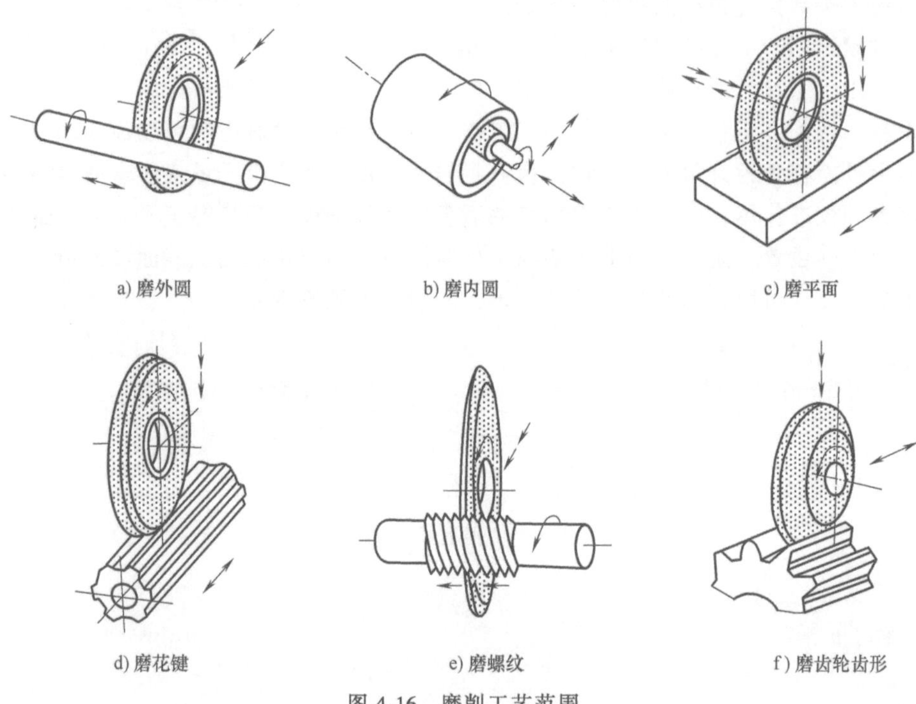

图 4-16　磨削工艺范围

4.3.2　砂轮及其选用

砂轮是由许多坚硬的磨粒和结合剂用烧结的方法而制成的多孔的磨削刀具，如图 4-17 所示。砂轮表面上的每个磨粒都可以看作一个微小的刀齿。因此，砂轮可以看作是具有无数微小刀齿的铣刀。它由磨粒、结合剂和气孔所组成，亦称砂轮三要素。砂轮的性能由磨粒的种类和大小，结合剂的种类、硬度及组织等参数决定。

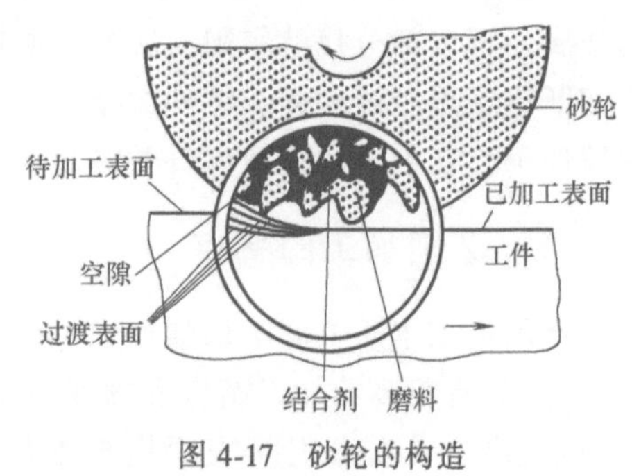

图 4-17　砂轮的构造

为便于选用砂轮，在砂轮的非工作表面上印有特性代号，如：平行砂轮 GB/T 2485 1-300×50×75-A/F60L5 V-35m/s。

按 GB/T 2484—2018 规定，标志含义为：外径为 300mm，厚度为 50mm，孔径为 75mm，磨料为棕刚玉（代号 A），粒度为 60，硬度为 L5 号组织，陶瓷结合剂（代号 V），最高工作速度为 35m/s 的平形砂轮（代号 1），产品标准号为 GB/T 2485。

1. 砂轮的形状

为适用于不同表面形状与尺寸的加工，按 GB/T 2484—2018，砂轮可分成不同形状，并用规定的代号表示，表 4-1 为常用砂轮的形状代号及尺寸标记。

表 4-1　常用砂轮的形状代号及尺寸标记

型号	示意图	形状和尺寸标记
1	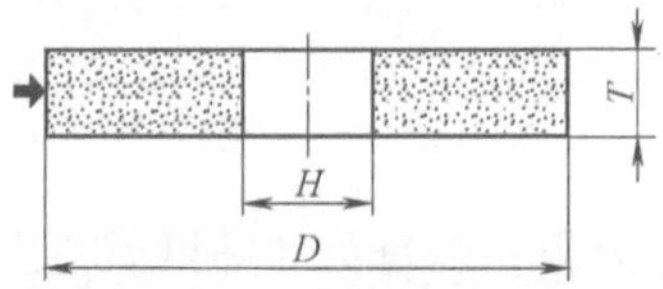 T, H, D	平形砂轮 1 型 圆周型面 D×T×H
2	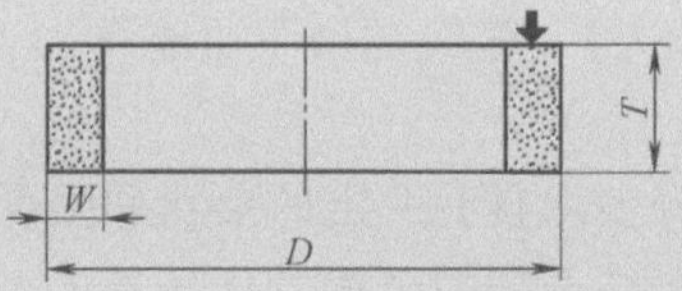 T, W, D	黏结或夹紧用筒形砂轮 2 型 D×T×W
4	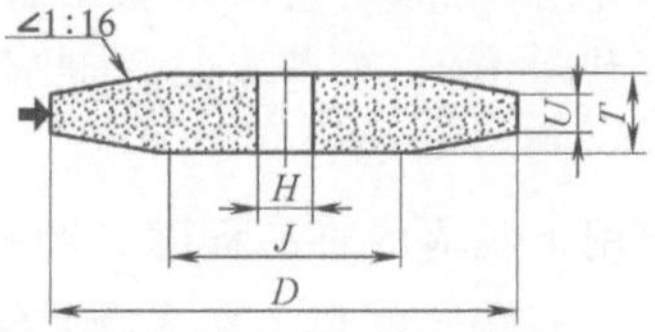 ∠1:16, U, T, H, J, D	双斜边砂轮 4 型 D×T/U×H
6	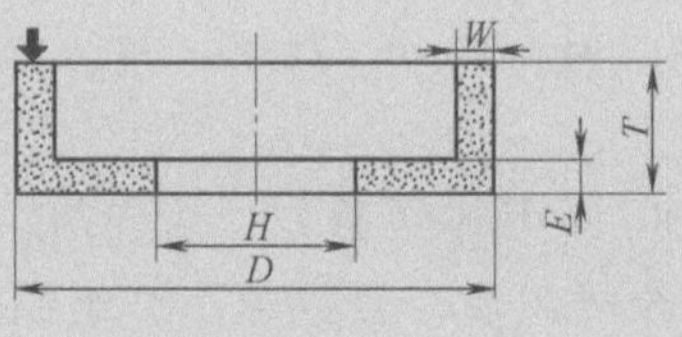 W, T, E, H, D	杯形砂轮 6 型 D×T×H—W×E
11	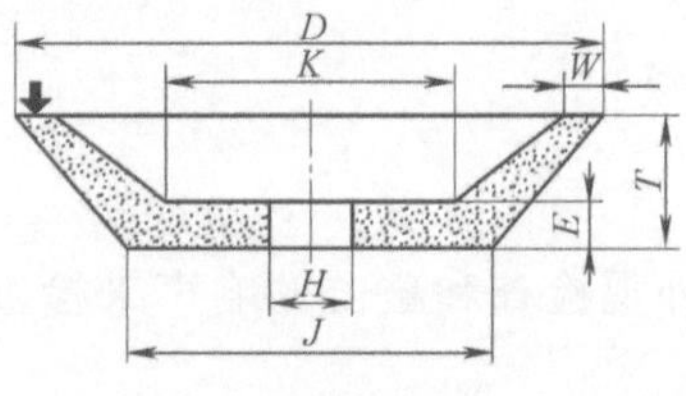 D, K, W, T, E, H, J	碗形砂轮 11 型 D/J×T×H—W×E
12	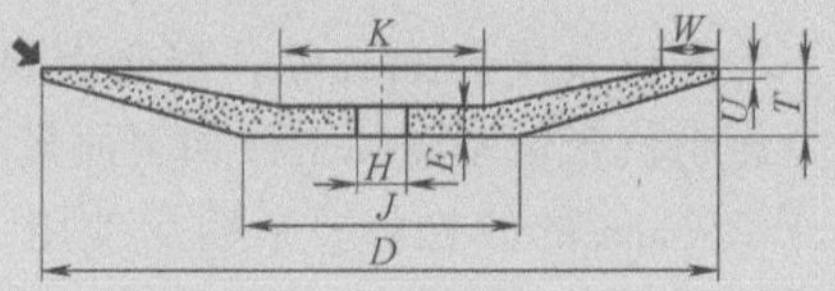 K, W, U, T, H, E, J, D	碟形砂轮 12 型 D/J×T/U×H—W×E

（续）

型号	示意图	形状和尺寸标记
12a		碟形一号砂轮 12a 型 $D/J \times T/U \times H—W \times E$
41		平形切割砂轮 41 型 $D \times T \times H$

2. 粒度

粒度表示磨料颗粒的大小，粒度用筛选法分级，以每英寸筛网长度上筛孔的数目表示。

粒度的大小对磨削生产率和表面粗糙度都有很大的影响。一般粗磨削用粗磨粒（粒度号数小），精磨削时选用细磨粒（粒度号数较大），微粉适用于研磨等加工。

3. 结合剂

结合剂的主要作用是将磨粒固结在一起，使之具有一定的形状和强度，便于有效地进行磨削工作。在国标 GB/T 2484—2018 中规定了结合剂的名称及代号等内容，其中，陶瓷结合剂（代号 V）应用最广，除切断砂轮外，大多数砂轮都用它；树脂结合剂（代号 B）用于制造高速砂轮、薄砂轮等；还有橡胶结合剂（代号 R）；菱苦土结合剂（代号 MG）等。

4. 硬度

硬度是指砂轮表面上的磨粒在磨削力的作用下脱落的难易程度。磨粒容易脱落的，砂轮的硬度就低，称为软砂轮；磨粒难脱落的，砂轮的硬度就高，称为硬砂轮。为了适应各种加工需求，砂轮的硬度有软、中、硬不同级别。GB/T 2484—2018 规定由软至硬用字母顺序排列为：A、B、C、D、E、F、G、H、J、K、L、M、N、P、Q、R、S、T、Y，共 19 级。

5. 组织

砂轮的组织是指磨粒和结合剂的疏密程度，它反映了磨粒、结合剂、气孔三者之间的比例关系。砂轮组织由 0，1，2，…，14 共 15 个号组成，号数越小，组织越紧密。普通磨床常用 4~7 号组织的砂轮。

4.3.3 砂轮的检查、平衡、安装与修整

1. 砂轮的检查

因砂轮在高速下工作，安装前必须经过外观检查和敲击的响声来检查砂轮是否有裂纹，以防止高速旋转时砂轮破裂。

2. 砂轮的平衡

砂轮的几何形状不对称、各部分密度不均匀以及安装偏心等，都会引起砂轮的不平衡。不平衡的砂轮在高速旋转时所产生的振动会影响机床精密度和工件加工质量，严重时会造成砂轮的破裂和机床的损坏。通常，直径大于 250mm 的砂轮都要平衡后使用。砂轮的平衡有静平衡和动平衡两种。一般情况下，只需进行静平衡；但在高速磨削（v>50m/s）和高精密

磨削时，必须进行动平衡。

图 4-18 为砂轮静平衡装置。平衡时将砂轮装在心轴上，然后把装好心轴的砂轮平放到平衡架的平衡导轨上，砂轮会做来回摆动，直到摆动停止。平衡的砂轮可以在任意位置都静止不动。如果砂轮不平衡，则其较重部分总是转到下面。这时可移动平衡块的位置使其达到平衡。

3. 砂轮的安装

安装砂轮时，要求将砂轮不松不紧地套在轴上。在砂轮和法兰盘之间垫上 0.5~1mm 厚的弹性垫板（皮革或橡胶等），如图 4-19 所示，两法兰的直径必须相等，其尺寸一般为砂轮直径的一半。砂轮与砂轮轴或台阶法兰之间应有一定间隙，以免主轴受热膨胀而把砂轮胀裂。砂轮直径较小时，如内圆磨床砂轮，可以用氧化铜和磷酸作为黏结剂，将砂轮黏结在轴上。

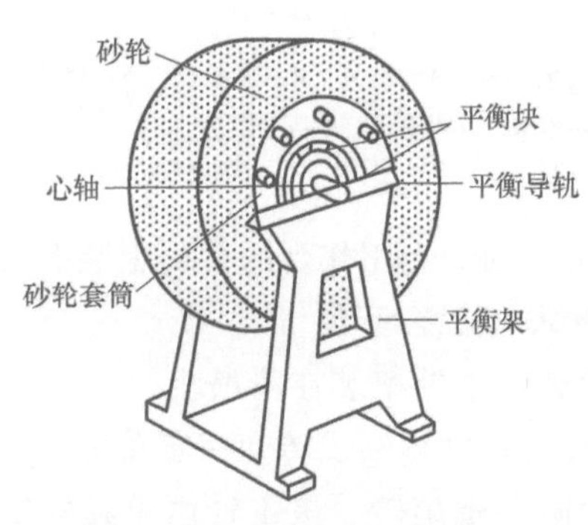

图 4-18　砂轮静平衡装置

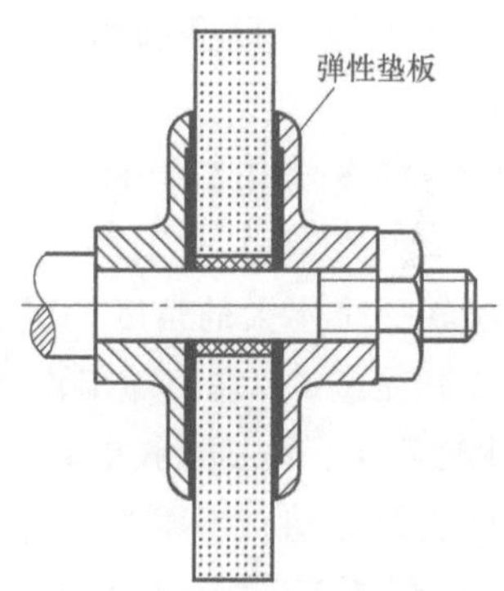

图 4-19　砂轮的安装

4. 砂轮的修整

在磨削时，砂轮上的磨粒逐渐变钝，作用在磨粒上的切削抗力就会增大，结果使变钝的磨粒破碎，一部分会脱落，余下的则露出锋利的刃口使磨削顺畅，这就是砂轮的自砺性。但砂轮不能完全自砺，未能脱落的磨粒留在砂轮表面上使之变钝，磨削能力下降，也影响了微粒的等高性和形状正确性，这时就需要修整。生产中常用金刚石工具（金刚石片状修整器或金刚石笔）用车削法修整砂轮。修整时，应根据砂轮的尺寸选择修整工具，金刚石尖端应保持锋利并装夹牢固，避免产生振动；还要使用大量冷却液，以防止金刚石因温度剧升而破裂。

4.3.4　磨床

用磨料磨具对工件进行磨削加工的机床称为磨床。磨床的种类很多，主要类型有外圆磨床、内圆磨床、平面磨床、工具磨床、各种刀具刃磨床和专门化磨床（如曲轴磨床、花键轴磨床），以及珩磨机、研磨机等。近年来，随着各种高强度高硬度材料的广泛应用，以及零件加工要求的不断提高，磨削加工的应用范围日益扩大。在工业发达国家中，磨床的数量占机床总数的 30%~40%，在轴承制造业中则多达 60%左右。

1. 万能外圆磨床

万能外圆磨床主要用于磨削内、外圆柱面和圆锥表面，也能磨削阶梯轴的轴肩和端面。其主参数是最大磨削直径。一般尺寸公差等级为 IT7~IT6，表面粗糙度为 $Ra1.25 \sim 0.08\mu m$。

万能外圆磨床的通用性好，但磨削效率不高，适用于单件小批生产。

（1）机床结构　图 4-20 所示为 M1432A 型万能外圆磨床的外形图。机床由下列主要部件组成。

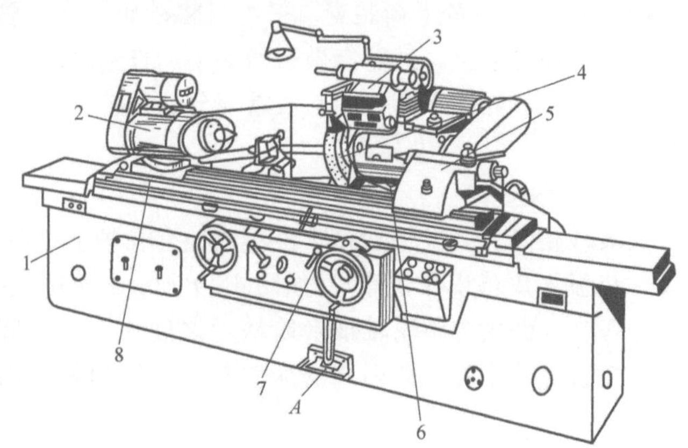

图 4-20　M1432A 型万能外圆磨床

1—床身　2—头架　3—内圆磨具　4—砂轮架　5—尾座　6—滑鞍　7—手轮　8—工作台

1）床身 1：是磨床的基础支承件，上面装有砂轮架 4、工作台 8、头架 2、尾座 5 等，使它们在工作时保持准确的相对位置。床身内部有油箱和液压系统。

2）头架 2：用于装夹工件并带动工件旋转。在水平面内可绕垂直轴线转动一定角度，以磨削短圆锥面或小平面。

3）工作台 8：由上下两层组成。上工作台可相对于下工作台在水平面内旋转一个不大的角度，以磨削锥度较小的长圆锥面。上工作台的台面上装有支承工件的头架 2 和尾座 5，它们随工作台一起沿床身导轨做纵向往复运动。

4）砂轮架 4：用来支承并带动砂轮随主轴高速旋转。砂轮架装在滑鞍上，利用进给机构实现横向进给运动。当需要磨削短圆锥面时，砂轮架可绕垂直轴线转动一定角度。

5）内圆磨具 3：用于支承并带动磨削内孔的砂轮随主轴旋转。该主轴由单独的电动机驱动。

6）尾座 5：尾座上的后顶尖和头架的前顶尖一起支承工件。

（2）机床的运动　图 4-21 所示为万能外圆磨床加工示意图。由图 4-21 可以看出，为了实现磨削加工，机床必须具备以下运动：砂轮的旋转主运动 n_1；工件的圆周进给运动 n_2；工件的往复纵向进给运动 f_1，通常由液压传动机构实现；砂轮的周期或连续横向进给运动 f_2，通过手动或者液压传动机构实现。此外，还有砂轮架快速进退和尾座套筒缩回两个辅助运动，它们也采用液压传动方式。

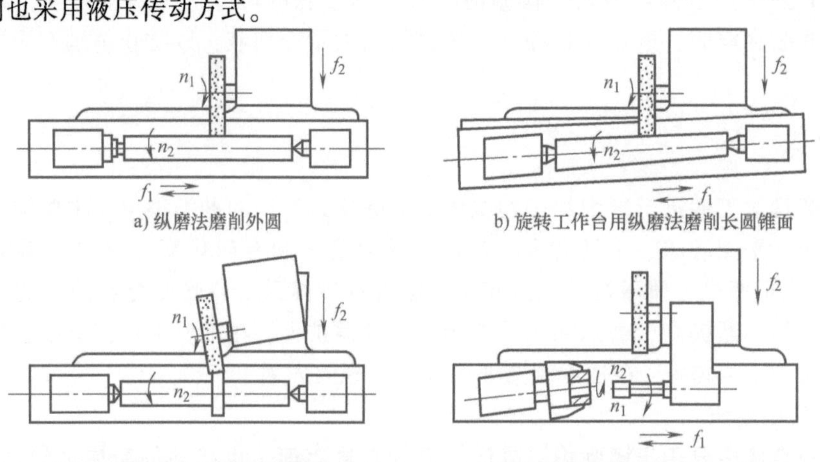

a) 纵磨法磨削外圆　b) 旋转工作台用纵磨法磨削长圆锥面

c) 扳转砂轮架用切入法磨削短圆锥面　d) 扳转头架用纵磨法磨削内圆锥面

图 4-21　万能外圆磨床加工示意图

2. 平面磨床

平面磨床用于磨削各种零件上的平面。根据砂轮主轴的布置和工作台形状的不同，平面磨床主要有卧轴矩台式、卧轴圆台式、立轴矩台式和立轴圆台式四种类型，如图 4-22 所示。

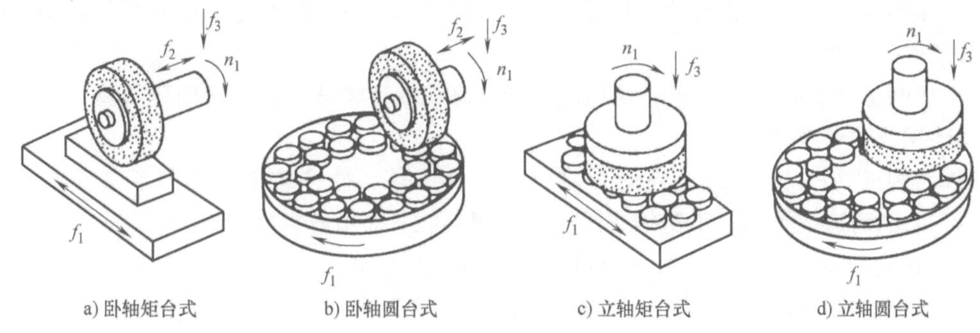

图 4-22 平面磨床的类型

目前，卧轴矩台式平面磨床和立轴圆台式平面磨床应用比较广泛。图 4-23 所示为卧轴矩台式平面磨床的外形图。其砂轮主轴是内连式异步电动机的轴，电动机的定子就装在砂轮架 3 的壳体内。砂轮架 3 可沿滑座 4 的燕尾导轨做横向间歇进给运动（可手动或液压传动）；滑座 4 与砂轮架 3 一起可沿立柱 5 的导轨做间歇的垂直进给运动；工作台 2 沿床身 1 的导轨做纵向往复运动（液压传动）。

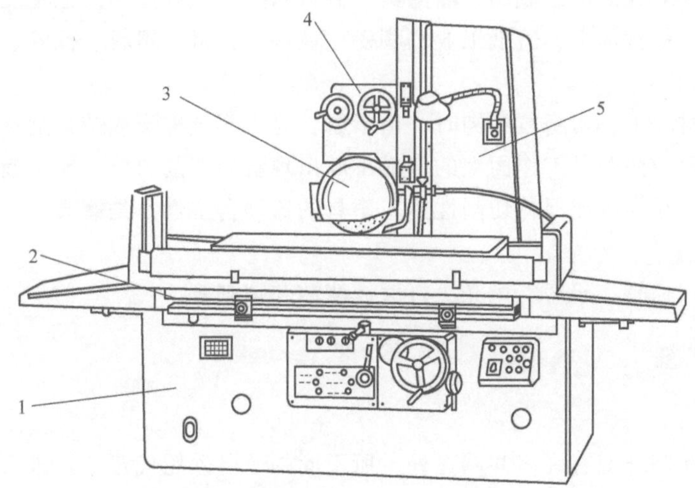

图 4-23 卧轴矩台式平面磨床

1—床身 2—工作台 3—砂轮架 4—滑座 5—立柱

4.3.5 磨料与磨具

砂轮是磨削的主要工具。它是用结合剂把磨粒黏结起来，经压坯、干燥、焙烧及修整而成的。砂轮的特性主要由磨料、粒度、结合剂、硬度、组织及形状、尺寸等因素所决定。

1. 磨料

磨料是制造砂轮的主要材料，直接担负切削工作。磨料应具有高硬度、高耐热性和一定的韧性，在切削过程中受力破碎后还要能形成锋利的形状。常用的磨料有氧化物系、碳化物系和超硬磨料系三类。

(1) 氧化物系（刚玉类） 它的主要成分是 Al_2O_3，适宜磨削各种钢材，常用的有以下几种。

1) 棕刚玉（A）：呈棕褐色，硬度较高，韧性较好，价格低廉，适于磨削碳钢、合金钢、可锻铸铁和硬青铜等。

2) 白刚玉（WA）：呈白色，比棕刚玉硬度高而韧性稍低，适于磨削淬火钢、高速工具钢、高碳钢及薄壁零件。

3) 铬刚玉（PA）：呈玫瑰红色，韧性比白刚玉好，硬度较低，磨削后表面粗糙度值小，适于磨削高速工具钢、不锈钢或用于成形磨削、高表面质量磨削等。

(2) 碳化物系 它的主要成分是碳化硅、碳化硼。硬度比刚玉类高，磨粒锋利，但韧性较差，适于磨削脆性材料。常用的碳化物系磨料有以下两类。

1) 黑碳化硅（C）：呈黑色，有光泽，硬度高，韧性低，导热性好，适于磨削铸铁、黄铜、耐火材料及其他非金属材料。

2) 绿碳化硅（GC）：呈绿色，有光泽，硬度比黑色碳化硅高，导热性好，韧性差，适于磨削硬质合金、玻璃、陶瓷等高硬度材料。

2. 磨具

磨具是用以磨削、研磨和抛光的工具。大部分的磨具是用磨料和结合剂制成的人造磨具，也有用天然矿岩直接加工成的天然磨具。磨具除在机械制造和其他金属加工工业中被广泛采用外，还用于粮食加工、造纸工业和陶瓷、玻璃、石材、塑料、橡胶、木材等非金属材料的加工。

磨具在使用过程中，当磨粒磨钝时，由于磨粒自身部分碎裂或结合剂断裂，磨粒从磨具上局部或完全脱落，而磨具工作面上的磨料不断出现新的切削刃口，或不断露出新的锋利磨粒，使磨具在一定时间内能保持切削性能。磨具的这种自锐性，是磨具与一般刀具相比突出的特点。

磨具的主要用途是：研磨、抛光、打磨、清洁和切割等。

4.3.6 磨削工艺

1. 外圆磨削

磨削外圆与车削外圆有许多共同之处，所不同的是以砂轮代替车刀进行切削。

(1) 工件的装夹

1) 顶尖装夹。顶尖装夹常用于轴类零件，装夹时，工件夹持在两顶尖之间，如图 4-24

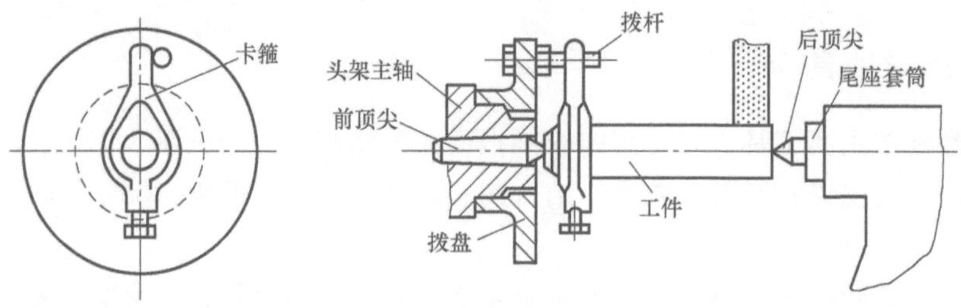

图 4-24 顶尖装夹

所示，装夹方法与车削时所用方法基本相同。但为保证磨削精度、减少顶尖加工带来的误差，磨床所用的顶尖是不随工件一起转动的。

2）卡盘装夹。磨床上应用的卡盘有自定心卡盘、单动卡盘和花盘3种。无中心孔的圆柱形工件大多采用自定心卡盘装夹，不对称工件采用单动卡盘装夹，如图4-25a、b所示；形状不规则的工件采用花盘装夹。

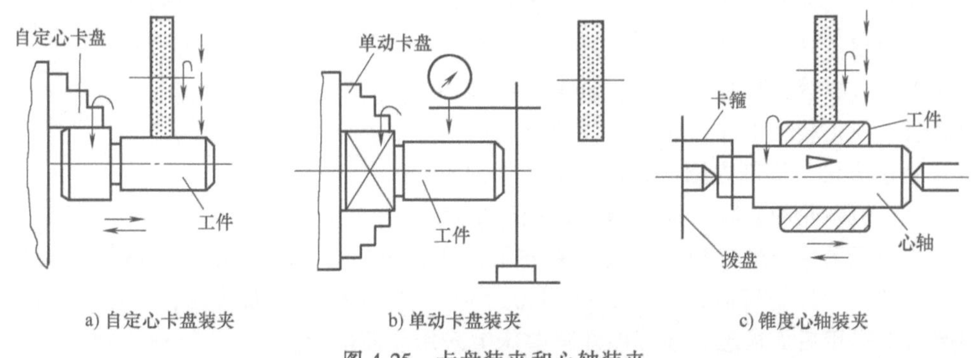

a) 自定心卡盘装夹　　b) 单动卡盘装夹　　c) 锥度心轴装夹

图4-25　卡盘装夹和心轴装夹

3）心轴装夹。盘套类空心工件常以内孔定位磨削外圆，往往采用心轴装夹工件。常用的心轴种类和车床类似。心轴必须和卡箍、拨盘等传动装置一起配合使用，其装夹方法与顶尖装夹相同，如图4-25c所示。

（2）磨削方法　外圆磨床磨削外圆的方法主要有纵磨法和横磨法，而其中又以纵磨法用得最多。

1）纵磨法如图4-26所示，磨削时工件转动（圆周进给）并与工作台一起做直线往复运动（纵向进给），当每一纵向行程或往复行程终了时，砂轮按规定的背吃刀量做一次横向进给运动，每次磨削深度很小。当工件加工到接近最终尺寸时（留下0.005～0.01mm余量），无横向进给地走几次至火花消失即可。纵磨法的特点是具有较好的适应性，可用同一砂轮磨削长度不同的工件，且加工质量好，在单件、小批量生产以及精磨时应用广泛。

2）横磨法如图4-27所示，又称径向磨削或切入磨削。磨削时工件无纵向进给运动，砂轮以慢速连续地或断续地向工件做横向进给运动，直到把磨削余量全部磨掉为止。

图4-26　纵磨法磨削外圆　　图4-27　横磨法磨削外圆

横向磨削法生产率高、质量稳定，适于批量生产中刚度较好、精度较低的轴的磨削。

2. 内圆磨削

与外圆磨削相比，内圆磨削时因受工件孔径的限制，砂轮直径较小，而悬伸长度又较大，刚性差，磨削用量不能高，所以效率较低；同时小直径砂轮的圆周速度也较低，加之冷却排屑条件不好，所以表面粗糙度达标困难。因此，磨削内圆时，为提高生产率和加工精度，砂轮和砂轮轴应尽可能选用较大直径，砂轮轴伸出长度应尽可能缩短。

作为孔的精加工，成批生产中常采用铰孔，大量生产中当材料硬度不大时，常采用拉孔。由于磨孔具有万能性，不需要成套的刀具，故在小批量及单件生产中应用较多。特别是对于淬硬工件，磨削仍是孔的主要精加工方法。

(1) 工件的装夹　磨削内圆时，工件大多数以外圆和端面为定位基准。常采用自定心卡盘、单动卡盘、花盘及弯板等夹具装夹工件。最常见的是用单动卡盘通过找正装夹工件，如图 4-28 所示。

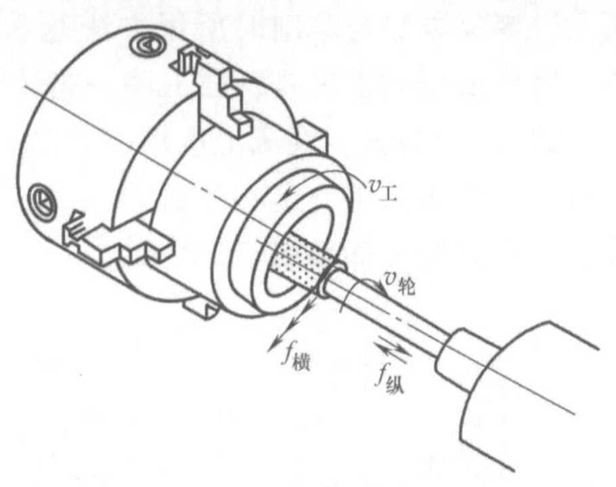

图 4-28　单动卡盘装夹工件磨内孔

(2) 磨削方法　磨削内圆的运动与磨削外圆时的基本相同，但砂轮的旋转方向与磨削外圆时的相反。磨内孔一般采用纵磨法和横磨法两种方式，如图 4-29 所示。磨削时，砂轮与工件的接触方式有两种：一种是后面接触，如图 4-30a 所示；另一种是前面接触，如图 4-30b 所示。在内圆磨床上采用后面接触，在万能外圆磨床上采用前面接触。

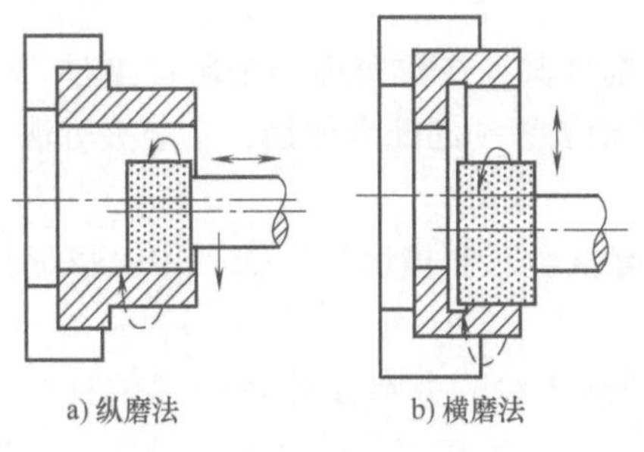

图 4-29　磨内孔的方法

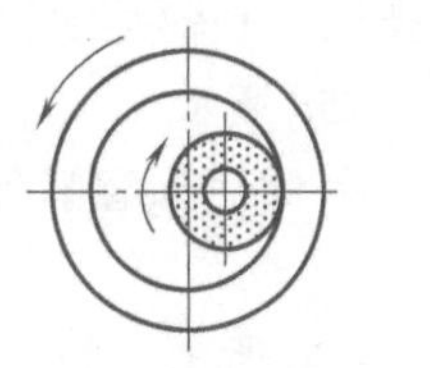
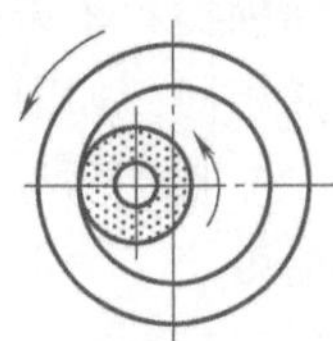

图 4-30　砂轮在工件孔中的磨削位置

3. 平面磨削

(1) 工件的装夹　平面磨削特别适用于淬硬工件及具有平行表面的工件的精加工，如滚动轴承环、活塞环等的精加工。平面磨削可达到的平面度公差等级一般为 5～6 级，表面粗糙度值可达 $Ra6.3 \sim 1.6\mu m$。

平面磨削时利用电磁吸盘安装工件，操作简单且能很好地保证基准面与加工表面之间的平行度要求。如果互为基准磨削相对的两平面，则可进一步提高平行度。对于在电磁吸盘上没有合适的平面作为定位基准面的工件，可将图 4-31a 所示的精密工具放在电磁吸盘上进行装夹；对于非磁性的薄片型零件，可采用图 4-31b 所示的真空吸盘进行装夹。

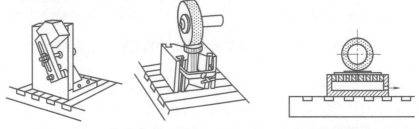

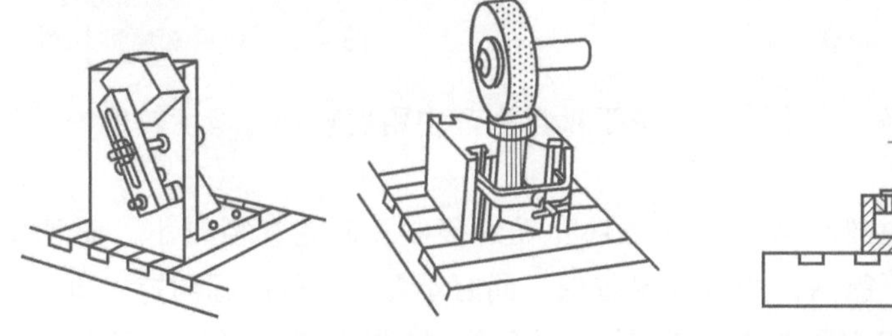

图 4-31　平面磨削工件的其他装夹方法

当磨削键、垫圈、薄壁套等尺寸小而壁较薄的工件时，因工件与工作台接触面积小，吸力弱，工件容易被磨削力甩弹出去而造成事故，因此装夹这类工件时，需在工件四周或两端用挡铁围挡，以免工件挪动。

（2）磨削方法　平面磨削多在平面磨床上进行，其工艺特点与外圆、内圆磨削相同。砂轮旋转为主运动，且砂轮相对于工件做纵向、横向进给运动。平面磨削分周磨和端磨两种基本形式。

1）周磨如图 4-32a 所示，周磨的特点是利用砂轮的圆周面进行磨削，工件与砂轮的接触面积小，发热少，排屑与冷却情况好，因此加工精度高，质量好，但效率低，适合加工易翘曲变形的工件，在单件小批量生产中应用较广。

2）端磨如图 4-32b 所示，端磨的特点是利用砂轮的端面进行磨削。砂轮轴垂直安装，刚性好，允许采用较大的磨削用量，且砂轮与工件接触面积大，故效率较高。在批量生产时，箱体类零件、机床导轨等平面常采用端磨。但端磨的精度较周磨差，端磨时磨削热较高，切削液进入磨削区困难，工件易受热变形，砂轮磨损不均匀，从而影响加工精度。

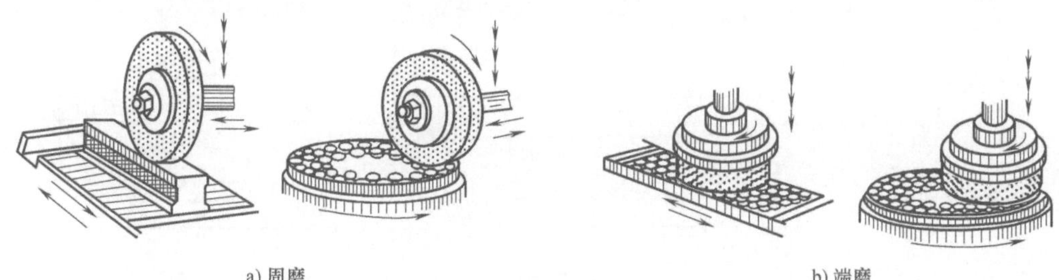

a) 周磨　　b) 端磨

图 4-32　平面磨削

4. 无心外圆磨削

无心外圆磨削采用专用的无心外圆磨床，其磨削原理如图 4-33 所示。

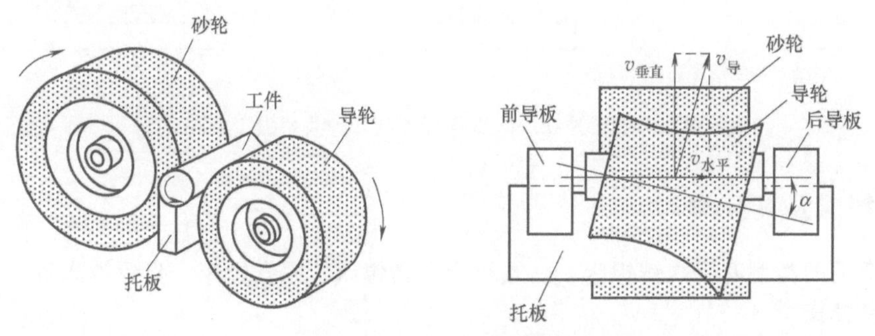

图 4-33　无心外圆磨削原理

磨削时，工件不需要装夹，而是放在砂轮和导轮之间，由托板支撑（利用砂轮、托板、导轮三点成一圆的原理）；工件的轴线略高于砂轮与导轮的轴线，工件的待加工表面就是定位基准。砂轮旋转产生的磨削力将工件推向导轮，由橡胶结合剂制成的导轮的轴线稍稍有些后倾，利用导轮和工件间的摩擦力，带动工件旋转并做轴向进给运动。

无心外圆磨削的生产率高，易于实现自动化控制，主要用于成批及大量生产中磨削细长轴和无中心孔的短轴。

4.4 镗削加工

4.4.1 镗削概述

镗床主要用镗刀镗削工件上已有的孔和孔系。加工的工件尺寸较大，尺寸精度和位置精度较高。镗削时，工件安装在工作台或夹具上，镗刀装夹在镗杆上并由主轴驱动，镗刀的旋转为主运动，镗刀或工件的移动为进给运动。当采用镗模时，镗杆与主轴为浮动连接，加工精度取决于镗模精度。镗杆与主轴为刚性连接时，加工精度取决于机床精度。

如图4-34所示为工件在卧式铣镗床上的几种典型加工方法。机床主轴的旋转运动（$n_{轴}$）或平旋盘的旋转运动（$n_{盘}$）是主运动；进给运动可根据加工要求，选取镗轴的纵向移动（f_1）、主轴箱的垂直进给（f_2）、工作台的纵向进给（f_3）或者平旋盘上刀架滑板的径向进给（f_4）等方式。

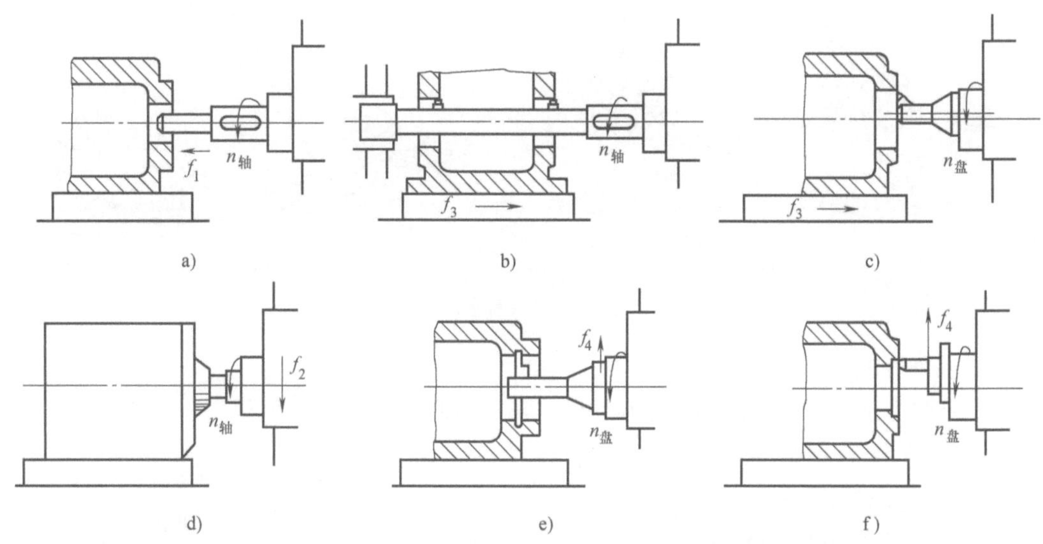

图4-34 工件在卧式铣镗床上的几种典型加工方法

4.4.2 镗床及其分类

镗床常见的类型有卧式铣镗床、立式镗床、精镗床、深孔镗床、坐标镗床等。下面主要介绍卧式铣镗床。

卧式铣镗床如图4-35所示，刀具装夹在主轴（镗轴）上或平旋盘的径向刀架上，通过主轴箱可获得各种转速和进给量。主轴箱可沿前立柱的垂直导轨上下移动（垂直进给）。工件用螺栓、压板装夹在工作台上，可随工作台和上滑座一起沿下滑座的导轨做横向移动（横向进给）。下滑座可沿床身的水平导轨做纵向移动（纵向进给）。工作台还可绕上滑座的圆导轨在水平面内旋转至所需的角度，以加工互相成一定角度的孔或平面。装夹在镗轴上的刀具可随镗轴做轴向移动，以实现轴向进给或调整刀具的轴向位置。当镗杆或刀杆伸出较长时，可用后立柱上的尾座来支撑，以增加刚性。尾座可在后立柱的铅垂导轨上与镗轴同步升降。平旋盘的径向刀架带着刀具做径向进给运动，可加工端面。

卧式铣镗床的结构复杂，通用性较大，其主要加工方法如图 4-34 所示。此外，还可用铣刀加工平面，加工各种形状的沟槽，进行扩孔、铰孔、锪孔，加工长度较小的外圆面和内、外螺纹等。卧式铣镗床的主参数是主轴直径，广泛用于机修和工具车间或单件小批生产。

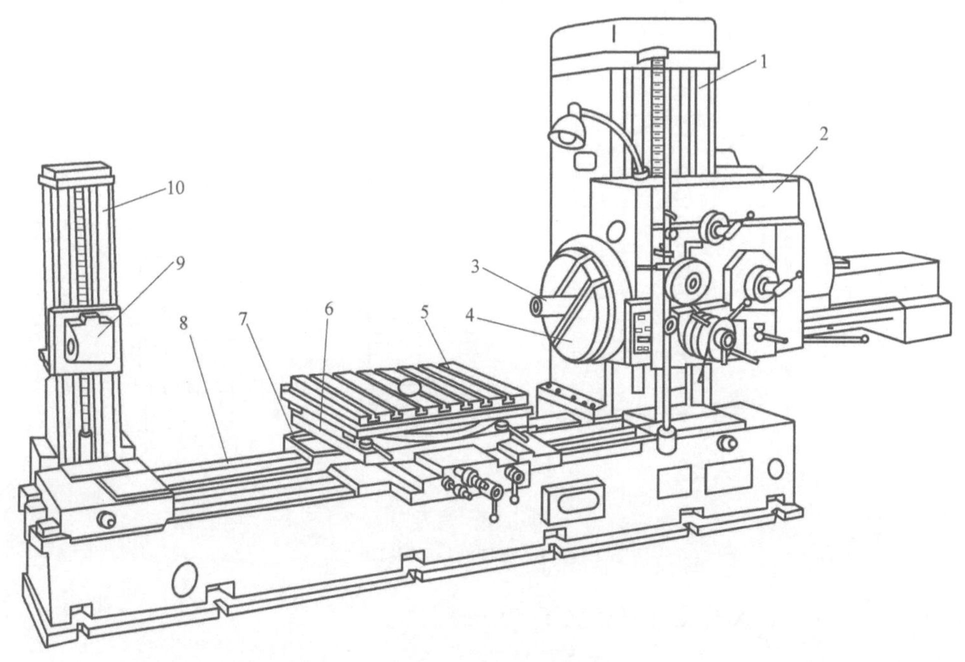

图 4-35 卧式铣镗床

1—前立柱 2—主轴箱 3—主轴 4—平旋盘 5—工作台 6—上滑座 7—下滑座 8—床身 9—后支撑（尾座） 10—后立柱

4.4.3 镗刀及其功用

常用镗刀有单刃镗刀、双刃镗刀和浮动镗刀等。

单刃镗刀的刀头结构类似车刀，用螺钉装夹在镗杆上，刀头与镗杆轴线垂直（见图 4-36a）可镗通孔，倾斜安装（见图 4-36b）可镗不通孔。所镗孔径的大小要靠调整刀头的悬伸长度来保证，较为麻烦，调整精度不高，且需较高的操作技术。单刃镗刀结构简单，适应性较广，粗加工、精加工都适用，但生产率低。单刃镗刀多用于单件小批生产。

双刃镗刀有两个对称的切削刃（见图 4-36d），切削时径向力可相互抵消。孔的加工精度主要靠镗刀来保证，镗刀有较长的修光刃，可减小加工面的表面粗糙度值。双刃镗刀可用楔块、锥销或螺钉装夹在镗杆上（见图 4-36c），镗刀尺寸不需要调整。

图 4-36e 所示为可调浮动镗刀片，调节时，先松开螺钉 2，转动螺钉 1 改变刀片 3 的径向位置，并用千分尺检验两切削刃之间的尺寸，使之等于所要求的孔径，最后拧紧螺钉 2。工作时刀片在刀杆的矩形槽中不紧固，能径向自由滑动，由作用在两个切削刃上的径向切削力自动平衡其切削位置，因而可抵消因镗刀装夹误差或镗杆偏摆所产生的不良影响。浮动镗削可提高孔的加工精度，这是由于刀片的修光刃较宽，减小了加工面的表面粗糙度值，生产率较高；但它与铰孔类似，不能校正原孔轴线偏斜或位置误差，成本比单刃镗刀高，适于精

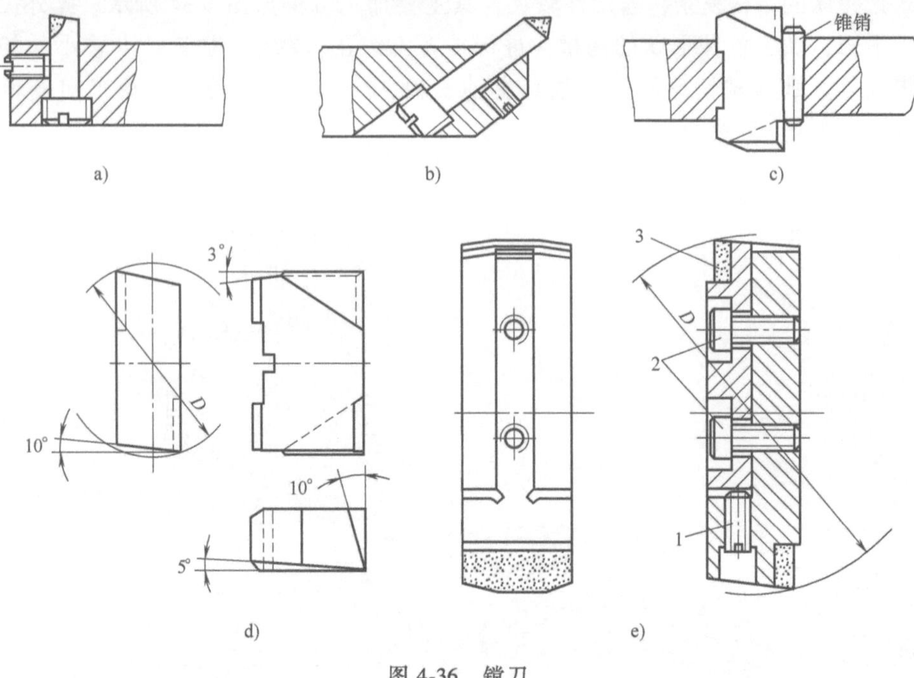

图 4-36 镗刀

1、2—螺钉 3—刀片

加工批量较大、孔径较大的孔（直径大于 50mm）。

4.4.4 镗削的工艺特点与应用

1）镗床的适应性强，功用多，加工范围广，可以加工单个孔、孔系、通孔、台阶孔和孔内回转槽等。一把镗刀可加工一定孔径和长度范围内的孔。

2）可通过多次走刀来校正原孔的轴线偏斜。一般镗孔的尺寸公差等级为 IT8 ~ IT7，表面粗糙度值 Ra 为 1.6 ~ 0.8μm；精细镗时，公差等级为 IT7 ~ IT6，表面粗糙度值 Ra 为 0.8 ~ 0.1μm。

3）镗床和镗刀调整复杂，操作技术要求较高，在不使用镗模的情况下，生产率较低。在大批大量生产中，为提高生产率，应使用镗模。

4）镗削可加工钢、铸铁和非铁金属材料，但不宜加工淬火钢和硬度过高的材料。镗削主要适宜加工机座、箱体、支架等外形复杂的大型零件，或孔径较大、尺寸精度较高、有位置精度要求的孔和孔系。

4.5 齿轮加工

齿轮加工机床是用齿轮切削刀具来加工齿轮轮齿表面或齿条轮齿表面的机床。齿轮作为最常用的传动件，广泛应用于各种机械及仪表中，随着现代工业的发展，对齿轮制造质量要求越来越高，齿轮加工设备向着高精度、高效率和高自动化的方向发展。

滚齿加工生产率高，可加工工件种类多。齿轮加工机床已成为现代机械制造装备业的重要加工装备。

4.5.1　齿轮加工成形原理

齿轮加工机床的种类很多，构造及加工方法也各不相同。但按齿形形成的原理分类，齿轮加工的方法可分为成形法和展成法两类。

1. 成形法

成形法加工齿轮是使用切削刃形状与被切齿轮的齿槽形状完全相符的成形刀具切出齿轮的方法。即由刀具的切削刃形成渐开线母线，再加上一个沿齿坯齿向的直线运动形成所要加工齿轮的齿面。这种方法一般在铣床上用盘铣刀或指形齿轮铣刀铣削齿轮，如图 4-37 所示。此外，也可以在刨床或插床上用成形刀具刨削、插削齿轮。

根据成形刀具每次所能加工的齿廓数多少，可以将成形法加工齿轮分为单齿廓成形法和齿廓成形法。图 4-37 所示为采用单齿廓成形法分齿加工齿轮的方法，即加工完一个齿，退回，工件分度，再加工下一个齿，因此生产率较低，而且对于同一模数的齿轮，只要齿数不同，齿廓形状就不同，需采用不同的成形刀具，进而增加了刀具的数量，提高了制造成本。在实际生产中为了减少成形刀具的数量，每一种模数通常只配有八把刀，各自适应一定的齿数范围，因此加工出的齿形是近似的，加工精度较低。但采用这种方法时，机床简单，不需要专用设备，适用于单件小批生产及加工精度不高的修理行业。

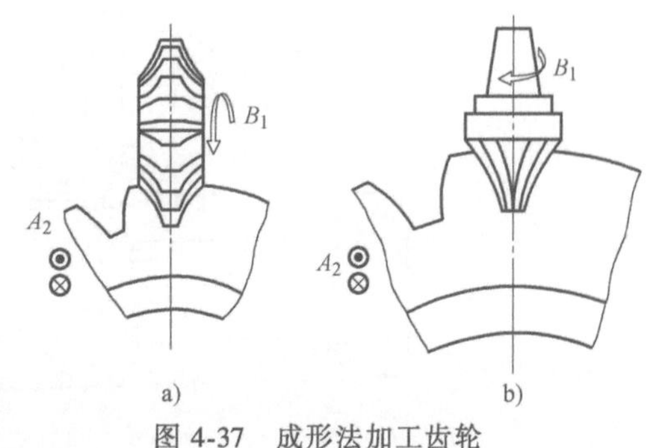

图 4-37　成形法加工齿轮

2. 展成法

展成法加工齿轮是利用齿轮啮合的原理（即上一对啮合轮齿脱离啮合之前，下一对轮齿应及时进入啮合状态，保证运动传递的连续性）进行的，其切齿过程模拟齿轮副（齿轮-齿条、齿轮-齿轮）的啮合过程。把其中的一个转化为刀具，另一个转化为工件，并强制刀具和工件做严格的啮合运动，被加工工件的齿形表面是在刀具和工件包络过程中由刀具切削刃的位置连续变化而形成的。采用展成法加工齿轮，用同一把刀具可以加工相同模数任意齿数的齿轮，其加工精度和生产率都比较高，在齿轮加工中应用最为广泛。

4.5.2　齿轮加工机床的类型

按照被加工齿轮种类不同，齿轮加工机床可分为圆柱齿轮加工机床和锥齿轮加工机床两大类。圆柱齿轮加工机床主要有滚齿机、插齿机等，锥齿轮加工机床有加工直齿锥齿轮的刨齿机、铣齿机、拉齿机和加工弧齿锥齿轮的铣齿机。用于精加工齿轮齿面的机床有珩齿机、剃齿机和磨齿机等。

1. 滚齿机

Y3150E 型滚齿机适用于加工直齿和斜齿圆柱齿轮，并可用于手动径向进给加工蜗轮，也可以加工花键轴。

如图 4-38 所示为 Y3150E 型滚齿机外形图，它主要由床身、立柱、刀架溜板、刀杆、滚刀架、支架、后立柱、工件心轴、工作台等部件组成。其中刀架溜板可沿立柱上的导轨做垂直方向的进给和快速移动；刀架与滚刀一起，可绕自身的水平轴线偏转以调整滚刀的安装角度；工件安装在工作台的心轴上，随同工作台一起回转；后立柱和工作台装在同一溜板上，可沿床身水平导轨移动，以调整工件的径向位置或做径向进给。后立柱上的支架可沿导轨上下移动，借助轴套或顶尖支承心轴的上端，以增加心轴的刚度。

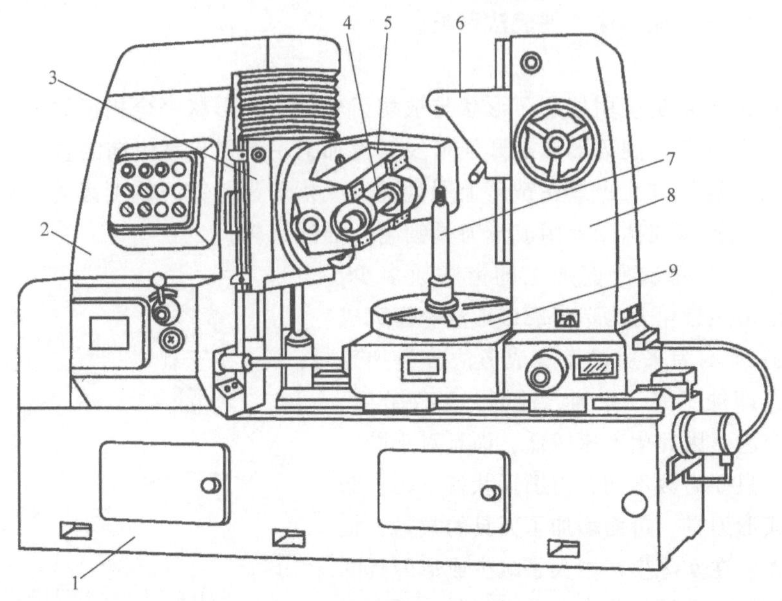

图 4-38 Y3150E 型滚齿机外形图

1—床身 2—立柱 3—刀架溜板 4—刀杆 5—滚刀架 6—支架 7—工件心轴 8—后立柱 9—工作台

2. 插齿机

展成法插齿需在专用的齿轮加工机床即插齿机上进行。图 4-39 所示为插齿机的外形图。

插齿刀安装在刀具主轴上，做上下往复直线运动和回转运动。刀架可带动插齿刀向工件切入。工件安装在工作台的心轴上，在做回转运动的同时，随工作台水平摆动。插齿机插削直齿圆柱齿轮的运动如图 4-40 所示。

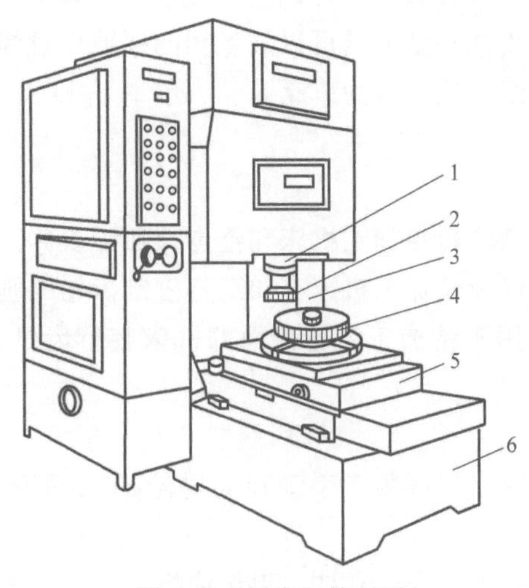

图 4-39 插齿机外形图

1—刀具主轴 2—插齿刀 3—立柱

4—工件 5—工作台 6—床身

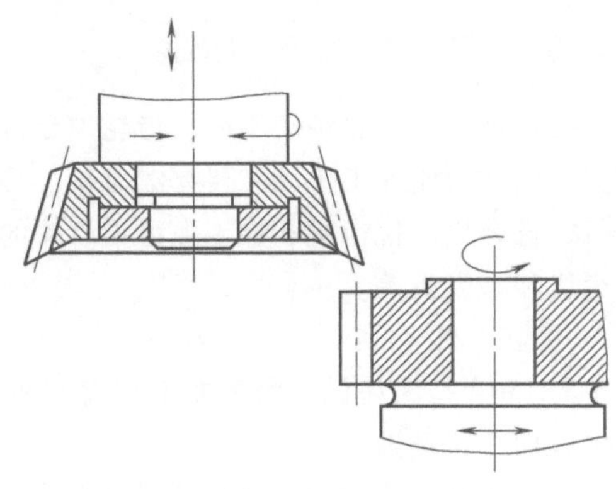

图 4-40 插齿运动

（1）主运动　主运动是插齿刀的上下往复直线运动，其中插齿刀向下运动为工作行程，向上运动为返回行程。主运动的速度以每分钟往复次数表示，单位为次/min。

（2）分齿运动　分齿运动是插齿刀与工件分别绕自身轴线回转的啮合运动，在分齿运动中，插齿刀往复一次，工件在分度圆上所转过的弧长称为圆周进给量。圆周进给量的大小影响切削效率和齿面的表面粗糙度。

（3）径向进给运动　插齿刀每往复一次，刀架带动插齿刀向工件中心径向进给一次，直到插齿刀切至齿的全深后，工件再回转1转，完成全部轮齿的插制。

（4）让刀运动　为了避免插齿刀返回行程中后刀面与工件已加工表面产生摩擦，工件应做离开刀具的让刀运动，而返回行程终了后工作行程开始时，工件应恢复原位。让刀运动由工作台的摆动实现。

4.5.3 齿轮加工刀具

1. 齿轮刀具的种类

齿轮刀具是用于加工各种齿轮齿形的刀具。由于齿轮的种类很多，相应地齿轮刀具种类也极其繁多。一般按照齿轮的齿形可分为渐开线齿轮刀具和非渐开线齿轮刀具。按照其加工工艺方法则分为成形法加工用齿轮刀具和展成法加工用齿轮刀具两大类。

（1）成形法齿轮刀具　成形法齿轮刀具是指刀具切削刃的轮廓形状与被切齿的齿形相同或近似相同。常用的有盘形齿轮铣刀和指形齿轮铣刀，如图4-41所示。

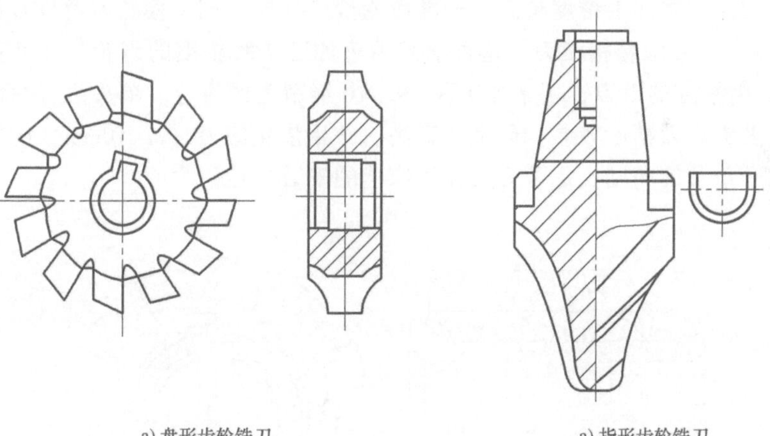

a) 盘形齿轮铣刀　　a) 指形齿轮铣刀

图4-41　成形齿轮铣刀

盘形齿轮铣刀是铲齿成形铣刀，铣刀材料一般为高速工具钢，主要用于小模数（$m<8$mm）的直齿和螺旋齿轮的加工。指形齿轮铣刀属于成形立铣刀，主要用于大模数（$m=8\sim40$mm）的直齿、斜齿或人字齿轮加工。渐开线齿轮的廓形是由模数、齿数和压力角决定的，因此要用成形法铣出高精度的齿轮，就必须针对被加工齿轮的模数、齿数等参数，设计与齿形相同的专门铣刀。这样做在生产上不方便，也不经济，甚至不可能。实际生产中通常把同一模数下不同齿数的齿轮按齿形的接近程度划分为8组或15组，每组只用一把铣刀加工，每一刀号的铣刀是按同组齿数中最少齿数的齿形设计的。选用铣刀时，应根据被切齿轮的齿数选出相应的铣刀刀号。加工斜齿轮时，则应按照其法向截面内的当量齿数来选择

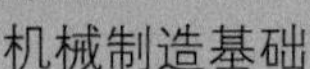

刀号。

采用成形法齿轮铣刀加工齿轮，生产率低，精度低，刀具不能通用；但是刀具结构简单，成本低，不需要专门机床。通常适合于单件、小批量生产或修配 9 级以下精度的齿轮加工。

（2）展成法齿轮刀具　这类刀具的切削刃廓形不同于被切齿轮任何剖面的槽形。被切齿轮齿形是由刀具在展成运动中的若干位置包络形成的。展成法齿轮刀具的主要优点是一把刀具可加工同一模数的不同齿数的各种齿轮。与成形法相比，具有通用性广、加工精度和生产率高的特点。但采用展成法加工齿轮时，需配备专门机床，加工成本要高于成形法。常见的展成法齿轮刀具有齿轮滚刀、插齿刀、蜗轮滚刀及剃齿刀等。

2. 齿轮滚刀

（1）齿轮滚刀的结构　齿轮滚刀形似蜗杆，为了形成切削刃，在垂直于蜗杆螺旋线方向或平行于轴线方向铣出容屑槽，形成前刀面，并对滚刀的顶面和侧面进行铲背，铲磨出后角。根据滚齿的工作原理，滚刀应当是一个端面截形为渐开线的斜齿轮，但由于这种渐开线滚刀的制造比较困难，目前应用较少。通常将滚刀轴向截形做成直线齿形，这种刀具称为阿基米德滚刀。这样滚刀的轴向截形近似于齿条，当滚刀做旋转运动时，就如同齿条在轴向平面内做轴向移动，滚刀转一转，刀齿轴向移动一个齿距，齿坯分度圆也相应转过一个齿距的弧长，从而由切削刃包络出正确的渐开线齿形。如图 4-42 所示为齿轮滚刀的结构。

（2）齿轮滚刀的主要参数　齿轮滚刀的主要参数包括外径、头数、齿形、螺旋升角、旋向等。外径越大，则加工精度越高。标准齿轮滚刀规定，同一模数有两种直径系列，Ⅰ型直径较大，适用于 2A 级精密滚刀，这种滚刀用于加工 7 级精度的齿轮；Ⅱ型直径较小，适用于 A、B、C 级精度的滚刀，用于加工 8、9、10 级精度的齿轮。单头滚刀的精度较高，多用于精切齿；多头滚刀精度较差，但生产率高。常用齿轮滚刀（m<10mm）的轴向齿形均为直线，而螺纹升角及旋向则决定了刀具在机床上的安装方位。

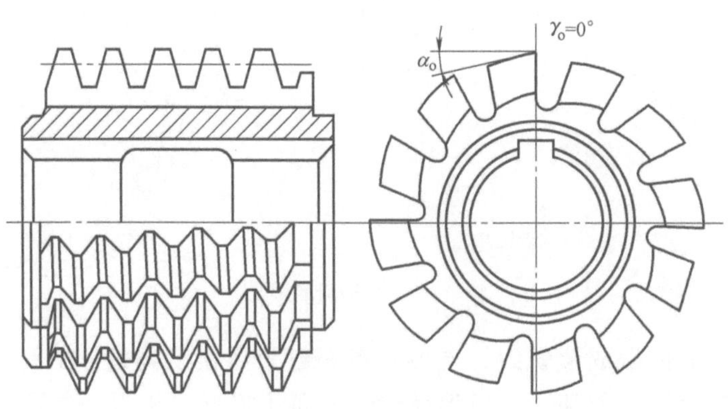

图 4-42　齿轮滚刀的结构

3. 插齿刀

插齿刀也是按展成原理加工齿轮的刀具。它主要用来加工直齿内、外齿轮和齿条，尤其是对于双联或多联齿轮、扇形齿轮等的加工有其独特的优越性。

插齿刀的外形像一个直齿圆柱齿轮。作为一种刀具，它必须有一定的前角和后角，将插齿刀的前刀面磨成一个锥面，锥顶在插齿刀的中心线上，从而形成前角。为了使齿顶和齿侧都有后角，且重磨后仍可使用，将插齿刀制成一个“变位齿轮”，而且在垂直于插齿刀轴线的截面内的变位系数各不相同，从而保证了插齿刀刃磨后齿形不变。

标准插齿刀有三种形式和三种精度等级，如图 4-43 所示。以盘形直齿插齿刀应用最为普遍。三种精度等级为 AA、A、B 级，分别用于加工 6~8 级精度的直齿圆柱齿轮。

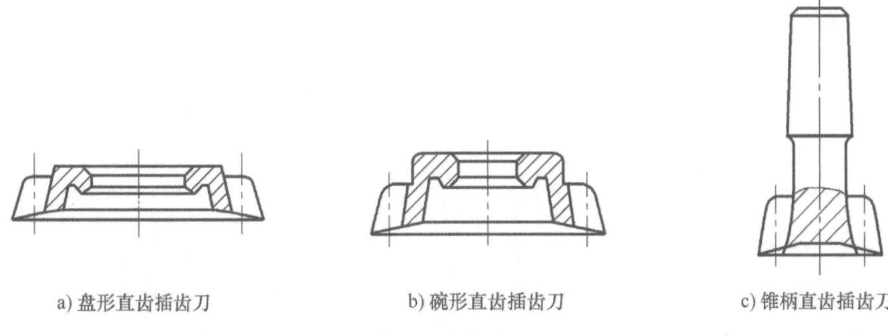

图 4-43 插齿刀类型

4. 剃齿刀

剃齿刀是用于对未淬硬的圆柱齿轮进行精加工的齿轮刀具。剃后的齿轮精度可达 6~7 级，表面粗糙度可达 $Ra0.8\sim0.4\mu m$。剃齿过程中，剃齿刀与被剃齿轮之间的位置和运动关系与一对螺旋圆柱齿轮的啮合关系相似；但被剃齿轮是由剃齿刀带动旋转。剃齿为一种非强制啮合的展成加工，如图 4-44 所示。

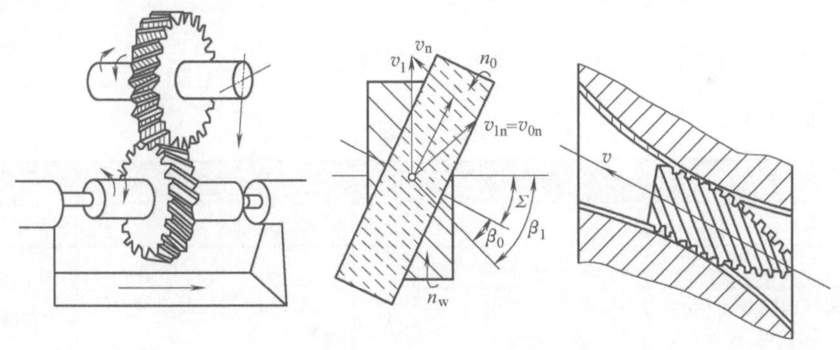

图 4-44 剃齿工作原理

剃齿刀本身是一个螺旋圆柱齿轮，其齿侧面上开有许多小沟槽，以形成切削刃。剃齿刀和齿轮啮合，带动齿轮旋转，在啮合点两者的速度方向不一致，使齿轮的齿侧面沿剃齿刀的齿侧面滑动，剃齿刀便从被切齿轮齿面上刮下一层薄薄的金属。为了剃出全齿宽和剃去全部余量，工作台要带动被剃齿轮做轴向往复进给运动，剃齿刀要做径向进给运动；同时，剃齿刀在交替正、反转，以分别剃削齿轮轮齿的两个侧面。

4.5.4 齿轮加工工艺

1. 齿轮加工工艺路线

齿轮加工的工艺路线应根据齿轮材质和热处理要求、齿轮结构及尺寸大小、精度要求、生产批量和工厂的生产条件而定。一般可归纳成如下工艺路线。

毛坯制造—齿坯热处理—齿坯加工—检验—齿形加工—齿端加工—齿面热处理—精基准修正—齿形精加工—检验。

图 4-45 所示为双联齿轮，材料为 40Cr，齿面高频淬火，精度为 7 级，齿部热处理：表面淬火至 52HRC。其加工工艺路线见表 4-2。

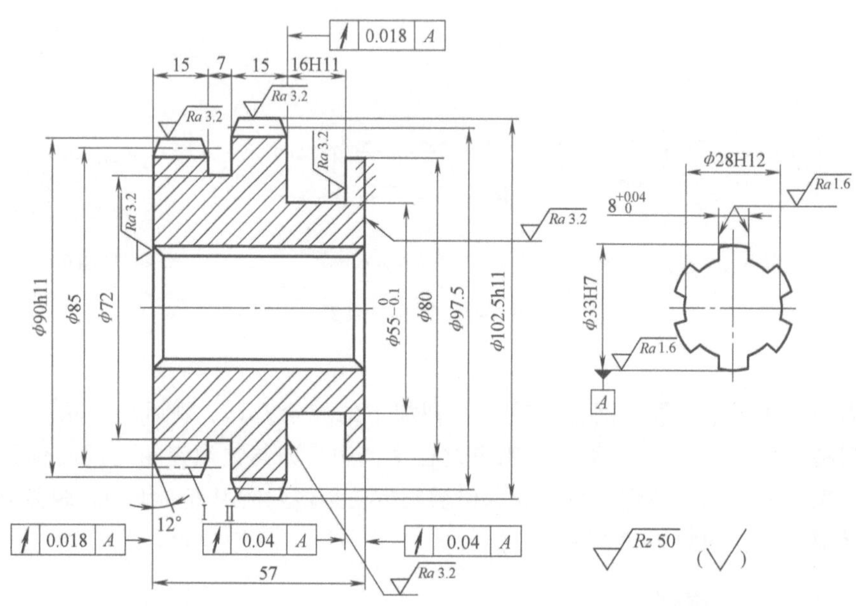

图 4-45　双联齿轮

表 4-2　双联齿轮加工工艺路线

序号	工序内容	定位基准
1	毛坯锻造	
2	正火	
3	粗车外圆和端面(留余量 1~1.5mm),钻、镗花键底孔至尺寸	外圆和端面
4	拉花键孔	φ28H12
5	精车外圆、端面及槽至图样要求	花键孔和端面
6	检验	
7	滚齿($z=39$),留剃齿余量 0.06~0.08mm	花键孔和端面
8	插齿($z=34$),留剃齿余量 0.03~0.05mm	花键孔和端面
9	倒角	花键孔和端面
10	钳工去毛刺	
11	剃齿($z=39$),公法线长度至尺寸上限	花键孔和端面
12	剃齿($z=34$),公法线长度至尺寸上限	花键孔和端面
13	齿部高频感应加热淬火至 52HRC	
14	推孔	花键孔和端面
15	珩齿	花键孔和端面
16	检验	

2. 圆柱齿轮加工的工艺特点

(1) 定位基准选择　齿轮的内孔是齿圈的设计基准和齿轮的装配基准。应尽量选择内孔作为齿轮加工的定位基准。

对于带孔齿轮，一般选择内孔和一个端面作为定位基准，表 4-2 中从工序 5 开始就一直以花键孔和端面作为定位基准。对于小直径轴齿轮，可采用两端的中心孔作为统一的定位基准；对于大直径的轴齿轮，通常以支承轴颈和一个较大的端面定位。

定位基准的精度对齿轮的加工精度，尤其对齿轮的齿圈径向圆跳动和齿向精度影响很大，而提高定位基准的精度并不困难，因此实践中通常通过减小标准规定的齿坯公差来提高齿轮的加工精度。

(2) 齿坯加工　齿轮的加工分为两部分，即齿坯加工和齿形加工。齿坯加工的内容包括齿坯的端面、孔（带孔齿轮）、中心孔（轴齿轮）及外圆加工。

齿坯内孔的加工主要采用以下 3 种方案。

1) 钻—扩—铰。

2) 钻—扩—拉—磨。

3) 镗—拉—磨。

齿坯外圆和端面主要采用车削加工。大批量生产时，常采用高生产率的机床加工齿坯；单件小批生产时，一般采用卧式车床加工齿坯，但必须注意内孔和基准端面的精加工应在一次安装内完成，并在基准端面上做记号。

(3) 齿形加工　齿形加工是整个齿轮加工的关键工序。齿形加工方案的制订主要取决于齿轮精度、结构、生产类型、齿轮热处理及工厂的现有生产条件。常用的齿形加工方案如下。

1) 9 级精度以下齿轮：单件、小批生产时可采用铣齿。

2) 8 级精度以下的齿轮：调质齿轮采用滚齿或插齿加工。对于淬硬齿轮，加工方案可采用滚齿或插齿—齿端加工—淬火—校正孔。但在淬火前齿形加工的精度应提高一级。

3) 6~7 级精度齿轮：对于淬硬齿轮，可采用滚（或插）齿—齿端加工—剃齿—表面淬火—校正基准—珩齿。如齿面不需淬硬，则上述工艺路线到剃齿为止。这种方案生产率高，设备简单，成本较低，适用于成批或大量生产齿轮。

4) 5 级精度以上齿轮：一般采用粗滚齿—精滚齿—齿端加工—淬火—校正基准—粗磨齿—精磨齿。磨齿是目前齿形加工中精度最高、表面粗糙度值最小的加工方法。但一般的磨齿方法生产率低、成本高。

(4) 齿端加工　齿端的加工方式有倒圆、倒尖、倒棱和去毛刺。经齿端加工后的齿轮，在沿轴向移动换档时容易啮合，特别是倒尖后的齿轮，可以在齿轮转动过程中换档变速（如用于汽车变速器中的齿轮）。倒棱后齿端去掉了锐边，可避免在热处理时因应力集中而产生微裂纹。

齿端倒圆因其相对较方便而应用最多。

(5) 精基准的修整　齿轮淬火后其内孔常发生变形，内径可缩小 0.01~0.05mm，为保证齿形精加工质量，需要对基准孔进行修整。修整的方案一般采用推孔和磨孔。

复习思考题

4-1　铣削为什么比其他切削加工方法容易产生振动？

4-2　端铣与周铣，逆铣与顺铣各有何特点？应用如何？

4-3　成批大量生产中，铣削平面常采用端铣还是周铣？为什么？

4-4　试述铣削加工的工艺范围及特点。

4-5　常用铣床及铣床附件有哪几种？各自的主要用途是什么？

4-6　试述刨削的工艺特点和应用。

4-7　常用刨床有哪几种？它们的应用有何不同？

4-8　拉削有时要将工件端面靠在球面垫上，为什么？

4-9　常用圆孔拉刀的结构由哪几部分组成？各部分起什么作用？

4-10　试述拉削的工艺特点和应用。

4-11　镗削加工有何特点？常用的镗刀有哪几种类型？其结构和特点如何？

4-12　卧式镗床有哪些成形运动？说明它能完成哪些加工工作。

4-13　外圆表面常用加工方法有哪些？如何选用？

4-14　砂轮的特征主要取决于哪些因素？如何进行选择？

4-15　外圆磨削有哪几种方式？各有何特点？各适用于什么场合？

4-16　简述无心外圆磨削的特点及磨削方法。

4-17　万能外圆磨床上磨削锥面有哪几种方法？各适用于何种场合？机床应如何调整？

4-18　试述内圆磨削的工艺特点及应用范围。

4-19　试分析磨平面时，端磨与周磨各自的特点。

4-20　平面磨床有哪几种类型？常用的是哪种类型？

4-21　在滚齿机上加工齿轮的齿形时，有哪些运动？滚刀与被加工齿轮的运动关系如何？

4-22　小批生产的直齿圆柱齿轮，齿轮精度为6级，材料为40Cr，要求调质处理，齿面高频淬火，试制订其加工工艺路线，并分析制订工艺路线的依据。

第5章 机械加工工艺规程的制订

教学要求：通过学习，使学生了解机械加工工艺规程的概念、作用及内容；掌握制订机械加工工艺规程的原始资料及步骤，熟悉拟订工艺路线时应遵循的原则；掌握基准重合及基准不重合时工序尺寸及公差的确定方法，以及选择机床及其他工艺装备的原则。重点掌握毛坯的选择、拟订工艺路线的原则、工序尺寸及公差的确定方法。

5.1 概述

机械加工工艺规程是将零件机械加工的工艺过程按照规定的形式书写成工艺文件，文件中的内容很多是按照生产零件的工艺过程步骤填写的，具体内容如下所述。

5.1.1 生产及机械加工工艺基本概念

1. 生产过程和工艺过程

生产过程是指将原材料（或半成品）转变为成品的全过程。而在生产过程中，直接改变原材料或毛坯的形状、尺寸、性能及相互位置关系，使之成为成品或半成品的过程，称为工艺过程。工艺过程是生产过程中的主要部分，其他的劳动过程则为生产过程的辅助过程。

2. 机械加工工艺过程的组成

机械加工工艺过程往往是比较复杂的。根据零件的结构特点、技术要求的不同，需要采用不同的加工方法和加工设备，其工艺过程一般由一个或若干个工序组成，而工序又可分为安装、工位、工步和走刀等，它们按一定顺序排列，逐步改变毛坯的形状、尺寸和材料的性能，使之成为合格的零件。

(1) 工序　所谓工序，就是由一个（或一组）工人，在一个工作地点（或一台机床上），对同一个或同时对几个工件所连续完成的那部分工艺过程。

工序是工艺过程的基本单元，划分工序的主要依据是工作地点（或设备）是否变动和工作是否连续。若有变动或不连续表面加工，则构成了另一道工序。通常把仅列出主要工序名称的简略工艺过程简称为工艺路线。如图 5-1 所示的阶梯轴，在小批量生产时其工序的划分见表 5-1；大批量生产时，可按表 5-2 划分工序。

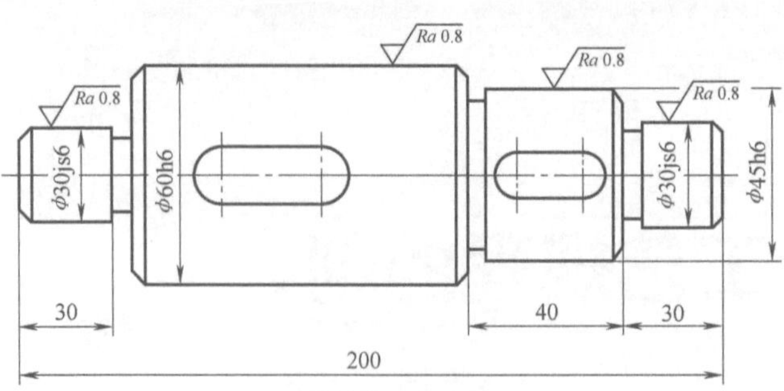

图 5-1　阶梯轴简图

表 5-1　单件小批量生产阶梯轴的加工工艺路线

工序号	工序内容	设　备
1	车两端面至总长,钻中心孔,车全部外圆,车槽与倒角	车床
2	划键槽线,铣键槽,去毛刺	铣床
3	粗磨各外圆	外圆磨床
4	热处理	高频淬火机
5	精磨外圆	外圆磨床

表 5-2　成批生产阶梯轴的加工工艺路线

工序号	工序内容	设　备
1	铣两端面,钻中心孔	铣端面钻中心孔机床
2	车一端外圆,车槽与倒角	车床
3	车另一端外圆,车槽与倒角	车床
4	铣键槽	铣床
5	去毛刺	钳工台
6	粗磨外圆	外圆磨床
7	热处理	高频淬火机
8	精磨外圆	外圆磨床

从表 5-1 和表 5-2 可以看出，当工作地点变动时，即构成另一工序；同时，在同一工序内所完成的工作必须是连续的，若不连续，也构成另一工序。如表 5-2 中的工序 2 和工序 3，先将一批工件的一端全部车削完成，然后调头在同一车床上再车这批工件的另一端，尽管工作地点没有变动，但对每一个工件来说，两端的加工是不连续的，因此划分为两道工序。

（2）安装　工件在机床上经一次装夹所完成的那部分工序称为安装。在同一工序中，工件可能需要被装夹一次或多次才能完成加工。例如表 5-1 中的工序 2，工件经一次装夹即可铣出两键槽；而工序 1 中，为了车削全部外圆，则需要两次装夹工件。在加工中，应尽可能减少工件的装夹次数，以减少安装误差和工件装卸所花费的时间。

（3）工位　为了减少工件的装夹次数，在大批量生产时，常采用各种回转工作台、回转夹具或移位夹具，使工件在一次装夹中先后处于几个不同位置进行加工。工件在一次装夹中相对于机床或刀具每占据一个加工位置所完成的那部分工艺过程，称为工位。工位又可分为单工位和多工位。图 5-2 所示为一种用回转工作台在一次装夹中顺次完成装卸工件、钻孔、扩孔和铰孔四个工位加工的实例。

(4) 工步 在加工表面、加工工具、切削速度和进给量都不变的情况下，所连续完成的那一部分工序，称为工步。一道工序可以包括几个工步，也可以只包括一个工步。例如表 5-2 中的工序 3，它包括车各外圆表面及车槽等工步。而表 5-2 中的工序 4，采用键槽铣刀铣键槽时，就只包括一个工步。

有时为了提高生产率，用几把刀具同时加工一个零件的几个不同表面，此类工步称为复合工步，如图 5-3 所示。在工艺文件中，复合工步被视为一个工步。

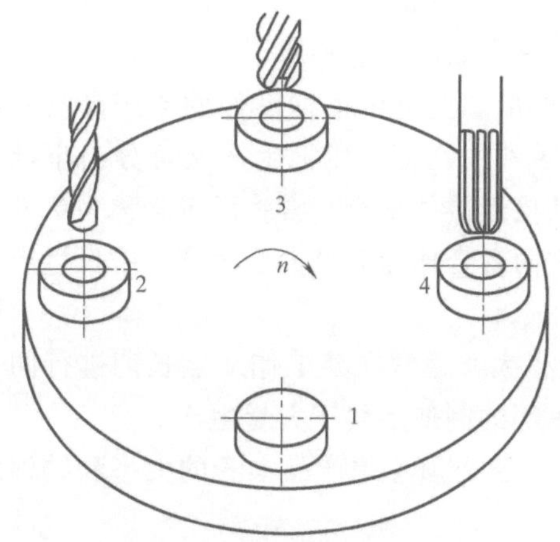

图 5-2 多工位加工

工位 1—装卸工件 工位 2—钻孔

工位 3—扩孔 工位 4—铰孔

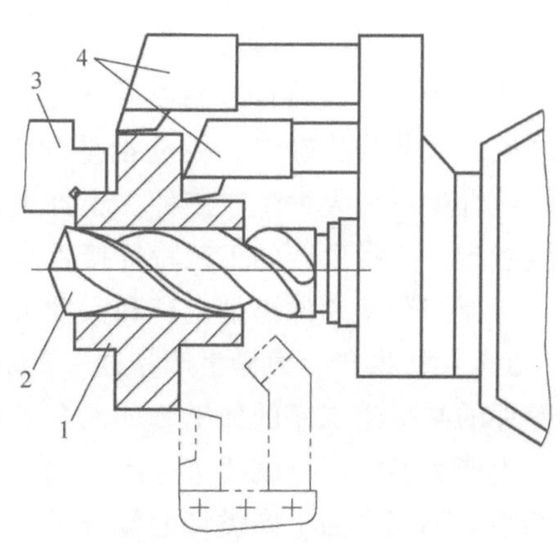

图 5-3 复合工步

1—零件 2—钻头 3—夹具 4—工具

(5) 走刀（或进给）在一个工步内，若被加工表面需切除的金属层很厚，需要分几次切削，则每进行一次切削就是一次走刀，亦即每次切削所完成的那部分工序，称为走刀。一个工步可以包括一次或多次走刀。

3. 生产纲领、生产类型及其工艺特征

机械产品的制造工艺不仅与产品的结构、技术要求有很大关系，而且与企业的生产类型有较大关系；而企业的生产类型是由企业的生产纲领来决定的。

(1) 生产纲领 企业在计划期内应生产的产品数量和进度计划，称为生产纲领。企业的计划期常定为一年，因此，生产纲领常被理解为企业一年内生产的产品数量，也称为年产量。机器中某零件的生产纲领除制造机器所需要的零件数量以外，还要包括一定的备品和废品，所以，备品和废品数量应计入零件的生产纲领。零件的生产纲领通常可按以下公式计算

$$N=Q\cdot n(1+a)(1+b)$$

式中 N——零件的生产纲领（件/年）；

Q——产品的年产量（台/年）；

n——每台产品中含该零件的数量（件/台）；

a——备品率，以百分数计；

b——废品率，以百分数计。

生产纲领的大小对生产组织和零件加工工艺过程起着重要的作用，它决定了各工序所需专业化和自动化的程度，决定了所应选用的工艺方法和工艺装备。

（2）生产类型及其工艺特征　在制订机械加工工艺的过程中，工序的安排不仅与零件的技术要求有关，而且与生产类型有关。生产纲领不同，生产规模也不同。根据生产纲领的大小和产品品种的多少，机械制造企业的生产可分为单件生产、成批生产（小批、中批和大批）和大量生产三种类型。

1）单件生产。单件生产指同一产品的产量很小，而且很少重复生产，各工作地点的加工对象经常改变。如重型机械制造、专用设备制造和新产品试制等均属于单件生产。

2）成批生产。成批生产指一年中分批轮流制造几种不同的产品，每种产品均有一定的数量，生产呈周期性重复。如机床、机车、纺织机械等产品的制造多属于成批生产。

同一产品（或零件）每批投入生产的数量称为批量。批量可根据零件的年产量及一年中的生产批数计算确定。根据批量的大小和被加工零件的特征，成批生产又可分为小批生产、中批生产和大批生产三种。小批生产的工艺特征接近单件生产，常将两者合称为单件小批量生产；大批生产的工艺特征接近大量生产，常将两者合称为大批大量生产；中批生产的工艺特征则介于单件小批生产和大批大量生产之间。

3）大量生产。大量生产指同一产品的生产数量很大，通常在某工作地点长期进行同一种零件的某一道工序的加工。如汽车、拖拉机、轴承等的制造多属于大量生产。

生产类型的划分既要考虑生产纲领（即年产量），还必须考虑产品本身的大小和结构的复杂性。不同产品生产类型的划分见表 5-3。

表 5-3　不同产品生产类型的划分

生产类型		生产纲领/(台/年或件/年)			工作地每月担负的工序数/月
		重型机械或重型零件	中型机械或中型零件	小型机械或轻型零件	
单件生产		≤5	≤10	≤100	不作规定
成批生产	小批	>5~100	>10~150	>100~500	>20~40
	中批	>100~300	>150~500	>500~5000	>10~20
	大批	>300~1000	>500~5000	>5000~50000	>1~10
大量生产		>1000	>5000	>50000	1

注：小型机械、中型机械和重型机械可分别以缝纫机、机床（或柴油机）和轧钢机为代表。

为了获得最佳的经济效益，对于不同的生产类型，其生产组织、生产管理、车间管理、毛坯选择、设备工装、加工方法和操作者的技术等级要求均有所不同，具有不同的工艺特征。各种生产类型的主要工艺特征见表 5-4。

表 5-4　各种生产类型的主要工艺特征

项　目	单件生产	成批生产	大量生产
加工对象	经常变换	周期性变换	固定不变
工件的互换性	一般配对制造，缺乏互换性。广泛用钳工修配	大部分具有互换性。少数用钳工修配	全部有互换性。少数装配精度较高，采用分组装配法
毛坯的制造方法及加工余量	木模手工造型或自由锻，毛坯精度低，加工余量大	部分采用金属模铸造或模锻，毛坯精度中等，加工余量中等	广泛采用金属模机器造型、模锻或其他高效方法，毛坯精度高，加工余量小

（续）

项　目	单件生产	成批生产	大量生产
机床设备	采用通用机床，部分采用数控机床，按机床种类及大小采用“机群式”排列	采用部分通用机床和部分高生产率机床，按加工零件类别分工段排列	广泛使用高生产率的专用机床及自动化机床，按流水线形式排列
夹具	多用标准附件，极少采用专用夹具，靠划线及试切法达到精度要求	广泛使用专用夹具，部分靠划线法达到精度要求	广泛使用高效率专用夹具，靠夹具及调整法达到精度要求
刀具和量具	采用通用刀具和万能量具	较多采用专用刀具和专用量具	广泛采用高生产率刀具和量具
对工人的要求	需要技术熟练的工人	需要一定熟练程度的工人	调整工要求技术熟练，操作工熟练程度要求较低
工艺规程	有简单的工艺路线卡、关键工序的工序卡	有工艺过程卡、关键零件的工序卡	有工艺过程卡和工序卡，关键工序要有调整卡和检验卡
制造成本	高	中	低
生产率	低	中	高

5.1.2 机械加工工艺规程及其制订

1. 机械加工工艺规程的作用

在许多情况下，工艺过程不是唯一的，但总会存在一个相对合理的方案。将比较合理的工艺过程确定下来，按规定的形式书写成工艺文件，经审批后作为指导生产的依据，即形成了机械加工工艺规程。其作用主要体现在以下三个方面。

1）工艺规程是指导生产的主要技术文件，是现场生产的依据。工艺规程是在总结实践经验的基础上，依据科学理论和必要的工艺试验并考虑具体的生产条件而制订的，它是保证产品质量和正常生产秩序的指导性文件。同时，工艺规程也是处理生产问题的依据，如产品的质量问题，可按工艺规程来明确各生产单位的责任。

2）工艺规程是生产组织和管理工作的基本依据。在产品投产前，可根据工艺规程进行原材料及毛坯供应、机械负荷调整、通用设备准备、专用工艺装备的设计和制造、生产作业计划的编排、劳动力的组织及生产成本的核算等工作。

3）工艺规程是新建或扩建工厂和车间的基本资料。在新建或扩建工厂时，只有根据工艺规程和生产纲领，才能明确生产所需机床及其他设备的种类、数量和规格，确定工厂或车间的面积，机床的平面布置，生产工人的工种、等级、数量以及各辅助部门的安排等。

2. 制订机械加工工艺规程的原则及步骤

（1）制订工艺规程的原则　机械加工工艺规程制订的原则是优质、高产、低成本，即在保证产品质量的前提下，尽可能地提高生产率和降低生产成本。在具体制订工艺规程时，要体现以下几个方面的基本要求。

1）质量上的可靠性。工艺规程要充分考虑和采取一切确保产品质量的必要措施，能全面、可靠和稳定地达到设计图样上所要求的尺寸精度、表面质量和其他技术要求。

2）技术上的先进性。在制订工艺规程时，要了解国内外本行业工艺技术的发展水平，通过必要的工艺试验，积极采用实用的先进工艺和工艺装备。

3）经济上的合理性。在一定的生产条件下，可能会出现几种能够保证零件技术要求的工艺方案。此时应通过核算或相互对比，选择经济上最合理的方案，使产品的能源、材料消耗和生产成本最低。

4）有良好的劳动条件。在制订工艺规程时，要注意保证工人操作时有良好而安全的劳动条件。因此，在工艺方案上要注意采取机械化或自动化措施，以减轻工人繁重的体力劳动。

（2）制订工艺规程的步骤　制订工艺规程从以下几步进行。

1）计算零件的生产纲领，确定生产类型。

2）分析零件图及产品装配图，对零件进行工艺分析，形成拟订工艺规程的总体思路。

3）确定毛坯的制造方法。

4）拟订工艺路线，选择定位基准及装夹方式，划定加工阶段。

5）确定各工序所用的设备及刀具、夹具、量具和辅助工具。

6）确定各工序的加工余量，计算工序尺寸及公差。

7）确定各工序的切削用量及工时定额。

8）确定各主要工序的技术要求及检验方法。

9）编制工艺文件。

3. 机械加工工艺规程的格式及内容

工艺规程的主要格式是卡片。将工艺规程的内容填入一定格式的卡片，即成为生产准备和施工依据的工艺文件。目前最常用的工艺规程卡片有下列三种。

（1）机械加工工艺过程卡片　这种卡片是以工序为单位，简要地列出了整个零件加工所经过的工艺路线（包括毛坯制造、机械加工、热处理和检验等）。它是制订其他工艺文件的基础，也是生产技术准备、编排作业计划和组织生产的依据。

在机械加工工艺过程卡片中，由于工序的说明不够具体，故一般不用于直接指导工人操作，而多用于生产管理方面。但在单件小批生产中，由于通常不编制其他较详细的工艺文件，因而只能以这种卡片指导生产。机械加工工艺过程卡片的格式见表 5-5。

（2）机械加工工艺卡片　机械加工工艺卡片是以工序为单位，详细说明整个工艺过程的一种工艺文件。它是用来指导工人生产、帮助车间管理人员和技术人员掌握整个零件加工过程的一种主要技术文件，广泛用于零件的成批生产和重要零件的小批生产中。卡片的内容包括零件的材料及重量、毛坯的种类、工序号、工序名称、工序内容、工艺参数、操作要求，以及采用的设备和工艺装备等。机械加工工艺卡片的格式见表 5-6。

（3）机械加工工序卡片　机械加工工序卡片是在工艺过程卡片或工艺卡片的基础上，按每道工序所编排的一种工艺文件。它更详细地说明了零件在各个工序的加工要求，是用来具体指导工人操作的工艺文件，多用于大批大量生产及重要零件的成批生产。在机械加工工序卡片中，要画出工序简图，注明该工序每一工步的内容、工艺参数、操作要求，以及所使用的设备和工艺装备等。机械加工工序卡片的格式见表 5-7。

表 5-5　机械加工工艺过程卡片

	(厂名)		机械加工工艺过程卡片	产品型号			零(部)件图号		共　页
				产品名称			零(部)件名称		第　页
	材料牌号		毛坯种类		毛坯外形尺寸		每毛坯件数	每台件数	每坯质量
	工序号	工序名称	工序内容	车间	工段	设备	工艺装备	工时	
								准终	单件
描图									
描校									
底图号									
装订号									
							编制(日期)	审核(日期)	会签(日期)
	标记	处数	更改文件号	签字 日期	标记 处数	更改文件号	签字 日期		

表 5-6　机械加工工艺卡片

<table>
<tr><td rowspan="2"></td><td colspan="4" rowspan="2">（厂名）</td><td colspan="3" rowspan="2">机械加工工艺卡片</td><td colspan="2">产品型号</td><td></td><td colspan="4">零（部）件图号</td><td></td><td colspan="2">共　页</td></tr>
<tr><td colspan="2">产品名称</td><td></td><td colspan="4">零（部）件名称</td><td></td><td colspan="2">第　页</td></tr>
<tr><td></td><td colspan="2">材料牌号</td><td></td><td>毛坯种类</td><td></td><td colspan="2">毛坯外形尺寸</td><td></td><td>每坯件数</td><td></td><td colspan="2">每台件数</td><td></td><td>每坯质量</td><td></td></tr>
<tr><td rowspan="2"></td><td rowspan="2">工序</td><td rowspan="2">安装</td><td rowspan="2">工步</td><td rowspan="2">工序名称</td><td rowspan="2">同时加工件数</td><td colspan="4">切削用量</td><td rowspan="2">设备名称及编号</td><td colspan="3">工艺装备名称编号</td><td rowspan="2">技术等级</td><td colspan="2">工时定额/min</td></tr>
<tr><td>背吃刀量/mm</td><td>切削速度/（m/min）</td><td>转速/（r/min）</td><td>进给量/（mm/r）</td><td>夹具</td><td>刀具</td><td>量具</td><td>单件</td><td>准备终结</td></tr>
<tr><td></td><td></td><td></td><td></td><td></td><td></td><td></td><td></td><td></td><td></td><td></td><td></td><td></td><td></td><td></td><td></td><td></td></tr>
<tr><td>描图</td><td></td><td></td><td></td><td></td><td></td><td></td><td></td><td></td><td></td><td></td><td></td><td></td><td></td><td></td><td></td><td></td></tr>
<tr><td></td><td></td><td></td><td></td><td></td><td></td><td></td><td></td><td></td><td></td><td></td><td></td><td></td><td></td><td></td><td></td><td></td></tr>
<tr><td>描校</td><td></td><td></td><td></td><td></td><td></td><td></td><td></td><td></td><td></td><td></td><td></td><td></td><td></td><td></td><td></td><td></td></tr>
<tr><td></td><td></td><td></td><td></td><td></td><td></td><td></td><td></td><td></td><td></td><td></td><td></td><td></td><td></td><td></td><td></td><td></td></tr>
<tr><td>底图号</td><td></td><td></td><td></td><td></td><td></td><td></td><td></td><td></td><td></td><td></td><td></td><td></td><td></td><td></td><td></td><td></td></tr>
<tr><td></td><td></td><td></td><td></td><td></td><td></td><td></td><td></td><td></td><td></td><td></td><td></td><td></td><td></td><td></td><td></td><td></td></tr>
<tr><td>装订号</td><td></td><td></td><td></td><td></td><td></td><td></td><td></td><td></td><td></td><td></td><td></td><td></td><td></td><td></td><td></td><td></td></tr>
<tr><td></td><td></td><td></td><td></td><td></td><td></td><td></td><td></td><td></td><td></td><td></td><td>编制（日期）</td><td>审核（日期）</td><td>会签（日期）</td><td></td></tr>
<tr><td></td><td>标记</td><td>处数</td><td>更改文件号</td><td>签字</td><td>日期</td><td>标记</td><td>处数</td><td>更改文件号</td><td>签字</td><td>日期</td><td></td><td></td><td></td><td></td></tr>
</table>

表 5-7 机械加工工序卡片

	(厂名)	机械加工工序卡片	产品型号		零(部)件图号		共 页
			产品名称		零(部)件名称		第 页

(工序简图)

工序号	工序名称		
车间	工段	材料牌号	
毛坯种类	毛坯外形尺寸	每坯件数	每台件数
设备名称	设备型号	设备编号	同时加工件数
夹具编号	夹具名称	切削液	
		工时定额	
		准终	单件

	工序号	工步内容	工艺装备	主轴转速/(r/min)	切削速度/(m/min)	进给量/(mm/r)	背吃刀量/mm	进给次数	工时定额	
描图									机动	辅助
描校										
底图号										
装订号										

											编制(日期)	审核(日期)	会签(日期)	
	标记	处数	更改文件号	签字	日期	标记	处数	更改文件号	签字	日期				

5.2 零件图的工艺分析

在制订某零件的机械加工工艺规程时，首先要根据产品装配图，熟悉该产品的用途、性能及工作原理，明确该零件在产品中的作用及与相关零件的位置关系；了解并研究各项技术要求制订的依据，找出其主要技术要求和技术关键，以便在拟订工艺规程时采取适当的措施加以保证。然后着重对该零件进行技术要求分析和结构工艺性分析。

5.2.1 零件的技术要求分析

零件图样上的技术要求，既要满足设计要求，又要便于加工。技术要求包括下列几个方面。

1）加工表面的尺寸精度、形状精度和表面质量。

2）各加工表面之间的相互位置精度。

3）工件的热处理和其他要求，如动平衡、镀铬处理、未注圆角、去毛刺等。

分析零件的技术要求，应首先区分零件的主要表面和次要表面。主要表面是指零件与其他零件相配合的表面或直接参与机器工作过程的表面；其余表面称为次要表面。

分析零件的技术要求，还要结合零件在产品中的作用、装配关系、结构特点，审查技术要求是否合理。过高的技术要求，会造成工艺过程复杂，加工困难，影响加工的生产率和经济性。如果发现不妥甚至有遗漏或错误之处，应提出修改建议，并与设计人员协商解决；如果要求合理，但现有生产条件难以实现，则应提出解决措施。

5.2.2 零件的结构工艺性分析

1. 零件的结构工艺性概念

所谓零件的结构工艺性，是指零件在满足使用要求的前提下，制造该零件的可行性和经济性。它包括零件的各个制造过程中的工艺性，即零件结构的铸造、锻造、冲压、焊接、热处理、切削加工等工艺性。由此可见，零件结构工艺性涉及面很广，具有综合性，必须全面综合地分析。所谓结构工艺性好，是指在现有工艺条件下，既能方便制造又有较低的制造成本。在制订机械加工工艺规程时，主要进行零件切削加工工艺性分析。

2. 零件的切削加工工艺性

对于零件的切削加工工艺性，主要从零件加工的难易性和加工成本两方面考虑。在满足使用要求的前提下，一般对零件的技术要求应尽量降低，同时对零件每一个加工表面的设计，应充分考虑其可加工性和加工的经济性，使其加工工艺路线简单，有利于提高生产率，并尽可能使用标准刀具和通用工艺装备等，以降低加工成本。此外，零件的切削加工工艺性还要考虑以下要求。

1）设计的结构要有足够的加工空间，以保证刀具能够接近加工部位，如留有必要的退刀槽和越程槽等。

2）设计的结构应便于加工，如应尽量避免在斜面上钻孔。

3）尽量减少加工面积，如对于大平面或长孔，可合理加设空刀面等。

4）从提高生产率的角度考虑，在结构设计中应尽量使零件上相似的结构要素（如退刀

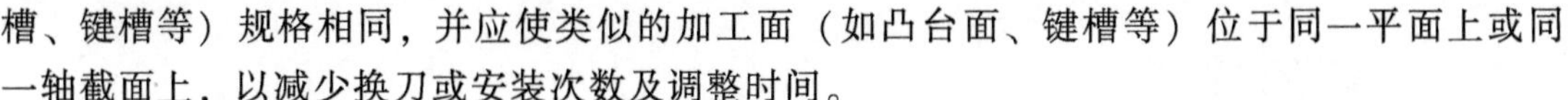

槽、键槽等）规格相同，并应使类似的加工面（如凸台面、键槽等）位于同一平面上或同一轴截面上，以减少换刀或安装次数及调整时间。

5）零件的结构设计应便于加工时的定位与夹紧。

表 5-8 列出了部分零件切削加工工艺性对比的示例。

表 5-8　部分零件切削加工工艺性对比

序号	切削加工工艺性		工艺性说明
	A. 工艺性不好的结构	B. 工艺性好的结构	
1			键槽的尺寸、方位相同，则可在一次装夹中加工出全部键槽，以提高生产率
2			结构 A 的加工不便引进刀具
3			结构 B 的底面接触面积小，加工量小，稳定性好
4			结构 B 有退刀槽，保证了加工的可能性，可减少刀具（砂轮）的磨损
5			加工结构 A 上的孔时钻头容易引偏
6			结构 B 避免了深孔加工，节约了零件材料
7	5 4　2	4 4　4	结构 B 中的凹槽尺寸相同，可减少刀具种类，减少换刀时间

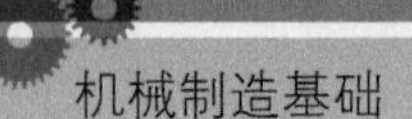

5.3 毛坯的选择

在制订工艺规程时，合理选择毛坯不仅影响毛坯本身的制造工艺和费用，而且对零件的机械加工工艺、生产率和经济性也有很大的影响。因此选择毛坯时应从毛坯制造和机械加工两个方面综合考虑，以求得最佳效果。毛坯的选择主要包括毛坯种类和毛坯制造方法的选择。

5.3.1 毛坯的种类

1. 铸件

铸件毛坯的制造方法可分为砂型铸造、金属型铸造、精密铸造、压力铸造、离心铸造等。砂型铸造精度较低；金属型铸造精度较高，适用于各种形状复杂的零件。

2. 锻件

机械强度要求高的钢制件，一般采用锻件毛坯。锻件分为自由锻件和模锻件。自由锻件毛坯精度较低，加工余量大，生产率低，零件的结构必须简单，适用于单件小批量生产的大型零件毛坯。模锻件毛坯精度较高，加工余量小，生产率高，适用于中批以上生产的中小型零件毛坯。

3. 轧制件

轧制件毛坯主要包括热轧和冷轧圆钢、方钢、六角钢、八角钢等型材。热轧毛坯精度较低，价格便宜，用于一般机器零件。冷轧毛坯精度较高，易于实现自动送料，但价格较贵，多用于制造毛坯精度要求较高的中小零件。

4. 焊接件

焊接件毛坯是将型材或板料等焊接成所需的毛坯。这种毛坯制造简便，生产周期短，节省材料，重量轻；但抗振性较差，变形大，需经时效处理消除焊接应力后才能进行加工。

5. 其他毛坯

其他毛坯主要指冲压件、粉末冶金件、冷挤压件、塑料压制件等毛坯。

5.3.2 选择毛坯时应考虑的因素

在选择毛坯种类及制造方法时，应综合考虑下列因素。

1. 零件材料及其力学性能

零件的材料大致决定了毛坯的种类。例如材料为铸铁和青铜的零件，应选择铸件毛坯；对于钢质零件，当形状不复杂、力学性能要求不太高时，可选型材作为毛坯；对于重要的钢质零件，为保证其力学性能，应选择锻件毛坯。

2. 零件的结构形状与外形尺寸

形状复杂的毛坯，一般用铸造方法制造。为防止浇注不足，薄壁零件不宜采用砂型铸造；中小型零件可考虑采用先进的铸造方法；大型零件可采用砂型铸造。对于一般用途的阶梯轴，如各阶梯直径相差不大，毛坯可选用圆棒料；如各阶梯直径相差较大，为减少材料消耗和机械加工的劳动量，则宜选择锻件毛坯。尺寸大的零件一般选择自由锻件毛坯；中小型零件可选择模锻件毛坯。

3. 生产类型

大量生产的零件应选择精度和生产率都比较高的毛坯制造方法，用于毛坯制造的昂贵费用可由材料消耗的减小和机械加工费用的降低来补偿。如铸件采用金属模机器造型或精密铸造；锻件采用模锻、精锻。零件批量较小时，应选择精度和生产率较低的毛坯制造方法。

4. 现有生产条件

确定毛坯的种类及制造方法时，必须考虑具体的生产条件，如毛坯制造的工艺水平、设备状况以及对外协作的可能性等。

5. 充分考虑利用新工艺、新技术的可能性

随着机械制造技术的发展，毛坯制造方面的新工艺、新技术的应用也发展很快。如精铸、精锻、冷挤压、粉末冶金和工程注塑等在机械中的应用日益增加，采用这些方法可大大减少机械加工工作量，有时甚至可以不再进行机械加工，其经济效益非常显著。

5.4　工艺路线的拟订

零件加工的工艺路线是指零件在生产过程中，由毛坯到成品所经过的工序的先后顺序。工艺路线的拟订是制订工艺规程的关键，其主要任务是选择各个表面的加工方案，确定各个表面加工的先后顺序，确定工序集中与分散程度，以及选择设备与工艺装备等。

关于工艺路线的拟订，目前还没有一套普遍而完善的方法，通常采用经过生产实践总结出的一些综合性原则。在应用这些原则时，要结合具体的生产类型及生产条件，尽可能多提出几种方案，通过分析对比，从中选择最佳方案。

5.4.1　加工方案的选择

为了完成某表面的加工并达到其技术要求而采用的一系列加工方法的组合，称为加工方案。不同的加工表面所采用的加工方案不同，而同一加工表面，可能有许多加工方案可供选择。选择的加工方案应满足加工质量、生产率和经济性各方面的要求。为了正确选择加工方案，应了解各加工方法的特点，掌握经济精度及经济粗糙度的概念。

1. 经济精度与经济粗糙度

加工过程中，影响加工精度的因素很多。每种加工方法在不同的工作条件下所能达到的加工精度是不同的。例如，在一定的设备条件下，操作精细，选择较低的进给量和背吃刀量，就能获得较高的加工精度和较低的表面粗糙度值。但是这必然会使生产率降低，生产成本增加。反之，提高了生产率，虽然成本降低，但会增大加工误差，降低加工精度。

所谓经济加工精度，是指在车间正常加工条件下所能保证的加工精度。正常的加工条件是指采用符合质量标准的设备、工艺装备和标准技术等级的操作者，不延长加工时间等。

经济粗糙度的概念类同于经济精度的概念。

各种加工方法所能达到的经济精度和经济粗糙度，以及各种典型的加工方案均已制成表格，在机械加工的各种手册中均能查到。表 5-9、表 5-10、表 5-11 中分别摘录了外圆、内孔和平面等典型表面的加工方案以及所能达到的经济精度和经济粗糙度，表 5-12 摘录了用各种加工方法加工平行孔系时的位置精度（用尺寸误差表示），供选用时参考。

表 5-9 外圆加工方案

序号	加工方案	经济精度（公差等级）	经济粗糙度 Ra/μm	适用范围
1	粗车	IT11~IT13	12.5~50	适用于除淬火钢以外的各种金属
2	粗车→半精车	IT8~IT10	3.2~6.3	
3	粗车→半精车→精车	IT7~IT8	0.8~1.6	
4	粗车→半精车→精车→滚压（或抛光）	IT6~IT7	0.025~0.2	
5	粗车→半精车→磨削	IT6~IT7	0.4~0.8	主要用于淬火钢，也可用于未淬火钢，但不宜加工非铁金属
6	粗车→半精车→粗磨→精磨	IT5~IT7	0.1~0.4	
7	粗车→半精车→粗磨→精磨→超精加工	IT5	0.012~0.1（或 Rz0.1）	
8	粗车→半精车→精车→精细车	IT6~IT7	0.025~0.4	主要用于要求较高的非铁金属加工
9	粗车→半精车→粗磨→精磨→超精磨（或镜面磨）	IT5 以上	0.006~0.025（或 Rz0.05）	用于极高精度的外圆加工
10	粗车→半精车→粗磨→精磨→研磨	IT5 以上	0.006~0.1（或 Rz0.05）	

表 5-10 内孔加工方案

序号	加工方案	经济精度（公差等级）	经济粗糙度 Ra/μm	适用范围
1	钻	IT11~IT13	12.5	用于加工未淬火钢及铸铁的实心毛坯，也可用于加工非铁金属。孔径小于 15mm
2	钻→铰	IT8~IT10	1.6~6.3	
3	钻→粗铰→精铰	IT7~IT8	0.8~1.6	
4	钻→扩	IT10~IT11	6.3~12.5	用于加工未淬火钢及铸铁的实心毛坯，也可用于加工非铁金属。孔径大于 20mm
5	钻→扩→铰	IT8~IT9	1.6~3.2	
6	钻→扩→粗铰→精铰	IT7~IT8	0.8~1.6	
7	钻→扩→机铰→手铰	IT6~IT7	0.2~0.4	
8	钻→扩→拉	IT7~IT8	0.8~1.6	用于大批大量生产（精度由拉刀的精度确定）
9	粗镗（或扩孔）	IT11~IT13	6.3~12.5	用于加工除淬火钢外的各种材料，毛坯有铸出孔或锻出孔
10	粗镗（粗扩）→半精镗（精扩）	IT9~IT10	1.6~3.2	
11	粗镗（粗扩）→半精镗（精扩）→精镗（铰）	IT7~IT8	0.8~1.6	
12	粗镗（粗扩）→半精镗（精扩）→精镗→浮动镗刀精镗	IT6~IT7	0.4~0.8	
13	粗镗（扩）→半精镗→磨孔	IT7~IT8	0.2~0.8	主要用于淬火钢，也可用于未淬火钢，但不宜用于非铁金属
14	粗镗（扩）→半精镗→粗磨→精磨	IT6~IT7	0.1~0.2	

（续）

序号	加工方案	经济精度（公差等级）	经济粗糙度 $Ra/\mu m$	适用范围
15	粗镗→半精镗→精镗→精细镗（金刚镗）	IT6～IT7	0.05～0.2	主要用于精度要求高的非铁金属加工
16	钻→（扩）→粗铰→精铰→珩磨；钻→（扩）→拉→珩磨；粗镗→半精镗→精镗→珩磨	IT6～IT7	0.025～0.2	用于加工精度要求很高的孔
17	以研磨代替上述方法中的珩磨	IT5～IT6	0.006～0.1	

表 5-11 平面加工方案

序号	加工方案	经济精度（公差等级）	经济粗糙度 $Ra/\mu m$	适用范围
1	粗车	IT11～IT13	12.5～50	端面
2	粗车→半精车	IT8～IT10	3.2～6.3	
3	粗车→半精车→精车	IT7～IT8	0.8～1.6	
4	粗车→半精车→磨削	IT6～IT7	0.2～0.8	
5	粗刨（或粗铣）	IT11～IT13	6.3～25	一般不淬硬平面（端铣表面粗糙度 Ra 值较小）
6	粗刨（或粗铣）→精刨（或精铣）	IT8～IT10	1.6～6.3	
7	粗刨（或粗铣）→精刨（或精铣）→刮研	IT6～IT7	0.1～0.8	精度要求较高的不淬硬平面，批量较大时宜采用宽刃精刨方案
8	以宽刃精刨代替上述方法中的刮研	IT6～IT7	0.2～0.8	
9	粗刨（或粗铣）→精刨（或精铣）→磨削	IT7	0.2～0.8	精度要求高的淬硬平面或不淬硬平面
10	粗刨（或粗铣）→精刨（或精铣）→粗磨→精磨	IT6～IT7	0.025～0.4	
11	粗铣→拉	IT7～IT9	0.2～0.8	大量生产，较小的平面（精度视拉刀精度而定）
12	粗铣→精铣→磨削→研磨	IT5 以上	0.006～0.1（或 Rz0.05）	高精度平面

表 5-12 平行孔系的位置精度（经济精度）

加工方法	工具的定位	两孔轴线间的距离误差或从孔轴线到平面的距离误差/mm	加工方法	工具的定位	两孔轴线间的距离误差或从孔轴线到平面的距离误差/mm
立钻或摇臂钻上钻孔	用钻模	0.1～0.2	卧式镗床上镗孔	用镗模	0.05～0.08
	按划线	1.0～3.0		按定位样板	0.08～0.2
立钻或摇臂钻上镗孔	用镗模	0.05～0.08		按定位器的指示读数	0.04～0.06
车床上镗孔	按划线	1.0～2.0		用量块	0.05～0.1
	用带有滑座的角尺	0.1～0.3		用内径规或用塞尺	0.05～0.25
坐标镗床上镗孔	用光学仪器	0.004～0.015		用程序控制的坐标装置	0.04～0.05

（续）

加工方法	工具的定位	两孔轴线间的距离误差或从孔轴线到平面的距离误差/mm	加工方法	工具的定位	两孔轴线间的距离误差或从孔轴线到平面的距离误差/mm
金刚镗床上镗孔	—	0.008~0.02	卧式镗床上镗孔	用游标卡尺	0.2~0.4
多轴组合机床上镗孔	用镗模	0.03~0.05		按划线	0.4~0.6

必须指出，经济精度和经济粗糙度并不是一成不变的。随着科学技术的发展、工艺技术的改进，经济精度会逐步提高，经济粗糙度数值也会逐步降低。

2. 选择加工方案时应考虑的因素

选择加工方案时，一般是根据经验或查表来确定，再根据实际情况或工艺试验进行修改。从表5-9~表5-11中的数据可知，满足同样精度要求的加工方案有若干种，选择加工方案时还要考虑下列因素。

（1）按经济精度和经济粗糙度选择加工方案　例如加工公差等级为IT7、表面粗糙度值 Ra 为0.8μm的外圆表面，通过方案“粗车→半精车→精车”是可以达到要求的，但不如方案“粗车→半精车→磨削”经济。

（2）工件材料的性质　例如淬火钢的精加工要选用磨削，而非铁金属圆柱表面的精加工，为避免磨削时堵塞砂轮，则要选用包含高速精细车或精细镗的加工方案。

（3）工件的结构形状和尺寸大小　例如对于加工公差等级为IT7的孔，采用镗削、铰削、拉削和磨削均可达到要求。但箱体上的孔，一般不宜选用拉削或磨削，而宜选择方案“粗镗→半精镗→精镗”或“钻→扩→粗铰→精铰”，前者用于大孔加工，后者用于小孔加工。

（4）结合生产类型考虑生产率与经济性　大批量生产时，应采用高效率的先进工艺。例如用拉削方法加工孔和平面，用组合铣削和磨削同时加工几个表面等。单件小批生产时，宜采用刨削、铣削平面和钻、扩、铰孔等加工方法，避免盲目地采用高效加工方法和专用设备而造成经济损失。

（5）现有生产条件　确定加工方案时应充分利用现有设备，要注意合理安排设备负荷；同时要充分挖掘企业潜力，发挥操作者的创造性。

5.4.2　加工阶段的划分

当零件加工质量要求较高时，往往不可能在一两个工序中完成全部的加工工作，而必须划分几个阶段进行加工。一般可分为粗加工、半精加工和精加工三个阶段。如果加工精度和表面粗糙度要求特别高，还可增设光整加工和超精密加工阶段。

1. 各加工阶段的主要任务

粗加工阶段是要从毛坯上切除大部分加工余量，只能达到较低的加工精度和表面质量。

半精加工阶段是介于粗加工阶段和精加工阶段之间的切削加工过程。在此阶段，应完成一些次要表面的加工，并为主要表面的精加工做准备。

精加工阶段的任务是使各主要表面达到规定的质量要求。

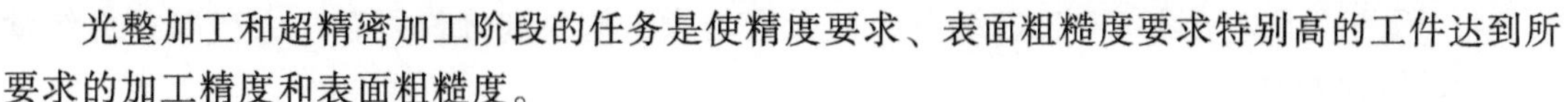

光整加工和超精密加工阶段的任务是使精度要求、表面粗糙度要求特别高的工件达到所要求的加工精度和表面粗糙度。

2. 划分加工阶段的原因

（1）保证加工质量　工件在粗加工时的加工余量较大，会产生较大的切削力和较多的切削热，同时也需要较大的夹紧力，在这些力和热的作用下，工件会产生较大的变形，而且经过粗加工后工件的内应力会重新分布，也会使工件发生变形。如果不分阶段地连续进行加工，就无法避免和修正上述原因所引起的加工误差。划分加工阶段后，粗加工造成的误差，通过半精加工和精加工可以得到修正，并逐步提高零件的加工精度和表面质量，保证了零件的加工要求。

（2）合理使用设备　粗加工要求功率大、刚性好、生产率高而精度要求不高的设备。精加工则要求精度较高的设备。划分加工阶段后，就可以充分发挥粗、精加工设备的特点，合理使用设备。

（3）便于安排热处理工序，使冷热加工配合更好　对于一些精密零件，粗加工后安排去除应力的时效处理，可以减小内应力变形对加工精度的影响；对于要求淬火的零件，在粗加工或半精加工后安排热处理，可便于前面工序的加工和在精加工中修正淬火变形，从而达到工件的加工精度要求。

（4）便于及时发现毛坯的缺陷　毛坯的各种缺陷，如气孔、砂眼、夹渣及加工余量不足等，往往在粗加工后即可发现，加工阶段的划分便于及时修补或决定是否报废，以免继续加工后造成工时和费用的浪费。

应当指出，工艺路线划分加工阶段是对整个工艺过程而言的，不能以某一表面或某一工序来判断。对于具体的工件，加工阶段的划分还应灵活掌握。对于加工精度要求不高，毛坯刚性好、精度高，加工余量较小的零件，可少划分几个加工阶段或不划分加工阶段。对于一些刚性好的重型零件，由于装夹吊运很费工时，往往不划分加工阶段，而在一次安装中完成粗、精加工。而有些定位基准面的加工，在半精加工甚至在粗加工阶段就要完成，而不能放在精加工阶段。

5.4.3　工序的集中与分散

在确定了工件上各表面的加工方法以后，安排加工工序时可以遵循两种不同的原则，即工序集中和工序分散原则。工序集中就是将工件加工集中在少数几道工序内完成，每道工序加工内容较多。工序分散则是将工件的加工分散在较多的工序内进行，每道工序的内容很少，最少时每道工序仅包含一个工步。

在拟订零件加工的工艺路线时，确定工序集中或分散是很重要的，它决定了工艺路线的长短和各工序内容的多少，并与设备类型的选择有密切关系。

1. 工序集中的特点

1）在一次安装中可以完成零件多个表面的加工，可以较好地保证这些表面的相互位置精度，同时也减少了工件的装夹次数和辅助时间，并减少了工件在机床间的搬运工作量，有利于缩短生产周期。

2）可采用高效专用设备及工艺装备，生产率高。

3）可减少机床数量及其操作者人数，节省车间面积，简化生产计划和生产组织工作。

4）因采用了专用设备和工艺装备，使投资增大，调整和维修复杂，生产准备工作量大，产品转换费时。

2. 工序分散的特点

1）机床设备及工艺装备简单，调整和维修方便，操作者容易掌握，生产准备工作量少，同时易于平衡工序时间，易于产品更换。

2）可采用最合理的切削用量，减少机动时间。

3）工艺路线长，设备数量多，占用的生产面积大。

总之，工序集中与工序分散原则各有利弊，应根据生产类型、现有生产条件、企业能力、工件的结构特点和技术要求等进行综合分析、择优选用。在一般情况下，单件小批量生产多采用工序集中；大批大量生产多采用工序分散，或工序集中和工序分散二者兼有。随着数控加工技术的发展，目前机械零件加工的发展趋势是倾向于工序集中。

5.4.4 工序顺序的安排

零件的机械加工工序通常包括切削加工工序、热处理工序和辅助工序。这些工序的顺序安排与加工质量、生产率和加工成本密切相关。因此，在拟订工艺路线时，要将三者统筹考虑，合理安排它们的顺序。

1. 切削加工工序的安排

（1）基准先行　选为精基准的表面，应安排在起始工序先进行加工，以便尽快为后续工序提供精基准。

（2）先粗后精　各主要表面的加工应按照先粗加工，再半精加工，最后精加工和光整加工的顺序分阶段进行，以逐步提高加工精度。

（3）先面后孔　对于箱体、支架和连杆等零件，应先加工平面后加工孔。平面的轮廓平整，装夹比较稳定可靠。若先加工平面，就能以平面定位加工孔，便于保证平面与孔的位置精度。另外，先加工平面为分布在平面上的孔的加工也带来方便，使刀具的初始切削条件得到改善。

（4）先主后次　零件的加工应先考虑主要表面的加工，然后考虑次要表面的加工。次要表面可穿插在主要表面加工工序之间。所谓主要表面，是指整个零件上加工精度要求高、表面粗糙度值要求小的装配基准面、工作表面等。

2. 热处理工序的安排

1）为了使零件具有较好的切削性能而进行的预先热处理工序，如时效、正火、退火等，应安排在粗加工之前。

2）对于精度要求较高的零件，有时在粗加工之后，甚至半精加工后还安排一次时效处理。

3）为了提高零件的综合性能而进行的热处理，如调质，应安排在粗加工之后、半精加工之前进行。对于一些没有特别要求的零件，调质也常作为最终热处理。

4）为了得到高硬度、高耐磨性的表面而进行的渗碳、淬火等工序，一般应安排在半精加工之后、精加工之前。对于整体淬火的零件，则应在淬火之前尽量将所有用金属刀具加工的表面都加工完，零件经淬火后，一般只能进行磨削加工。

5）为了提高零件的硬度、耐磨性、疲劳强度和耐蚀性而进行的渗氮处理，由于渗氮层较薄，引起工件的变形极小，故应尽量靠后安排，一般安排在精加工或光整加工之前。

6）为了使表面耐磨、耐蚀或美观等而进行的热处理工序，如镀铬、镀锌、发蓝等，一般安排在最后工序。

3. 辅助工序的安排

辅助工序主要包括检验、去毛刺、倒棱、清洗、防锈、退磁等。其中，检验工序是主要的辅助工序，是保证产品质量的重要措施之一。除了在工序中要自检外，在下列场合还要单独安排检验工序。

1）重要工序前后。

2）零件转换车间前后，特别是进行热处理的工序前后。

3）各加工阶段前后：在粗加工后、精加工前，精加工后、精密加工前。

4）零件全部加工完毕后。

5.5　加工余量的确定

零件加工的工艺路线确定以后，在进一步安排各个工序的具体内容时，应正确地确定各工序的工序尺寸。而确定工序尺寸，首先应确定加工余量。

5.5.1　加工余量的概念及其影响因素

为了达到零件上某一表面的加工精度和表面质量要求，从零件表面上切除的金属层厚度称为加工余量。

1. 加工总余量和工序加工余量

工件从毛坯变为成品的整个加工过程中，被加工表面所切除金属层的总厚度称为该表面的加工总余量。在一道工序中从加工表面上切除的金属层厚度，称为工序加工余量。加工总余量与工序加工余量的关系为

$$Z_z = \sum_{i=1}^{n} Z_i$$

式中　Z_z——加工总余量；

Z_i——第 i 道工序的加工余量；

n——工序数目。

2. 公称加工余量、最大加工余量和最小加工余量

在制订工艺规程时，应根据各工序的性质确定工序的加工余量，进而求出各工序的工序尺寸。由于在加工过程中各工序尺寸都有公差，所以实际切除的余量也是变化的。因此，加工余量又可分为公称加工余量、最大加工余量和最小加工余量。通常所说的加工余量是指公称加工余量，其值等于前后工序的基本工序尺寸之差（见图 5-4），即

$$Z_b = |a-b|$$

式中　Z_b——本工序的加工余量；

a——前道工序的工序尺寸；

b——本道工序的工序尺寸。

加工余量有双边余量和单边余量之分。平面的加工余量是单边余量，它等于实际切除的

金属层厚度。对于外圆和孔等回转表面，其加工余量指双边余量，即以直径计算，实际切除的金属层为加工余量数值的一半。

外表面的单边余量（见图 5-4a）为 $Z_b = a - b$

内表面的单边余量（见图 5-4b）为 $Z_b = b - a$

对于轴（见图 5-4c） $2Z_b = d_a - d_b$

对于孔（见图 5-4d） $2Z_b = d_b - d_a$

工序尺寸的公差，一般按照“单向入体原则”标注，将公差带偏置在零件表面有材料的一方。即被包容表面尺寸上极限偏差为零，也就是公称尺寸为最大极限尺寸（如轴）；包容面尺寸下极限偏差为零，也就是公称尺寸为最小极限尺寸（如孔）。而毛坯尺寸的公差，一般采用双向对称偏差形式标注。加工余量、工序尺寸及其公差的关系如图 5-5 所示。

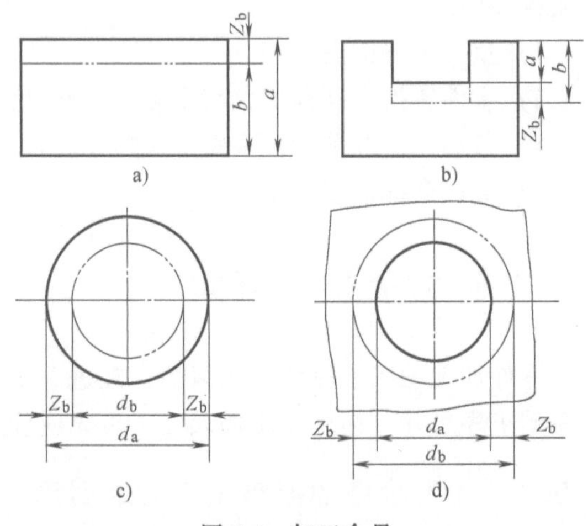

图 5-4 加工余量

3. 影响加工余量的因素

加工余量的大小对零件的加工质量和生产率均有较大的影响。加工余量过大，不仅会增加机械加工的劳动量，降低生产率，而且会增加材料、工具、电力的消耗，增加加工成本。但是，加工余量过小时，不能保证消除前道工序的各种误差和表面缺陷，甚至产生废品。因此，应合理地确定加工余量。

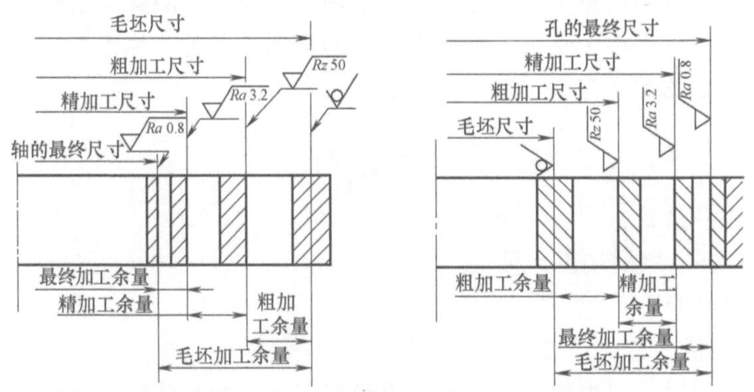

图 5-5 加工余量、工序尺寸及其公差的关系

影响加工余量的因素包括：前工序的表面质量、前工序的工序尺寸公差、前工序的位置误差及本工序的装夹误差。有关这方面的内容可查阅其他工艺类书籍，此处不进行详述。

5.5.2 确定加工余量的方法

1. 分析计算法

分析计算法即根据有关加工余量的计算公式和一定的试验资料，对影响加工余量的各项因素进行分析和综合计算来确定加工余量。用这种方法确定加工余量比较经济合理，但必须

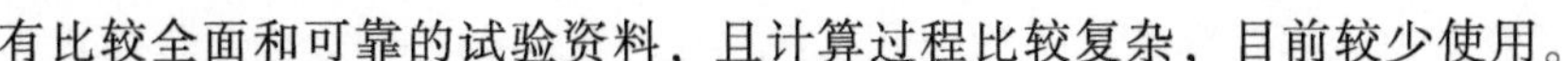

有比较全面和可靠的试验资料，且计算过程比较复杂，目前较少使用。

2. 经验估算法

经验估算法即根据工艺人员的实践经验来确定加工余量。这种方法不太准确，通常为了避免加工余量过小而产生废品，经验估计的加工余量总是偏大，常用于单件小批生产。

3. 查表修正法

查表修正法即根据各工厂长期的生产实践与试验研究所积累的有关加工余量数据，制成各种表格并汇编成手册，确定加工余量时，查阅有关手册，再结合本厂的实际情况进行适当修正后确定。目前此法应用较为普遍。

5.5.3　工序尺寸及其公差的确定方法

零件图上要求的设计尺寸和公差，一般都要经过多道工序加工才能达到。工序尺寸是零件加工过程中各个工序应达到的尺寸。每个工序的工序尺寸是不同的，是逐步向设计尺寸靠近的。在工艺规程中需要标注这些工序尺寸，以作为加工或检验的依据。

工序尺寸及其公差的确定方法有以下两种。

1）当定位基准与加工表面的设计基准或工序基准不重合时，就必须应用尺寸链的有关理论计算工序尺寸及其公差。

2）当定位基准与加工表面的设计基准或工序基准重合时，可利用各工序的加工余量推算各工序尺寸，根据各工序的加工性质查表确定工序尺寸公差。如内、外圆柱表面和某些平面的加工，其定位基准与设计基准（或工序基准）重合，同一表面经过多道工序加工才能达到图样的要求。这时，各工序的工序尺寸取决于各工序的加工余量；其公差则由该工序所采用加工方法的经济加工精度决定。计算顺序是由后逐工序向前推算，即由零件图的设计尺寸开始，一直推算到毛坯图的尺寸，举例说明如下。

【例 5-1】　某法兰盘零件上有一个圆柱孔，其直径为 $\phi60^{+0.030}_{0}$mm，表面粗糙度值为 $Ra0.8\mu m$（见图 5-6），毛坯是铸钢件，需淬火处理。其工艺路线见表 5-13。试确定工序尺寸及其公差。

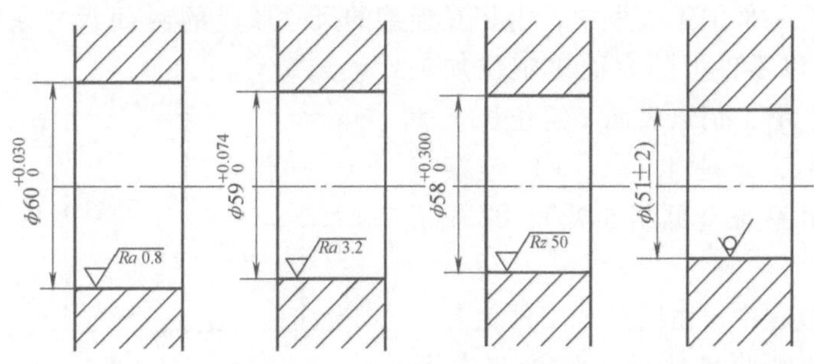

图 5-6　内孔工序尺寸计算

解：①确定各工序的加工余量。根据各工序的加工性质，查工艺手册有关表格可得出各工序的加工余量（见表 5-13 中的第 2 列）。

② 计算工序尺寸。其顺序是由最后一道工序往前推算，每一道工序的工序尺寸加上或减去本道工序的加工余量就是前道工序的工序尺寸。外表面取“+”号，内表面取“−”号。图样上规定的尺寸，就是最后工序的工序尺寸（计算结果见表 5-13 中的第 4 列）。

③ 确定各工序尺寸公差及表面粗糙度。最后磨孔工序的工序尺寸公差和表面粗糙度就是图样上所规定的孔径公差和表面粗糙度值。各中间工序的工序尺寸公差及表面粗糙度是根据其对应工序的加工性质，查有关经济加工精度的表格得到的（查得结果见表 5-13 第 3 列）。

④ 确定各工序的上、下极限偏差。查得各工序尺寸公差之后，按单向入体原则确定各工序尺寸的上、下极限偏差。对于孔，公称尺寸等于下极限尺寸，上极限偏差取正值；对于轴，公称尺寸等于上极限尺寸，下极限偏差取负值。毛坯尺寸的公差，按双向对称偏差的形式标注。结果见表 5-13 第 5 列。

表 5-13　工序尺寸及其公差的计算

工序名称	加工余量/mm	工序所能达到的精度	工序尺寸/mm	工序尺寸及其上、下极限偏差/mm
磨孔	0.4	H7$\begin{pmatrix}+0.030\\0\end{pmatrix}$	60	$60^{+0.030}_{0}$
半精镗孔	1.6	H9$\begin{pmatrix}+0.074\\0\end{pmatrix}$	59.6	$59.6^{+0.074}_{0}$
粗镗孔	7	H12$\begin{pmatrix}+0.300\\0\end{pmatrix}$	58	$58^{+0.300}_{0}$
毛坯孔		±2	51	51±2

5.6　应用尺寸链确定工序尺寸及其公差

如前所述，当定位基准与加工表面的设计基准或工序基准不重合时，就必须用尺寸链的有关理论计算工序尺寸及其公差。

5.6.1　工艺尺寸链的概念

1. 尺寸链的定义

在机械装配或零件加工过程中，由相互连接的尺寸形成的封闭尺寸系统，称为尺寸链。如图 5-7a 所示，以零件上的表面 1 定位加工表面 2，得到尺寸 A_1，仍以表面 1 定位加工表面 3，保证尺寸 A_2，于是 $A_1 \rightarrow A_2 \rightarrow A_0$ 连接成了一个封闭的尺寸系统（见图 5-7b），形成了尺寸链。

在机械加工过程中，由同一个工件上各有关工艺尺寸所组成的尺寸链，称为工艺尺寸链。

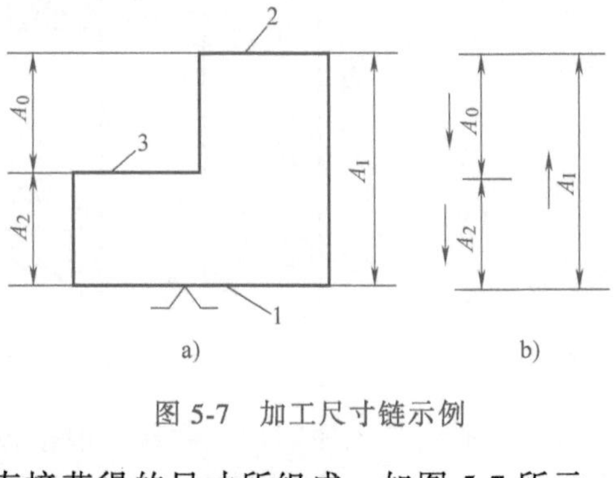

图 5-7　加工尺寸链示例

2. 工艺尺寸链的特征

1）尺寸链由一个自然形成的尺寸与若干个直接获得的尺寸所组成。如图 5-7 所示，尺寸 A_1、A_2 是直接获得的，A_0 是自然形成的。其中，自然形成的尺寸的大小和精度受直接获得的尺寸的大小和精度的影响，并且，自然形成的尺寸的精度必然低于任何一个直接获得的尺寸的精度。

2）尺寸链必然是封闭的，且各尺寸按一定的顺序首尾相接。

3. 工艺尺寸链的组成

组成尺寸链的各个尺寸称为尺寸链的环，包括封闭环和组成环两种。图 5-7 中的 A_1、A_2、A_0 都是尺寸链的环。

（1）封闭环　加工（或测量）过程中自然形成的环称为封闭环，如图 5-7 中的 A_0。每个尺寸链只有一个封闭环。封闭环以下角标“0”表示。

（2）组成环　加工（或测量）过程中直接获得的环称为组成环。尺寸链中，除封闭环之外的其他环都是组成环。按其对封闭环的影响情况不同，组成环又分为增环和减环。

1）增环。若其他组成环不变，某组成环的变动引起封闭环随之同向变动，则该组成环称为增环，用 $\vec{A}$ 表示（在符号上加一个向右的箭头），如图 5-7 中的$\vec{A}_1$。

2）减环。若其他组成环不变，某组成环的变动引起封闭环随之反向变动，则该组成环称为减环，用 $\overleftarrow{A}$ 表示（在符号上加一个向左的箭头），如图 5-7 中的$\overleftarrow{A}_2$。

所谓同向变动，是指该组成环增大时封闭环也增大，该组成环减小时封闭环也减小；而反向变动是指该组成环增大时封闭环减小，该组成环减小时封闭环增大。

4. 增、减环的判定方法

为了正确地判定增环与减环，可在尺寸链图上先给封闭环任意定出方向并画出箭头，然后沿此方向环绕尺寸链回路，顺次给每一个组成环画出相应方向的箭头。此时，凡箭头方向与封闭环相反的组成环为增环，相同的则为减环，如图 5-8 所示。

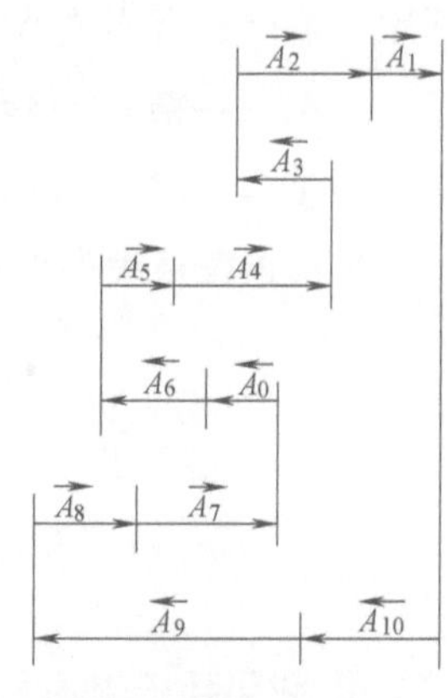

图 5-8　增、减环的简易判别法

5. 工艺尺寸链的建立

建立工艺尺寸链，也就是确定尺寸链的封闭环和组成环的过程。

在工艺尺寸链中，封闭环是加工过程中自然形成的尺寸。所以，封闭环的判定，必须根据零件加工的具体方案，紧紧抓住“自然形成”或“间接保证”这一要领。组成环是工艺尺寸链中对封闭环有直接影响的那些环，它们要么是前工序已获得的尺寸，要么是本工序直接保证的尺寸。因此，确定组成环时必须把握“直接保证”、“直接获得”或“前工序尺寸”这些特点。

例如，在图 5-7 所示零件加工中，若表面 1 和表面 2 已经加工，本工序以表面 1 定位按调整法加工表面 3，以尺寸 A_2 调整刀具相对于工件的位置。因此，在由尺寸 A_0、A_1、A_2 形成的三环尺寸链中，A_1 是前工序已获得的尺寸，是组成环；本工序加工表面 3 时，同时形成了 A_2 和 A_0 两个尺寸，其中 A_2 是调刀尺寸，是直接保证的尺寸，因此是组成环。A_0 是本工序加工表面 3 时自然形成的尺寸，因此是封闭环。

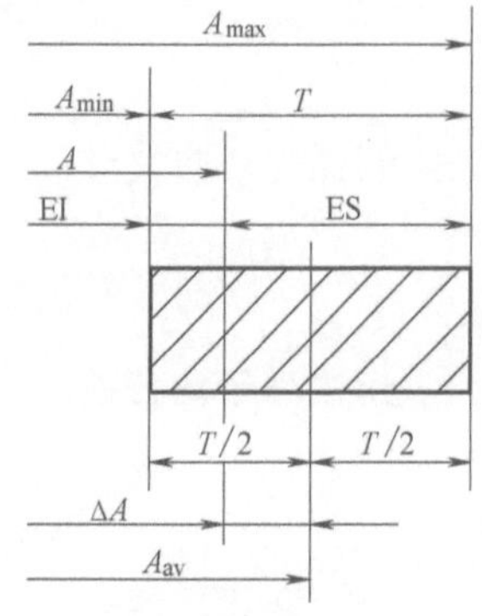

图 5-9　各种尺寸和偏差的关系

5.6.2　工艺尺寸链的计算

工艺尺寸链的计算方法有两种：极值法和概率法。目前生产中多采用极值法计算，下面仅介绍极值法计算的基本公式。

图 5-9 为尺寸链计算中各种尺寸和偏差的关系，表 5-14 列出了尺寸链计算所用的符号。

表 5-14　尺寸链计算所用的符号

环名	符号名称							
	公称尺寸	上极限尺寸	下极限尺寸	上极限偏差	下极限偏差	公差	平均尺寸	平均偏差
封闭环	A_0	$A_{0\max}$	$A_{0\min}$	ES_0	EI_0	T_0	A_{0av}	Δ_0
增环	$\overrightarrow{A}_i$	$\overrightarrow{A}_{i\max}$	$\overrightarrow{A}_{i\min}$	ES_i	EI_i	T_i	$\overrightarrow{A}_{iav}$	$\overrightarrow{\Delta}_i$
减环	$\overleftarrow{A}_i$	$\overleftarrow{A}_{i\max}$	$\overleftarrow{A}_{i\min}$	ES_i	EI_i	T_i	$\overleftarrow{A}_{iav}$	$\overleftarrow{\Delta}_i$

1. 封闭环的公称尺寸

$$A_0 = \sum_{i=1}^{p} \overrightarrow{A}_i - \sum_{i=1}^{q} \overleftarrow{A}_i \tag{5-1}$$

式中　p——增环数目；

q——减环数目。

2. 封闭环的平均偏差

$$\Delta_0 = \sum_{i=1}^{p} \overrightarrow{\Delta}_i - \sum_{i=1}^{q} \overleftarrow{\Delta}_i \tag{5-2}$$

式中　Δ_0——封闭环的平均偏差；

$\overrightarrow{\Delta}_i$——第 i 个增环的平均偏差；

$\overleftarrow{\Delta}_i$——第 i 个减环的平均偏差。

平均偏差是指上极限偏差与下极限偏差的平均值，即

$$\Delta = \frac{ES+EI}{2} \tag{5-3}$$

3. 封闭环公差

$$T_0 = \sum_{i=1}^{p+q} T_i \tag{5-4}$$

4. 封闭环极限偏差

$$ES_0 = \Delta_0 + \frac{1}{2} T_0 \tag{5-5}$$

$$EI_0 = \Delta_0 - \frac{1}{2} T_0 \tag{5-6}$$

5. 封闭环极限尺寸

$$A_{0\max} = A_0 + ES_0 \tag{5-7}$$

$$A_{0\min} = A_0 + EI_0 \tag{5-8}$$

6. 组成环平均公差

$$T_{iav} = \frac{T_0}{p+q} \tag{5-9}$$

7. 组成环极限偏差

$$ES_i = \Delta_i + \frac{1}{2} T_i \tag{5-10}$$

$$EI_i = \Delta_i - \frac{1}{2}T_i \tag{5-11}$$

8. 组成环极限尺寸

$$A_{i\max} = A_i + ES_i \tag{5-12}$$

$$A_{i\min} = A_i + EI_i \tag{5-13}$$

5.6.3　工艺尺寸链的应用

1. 测量基准与设计基准不重合时的尺寸换算

在零件加工中，有时会遇到一些表面在加工之后，按设计尺寸不便直接测量的情况，因此需要在零件上另选一易于测量的表面作为测量基准，以间接保证设计尺寸的要求。此时即需要进行工艺尺寸链换算。

【例 5-2】 如图 5-10 所示零件，车削大孔时要求保证尺寸（6±0.1）mm，但该尺寸不便直接测量，只好通过测量尺寸 L 来间接保证，试求工序尺寸 L 及其极限偏差。

分析求解： 在车削大孔时，同时获得了（6±0.1）mm 和 L 两个尺寸。但尺寸 L 是在加工时通过测量孔深直接保证的尺寸，而（6±0.1）mm 则是在直接保证尺寸 L 的同时自然形成的尺寸。而（26±0.05）mm 和 $36_{-0.05}^{\ 0}$mm 两个尺寸，是前工序获得的尺寸。

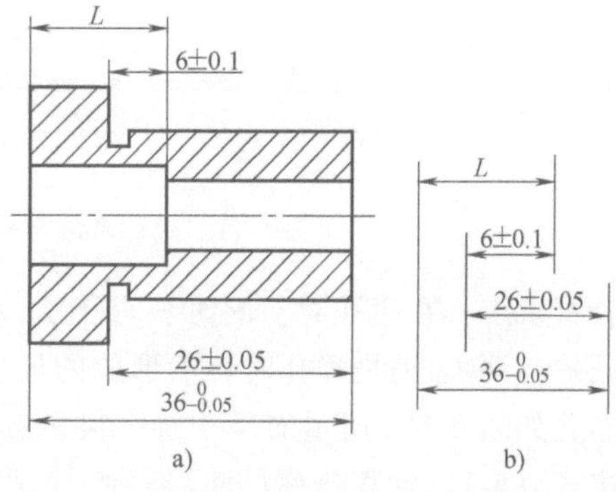

图 5-10　测量基准与设计基准不重合时的尺寸换算

建立尺寸链如图 5-10b 所示。通过上述分析可知，尺寸（6±0.1）mm 为封闭环，其他三个尺寸都是组成环。通过画箭头的方法不难判断，尺寸 L、（26±0.05）mm 为增环，尺寸 $36_{-0.05}^{\ 0}$mm 为减环。

按式（5-1）计算公称尺寸

$$6\text{mm} = L + 26\text{mm} - 36\text{mm}$$

$$L = 16\text{mm}$$

按式（5-2）计算平均偏差

$$\frac{0.1\text{mm} + (-0.1\text{mm})}{2} = \Delta_L + \frac{0.05\text{mm} + (-0.05\text{mm})}{2} - \frac{0 + (-0.05\text{mm})}{2}$$

$$\Delta_L = -0.025\text{mm}$$

按式（5-4）计算公差

$$0.1\text{mm} - (-0.1\text{mm}) = T_L + [0.05\text{mm} - (-0.05\text{mm})] + [0 - (-0.05\text{mm})]$$

$$T_L = 0.05\text{mm}$$

按式（5-10）、式（5-11）计算极限偏差

$$ES_L = \Delta_L + \frac{1}{2}T_L = -0.025\text{mm} + \frac{1}{2} \times 0.05\text{mm} = 0$$

$$EI_L = \Delta_L - \frac{1}{2}T_L = -0.025\text{mm} - \frac{1}{2} \times 0.05\text{mm} = -0.05\text{mm}$$

因而 $$L=16_{-0.05}^{\ 0}\text{mm}$$

2. 定位基准与设计基准不重合时的尺寸换算

在零件加工中，加工表面的定位基准与设计基准不重合时，也需要进行尺寸换算以求得工序尺寸及其公差。

【例 5-3】 如图 5-11 所示零件，表面 M 和 N 均已加工，本工序拟以 N 面定位，采用调整法镗孔 O，试计算调刀尺寸 L_1。

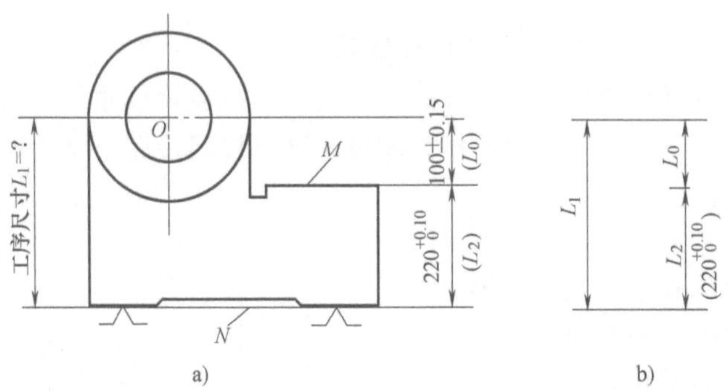

图 5-11 定位基准与设计基准不重合时的尺寸换算

分析求解： 在镗孔时，同时获得了 L_1 和 L_0 两个尺寸。但 L_1 是调刀尺寸，是由夹具直接保证的，而 L_0 则是镗孔时自然形成的尺寸。另一尺寸 L_2 是前工序获得的尺寸。

建立如图 5-11b 所示的尺寸链。很显然，L_0 是封闭环，L_1 为增环，L_2 为减环。

按式（5-1）计算公称尺寸

$$L_0=L_1-L_2$$

$$L_1=L_0+L_2=100\text{mm}+220\text{mm}=320\text{mm}$$

按式（5-2）计算平均偏差

$$\Delta_{L_0}=\Delta_{L_1}-\Delta_{L_2}$$

$$\Delta_{L_1}=\Delta_{L_0}+\Delta_{L_2}=\frac{0.15\text{mm}+(-0.15\text{mm})}{2}+\frac{0.10\text{mm}+0}{2}=0.05\text{mm}$$

按式（5-4）计算公差

$$T_{L_0}=T_{L_1}+T_{L_2}$$

$$T_{L_1}=T_{L_0}-T_{L_2}=[0.15\text{mm}-(-0.15\text{mm})]-(0.10\text{mm}-0)=0.2\text{mm}$$

按式（5-10）、式（5-11）计算极限偏差

$$\text{ES}_{L_1}=\Delta_{L_1}+\frac{1}{2}T_{L_1}=0.05\text{mm}+\frac{1}{2}\times0.2\text{mm}=0.15\text{mm}$$

$$\text{EI}_{L_1}=\Delta_{L_1}-\frac{1}{2}T_{L_1}=0.05\text{mm}-\frac{1}{2}\times0.2\text{mm}=-0.05\text{mm}$$

因而 $$L_1=320_{-0.05}^{+0.15}\text{mm}$$

3. 中间工序的工序尺寸换算

在零件加工中，有些加工表面的定位基准或测量基准是一些尚需继续加工的表面。当加工这些表面时，不仅要保证本工序对该加工表面的尺寸要求，同时还要保证原加工表面的要求，即一次加工后要同时保证两个尺寸的要求，此时需进行工序尺寸的换算。

【例 5-4】 如图 5-12 所示为一齿轮内孔的简图。内孔尺寸为 $\phi85^{+0.035}_{0}$mm，键槽的深度尺寸为 $90.4^{+0.20}_{0}$mm。内孔及键槽的加工顺序如下：

1）精镗孔至 $\phi84.8^{+0.07}_{0}$mm。

2）插键槽深至尺寸 A_3（通过尺寸换算求得）。

3）热处理。

4）磨内孔至尺寸 $\phi85^{+0.035}_{0}$mm，同时保证键槽深度尺寸 $90.4^{+0.20}_{0}$mm。

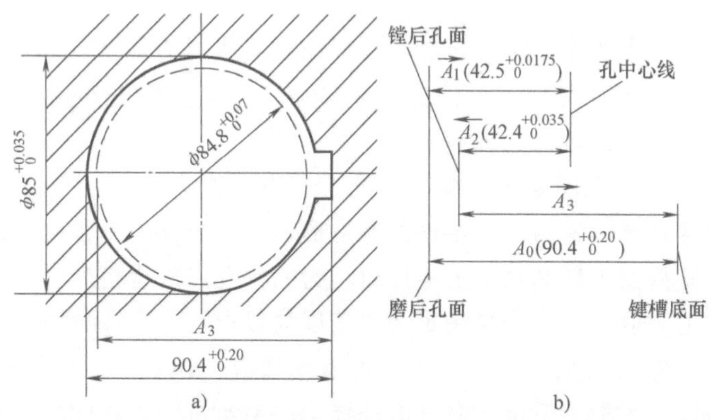

图 5-12　内孔与键槽加工尺寸换算

分析求解：根据以上加工顺序可以看出，磨孔后必须保证内孔尺寸，还要同时保证键槽的深度尺寸。为此，必须计算出镗孔后的键槽深度工序尺寸 A_3。按半径尺寸画出尺寸链简图（见图 5-12b），其中精镗孔后的半径 A_2（$42.4^{+0.035}_{0}$mm）、磨孔后的半径 A_1（$42.5^{+0.0175}_{0}$mm）及键槽加工的深度尺寸 A_3 都是直接获得的，为组成环。磨孔后所得的键槽深度尺寸 A_0（$90.4^{+0.20}_{0}$mm）是自然形成的，为封闭环。

按式（5-1）计算公称尺寸

$$A_0=A_3+A_1-A_2$$

$$A_3=A_0+A_2-A_1=(90.4+42.4-42.5)\text{mm}=90.3\text{mm}$$

按式（5-2）计算平均偏差

$$\Delta_0=\Delta_3+\Delta_1-\Delta_2$$

$$\Delta_3=\Delta_0+\Delta_2-\Delta_1=\frac{0.2\text{mm}+0}{2}+\frac{0.035\text{mm}+0}{2}-\frac{0.0175\text{mm}+0}{2}=0.10875\text{mm}$$

按式（5-4）计算公差

$$T_0=T_1+T_2+T_3$$

$$T_3=T_0-T_1-T_2=(0.2-0.0175-0.035)\text{mm}=0.1475\text{mm}$$

按式（5-10）、式（5-11）计算上、下极限偏差

$$ES_{A_3}=\Delta_3+\frac{1}{2}T_3=\left(0.10875+\frac{1}{2}\times0.1475\right)\text{mm}=0.1825\text{mm}$$

$$EI_{A_3}=\Delta_3-\frac{1}{2}T_3=\left(0.10875-\frac{1}{2}\times0.1475\right)\text{mm}=0.035\text{mm}$$

最后得出插键槽的工序尺寸为　$A_3=90.3^{+0.1825}_{+0.035}$mm

5.7 机床与工艺装备的确定

制订机械加工工艺规程时，正确选择各工序所用机床设备、工艺装备的名称与型号是满足零件的质量要求、提高生产率、降低生产成本的一项重要措施。

5.7.1 机床的选择

机床是加工工件的主要生产工具，选择时应注意下述问题。

(1) 机床主要规格尺寸与加工零件的外廓尺寸相适应　小工件选用小机床加工，大工件选用大机床加工，做到设备的合理利用。

(2) 机床的精度应与工序要求的加工精度相适应　机床的精度过低，满足不了加工质量要求；机床的精度过高，又会增加零件的制造成本。在单件小批量生产时，特别是在无高精度设备的情况下却要加工较高精度的零件时，为充分利用现有机床，可以选用精度低一些的机床，而在工艺上采取相应措施来满足加工精度的要求。

(3) 机床的生产率应与加工零件的生产类型相适应　单件小批量生产时，应选择工艺范围较广的通用机床；大批大量生产时则应选择生产率和自动化程度较高的专门化机床或专用机床。

(4) 机床选择还应考虑生产现场的实际情况　即要考虑现有设备的类型、规格及实际精度，设备的分布排列及负荷情况，操作者的实际水平等。综合考虑上述因素，在选择机床时，应充分利用现有设备，并尽量采用国产机床。当现有设备的规格尺寸和实际精度不能满足零件的设计要求时，应优先考虑采用新技术、新工艺进行设备改造，实施“以小干大”“以粗干精”等行之有效的办法。

5.7.2 工艺装备的选择

工艺装备选择是否合理，直接影响工件的加工精度、生产率和经济性。因此，要结合生产类型、具体的加工条件、工件的加工技术要求和结构特点等合理选择工艺装备。

1. 夹具的选择

单件小批量生产时，应尽量选用通用夹具，如各种卡盘、台虎钳和回转台等。如条件具备，可选用组合夹具，以提高生产率。大批大量生产时，应选用生产率和自动化程度高的专用夹具。多品种中小批量生产时，可选用可调夹具或成组夹具。夹具的精度应与工件的加工精度相适应。

2. 刀具的选择

一般应选择标准刀具，必要时可选择各种高生产率的复合刀具及专用刀具。刀具的类型、规格及精度应与工件的加工要求相适应。

3. 量具的选择

单件小批量生产时，应选用通用量具，如游标卡尺、千分尺、千分表等。大批大量生产时，应尽量选用效率较高的专用量具，如各种极限量规、专用检验夹具和测量仪器等。所选量具的量程和精度应与工件的尺寸和精度相适应。

5.8　工艺规程设计实例

下面以汽车底盘传动轴上的万向节滑动叉零件为例，说明设计零件工艺规程的一般过程。

5.8.1　零件的工艺分析

1. 零件的作用

图 5-13 所示零件为汽车底盘传动轴上的万向节滑动叉，它位于传动轴的端部，主要作用是传递转矩，使汽车获得前进的动力；同时，汽车前后轮在上下位置变化时，让传动轴自动调节长短。零件的叉头部位上有两个 $\phi39_{-0.010}^{+0.027}$mm 的孔，用以安装滚针轴承并与十字轴相连，起万向联轴器的作用；$\phi50_{0}^{+0.05}$mm 花键孔可与传动轴一端的花键部分相配合，用于传递转矩。

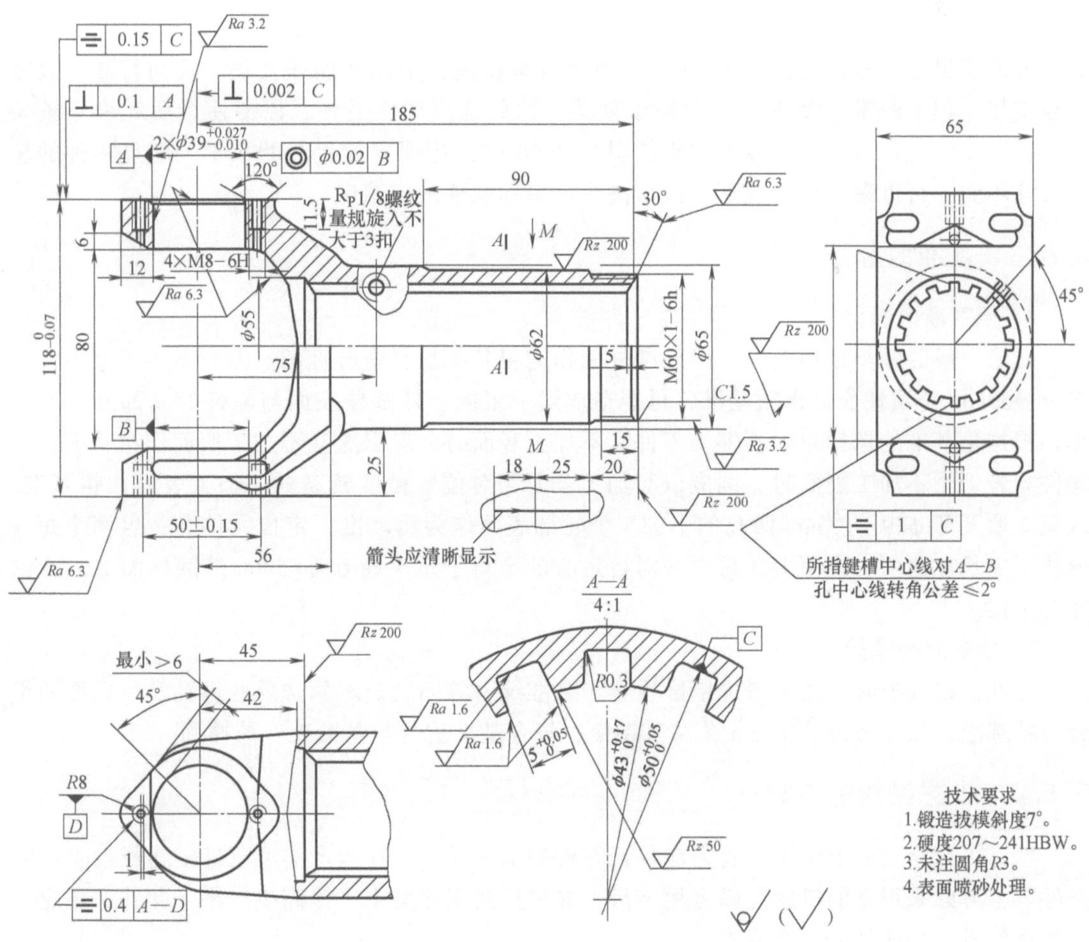

图 5-13　万向节滑动叉零件图

2. 零件的工艺分析

由图 5-13 可以看出，该零件有两组加工表面，而这两组加工表面之间有一定位置要求。

（1）以 $\phi39^{+0.027}_{-0.010}$mm 孔为主的加工表面　这一组加工表面包括两个 $\phi39^{+0.027}_{-0.010}$mm 的孔及其倒角、相距为 $118^{\ 0}_{-0.07}$mm 的两个平面（两个平面与两个 $\phi39^{+0.027}_{-0.010}$mm 的孔垂直）、平面上四个 M8 螺孔。其中，主要加工表面为两个 $\phi39^{+0.027}_{-0.010}$mm 的孔。

（2）以 $\phi50^{+0.05}_{\ 0}$mm 花键孔为主的加工表面　这一组加工表面包括 $\phi50^{+0.05}_{\ 0}$mm 孔面、16 个齿的花键孔、$\phi55$mm 阶梯孔、$\phi65$mm 外圆柱表面和 M60×1 外螺纹表面。

上述两组加工表面之间的主要位置精度要求为：$\phi50^{+0.05}_{\ 0}$mm 花键孔中心线与 $\phi39^{+0.027}_{-0.010}$mm 两孔中心连线的垂直度公差为 0.002mm；$\phi39^{+0.027}_{-0.010}$mm 两孔外端面与孔的中心线的垂直度公差为 0.1mm；花键槽宽中心线对 $\phi39^{+0.027}_{-0.010}$mm 孔中心线偏转角度公差为 2°。

由以上分析可知，对于这两组加工表面而言，可以先加工其中一组表面，然后用专用夹具装夹后对另一组表面进行加工，以保证它们之间的位置精度要求。

5.8.2　毛坯的确定

万向节滑动叉零件的材料为 45 钢，因为汽车在运行中经常加速及正、反向行驶，故零件在工作过程中经常承受正、反向冲击载荷，因此选用锻件毛坯，以便使金属纤维不被切断，保证零件工作可靠。若零件的年产量为 4000 件，达到成批生产的水平，而且零件的轮廓尺寸不大，可以采用模锻成形，以提高生产率和保证加工精度。

5.8.3　基准的选择

1. 粗基准的选择

对于一般的轴类零件而言，以外圆柱面作为粗基准是完全合理的。但对本零件来说，如果以 $\phi65$mm 外圆柱表面作粗基准，可能造成这一组内、外圆柱表面与零件的叉部外形不对称。根据粗基准的选择原则，即当零件有不加工表面时，应以这些不加工表面作粗基准；当零件有若干个不加工表面时，则应以与加工表面相对位置精度较高的不加工表面作粗基准。这里选取叉部 $\phi39^{+0.027}_{-0.010}$mm 两孔的不加工外轮廓表面作为粗基准，定位元件是一组两个短 V 形块，支承在这两个表面上，再用一对自定心的窄口卡爪夹持在 $\phi65$mm 外圆柱面上，达到完全定位。

2. 精基准的选择

在选择精基准时，主要考虑基准重合与基准统一等问题。本例选择花键孔及一端面的组合为精基准，加工 $\phi39^{+0.027}_{-0.010}$mm 孔及其端面，符合基准重合与基准统一的原则。

5.8.4　工艺路线的拟订

拟订工艺路线的出发点，首先应保证零件的加工质量。在生产类型已确定为成批生产的条件下，考虑采用万能机床配以专用夹具，并尽量使工序集中以提高生产率。此外，还应考虑经济效果，以便降低生产成本。

1. 提出工艺路线方案

根据上述分析，本例提出两个工艺路线方案进行分析比较，见表 5-15。

表 5-15　两个工艺路线方案对比

方　案　Ⅰ	方　案　Ⅱ
(1)车端面及外圆柱面 ϕ62mm、ϕ60mm，车螺纹 M60×1，倒角 (2)钻、扩花键底孔 ϕ43mm，镗趾口 ϕ55mm (3)花键孔倒角 5mm×60° (4)钻 Rp1/8 底孔 (5)拉花键孔 (6)粗铣 ϕ39mm 两孔端面 (7)钻、扩、粗铰、精铰两个 ϕ39mm 孔至图样尺寸，并锪倒角 (8)磨 ϕ39mm 两孔端面，保证尺寸 $118_{-0.07}^{0}$mm (9)钻 M8 底孔至 ϕ6.7mm，倒角 120° (10)攻螺纹 M8、Rp1/8 (11)冲箭头 (12)检验	(1)粗铣 ϕ39mm 两孔端面 (2)钻 ϕ39mm 两孔(留余量) (3)粗镗 ϕ39mm 两孔(留余量) (4)精镗 ϕ39mm 两孔，倒角 (5)车端面及外圆柱面 ϕ62mm、ϕ60mm、车螺纹 M60×1，倒角 (6)钻、扩花键底孔 ϕ43mm、镗趾口 ϕ55mm (7)花键孔倒角 5×60° (8)钻 Rp1/8 底孔 (9)拉花键孔 (10)磨 ϕ39mm 两孔端面，保证尺寸 $118_{-0.07}^{0}$mm (11)钻 M8 底孔至 ϕ6.7mm，倒角 120° (12)攻螺纹 M8、Rp1/8 (13)冲箭头 (14)检验

2. 工艺方案的分析与比较

方案Ⅰ是先加工以花键孔为中心的一组表面，然后以此为基准加工 ϕ39mm 两孔；而方案Ⅱ则与此相反，先加工 ϕ39mm 两孔，然后再以此两孔为基准加工花键孔及其外表面。

经过比较不难看出，方案Ⅰ的位置精度较易保证，并且定位夹紧都比较方便。不过，方案Ⅰ中的工序（7）虽然代替了方案Ⅱ中的工序（2）、（3）、（4），减少了装夹次数，但是在一道工序中要完成这么多的工作是较困难的，一般只能选用专门设计的组合机床或转塔车床。然而，在成批生产中，应尽量不采用组合机床；而目前转塔车床只适于粗加工，因此用来加工 ϕ39mm 两孔不易保证加工精度。既然这两种方案都不适宜，因此决定根据方案Ⅱ中的工序（2）、（3）、（4）来修改方案Ⅰ中的工序（7），使其变为两道工序，即：钻、扩 ϕ39mm 两孔及倒角和粗、精镗 ϕ39mm 两孔。其余的工序按方案Ⅰ执行，因此最后的工艺路线确定如下。

1）车端面及外圆柱面 ϕ62mm、ϕ60mm，车螺纹 M60×1。此时以两个叉耳外轮廓及 ϕ65mm 外圆柱表面为粗基准，选用 CA6140 型车床和专用夹具进行加工。

2）钻、扩花键底孔至 ϕ43mm，镗趾口 ϕ55mm。此时以 ϕ62mm 外圆柱面为基准，选用 CA6140 型车床进行加工。

3）将花键孔倒角 5mm×60°。此时选用 CA6140 型车床和专用夹具进行加工。

4）钻锥螺纹 Rp1/8 底孔。此时以花键底孔及叉部外轮廓定位。选用 Z5125 型立式钻床及专用钻模进行加工。这里安排钻 Rp1/8 底孔主要是为下道工序拉花键孔准备定位基准。

5）拉花键孔。此时利用花键底孔、ϕ55mm 端面及 Rp1/8 锥螺纹底孔定位，选用 L6120 型拉床进行加工。

6）粗铣 ϕ39mm 两孔端面。此时以花键孔定位，选用 X6132 型铣床进行加工。

7）钻、扩 ϕ39mm 两孔及倒角 $C2$。此时以花键孔及其端面定位，选用 Z5135 型立式钻床进行加工。

8）粗、精镗 ϕ39mm 两孔。此时选用 T740 型卧式金刚镗床及专用夹具进行加工，以花键孔及其端面定位。

9）磨 $\phi39$mm 两孔端面，保证尺寸 $118_{-0.07}^{0}$mm。此时以 $\phi39$mm 孔及花键孔定位。选用 M7130 型平面磨床及专用夹具进行加工。

10）钻叉部四个 M8 螺纹底孔至 $\phi6.7$mm 并倒角 120°。此时以花键孔及 $\phi39$mm 孔定位，选用 Z4112-2 型台式钻床及专用夹具进行加工。

11）攻螺纹 4×M8 及 Rp1/8。

12）冲箭头。

13）检验。

5.8.5 确定加工余量及工序尺寸

万向节滑动叉零件的材料为 45 钢，硬度为 207～241HBW，采用模锻毛坯，毛坯的精度等级为 3 级，质量约为 6kg。根据上述原始资料及加工工艺，分别对各表面的机械加工余量、工序尺寸及毛坯尺寸确定如下。

（1）外圆表面（$\phi62$mm 及 M60×1） 考虑其加工长度为 90mm 和与其连接的非加工外圆表面直径为 $\phi65$mm，为简化模锻毛坯的外形，现直接取其外圆表面直径为 $\phi65$mm。$\phi62$mm 表面的公差为一般公差，即线性尺寸的未注公差，表面粗糙度值为 Rz200μm，只要求粗加工，直径余量 $2Z=3$mm 已能满足加工要求。

（2）外圆表面沿轴线长度方向的加工余量（M60×1 端面） 长度余量及公差取 2.5_{-1}^{+2}mm（查手册所得），模锻斜度取 7°（图样要求）。

（3）两孔 $\phi39_{-0.010}^{+0.027}$mm（叉部） 毛坯为实心，两孔尺寸公差等级要求介于 IT7～IT8 之间。参照手册确定余量及工序尺寸为：

精镗	$\phi39_{-0.010}^{+0.027}$mm	$2Z=0.1$mm
粗镗	$\phi38.9_{0}^{+0.05}$mm	$2Z=0.2$mm
扩孔	$\phi38.7$mm	$2Z=1.7$mm
二次扩钻	$\phi37$mm	$2Z=12$mm
钻孔	$\phi25$mm	$2Z=25$mm

（4）花键孔 用拉削加工花键孔，查手册得：

扩孔	$\phi43_{0}^{+0.05}$mm	$2Z=2$mm
二次扩钻	$\phi41$mm	$2Z=16$mm
钻孔	$\phi25$mm	$2Z=25$mm

花键小径拉削时的加工余量为孔的公差

$$2Z=T=0.17\text{mm}$$

（5）$\phi39_{-0.010}^{+0.027}$mm 两孔的外端面（加工余量的计算长度为 $118_{-0.07}^{0}$mm） 由手册查得：

磨端面	$118_{-0.07}^{0}$mm	$2Z=0.40$mm
粗铣端面	$118.4_{-0.22}^{0}$mm	$2Z=5$mm
模锻斜度	7°（图样要求）	

5.9 机械加工生产率和技术经济分析

制订工艺规程的根本任务是在保证产品质量的前提下，提高劳动生产率和降低成本，即做到高产、优质、低消耗。要达到这一目的，制订工艺规程时，还必须对工艺过程认真开展技术经济分析，有效地采取提高机械加工生产率的工艺措施。

5.9.1 机械加工时间定额的组成

时间定额是指在一定的生产条件下规定完成单件产品或某道工序所消耗的时间。它是进行生产计划与组织、成本核算和考核工人完成任务情况的主要依据，是说明劳动生产率高低的指标；在新建或扩建工厂时，它是计算所需设备和工人数量的依据。

单件时间定额是指完成工件一道工序的时间定额，它包括以下几部分。

(1) 基本时间 T_j 基本时间是指直接改变生产对象的尺寸、形状、相对位置、表面质量或材料性质等工作所消耗的时间。对于机械加工来说，是指从工件上切去加工余量和对工件进行热处理所耗费的时间，包括刀具的切入和切出时间。

(2) 辅助时间 T_f 辅助时间是指在每道工序中为实现工艺过程所进行的各种辅助动作所消耗的时间，主要包括装卸工件、操作机床、改变切削用量、试切和测量工件尺寸等消耗的时间。

(3) 工作地服务时间 T_{fw} 工作地服务时间是指工人在工作时为照管工作地点和保持正常工作状态所消耗的时间，主要包括调整和更换刀具、修整砂轮、刃磨刀具、擦拭及润滑机床、清理切屑等所消耗的时间。一般占机动时间的2%~7%。

(4) 休息和自然需要时间 T_x 休息和自然需要时间是指工人在工作班内为恢复体力和满足生理需求所消耗的时间，一般占基本时间和辅助时间之和的2%左右。

(5) 准备和终结时间 T_z 准备和终结时间是指在成批生产中，每加工一批零件的开始和终了时所做准备工作和结束工作所消耗的时间，主要包括熟悉图样和工艺文件，领取毛坯和工艺装备，安装刀具、夹具，调整机床设备，拆卸和归还工艺装备，收拾工艺文件，送交成品等的时间。

准备和终结时间对一批零件只消耗一次，零件的批量 N 越大，分摊到每个零件的这部分时间 T_z/N 就越少。

批量生产时的时间定额 T_a 就是上述各时间之和，即

$$T_a = T_j + T_f + T_{fw} + T_x + T_z/N$$

对于大量生产，由于 N 的数值很大，T_z/N 可以忽略不计。

在单件小批生产中常采用经验估算法来确定时间定额。

在制订机械加工工艺规程时，应对各工序的时间定额进行科学的分析计算，也可用实测法对时间定额进行校验。制订的时间定额，应填写在技术文件的相应栏目中，作为生产组织和管理的重要依据。

通常，工艺部门只负责新产品投产前的一次性时间定额的确定。产品正式投产后，时间定额由企业劳动工资部门负责制订。一般企业平均定额完成率不得高于130%。

5.9.2 提高机械加工生产率的途径

劳动生产率是指工人在单位时间内生产的合格产品的数量，或者指制造单件产品所消耗的劳动时间。劳动生产率一般通过时间定额来衡量，缩减时间定额就可以提高劳动生产率。

在不同类型的生产中，提高生产率的侧重点不同。在大批大量生产中，由于自动化程度

高，基本时间所占比重大，所以应在缩短基本时间上多下功夫；而在单件小批量生产中，辅助时间所占比重大，重点应在缩短辅助时间上采取措施。

1. 缩减时间定额

（1）缩减基本时间　以车削为例，基本时间 T_j（min）可用下式计算

$$T_j=\frac{L}{n\cdot f}\cdot\frac{Z}{a_p}=\frac{\pi DL}{1000vf}\cdot\frac{Z}{a_p}$$

式中　L——切削长度（mm）；

n——工件转速（r/min）；

D——切削直径（mm）；

Z——加工余量（mm）；

v——切削速度（m/min）；

f——进给量（mm/r）；

a_p——背吃刀量（mm）。

由上式可见，缩短 T_j 的具体方法有以下几种。

1）提高切削用量。切削用量的提高可以使 T_j 缩短，但增大了切削中的切削力、切削热、工艺系统变形等，所以要求机床有足够的功率和刚度，并要求刀具有足够的寿命。

2）减少工件切削长度。采用多刀加工，使每把刀的切削长度缩短，或使用宽砂轮采用横磨法磨削等均可减少切削长度，从而缩短 T_j。

3）多件加工。在条件许可时采用多件同时加工，可减少刀具的切入、切出时间，从而缩短 T_j。

4）精化毛坯。如采用精铸、精锻毛坯可以减少加工余量，从而缩短 T_j。

（2）缩短辅助时间　主要方法有以下几种。

1）采用先进高效夹具。如采用液压、气动夹具及半自动夹具，可以大大减少装卸工件的时间。

2）多工位加工。在多个工位上加工工件，可在不影响加工的情况下装卸工件，使基本时间与辅助时间重合。

3）自动检测。采用自动检测装置，可减少停机测量工件的时间。

（3）缩短工作地服务时间　主要方法包括缩短刀具调整和更换所需的时间、提高刀具及砂轮的寿命等。如采用各种快换刀夹、自动换刀装置、刀具微调装置及采用不重磨硬质合金刀片等。

（4）缩短准备与终结时间　应尽量扩大零件的生产批量，使分摊到每个零件上的准备与终结时间减少。对于中小批量生产，可通过采用成组技术以及零件的通用化、标准化、产品系列化来减少零件的准备与终结时间。

2. 采用先进的工艺方法

采用先进的工艺方法是提高劳动生产率的有效手段。

1）采用先进、高效、自动化机床，专用机床，数控机床和加工中心等可以有效地提高劳动生产率。

2）采用少、无切屑的新工艺，如冷挤压、滚压、冷轧等，可提高劳动生产率。

3）对某些特硬、特脆、特韧材料及复杂型面采用电解加工、电火花加工、线切割等特

种加工方法，可大大提高劳动生产率。

4）改进加工方法，如以拉削代替镗削、铰削，用精刨、精磨代替刮研等，可提高劳动生产率。

此外，通过改进产品的结构设计、改善零件的结构工艺性，改善生产的组织和管理，采用先进的生产组织形式（如流水线、自动线）和先进的生产模式，合理制订生产计划，合理调配设备和劳动力等都可以提高劳动生产率。

复习思考题

5-1 什么是工序、安装、工位、工步和走刀？划分它们的依据各是什么？

5-2 试述工艺规程的作用及制订工艺规程的基本原则。

5-3 机械加工中常用的毛坯有哪些种类？选择毛坯时应注意哪些问题？

5-4 工艺过程通常划分为哪些加工阶段？各加工阶段的主要任务是什么？

5-5 制订机械加工工艺规程时，为什么要划分加工阶段？

5-6 加工余量如何确定？影响加工余量的因素有哪些？举例说明如何考虑这些因素。

5-7 什么是工序集中和工序分散？各有何特点？

5-8 试述零件在机械加工过程中安排热处理工序的目的及其安排顺序。

5-9 试举例说明在零件加工过程中粗、精定位基准的选择原则。

5-10 如图 5-14 所示零件，镗孔 *D* 之前，表面 *A*、*B*、*C* 均已加工，镗孔 *D* 时，为了使工件装夹方便，选择表面 *A* 为定位基准。试确定采用调整法加工时，镗削孔 *D* 工序的工序尺寸。

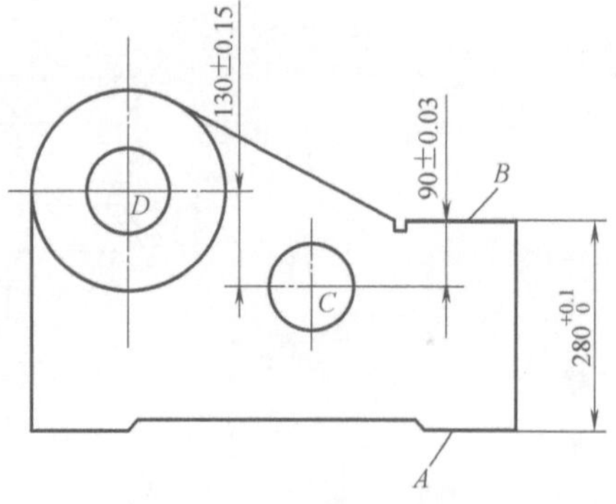

图 5-14 题 5-10 图

5-11 如图 5-15 所示零件，除 ϕ16H7 孔外各表面均已加工，现以 *K* 面定位加工 ϕ16H7 孔。试计算其工序尺寸及上下极限偏差。

5-12 如图 5-16 所示，在外圆、端面、内孔加工完成后，钻 ϕ10mm 孔，试计算以 *B* 面定位钻 ϕ10mm 孔的工序尺寸。

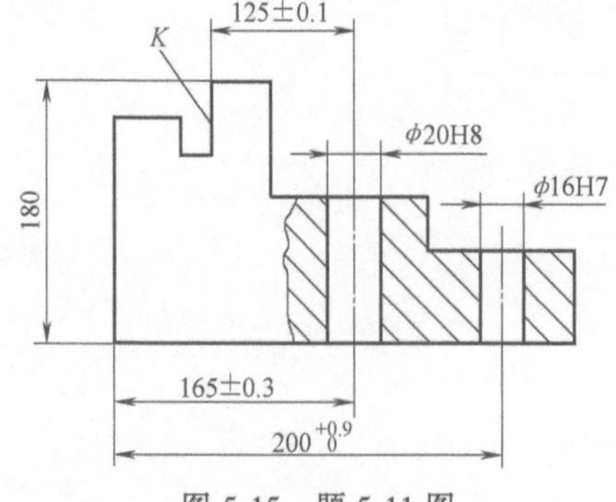

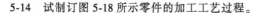

图 5-15 题 5-11 图

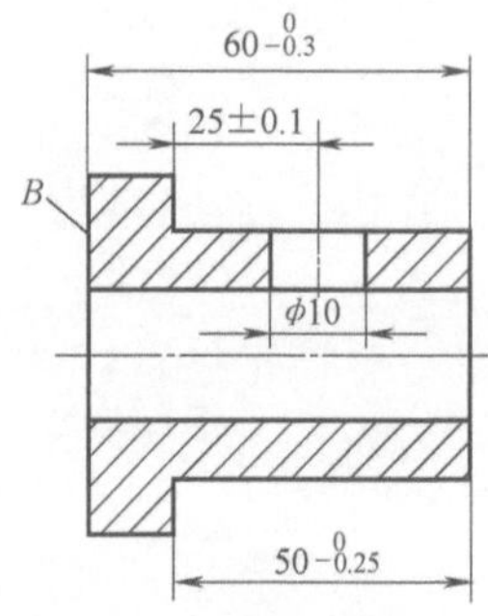

图 5-16 题 5-12 图

5-13 试制订图 5-17 所示小轴的加工工艺过程。

5-14 试制订图 5-18 所示零件的加工工艺过程。

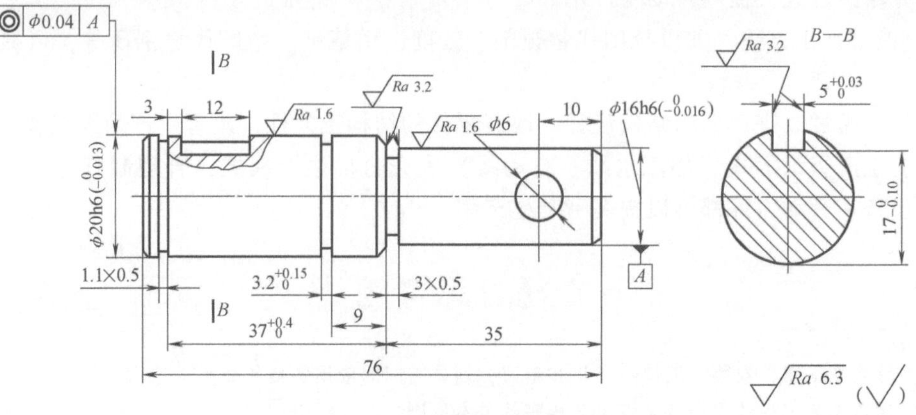

图 5-17　题 5-13 图

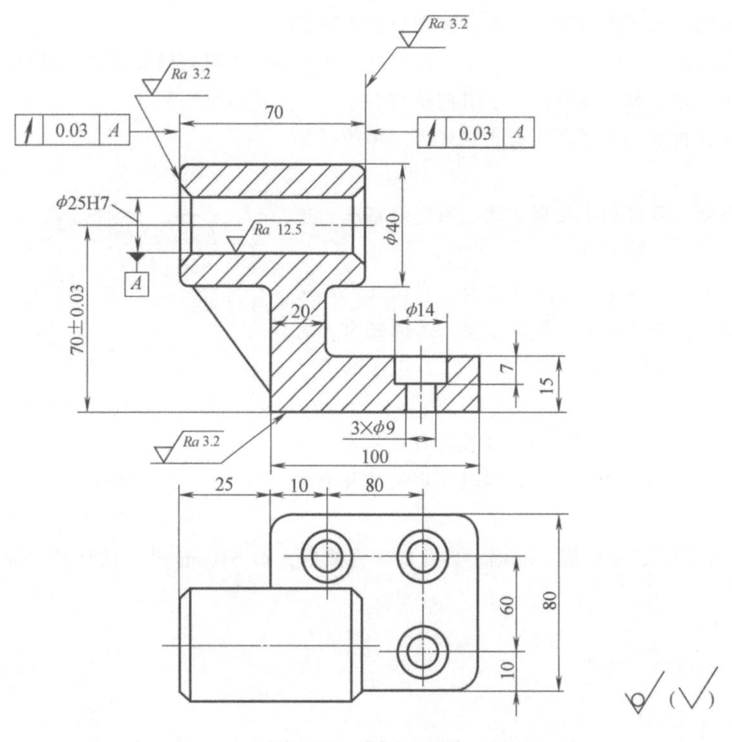

图 5-18　题 5-14 图

第6章

机床夹具设计基础

教学要求：通过本章的学习，使学生明确机械加工中工件装夹的基本概念，理解六点定位原理、工件定位与夹紧的实质与方法，机床夹具的种类、用途及其性能特点，掌握定位误差的分析和计算方法，掌握机床夹具的正确选择和应用，了解机床专用夹具设计的一般原则及设计方法。

6.1 概述

在机械加工过程中，为了保证加工精度，固定工件，使之占有确定的位置以进行加工或检测的工艺装备统称为机床夹具，简称夹具。

6.1.1 基准的概念及分类

零件是由若干表面组成的，它们之间有一定的相互位置和距离尺寸的要求。在零件或部件的设计、制造和装配过程中，必须根据一些点、线或面来确定另一些点、线或面的位置，以保证零件图上所规定的要求。零件表面间的各种相互依赖关系，就引出了基准的概念。

所谓基准，就是零件上用来确定其他点、线、面位置的那些点、线、面。基准按其作用可分为设计基准和工艺基准两大类。

1. 设计基准

在零件图上使用的基准称为设计基准。如图 6-1a 所示零件，对尺寸 20mm 而言，*A*、*B* 面互为设计基准。图 6-1b 中，ϕ50mm 圆柱面的设计基准是 ϕ50mm 圆柱体的轴线，ϕ30mm

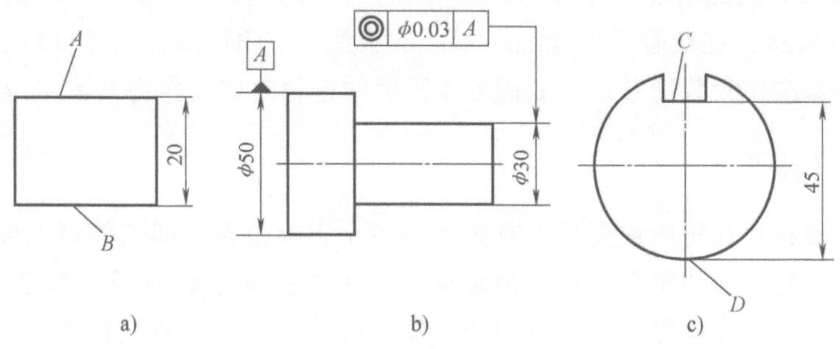

图 6-1　设计基准示例

圆柱面的设计基准是 ϕ30mm 圆柱体的轴线。就同轴度而言，ϕ50mm 的轴线是 ϕ30mm 轴线的设计基准。图 6-1c 所示零件，圆柱面的下素线 D 为槽底面 C 的设计基准。作为设计基准的点、线、面在工件上不一定具体存在，例如表面的几何中心、对称线、对称平面等。

2. 工艺基准

在制造零件或装配机器的生产过程中使用的基准称为工艺基准。工艺基准按用途不同又分为工序基准、定位基准、测量基准和装配基准等。

（1）工序基准　在工序图上，用以确定本工序被加工面加工后的尺寸、形状、位置的基准称为工序基准。所标注加工面的尺寸称为工序尺寸。如图 6-2 所示为一工件上钻孔的工序简图，图 6-2a、b 分别表示对被加工孔的工序基准的两种不同选择。图中尺寸（22±0.1）mm 和尺寸（18±0.1）mm 为选取不同工序基准时的工序尺寸。

（2）定位基准　在机械加工中，用来使工件在机床上或夹具中占有正确位置的点、线或面称为定位基准。它是工艺基准中最主要的基准。如图 6-3 所示齿轮，齿形加工时，利用已经精加工的孔和端面，将工件安装在机床夹具上，所以孔的轴线和端面是加工齿形的定位基准。作为定位基准的点、线、面可能是工件上的点、线或面，也可能是看不见摸不着的中心线、对称线、对称面、球心等。应该指出的是：工件上作为定位基准的点、线、面，通常是由具体的表面来体现的，这些具体表面称为定位基准面。如图 6-3 所示齿轮，孔的轴线实际上是由孔的表面来体现的。再如，用自定心卡盘夹持工件外圆表面时，体现的是以轴线为定位基准，外圆面为定位基准面。

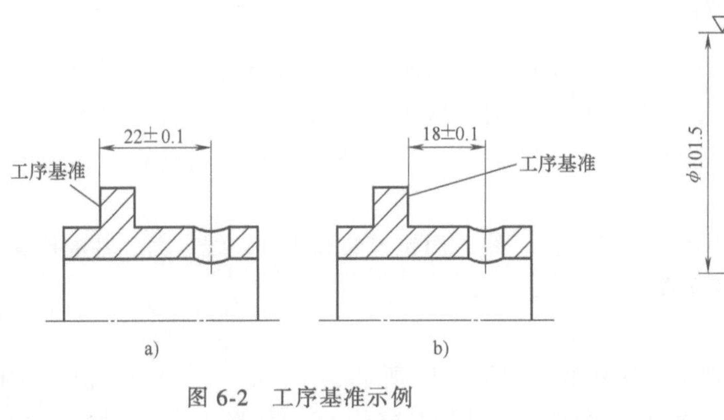

图 6-2　工序基准示例

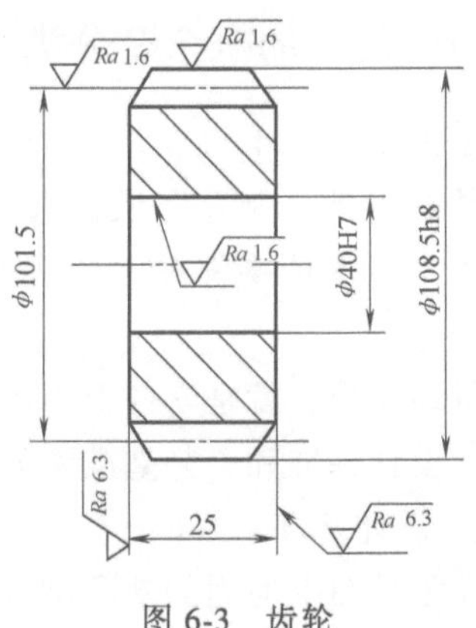

图 6-3　齿轮

（3）测量基准和装配基准　检验已加工表面的尺寸及位置精度所使用的基准称为测量基准。如图 6-1c 所示，在检验尺寸 45mm 时，下素线 D 为测量基准。用以确定零件或部件在机器中位置的基准称为装配基准。如图 6-3 所示的齿轮是以孔作为装配基准的。

6.1.2　工件的装夹

工件在加工前必须在机床或夹具上首先占据一个正确位置，即工件要先被定位，然后再进行夹紧。从定位到夹紧的整个过程称为装夹。工件装夹的正确与否，直接影响加工精度；装夹是否方便和迅速，直接影响辅助时间的长短。因此，工件的装夹直接影响零件加工的经济性、质量和生产率。

1. 工件装夹的实质

工件装夹的实质，就是在机床上对工件进行定位和夹紧。装夹工件的目的，则是通过定位和夹紧使工件在加工过程中始终保持正确的加工位置，以保证达到该工序所规定的加工技术要求。

2. 工件装夹的方法

根据生产批量、加工精度要求和工件大小的不同，工件装夹的方法也不同。常见的工件装夹方法有以下三种。

（1）直接找正法　此法是利用划针、百分表或通过目测直接在机床上找正工件，使其获得正确的位置。如图 6-4a 所示，在磨床上磨削套筒内孔，若零件的内孔与外圆有很高的同轴度要求，此时可先将套筒顶夹在单动卡盘中，用百分表直接找正工件外圆表面，使其轴线与机床主轴轴线同轴，然后夹紧工件进行加工，从而保证零件内孔与外圆的同轴度要求。又如图 6-4b 所示，在牛头刨床上加工一个同工件底面及侧面有平行度要求的槽，通过百分表找正工件的右侧面，即可使工件获得正确的位置。直接找正装夹工件时的找正面即为定位基准。这种方法的定位精度和找正的快慢取决于操作人员的水平。一般来说，此法比较费时，多用于单件小批量生产或要求位置精度特别高的工件的加工。

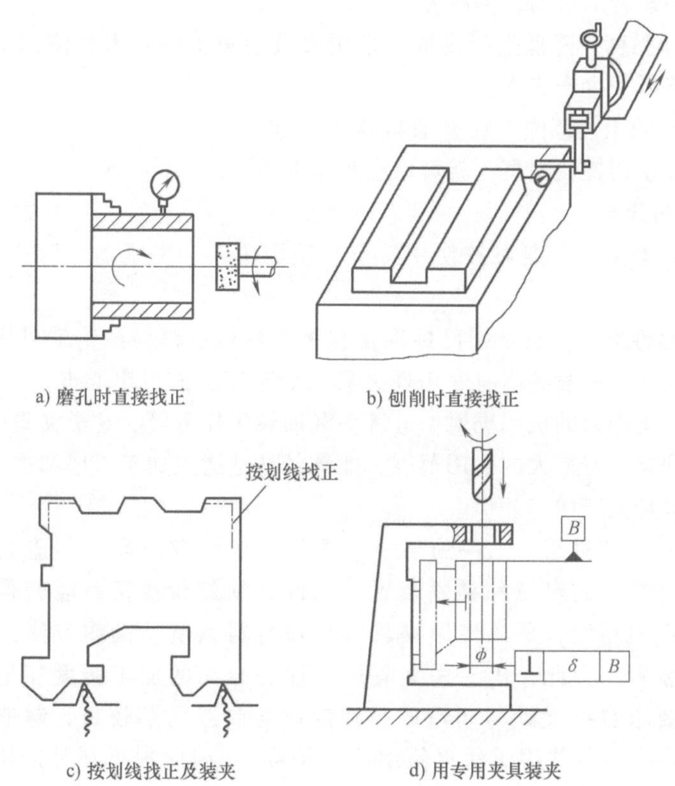

图 6-4　工件装夹方法

（2）划线找正法　此法是利用划针根据毛坯或半成品上所划的线为基准，找正工件在机床上的正确位置。对于形状复杂的零件（如车床主轴箱），采用直接找正法会顾此失彼，这时就有必要按照零件图在毛坯上先划出中心线、对称线及各待加工表面的加工线，然后按照划好的线找正工件在机床上的位置，如图 6-4c 所示。此时用于找正的划线即为定位基准。划线找正法受划线精度和找正精度的限制，定位精度不高，效率较低，主要用于批量小、毛坯精度低以及大型零件等不便使用夹具的粗加工。

（3）使用夹具装夹　此法是直接利用夹具上的定位元件使工件获得正确位置的定位方法。由于夹具的定位元件与机床和刀具的相对位置均已预先调整好，故工件定位时不必再逐个调整。此法定位迅速、可靠，定位精度高，广泛用于成批生产和大量生产中，如图 6-4d 所示。

6.1.3　夹具的作用、分类及组成

1. 机床夹具的作用

（1）易于保证加工精度，并使加工精度稳定　由于夹具在机床上的安装位置和工件在夹具中的安装位置均已确定，所以工件在加工中的正确位置容易得到保证，不受划线质量和找正技术水平的影响，因此加工精度高，且稳定可靠。

（2）缩短装夹工时，提高劳动生产率　利用夹具能使工件实现迅速定位和夹紧；此外，专用夹具中还可以不同程度地采用高效率的多件、多工位、快速、增力、机动等夹紧装置，更是可以大大地缩短辅助时间，提高劳动生产率。

（3）减轻劳动强度，降低生产成本　采用夹具装夹工件省力方便，不仅减轻了操作者的劳动强度，也降低了生产成本。

（4）扩大机床的工艺范围　在普通机床上配置适当的夹具可以扩大机床的工艺范围，实现一机多能。如使用镗孔夹具，就可以在车床上镗孔。

2. 机床夹具的分类

机床夹具种类繁多，一般可按使用特点、使用机床、夹紧动力源进行分类，如图 6-5 所示。

（1）万能通用性夹具　它是指已标准化、无须调整或稍加调整就可用于装夹不同工件的夹具。在通用机床上一般都附有通用性夹具，如车床上的自定心卡盘、单动卡盘、花盘、顶尖和鸡心夹头；铣床上的机用虎钳、分度头和回转工作台等。这类夹具的结构已定型，尺寸已标准化和系列化，有较大的适用范围，能够较好地适应加工工序和加工对象的变换，广泛用于单件、小批量生产中。

（2）专用夹具　针对某一工件的某一工序的要求而专门设计制造的夹具称为专用夹具。这类夹具上有专门的定位和夹紧装置，工件无须进行找正就能获得正确的位置。另外，因不需要考虑通用性，所以专用夹具可以设计得紧凑，操作方便，还可以采用各种省力机构或动力装置。因此，用专用夹具可以保证较高的加工精度和生产率。专用夹具通常是根据加工要求自行设计与制造的，其设计与制造周期较长，制造费用也较高。当产品变更时，专用夹具往往因无法再使用而“报废”。因此这类夹具适用于产品固定、批量较大的生产。

（3）可调夹具　它是指加工完一种工件后，通过调整或更换夹具上的个别元件，就可用于加工形状相似、尺寸相近、加工工艺相似的多种工件的一种夹具，包括通用可调夹具和成组夹具两类。

通用可调夹具是在通用夹具的基础上发展起来的，适用范围较大。而成组夹具则是

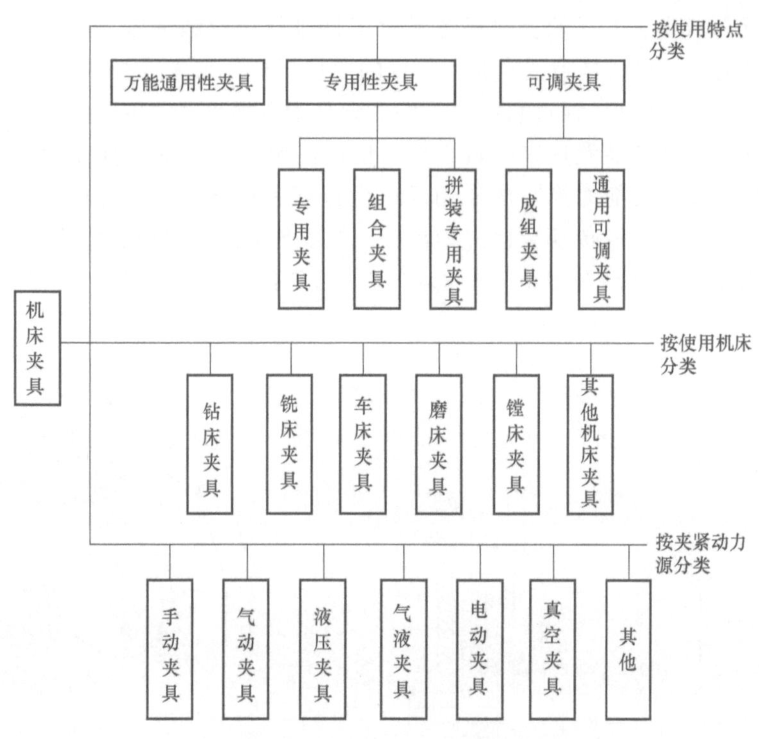

图 6-5　机床夹具的分类

专门为成组加工工艺中某一组工件而设计和制造的，针对性强，加工对象和适用范围明确，可使多品种、小批量生产获得类似于大量生产的经济效益。在当前多品种、变批量生产的条件下，这两类夹具的优势更为明显，它们也是今后改革工艺装备设计的一个发展方向。

（4）组合夹具　组合夹具是指按某种工序的加工要求，用事先准备好的通用标准元件和部件组合而成的一种夹具。加工完成后可以将这类夹具拆卸下来，更换元部件后组装成新夹具，供再次使用。组合夹具具有组装迅速、准备周期短、能反复使用等优点，被广泛用于多品种、小批量生产，特别是新产品试制尤为适用。近几年组合夹具也在数控加工中得到广泛的应用。

（5）随行夹具　这是一种在自动线或柔性制造系统中使用的夹具。它除了具有一般夹具所担负的装夹工件的任务外，还担负着沿自动线输送工件的任务，即跟随被加工工件沿着自动线从一个工位移到下一个工位，故有“随行夹具”之称。

机床夹具虽然分成上述几大类，但是，不论何种夹具结构，其基本原理都是一致的，夹具设计中的一些基本问题，如工件的定位和夹紧，夹具的对定等则是共同的。因此，只要掌握了专用夹具结构设计的基本原理后，其他夹具的结构原理和特点也就能触类旁通，不难掌握了。本章着重讲述专用夹具的结构组成及设计原理等。

3. 机床夹具的组成

夹具的种类虽然很多，但从专用夹具的作用和结构上看，它一般都是由定位元件、夹紧装置、夹具体和其他装置或元件组成。下面以图 6-6 所示钻后盖零件上 ϕ12mm 孔的夹具为例，说明夹具的组成。

（1）定位元件　由于夹具的首要任务是对工件进行定位和夹紧，因此，无论何种夹具都必须设置有确定工件在夹具中正确加工位置的定位元件。如图 6-6 中的圆柱销 5、菱形销 1 和支承板 6 都是定位元件，通过它们使工件在夹具中占据正确的位置。

（2）夹紧装置　夹紧装置用来夹紧工件，使已经定好位置的工件在加工过程中不因外力（重力、惯性力以及切削力等）的作用而产生位移。它通常是一种机构，包括夹紧元件（如夹爪、压板等）、增力及传动装置（如杠杆、螺纹传动副、斜楔、凸轮等），以及动力装置（如气缸、液压缸）等。如图 6-6 中的螺杆 2（与圆柱销做成一体）、螺母 3 和开口垫圈 4 组成了夹紧装置。

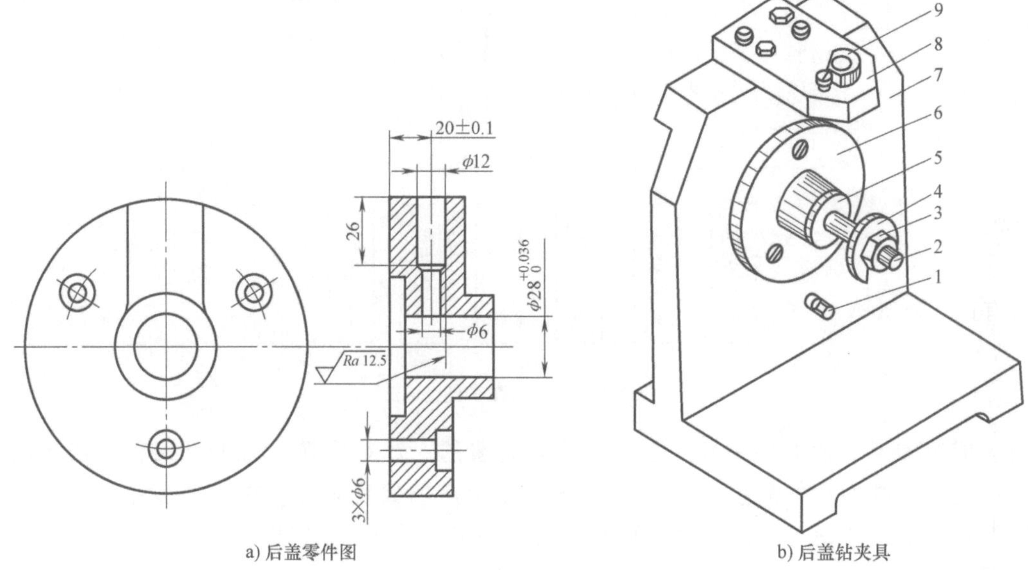

a) 后盖零件图　　b) 后盖钻夹具

图 6-6　后盖零件图及后盖钻夹具

1—菱形销　2—螺杆　3—螺母　4—开口垫圈　5—圆柱销

6—支承板　7—夹具体　8—钻模板　9—钻套

（3）夹具体　夹具体用来连接夹具上的各个元件及装置，使其成为一个整体。它是夹具的基础件，常常通过夹具体与机床有关部位进行连接，以确定夹具相对于机床的位置。如图 6-6 中的件 7，通过它将夹具的所有部分连接成一个整体。

（4）对刀-导引元件　用专用夹具加工工件时，一般都用调整法加工。为了预先调整好刀具的位置，在夹具上设有确定刀具（铣刀、刨刀、砂轮等）位置或导引刀具（孔加工用刀具）方向的对刀-导引元件。如铣夹具中常见的对刀块，钻夹具中的钻套、钻模板等。如图 6-6 中的钻套 9 与钻模板 8 就是为了引导钻头而设置的导引元件。

（5）其他装置或元件　为了使夹具在机床上占有正确的位置，一般夹具（小型夹具除外）设有供夹具本身在机床上定位和夹紧用的连接元件（如定位键）；此外，按照加工要求，有些夹具上还设有其他装置和机构，如上下料装置、分度装置、工件顶出装置等。

专用夹具的组成及各组成部分与机床、工件、刀具的相互关系如图 6-7 所示。

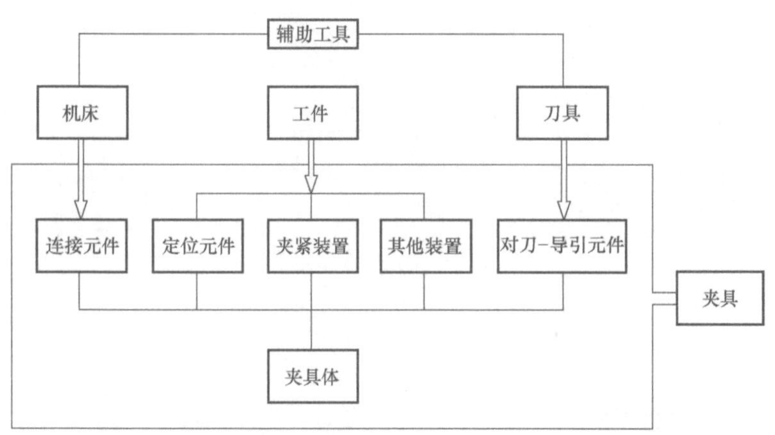

图 6-7　专用夹具的组成及各组成部分与机床、工件、刀具的相互关系

6.2　工件的定位原则及定位元件

在工件的定位过程中夹具起着决定性的作用，工件在加工时正是通过夹具相对机床、刀具占有正确而稳固的加工位置的。本节所讨论的定位问题，特指工件在夹具中的定位。工件在夹具中定位的目的，就是要使同一批工件在夹具中占有一致的正确加工位置。

6.2.1　工件定位原理

1. 六点定位原理

工件在定位前，可以看成是空间笛卡儿坐标系中的自由物体，它沿三个互相垂直的坐标轴有不同的位置移动，也可绕三个坐标轴有不同的位置转动，分别用 $\vec{x}$、$\vec{y}$、$\vec{z}$ 和 $\widehat{x}$、$\widehat{y}$、$\widehat{z}$ 表示，如图 6-8 所示。这里把描述工件位置不确定性的 $\vec{x}$、$\vec{y}$、$\vec{z}$ 和 $\widehat{x}$、$\widehat{y}$、$\widehat{z}$ 称为工件的六个自由度。

工件定位的实质就是限制工件的自由度。在机床上要确定工件的正确位置，同样要限制工件的六个自由度。要使工件沿某方向的位置确定，就必须限制该方向的自由度。当工件的六个自由度全部被限定时，工件在夹具中的位置就被完全确定了，这就是工件的定位原理。

将具体的定位元件抽象化后，转化为相应的定位支承点，用这些定位支承点来限制工件的自由度，可使分析定位问题变得十分简便明了。用按一定规律分布的六个定位支承点（由定位元件来实现）与工件的定位基准面紧贴来限制工件的六个自由度，这就是“六点定位原理”。

如图 6-9 所示，工件以 A、B、C 三个平面为定位基准，底面 A 紧贴在支承点 1、2、3 上，限制了 $\vec{z}$、$\widehat{x}$、$\widehat{y}$ 三个自由度，侧面 B 紧贴在 4、5 支承点上，限制了 $\vec{x}$、$\widehat{z}$ 两个自由度，端面 C 紧贴在支承点 6 上，限制了 $\vec{y}$ 一个自由度。这样六个支承点就限制了工件全部的自由度。

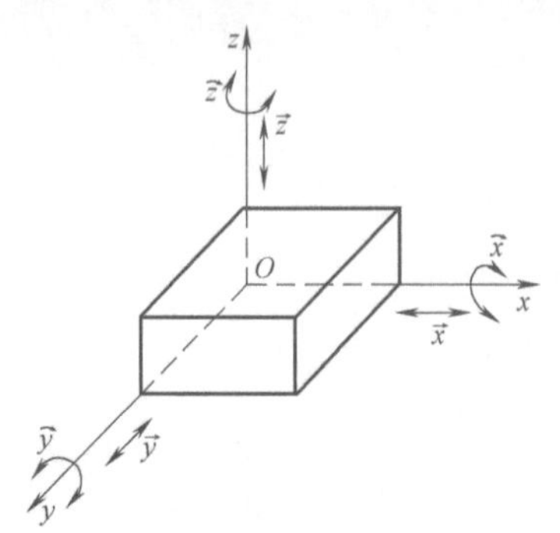

图 6-8　工件的六个自由度

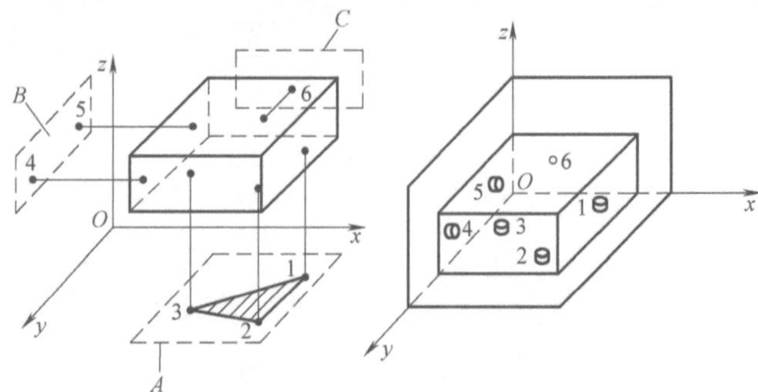

图 6-9　六点定位原理简图

在应用定位原理分析工件在夹具中的定位问题时，应注意以下几点。

1）工件在夹具中定位时，并非在任何情况下都必须限制六个自由度，究竟哪几个自由度需要限制，主要取决于工件的技术要求、结构尺寸和加工方法等。

2）一般地说，一个定位支承点只能限制工件的一个自由度。因此，工件在夹具中定位时，所用支承点数目最多不超过六个。同时，每个定位支承点所限制的自由度，原则上不允许重复或互相矛盾。

3）定位支承点限制工件自由度的作用，可以这样理解：定位支承点与工件的定位基准始终保持紧贴接触。二者一旦脱离，就表示定位支承点失去了限制工件自由度的作用（即失去了定位作用）。

4）在分析定位支承点起定位作用时，不考虑力的影响。工件在某一坐标参数方向上的自由度被限制，是指工件在该坐标参数方向上有了确定的位置，而不是指工件在受到使工件脱离支承点的外力时，不能运动。使工件在外力作用下不能运动，这是夹紧的任务。反过来说，工件在外力作用下不能运动（即被夹紧了），并不一定表示工件的所有自由度都被限制了。

5）具体的定位元件应转化为几个定位支承点，这一问题在后续章节中再进行分析。

2. 限制工件自由度与加工要求的关系

工件定位时，影响加工要求的自由度必须限制，不影响加工要求的自由度有时可以不限制。按照加工要求确定工件必须限制的自由度是夹具设计中首先要解决的问题。

（1）完全定位　工件在夹具中的六个自由度全部被限制的定位称为完全定位，如图6-10所示。在铣床上加工一批零件的沟槽时，为了保证图6-10中 X、Y、Z 三个尺寸的加工精度，就必须限制该零件的六个自由度。一般工件在三个坐标方向上均有尺寸要求时，要采用此方式定位。

（2）不完全定位　工件上六个自由度没有被全部限制，但能满足加工需要的定位方式称为不完全定位。如在车床上车削图6-11a所示零件的通孔时，由于孔在 x 方向的移动和转动自由度都不会影响其加工精度，所以不需要限制，只需限制其余四个自由度（$\vec{y}$、$\vec{z}$、$\widehat{y}$、$\widehat{z}$）就能满足加工需要，这种定位称为四点定位。又如图6-11b所示的零件在磨床上采用电磁工作台定位磨平面时，由于工件只有厚度和平行度的加工要求，所以只需限制 $\widehat{x}$、$\widehat{y}$ 和 $\vec{z}$ 三个自由度（即三点定位）就能满足加工需要。

（3）欠定位　按照加工要求应当限制的自由度而没有被限制的定位称为欠定位（定位

不足）。这种定位方式显然无法保证工序所规定的加工要求，因此，在实际生产中欠定位是绝对不允许的。如图 6-12 所示，在圆柱零件上铣键槽，如果只采用 V 形块 1、2 及止推销 3 定位，无防转销 4，工件绕工件轴线回转方向的位置将不确定，铣出的键槽将难以达到要求。

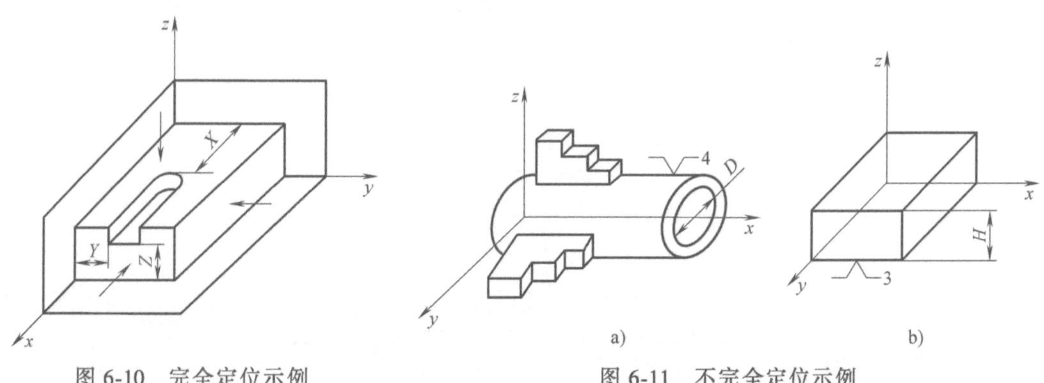

图 6-10　完全定位示例　　　　图 6-11　不完全定位示例

（4）过定位　工件的自由度被设置的定位元件重复限制的定位方式称为过定位。如图 6-13 所示，车削轴类零件的外圆时，若采用前、后顶尖和自定心卡盘装夹，由于前、后顶尖已限制了 $\vec{x}$、$\vec{y}$、$\vec{z}$、$\widehat{y}$ 和 $\widehat{z}$ 五个自由度，而自定心卡盘也限制了 $\vec{y}$、$\vec{z}$ 两个自由度，因此出现了过定位。

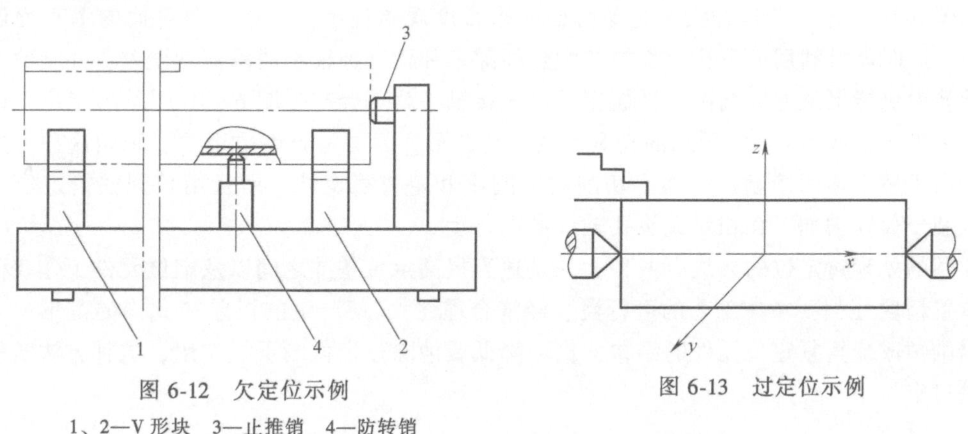

图 6-12　欠定位示例

1、2—V 形块　3—止推销　4—防转销

图 6-13　过定位示例

又如图 6-14a 所示加工连杆小头孔的定位方案，平面支承 2 限制 $\vec{z}$、$\widehat{x}$、$\widehat{y}$ 三个自由度，短圆柱销 1 限制 $\vec{x}$、$\vec{y}$ 两个自由度，挡销 3 限制 $\widehat{z}$ 一个自由度，从而实现完全定位。若将销 1 改成长圆柱销 1′，因其限制工件的 $\vec{x}$、$\vec{y}$、$\widehat{x}$、$\widehat{y}$ 四个自由度，从而引起 $\widehat{x}$、$\widehat{y}$ 两个自由度被重复限制。在工件定位时出现图 6-14b 所示的不确定情况，更严重的是在施加夹紧力后会使连杆产生弹性变形，如图 6-14c 所示，加工完去除夹紧力后，工件变形恢复，就会形成加工表面严重的位置或形状误差。

由以上分析可知，过定位可能会造成以下不良后果：工件定位不稳定；工件或定位元件产生变形甚至损坏；工件无法装夹。这是由于工件上的定位基准与夹具上的定位表面均有几何形状误差，定位基准之间、定位表面之间也存在位置误差，一旦出现过定位，就会使定位

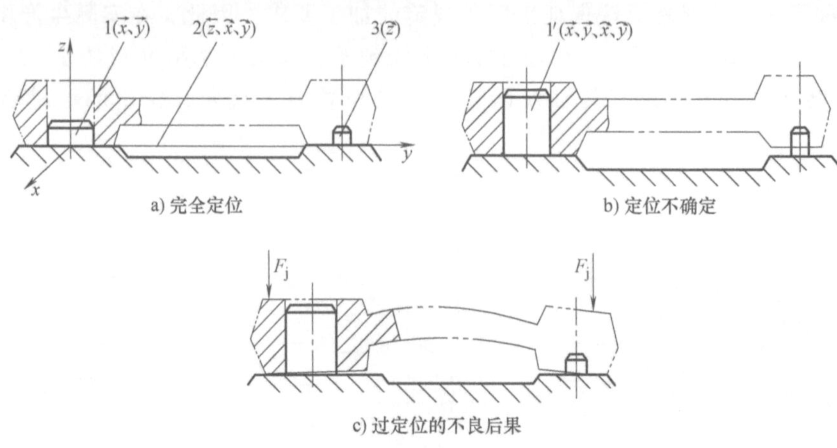

a) 完全定位　　b) 定位不确定

c) 过定位的不良后果

图 6-14　连杆定位分析

1—短圆柱销　1′—长圆柱销　2—平面支承　3—挡销

基准与定位表面接触不良甚至不能接触。因此，在确定工件定位方案时，一般不允许出现过定位。

实际生产中，在采取适当工艺措施的情况下，过定位是允许存在的，以提高工件的定位刚度，但必须解决好以下两个问题：一是重复限制自由度的支承之间，不能使工件的装夹发生干涉；二是因过定位而引起的不良后果，在采取相应措施后仍应保证工件的加工要求。

如图 6-14 所示，若连杆大头孔与端面的垂直度误差很小，长销与台阶面的垂直度误差也很小，此时就可利用大头孔与长销的配合间隙来补偿这种较小的垂直度误差，并不致引起相互干涉而仍能保证连杆端面与平面支承可靠接触，就不会产生图 6-14b 所示的定位不确定情况，也不会造成图 6-14c 所示的夹紧后的严重变形，因而是允许采用的。采用这种方式定位时，由于整个端面接触，增强了切削时的刚度和定位稳定性，而且用长圆柱销定位大头孔，有利于保证被加工孔相对大头孔轴线的平行度。

常用的处理过定位的方法有两种：一是适当提高定位基准之间以及定位元件工作表面之间的位置精度（但要考虑工艺的可行性、经济合理性），使产生的误差在允许的范围内；二是可以酌情改变重复定位元件的结构，借以降低或消除过定位的干扰作用，这种方法实质上已不是过定位了。

6.2.2　定位副的选择及要求

工件在夹具中的定位是通过一定的表面（定位基准）和定位元件相接触或配合来实现的，这些表面和定位元件合称为定位副。定位副的选择及其制造精度将直接影响工件的定位精度和夹具的工作效率及制造、使用性能，故对定位副的选择提出了必要的原则和要求。

1. 定位基准的选择

定位基准的选择是否合理，对保证工件加工后的尺寸精度、几何精度，对加工顺序的安排以及生产率的提高和生产成本的降低均起着决定性的作用。定位基准可分为粗基准与精基准两种。对毛坯进行机械加工时，第一道工序只能以毛坯表面作为定位基准，这种以毛坯表面进行定位的基准称为粗基准；以加工过的表面进行定位的基准称为精基准。在加工中，首先使用的是粗基准，但在选择定位基准时，为了保证零件的加工精度，首先考虑的是选择精基准，即在拟订零件工艺过程时，首先利用合适的粗基准，加工出将要作为精基准的表面。

（1）粗基准的选择原则 选择粗基准时，主要考虑如何保证加工面都能分配到合理的加工余量，以及加工面与不加工面之间的位置尺寸和位置精度，同时还要为后续工序提供可靠的精基准。具体选择时一般遵循下列原则。

1）选用不加工的表面作粗基准。这样可以保证零件的加工表面与不加工表面之间的相互位置关系，并可能在一次装夹中加工出更多的表面。如图 6-15 所示，铸件毛坯孔 B 与外圆有偏心，若以不加工外圆面 A（见图 6-15a）为粗基准加工孔 B，加工时余量不均匀，但加工后的孔 B 与不加工的外圆面 A 基本同轴，较好地保证了壁厚均匀。若选择孔 B 作为粗基准加工（见图 6-15b），加工余量均匀，但加工后内孔与外圆不同轴，壁厚不均匀。

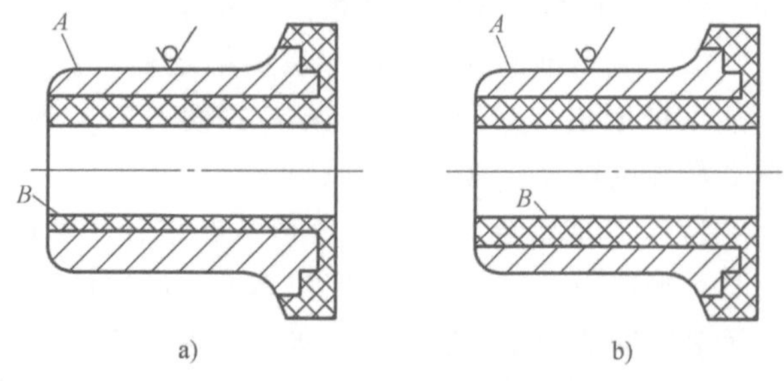

图 6-15 铸件粗基准的选择

应该说明的是，当零件上有多个不需要加工的表面时，应选择与需要加工表面中相对位置精度要求较高的表面作为粗基准。

2）合理分配加工余量。对于有较多加工面的工件，选择粗基准时，应合理地分配各加工表面的加工余量。主要考虑以下两点。

① 应保证各主要加工表面都有足够的加工余量。为满足这个要求，应选择毛坯上精度高、余量小的表面作粗基准。如图 6-16 所示的阶梯轴毛坯，其大小两端的同轴度误差为 0~3mm，大端最小加工余量为 8mm，小端最小加工余量为 5mm。若以加工余量大的大端为粗基准先车小端，则小端可能会因加工余量不足而使工件报废。反之，以加工余量小的小端为粗基准先车大端，则大端的加工余量足够，经过加工的大端外圆与小端毛坯外圆基本同轴，再以加工过的大端外圆为精基准车小端外圆，小端的余量也就足够了。

② 应保证工件上最重要的表面（如机床导轨面和重要的内孔等）的加工余量均匀。此时应选择这些重要表面作粗基准。如图 6-17 所示，车床床身、导轨表面是重要表面，加工时应选导轨表面作为粗基准加工床腿底面（见图 6-17a），然后以床腿底面为精基准加工导轨平面（见图 6-17b）。

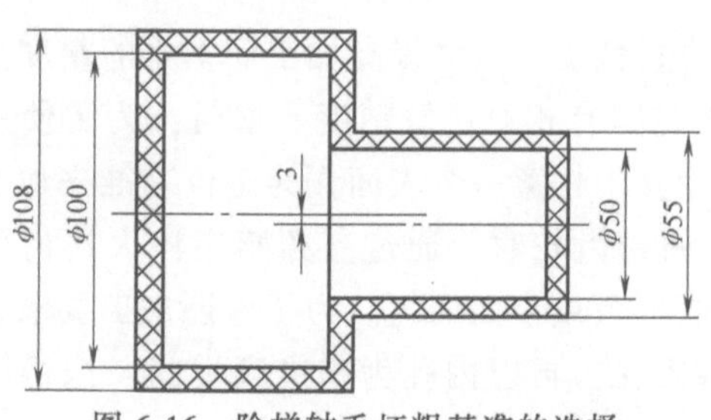

图 6-16 阶梯轴毛坯粗基准的选择

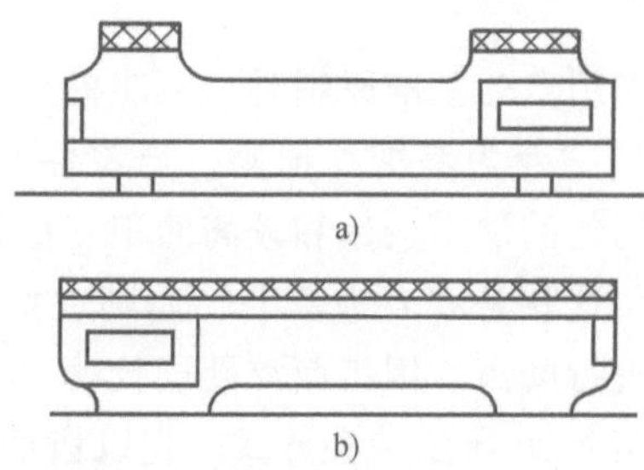

图 6-17 车床床身的粗基准选择

3）粗基准应避免重复使用。一般情况下，在同一尺寸方向上，粗基准只允许使用一次。因为粗基准表面粗糙，定位精度不高，若重复使用，在两次装夹中会使加工表面产生较大的位置误差，对于相互位置精度要求较高的表面，常常会造成超差而使零件报废。如图

6-18所示小轴的加工中，如果重复使用毛坯 *B* 面定位，分别加工 *A* 面和 *C* 面，必然会使 *A* 面与 *C* 面的轴线产生较大的同轴度误差。

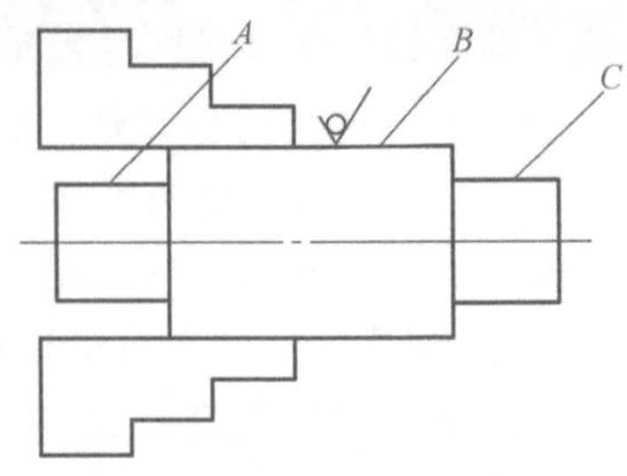

图6-18　重复使用粗基准示例

A、*C*—加工面　*B*—毛坯面

4）粗基准表面应平整。所选粗基准表面应尽可能平整，并有足够大的面积，还要将浇口、冒口和飞边等打磨掉，以便工件装夹时定位可靠，夹紧方便。

（2）精基准的选择原则　选择精基准时，应从保证零件加工精度出发，同时考虑装夹方便可靠，夹具结构简单。具体选择时应遵循以下原则。

1）“基准重合”原则。所谓基准重合，是指设计基准和定位基准重合。选择精基准时应尽可能选用设计基准作为定位基准，以避免产生基准不重合误差。“基准重合”原则对于保证表面间的相互位置精度（如平行度、垂直度、同轴度等）也完全适用。

2）“基准统一”原则。在工件的加工过程中尽可能地采用统一的定位基准，称为“基准统一”原则，也称“基准同一”原则。例如，加工轴类零件时，一般总是先将两端面钻中心孔，其余工序都是以两中心孔为定位基准；加工齿轮的齿坯和齿形时，多采用内孔及基准端面为定位基准；加工箱体零件时，大多以一组平面或一面两孔为统一基准加工孔系和端面。

当零件上的加工表面很多，有多个设计基准时，尽量遵循基准重合原则，就会有较多的定位基准，使夹具的种类多、结构差异大。为了尽量统一夹具的结构，缩短夹具的设计、制造周期，降低夹具的制造成本，可在工件上选一组精基准，或在工件上专门设计一组定位面，用它们定位来加工工件上尽可能多的表面，这也就遵循了基准统一原则。

当采用基准统一原则无法保证加工表面的位置精度时，尽量考虑先采用基准统一原则进行粗、半精加工，最后采用基准重合原则进行精加工，以保证表面间的相互位置精度。这样既保证了加工精度，又充分地利用了基准统一原则的优点。

3）“自为基准”原则。对于某些要求加工余量小而均匀的精加工工序，可选择加工表面本身作为定位基准，这就是“自为基准”原则。如图6-19所示，磨削床身导轨面时，先用百分表找正工件的导轨面，然后加工导轨面，保证导轨表面被磨削的余量均匀。另外，浮动镗刀镗孔、浮动铰刀铰孔、拉刀拉孔、无心磨削、珩磨等加工方法都是“自为基准”的实例。

采用自为基准原则时，不能提高加工面的位置精度，只能提高加工面本身的精度。

4）“互为基准”原则。当零件的两个表面之间有相对位置精度要求时，为了使加工面获得均匀的加工余量和较高的相互位置精度，用其中任意一个表面作为定位基准来加工另一表面，这就是“互为基准”原则。例如，加工精密齿轮时，通过高频感应淬火把齿面淬硬后需进行磨齿。因齿面淬硬层较薄，所以要求磨削余量小而均匀。为了保证加工要求，通常采用图6-20所示装夹方式，先以齿面为基准磨内孔，再以内孔为基准磨齿面，这样既可保证齿面加工余量均匀，又使齿面与孔之间有较高的位置精度。

5）其他原则。应选择精度较高、定位方便、夹紧可靠、便于操作及夹具结构简单的表面作为精基准。另外，在一次装夹中尽可能加工出有相互位置要求的所有表面，这样加工表面之间的相互位置精度只与机床精度有关，而与定位无关。有时为了使基准统一或定位可靠、操作方便，人为地制造出一种基准面，这些表面在零件使用中并不起作用，仅在加工中起定位作用，如顶尖孔、工艺凸台、工艺孔等，这类基准称为辅助基准。

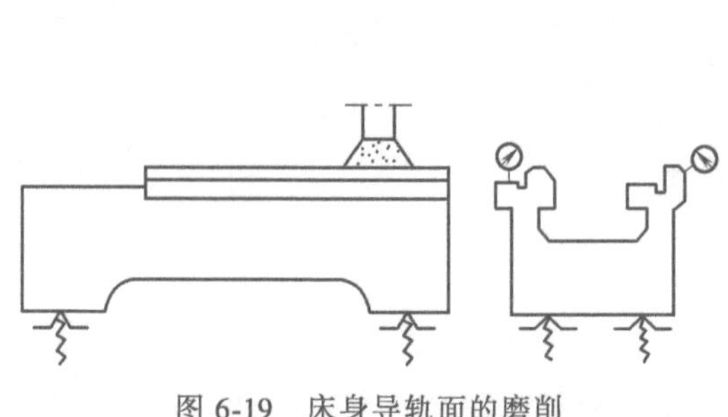

图 6-19　床身导轨面的磨削

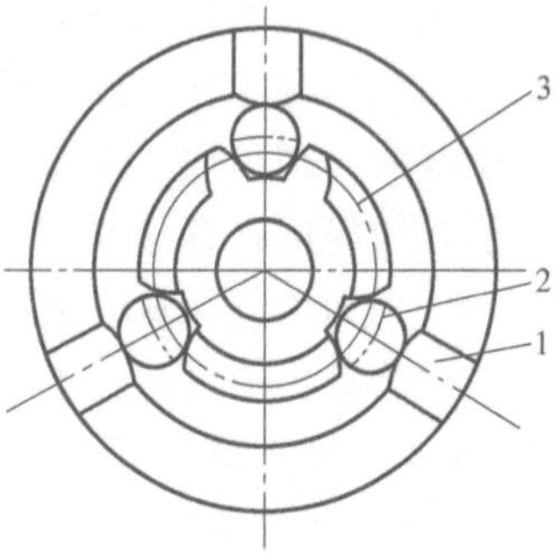

图 6-20　精密齿轮内孔的磨削

1—卡盘　2—滚柱　3—齿轮

总之，无论是选择粗基准还是精基准，首先都要使工件定位稳定、安全可靠，然后再考虑夹具设计容易、结构简单、成本低廉等技术经济原则。在实际生产中，选择粗、精基准时，要想完全符合上述原则是不可能的，往往会出现相互矛盾的情况。这时应从工件的整个加工全过程统一考虑，抓主要矛盾，确保选择合理的加工方案。

2. 定位元件的基本要求

(1) 足够的精度　由于工件的定位是通过定位副的接触或配合实现的，定位元件的工作表面精度直接影响工件的加工精度，因此，定位元件的工作表面应有足够的精度，以适应工件的加工要求。

(2) 耐磨性好　工件的装卸会磨损定位元件的工作表面，导致定位精度下降。为延长定位元件更换周期，提高夹具使用寿命，定位元件的工作表面应有较高的硬度和耐磨性。

(3) 足够的强度和刚度　定位元件不仅限制工件的自由度，还有支承工件、承受夹紧力和切削力的作用，因此定位元件应有足够的强度和刚度，以免使用中变形或损坏。

(4) 良好的结构工艺性　定位元件的结构应力求简单、合理，便于加工、装配和更换。通常标准化的定位元件具有良好的工艺性，设计时应优先选用标准元件。

(5) 便于清除切屑　定位元件工作表面的形状应有利于清除切屑，否则，会因切屑而影响定位精度，而且切屑还会损伤定位基准表面。

6.2.3　常用定位元件的结构特点及应用

1. 工件以平面定位时的定位元件

在机械加工中，许多零件都是以其平面作为定位基准的，如箱体、机座、支架、圆盘类零件、板状类零件等。常用定位元件主要有以下几种。

(1) 固定支承　在使用过程中固定支承是固定不变的，有支承钉和支承板两种形式。

① 支承钉。图 6-21 所示为支承钉的结构形式，其结构和尺寸均已标准化（JB/T 8029.2—1999）。其中，A 型平头支承钉用于已加工过的平面（精基准）；B 型球头支承钉用于粗糙不平的毛坯表面（粗基准）定位；C 型锯齿头支承钉也用于粗基准面的定位，常用于侧面定位，以增大摩擦力。

一个支承钉只限制一个自由度。因此为保证定位稳定可靠，对于作为主要定位面的粗基准，一般必须采用三点支承方式（选用三个球头支承钉或三个锯齿头支承钉）。若工件是以加工过的平面为定位基准，则可用三个或更多的平头支承钉定位，但必须保证这几个平头支承钉的定位工作面位于同一平面内，否则，就会使各支承钉不能全部与工件接触，造成定位不稳定。

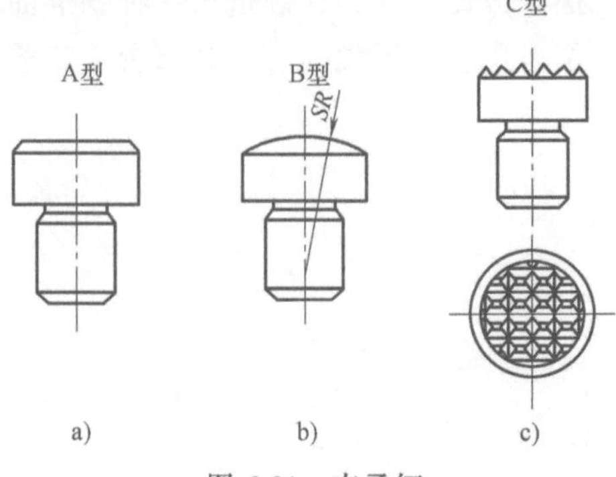

图 6-21　支承钉

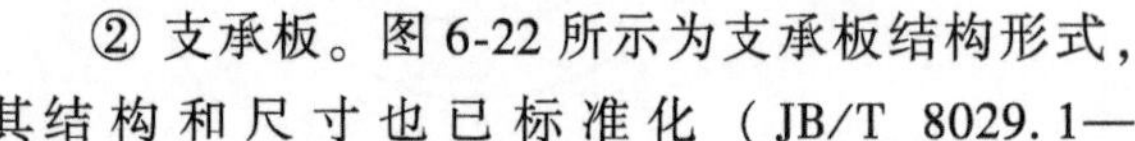

② 支承板。图 6-22 所示为支承板结构形式，其结构和尺寸也已标准化（JB/T 8029.1—1999），主要用于精基准面的定位。其中，A 型支承板结构简单，制造方便，但切屑易堆聚在固定支承板的埋头螺钉沉孔中，不易清除，故适用于侧面及顶面定位；B 型支承板因开有斜槽，容易清除切屑，但制造较麻烦，故适用于底面定位。支承板一般用 2～3 个 M6～M12 的螺钉紧固在夹具体上。

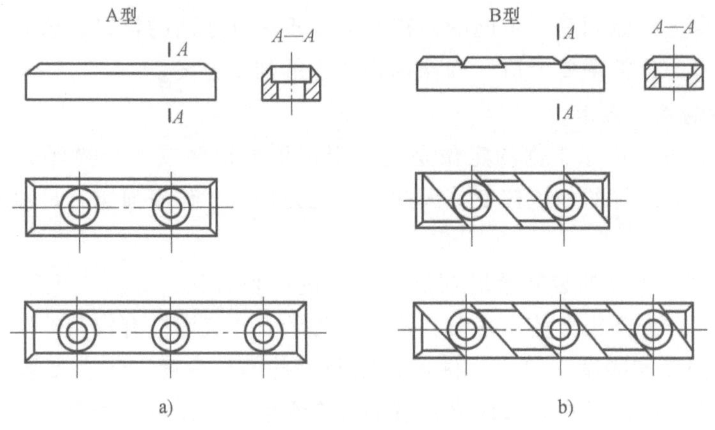

图 6-22　支承板

（2）可调支承　顾名思义这种支承的高度是可以调节的。图 6-23 所示为几种常用的可调支承，其结构基本上都是螺钉螺母形式。图 6-23a 所示支承直接用手或扳杆拧动圆柱头进行高度调节，适用于小型工件；图 6-23b、c 所示支承则需用扳手进行调节，用于较重的工件。

可调支承主要用于毛坯质量不高、以粗基准定位的场合。如图 6-24 所示，零件的毛坯为砂型铸件。首先以 *B* 面定位铣 *A* 面，再以 *A* 面定位镗两孔。铣 *A* 面时，若采用固定支承，由于定位面 *B* 的尺寸和形状误差较大，铣削 *A* 面后，*A* 面与两毛坯孔（图中虚线）的距离尺寸 H_1、H_2 变化也大，致使镗孔时余量很不均匀，甚至余量不够。因此，可将固定支承改为可调支承，再根据每批毛坯的实际误差大小调整支承钉的高度，就可避免上述情况发生。

应该注意，可调支承在一批工件加工前调整一次，其高度一旦调节合适后，便须用锁紧螺母锁紧，以防止螺纹松动而使高度发生变化。在同一批工件的加工中，其作用相当于固定支承。

（3）自位支承　自位支承又称浮动支承，如图 6-25 所示。

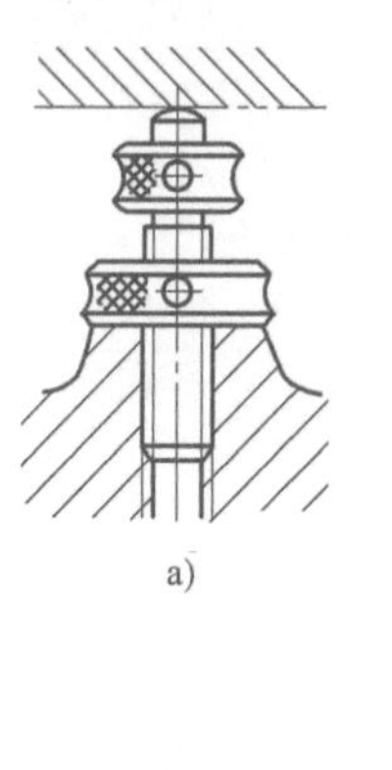

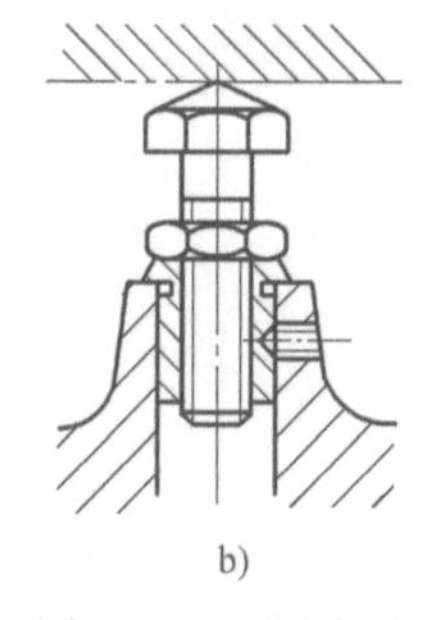

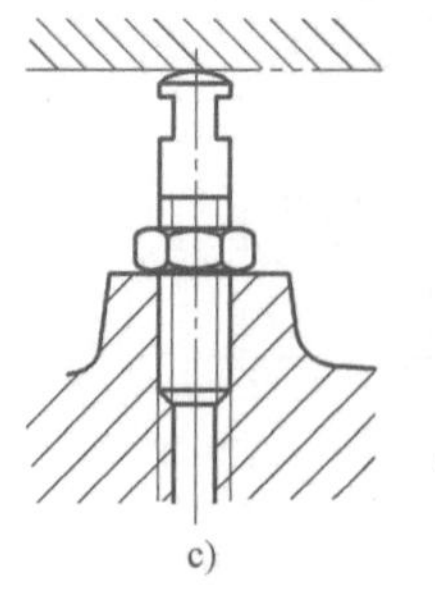

图 6-23 可调支承

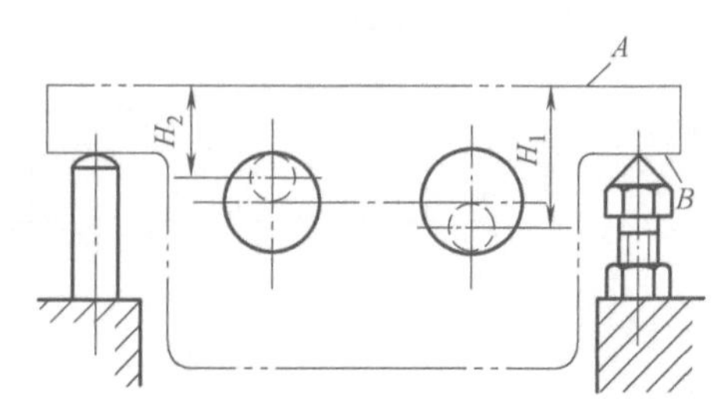

图 6-24 可调支承的应用

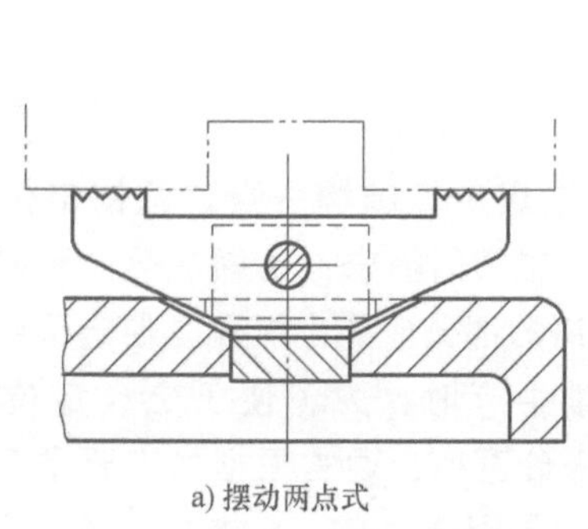

a) 摆动两点式

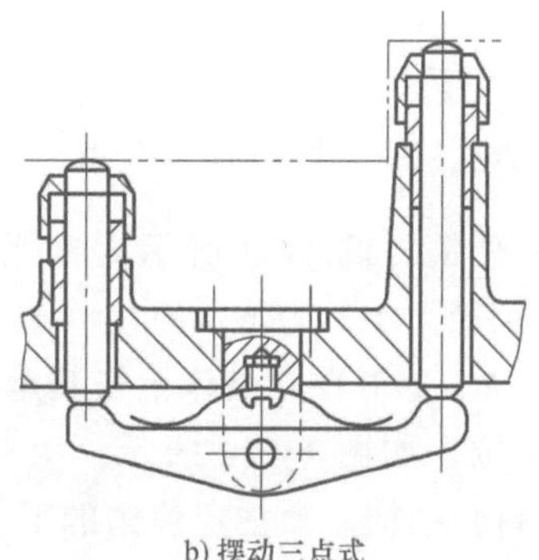

b) 摆动三点式

图 6-25 自位支承

在工件定位过程中自位支承能自动调整位置，其结构可均设计成活动或浮动的。浮动支承点的位置能随着工件定位基准位置的变化而自动调节。尽管每个自位支承与工件成两点或三点接触，但只起一个定位支承点的作用，只限制一个自由度，故可提高工件的安装刚性和稳定性，适用于工件以毛面定位或刚性不足的场合。

以上介绍的固定支承、可调支承和自位支承，都是工件以平面定位时起主要定位作用的支承，称为基本支承。运用定位基本原理来分析平面定位问题时，只有这类基本支承可以转化为定位支承点限制工件的自由度。

（4）辅助支承 辅助支承用来提高工件的安装刚性和稳定性，不起限制工件自由度的作用，也不允许破坏原有的定位。因此，使用辅助支承时，需等工件定位夹紧以后，再调整辅助支承的高度，使其与工件的有关表面接触并锁紧。每安装一个工件就要调整一次辅助支承，即必须逐个工件进行调整，以适应工件支承表面的位置误差。辅助支承可用可调支承代替。

如图 6-26 所示，当工件的重心越出基本支承所形成的稳定区域时，工件上重心所在的一端便会下垂，而使另一端向上翘起，于是使工件上的定位基准脱离定位元件。为了避免出现这种情况，当工件放在定位元件上并基本接近正确定位位置时，在工件重心所在部位下方设置一辅助支承，则可提高定位稳定性。又如图 6-27 所示，工件以平面 *A* 定位铣削上平面，在 *B* 处设置一辅助支承，则能增加工件的安装刚性。

2. 工件以圆孔表面定位时的定位元件

在生产中，常遇到以孔定位的零件，如套筒、法兰盘等，常用定位元件为定位销和心轴等。

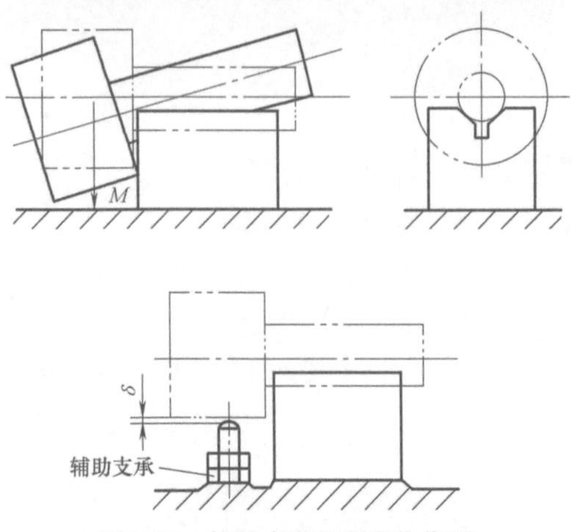

图 6-26　辅助支承起预定位作用

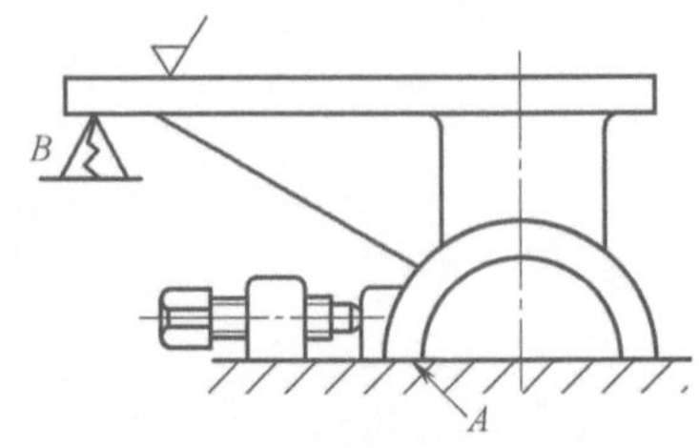

图 6-27　辅助支承的应用

（1）圆柱定位销　图 6-28 所示为常用圆柱定位销结构。当定位销定位部分直径小于 10mm 时，由于销径太小，为增加刚度，避免定位销因撞击而折断或热处理时淬裂，通常将其根部倒出圆角 R。这时在夹具体上安装定位销的部分应锪出沉孔，使定位销圆角部分沉入孔内而不影响定位，如图 6-28a 所示。大批量生产时，为了便于更换定位销，可采用图 6-28d 所示的带衬套结构。圆柱定位销的工作部分直径，通常根据加工要求和安装方便，按 g5、g6、f6、f7 制造，固定定位销是直接通过过盈配合（H7/r6 或 H7/n6）压入夹具体孔中使用的。所有定位销的端部，均做成 15°大倒角，以便于工件顺利套入。

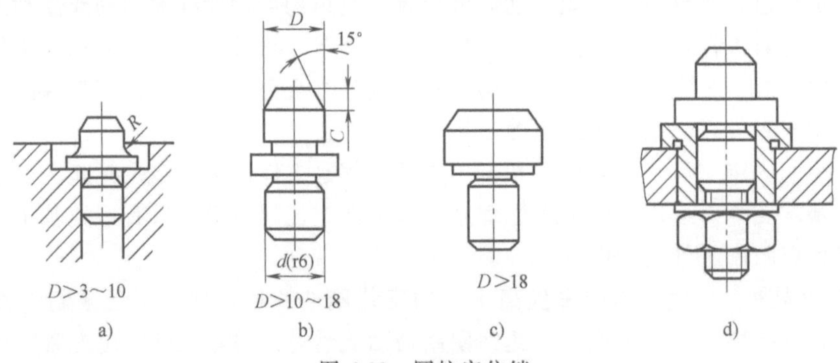

图 6-28　圆柱定位销

此外，圆柱定位销有长、短之分。长定位销限制工件的四个自由度，短定位销限制工件的两个自由度。定位销的长短主要是根据定位销的定位工作面与基准孔接触的相对长度来区分的。

（2）圆柱定位心轴　它主要用来在车、铣、磨、齿轮加工等机床上加工套筒和盘类零件。图 6-29 所示为常用的几种圆柱定位心轴的结构形式。图 6-29a 为间隙配合心轴，心轴定位工作部分一般按 h6、g6 或 f7 制造，因此它装卸工件较为方便，但定心精度不高。图 6-29b 为过盈配合心轴，它由导向部分 3、工作部分 2、安装部分 1 组成。导向部分的作用是使工件迅速而正确地套入心轴。当工件孔的长径比 $L/d>1$ 时，为了装卸工件容易，心轴的工作部分应稍带锥度。心轴上的凹槽是供车削端面时退刀用的。这种心轴制造简便且定心精度高，但装卸工件不便，易损伤工件定位孔，因此多用于定心精度要求较高的场合。

图 6-29c 为花键心轴，用于加工以花键孔为定位基准的工件。

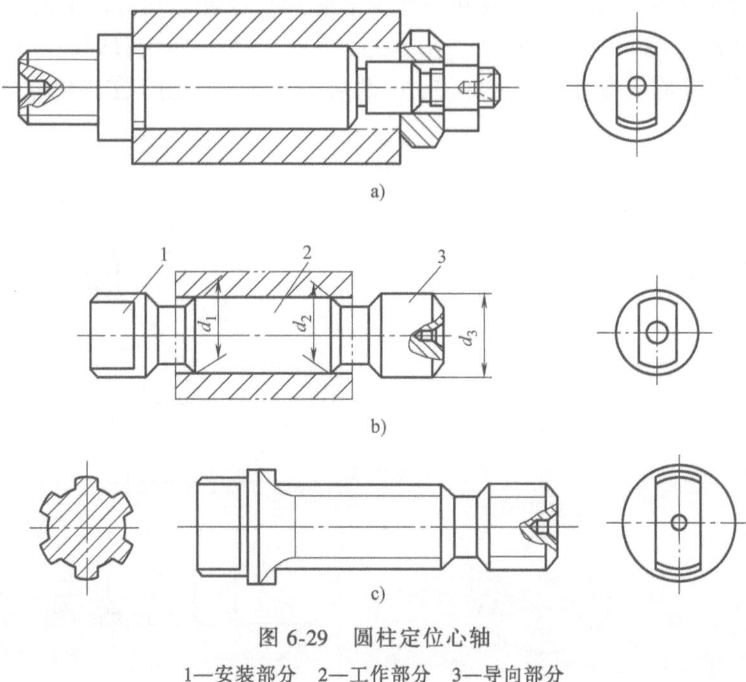

图 6-29　圆柱定位心轴

1—安装部分　2—工作部分　3—导向部分

（3）圆锥定位销　在实际生产中，也常常遇到工件以圆孔在圆锥销上定位的情况，如图 6-30 所示，其中图 6-30a 用于粗基准定位，图 6-30b 用于精基准定位。圆锥销可转化为三个定位支承点限制工件的 $\vec{x}$、$\vec{y}$、$\vec{z}$ 三个自由度。

3. 工件以外圆柱面定位时的定位元件

工件以外圆柱面作定位基准时，根据外圆柱面的完整程度、加工要求和装夹方式，可以在 V 形块、圆孔、半圆孔、圆锥孔中定位。下面主要介绍 V 形块定位的情况。

V 形块定位在生产中应用非常广泛。不论定位基准是否经过加工，也不管是完整的圆柱面还是局部的圆弧面，都可以采用 V 形块定位，其主要优点是对中性好，即能使工件的定位基准轴线始终落在 V 形块两斜面的对称平面上，而不受定位基准直径误差的影响，并且安装方便。

V 形块的结构尺寸如图 6-31 所示。其两斜面间的夹角 α 有 60°、90°、120°三种，其中 90°V 形块使用最广泛，其结构和尺寸均已标准化，设计计算时可参阅夹具设计手册。V 形块在夹具中的安装尺寸 T 是 V 形块的主要设计参数。

图 6-32 所示为典型 V 形块结构。其中图 6-32a 用于较短的精基准定位，图 6-32b 用于基准面较长的精基准定位，图 6-32c 用于较长的粗基准或阶梯轴的定位。如果定位基准的直径和长度较大，则 V 形块不必做成整体钢件，可采用图 6-32d 所示的铸铁底座镶淬硬支承板或硬质合金钢垫的 V 形块。V 形块上两斜面根部的凹槽，是为加工两斜面时让刀用的。

V 形块的长、短是按照 V 形块量棒与 V 形块定位工作面的接触长度 L 和量棒直径 d 之比来区分的。一般 $L/d \ll 1$ 时为短 V 形块，限制工件的两个自由度；$L/d \gg 1$ 时为长 V 形块，限制工件的四个自由度。

V 形块还有固定式和活动式之分。固定式 V 形块一般采用两个定位销和 2~4 个螺钉与夹具体连接。活动 V 形块原则上只限制一个自由度，它在可移动方向上对工件不起定位作用。活动 V 形块的应用如图 6-33 所示。图 6-33a 中的活动 V 形块只限制工件左右方向的移动自由度，同时还兼有夹紧作用。图 6-33b 中的活动 V 形块限制了工件绕左侧圆柱定位销轴转动的自由度。

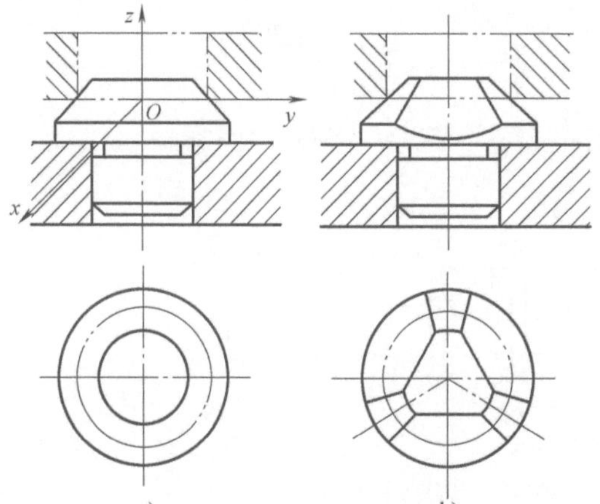

a) b)

图 6-30 圆锥销定位

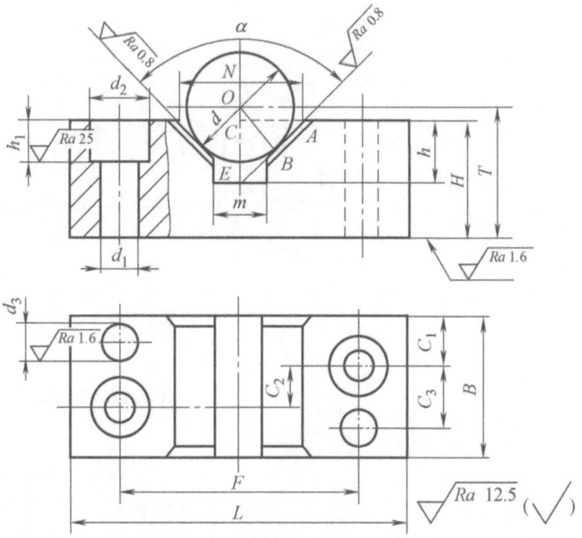

图 6-31 V 形块的结构尺寸

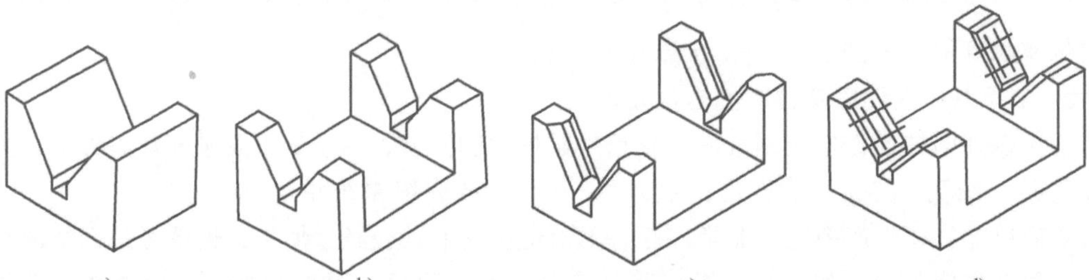

a) b) c) d)

图 6-32 V 形块的典型结构

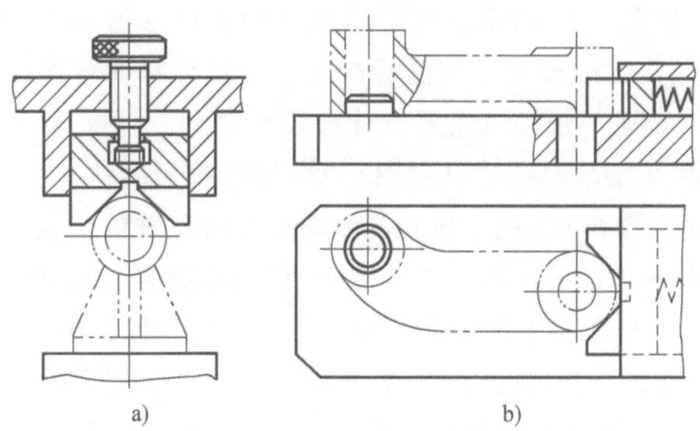

a) b)

图 6-33 活动 V 形块的应用

为了便于正确运用六点定位原理分析定位问题，掌握常用定位元件的应用特点，现将一些常见定位元件及其组合所能限制的自由度列于表中，见表 6-1。

表 6-1　常见定位元件及其组合所能限制的自由度

工件定位基准面	定位元件	定位方式简图	定位元件特点	限制的自由度
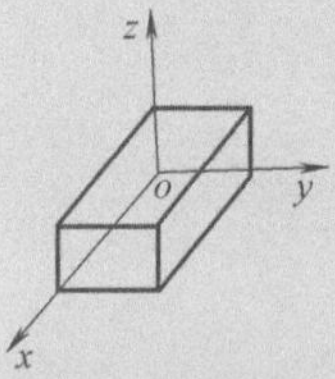 平面	支承钉	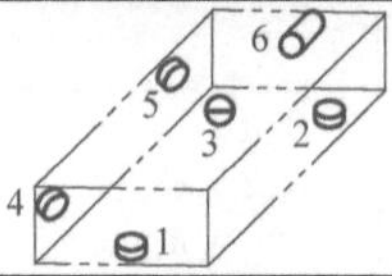		1、2、3—$\vec{z}$、$\widehat{x}$、$\widehat{y}$ 4、5—$\vec{y}$、$\widehat{z}$ 6—$\vec{x}$
	支承板	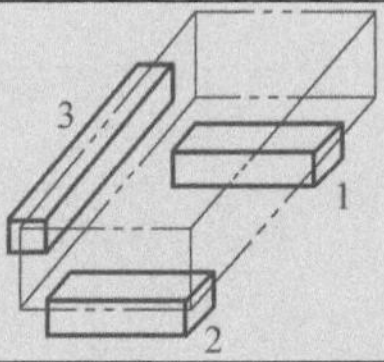	每个支承板 也可设计为 两个或两个 以上小支承板	1、2—$\vec{z}$、$\widehat{x}$、$\widehat{y}$ 3—$\vec{y}$、$\widehat{z}$
	固定支承与 自位支承	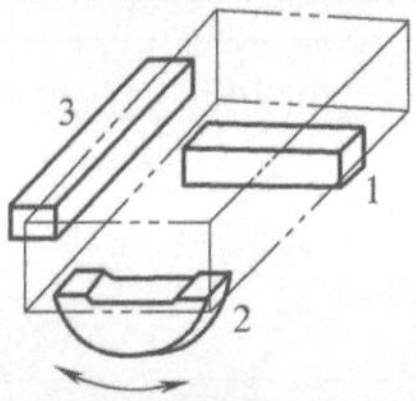	1、3—固定支承 2—自位支承	1、2—$\vec{z}$、$\widehat{x}$、$\widehat{y}$ 3—$\vec{y}$、$\widehat{z}$
	固定支承与 辅助支承	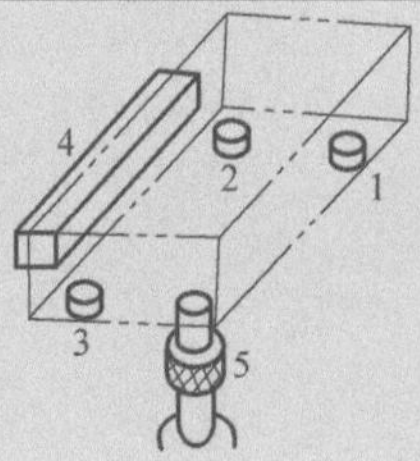	1、2、3、4—固定支承 5—辅助支承	1、2、3——$\vec{z}$、$\widehat{x}$、$\widehat{y}$ 4—$\vec{y}$、$\widehat{z}$ 5—增强刚性，不限制自由度
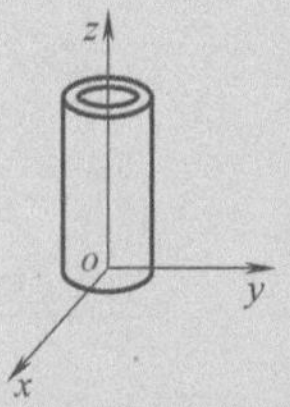 圆孔	定位销 （心轴）	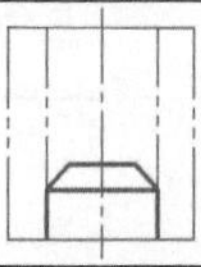	短销（短心轴）	$\vec{x}$、$\vec{y}$
		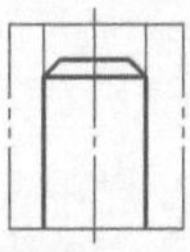	长销（长心轴）	$\vec{x}$、$\vec{y}$、$\widehat{x}$、$\widehat{y}$
	锥销	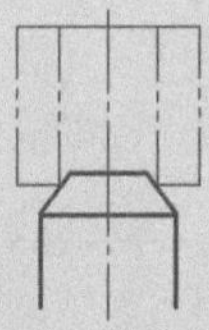	单锥销	$\vec{x}$、$\vec{y}$、$\vec{z}$
		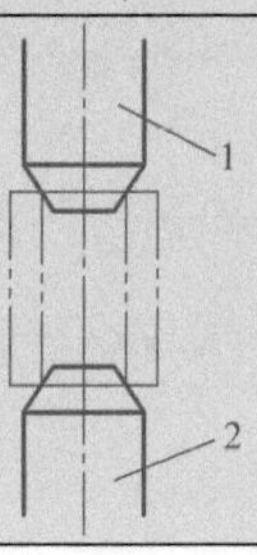	1—固定销 2—活动销	$\vec{x}$、$\vec{y}$、$\vec{z}$ $\widehat{x}$、$\widehat{y}$

（续）

工件定位基准面	定位元件	定位方式简图	定位元件特点	限制的自由度
外圆柱面	支承板或支承钉		短支承板或支承钉	$\vec{z}$（或 $\widehat{y}$）
			长支承板或两个支承钉	$\vec{z}$、$\widehat{y}$
	V 形块		短 V 形块	$\vec{y}$、$\vec{z}$
			垂直运动的短活动 V 形块	$\vec{y}$（或 $\widehat{z}$）
			长 V 形块或两个短 V 形块	$\vec{y}$、$\vec{z}$、$\widehat{y}$、$\widehat{z}$
	定位套		短套	$\vec{y}$、$\vec{z}$
			长套	$\vec{y}$、$\vec{z}$、$\widehat{y}$、$\widehat{z}$
	半圆孔		短半圆孔	$\vec{y}$、$\vec{z}$
			长半圆孔	$\vec{y}$、$\vec{z}$、$\widehat{y}$、$\widehat{z}$
	锥套		单锥套	$\vec{x}$、$\vec{y}$、$\vec{z}$
		1　2	1—固定锥套 2—活动锥套	$\vec{x}$、$\vec{y}$、$\vec{z}$ $\widehat{y}$、$\widehat{z}$

6.3　定位误差的分析及计算

在机械加工过程中，产生加工误差的因素很多，有一项则与采用夹具装夹工件进行加工有关。夹具的设计与制造所造成的误差必然会影响工件的定位精度，从而反映在工件的加工精度上。为了使工艺系统能够加工出合格的工件，系统中各组成误差的总和$\sum\Delta$应不超过加工公差或位置公差δ_G，即$\sum\Delta\leqslant\delta_G$。其中

$$\sum\Delta=\Delta_J+\Delta_G$$

$$\Delta_J=\Delta_D+\Delta_{T-A}$$

从而有

$$\Delta_D+\Delta_{T-A}+\Delta_G\leqslant\delta_G \quad (6\text{-}1)$$

式中　Δ_J——与夹具有关的加工误差；

Δ_G——除夹具外与工艺系统其他因素有关的加工误差；

Δ_D——工件在夹具中定位时产生的定位误差；

Δ_{T-A}——夹具在机床上调整安装时产生的误差。

式（6-1）称为误差计算不等式。

由此可见，在夹具的设计与制造中，为了满足加工要求，要尽可能减少这些与夹具有关的加工误差。如果这部分误差所占比例很大，则留给补偿其他加工误差的比例就很小，结果不是降低了工件的加工精度，就是有可能造成超差而导致工件报废。下面只讨论定位误差问题。

如果一批工件在夹具中所采用的定位方式没有违犯六点定位原理，那么这种定位方式能否保证这一批工件加工后达到规定的技术要求？对于这个问题必须经过定量计算后才能确定。也就是说，六点定位原理只是对工件在夹具中的正确位置有一个定性分析，要使一批工件在夹具中加工后均能满足规定的工序精度要求，还必须对这一批工件在夹具中定位时的定位误差进行分析和计算。

在根据经验或类比法初步确定工件的定位方案后，可假设误差计算不等式中的三项误差各占工件公差的1/3，最后可根据实际情况进行调整。如果满足$\Delta_D\leqslant\delta_G/3$，则合格；如果$\Delta_D>\delta_G/3$，表明定位误差按绝对平均法所分得的公差已经超差，此时应按综合调整法相互调剂，使三项误差的总和不超过工序公差要求，或采取相应工艺措施解决超差问题。

6.3.1　定位误差产生的原因

定位误差是指用调整法进行加工时，由于工件在夹具中定位所引起的一种误差。调整法是指按规定的尺寸预先调整好机床、夹具、刀具、工件之间的正确位置再进行加工的方法。定位误差包括基准不重合误差和基准位移误差两项，现举例分析其产生的原因。

（1）基准不重合误差Δ_B　即定位基准与工序基准不重合而引起的定位误差。

如图6-34a所示为铣削台阶面工序简图，图6-34b所示为其定位简图。要求保证尺寸$L_1\pm(T_1/2)$和$H_1\pm(T_{H_1}/2)$。由图6-34a可知，尺寸L_1的工序基准是E面，由图6-34b可知，其定位基准是A面，二者不重合。这样，对于一批工件而言，当刀具按定位基准A面调整好位置时，每个工件的E面位置却是随尺寸$L_2\pm(T_2/2)$的变化而变化的。由图6-34b可知，

一批工件的 E 面位置可能发生的最大变动量为 ΔL_2，它便是尺寸 L_2 的公差，即 $\Delta L_2=T_2=L_{2\max}-L_{2\min}$。因此，在尺寸 L_1 中实际上附加了误差 ΔL_2，这个误差就是基准不重合误差 Δ_B，它将直接影响加工尺寸 L_1 的精度。

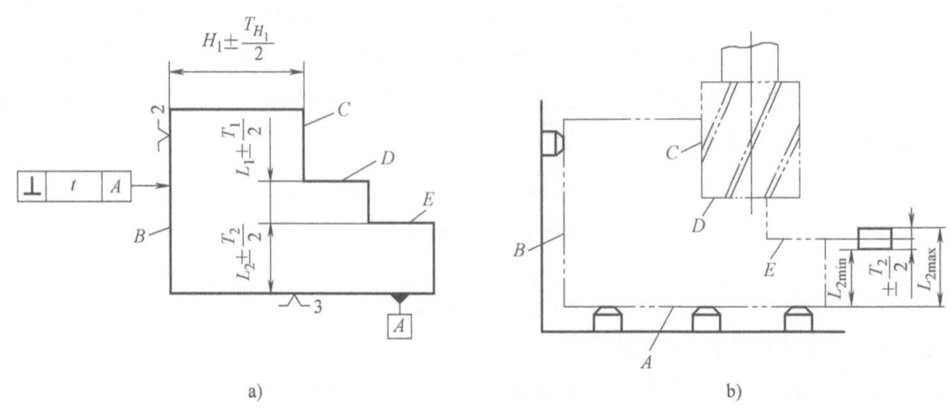

图 6-34　基准不重合误差示例

对尺寸 H_1 而言，其工序基准与定位基准均为 B 面，二者重合，不存在 Δ_B。

由此可知，如果工序基准与定位基准不重合，则两者之间必然存在一联系尺寸，这个尺寸的公差也就成为影响工序尺寸精度的附加误差，此附加误差就称为基准不重合误差。如果工序基准与定位基准重合，则二者之间不存在联系尺寸，因此也就不存在基准不重合误差。基准不重合误差只与基准的选择有关，故在夹具设计时应尽可能遵循“基准重合”原则。

（2）基准位移误差 Δ_Y　对于有些定位方式来说，即使基准重合，也会产生另一种形式的定位误差，即由于定位基准本身发生位移而引起的基准位移误差。

工件在夹具中定位时，由于定位副制造不准确及最小配合间隙的影响，定位基准本身在加工尺寸方向上会产生一定的位移量，从而导致各个工件的位置不一致，造成加工误差，我们把这种误差称为基准位移误差。

不同的定位方式，其基准位移误差的分析和计算方法也不同。

① 工件以圆孔面定位。若定位元件与定位孔为间隙配合，如图 6-35 所示，由于配合间隙的影响，会使工件内孔的中心线（定位基准）相对定位心轴的中心线发生偏移，其最大偏移量（即最大配合间隙）就是基准位移误差。减小定位副的配合间隙，即可减小 Δ_Y 值，从而提高定位精度。基准位移误差的方向是任意的，其大小可按下式计算

$$\Delta_Y=X_{\max}=\delta_D+\delta_{d0}+X_{\min}\qquad(6\text{-}2)$$

式中　$X_{\max}$——定位副的最大配合间隙；

δ_D——工件定位基准孔的直径公差；

δ_{d0}——圆柱定位销或圆柱心轴的直径公差；

$X_{\min}$——定位副所需最小间隙，在设计时确定。

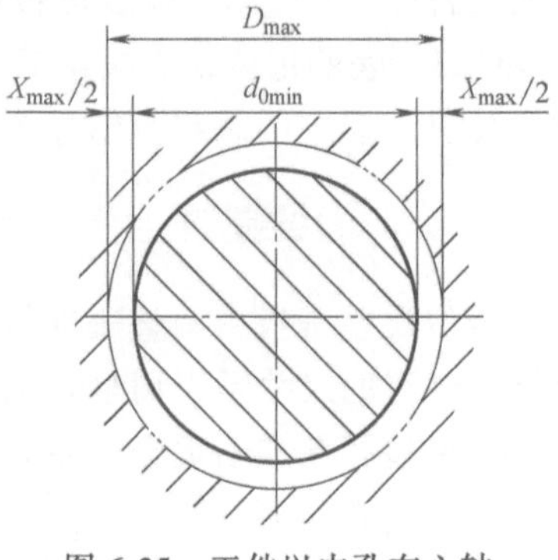

$D_{\max}$　$X_{\max}/2$　$d_{0\min}$　$X_{\max}/2$

图 6-35　工件以内孔在心轴（或定位销）上定位

若定位元件与定位孔为过盈配合，因不存在间隙，定位基准（内孔中心线）相对定位

元件没有位置变化，即 $\Delta_Y=0$，故可实现定心定位。过盈配合心轴的定位精度高，但装卸工件不便，一般要在工地上配备压力机来装卸。此外，装卸过程中还会损伤定位孔的表面。

② 工件以外圆柱面定位。用定位套内孔定位的基准位移误差与用圆柱心轴定位时的基准位移误差分析计算一致。下面仅介绍工件以外圆柱面在 V 形块上定位时的基准位移误差。

如图 6-36 所示，因 V 形块的对中定心性很好，工件的定位面虽是外圆柱面，但定位基准是外圆柱轴线。如果不考虑 V 形块的制造误差，则定位基准一定在 V 形块的对称平面上，它在水平方向上的位移为零，但在垂直方向上，由于定位外圆柱面的直径有制造误差，引起定位基准相对定位元件发生位置变化，其最大变化量即为基准位移误差。可按下式计算

$$\Delta_Y=OO_1=\frac{\delta_d}{2\sin(\alpha/2)} \tag{6-3}$$

式中　δ_d——工件定位基准外圆柱面的直径公差；

α——V 形块两斜面的夹角。

6.3.2　定位误差的正确叠加

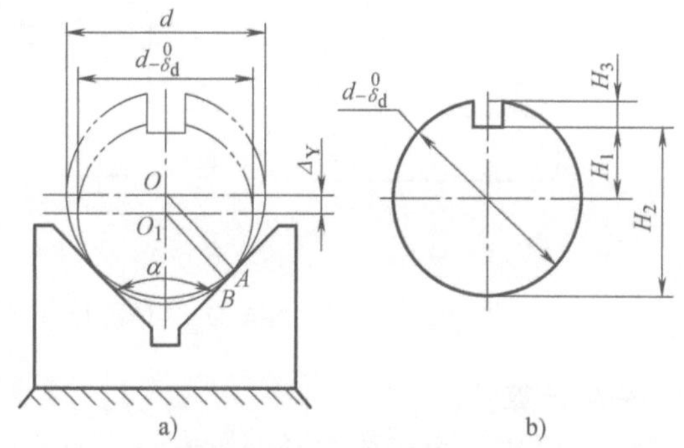

图 6-36　工件以外圆柱面在 V 形块上定位铣键槽

由上述分析可知，定位误差是由基准不重合误差 Δ_B 和基准位移误差 Δ_Y 两部分组成的。

1）当 $\Delta_B=0$，$\Delta_Y\neq0$ 时，定位误差是由基准位移引起的，$\Delta_D=\Delta_Y$。

2）当 $\Delta_B\neq0$，$\Delta_Y=0$ 时，定位误差是由基准不重合引起的，$\Delta_D=\Delta_B$。

3）当 $\Delta_B\neq0$，$\Delta_Y\neq0$ 时，如果工序基准不在工件定位面上（造成基准不重合误差和基准位移误差的原因是相互独立的因素），则定位误差为两项之和，即 $\Delta_D=\Delta_Y+\Delta_B$；如果工序基准在工件定位面上（造成基准不重合误差、基准位移误差的原因是同一因素），则定位误差为

$$\Delta_D=\Delta_Y\pm\Delta_B \tag{6-4}$$

式中“+”“-”号的判定原则为：在力求使定位误差最大（即极限位置法则）的条件下，当 Δ_Y 和 Δ_B 均引起工序尺寸相同方向变化时取“+”号；反之，则取“-”号。

下面以图 6-36b 所示的定位方案为例说明如下。

① 当工序尺寸为 H_1 时，因基准重合，$\Delta_B=0$，故有

$$\Delta_D(H_1)=\Delta_Y=\frac{\delta_d}{2\sin(\alpha/2)}$$

② 当工序尺寸为 H_2 时，因基准不重合，则

$$\Delta_B=\frac{\delta_d}{2},\qquad \Delta_Y=\frac{\delta_d}{2\sin(\alpha/2)}$$

分析：当定位外圆柱面的直径由大变小时，定位基准下移，从而使工序基准也下移，即 Δ_Y 使工序尺寸 H_2 增大；与此同时，假定定位基准不动，当定位外圆柱面的直径仍由大变小时（注意：定位外圆柱面的直径变化趋势要同前一致），工序基准上移，即 Δ_B 使工序尺寸

H_2 减小。因 Δ_B、Δ_Y 引起工序尺寸 H_2 反方向变化，故取“-”号，则有

$$\Delta_D(H_2)=\Delta_Y-\Delta_B=\frac{\delta_d}{2\sin(\alpha/2)}-\frac{\delta_d}{2}$$

③ 当工序尺寸为 H_3 时，同理可知

$$\Delta_D(H_3)=\Delta_Y+\Delta_B=\frac{\delta_d}{2\sin(\alpha/2)}+\frac{\delta_d}{2}$$

【例 6-1】 图 6-37 所示为一盘类零件钻削孔 ϕ_1 时的三种定位方案。试分别计算被加工孔的位置尺寸 L_1、L_2、L_3 的定位误差。

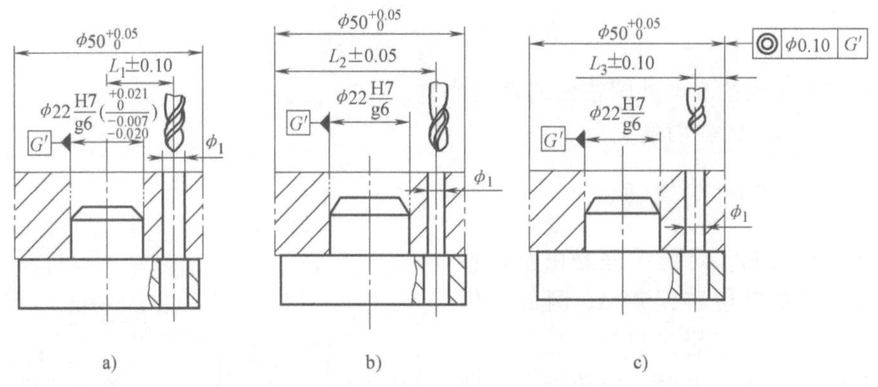

图 6-37 以短销定位时的定位误差分析计算

分析计算：

1）对于图 6-37a 所示的定位方案，加工尺寸 $L_1\pm0.10$mm 的工序基准为定位孔的轴线，定位基准也是该孔的轴线，二者重合，则 $\Delta_B=0$。

由于定位内孔与定位销之间的配合尺寸为 ϕ22H7/g6（属于间隙配合），当在夹具上装夹这一批工件时，定位基准必然会发生相对位置变化，从而产生基准位移误差。

按式（6-2）求得

$$\Delta_Y=X_{max}=ES-ei=0.021\text{mm}-(-0.02\text{mm})=0.041\text{mm}$$

即

$$\Delta_D=\Delta_Y=0.041\text{mm}$$

因

$$\Delta_D<\delta_G/3=0.20\text{mm}/3\approx0.067\text{mm}$$

则该定位方案合格。

2）对于图 6-37b 所示的定位方案，加工尺寸 $L_2\pm0.05$mm 的工序基准为外圆柱面的左母线，定位基准为孔的轴线，二者不重合，联系尺寸为（$50^{+0.05}_{0}/2$）mm，则有 $\Delta_B=0.05\text{mm}/2=0.025\text{mm}$。

同理，由于定位副之间存在配合间隙，其基准位移误差 $\Delta_Y=0.041$mm。

因为基准不重合误差是由尺寸 $\phi50^{+0.05}_{0}$mm 引起的，而基准位移误差是由配合间隙引起的，二者为相互独立因素，则有

$$\Delta_D=\Delta_Y+\Delta_B=0.041\text{mm}+0.025\text{mm}=0.066\text{mm}$$

因

$$\Delta_D > \delta_G/3 = 0.10\text{mm}/3 \approx 0.033\text{mm}$$

则该定位方案不合格。

3）对于图 6-37c 所示的定位方案，加工尺寸 $L_3 \pm 0.10\text{mm}$ 的工序基准为外圆柱面的右母线，定位基准为孔的轴线，二者不重合，联系尺寸为 $[(50^{+0.05}_{0}/2)+(0\pm0.05)]\text{mm}$（注意同轴度的影响），故

$$\Delta_B = 0.025\text{mm}+2\times0.05\text{mm} = 0.125\text{mm}$$

同理，基准位移误差 $\Delta_Y = 0.041\text{mm}$。

因工序基准不在工件定位面（内孔）上，则有

$$\Delta_D = \Delta_Y + \Delta_B = 0.041\text{mm}+0.125\text{mm} = 0.166\text{mm}$$

因

$$\Delta_D > \delta_G/3 = 0.20\text{mm}/3 \approx 0.067\text{mm}$$

则该定位方案不合格。

讨论：在图 6-37b 和图 6-37c 方案中，因定位基准选择不当，均出现定位误差太大的情况，从而影响工序精度，定位方案不合理。实际上，尺寸 L_2 的定位误差占其工序公差的比例为 0.066/0.10=66%，尺寸 L_3 的定位误差占其工序公差的比例为 0.166/0.20=83%，所占比例过大，不能保证加工要求，需改进定位方案。

若改为图 6-38 所示以 V 形块定位的方案，此时，尺寸 $L_2 \pm 0.05\text{mm}$ 的定位误差为

$$\Delta_D = \Delta_Y - \Delta_B = \frac{0.05\text{mm}}{2\sin(90°/2)} - \frac{0.05\text{mm}}{2} \approx 0.035\text{mm} - 0.025\text{mm} = 0.01\text{mm}$$

只占加工公差 0.10mm 的 10%。

此例说明，通过对定位误差的分析计算，可有效地比较不同定位方案的优缺点，进而从中选出合理的定位方案，以便进行夹具结构的设计。

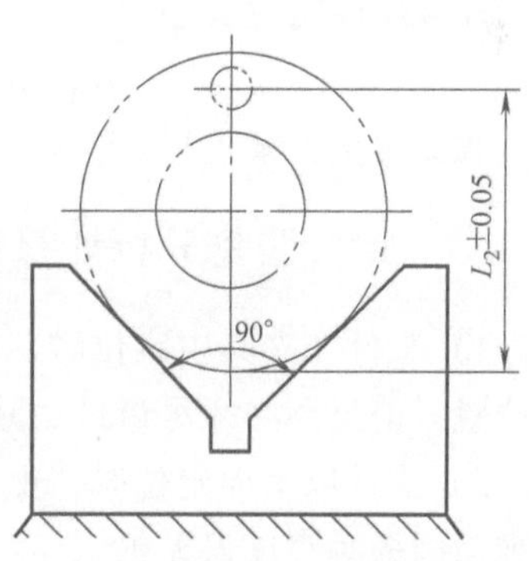

图 6-38 以 V 形块定位时的定位误差分析计算

分析计算定位误差时，必然会遇到定位误差占工序公差比例过大的问题。究竟所占比例值多大才合适，要想确定这样一个值来分析、比较是很困难的。因为加工工序的要求各不相同，不同的加工方法所能达到的经济精度也各不相同。这就要求工艺设计人员有丰富的实际工艺经验知识，并按实际加工情况针对具体问题具体分析，根据从工序公差中扣除定位误差后余下的公差部分大小，来判断具体加工方法能否经济地保证精度要求。通常在分析定位方案时，一般推荐在正常加工条件下，定位误差占工序公差的 1/3 以内比较合适。

【例 6-2】 如图 6-39a 所示的定位方案，以直径为 d_1 的外圆柱面在 90°V 形块上定位加工阶梯轴大端面上的小孔。已知 $d_1 = \phi20^{\ 0}_{-0.013}\text{mm}$，$d_2 = \phi45^{\ 0}_{-0.016}\text{mm}$，两外圆柱的同轴度公差为 $\phi0.02\text{mm}$。试分析计算工序尺寸 $H \pm 0.20\text{mm}$ 的定位误差，并分析其定位质量。

分析计算：为便于计算，画出图 6-39b 所示简图。同轴度公差可标为 $e=(0\pm0.01)\text{mm}$，尺寸 $r_2 = 22.5^{\ 0}_{-0.008}\text{mm}$。

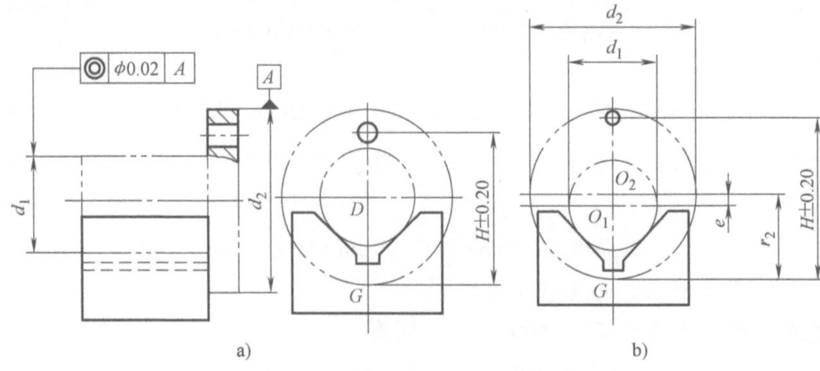

图 6-39　阶梯轴在 V 形块上定位

由于工序尺寸 H 的工序基准为 d_2 外圆柱面的下母线 G，而定位基准为 d_1 外圆柱的轴线 O_1，基准不重合，二者的联系尺寸为 e 及 r_2，故有

$$\Delta_B = 2\times 0.01\text{mm} + 0.008\text{mm} = 0.028\text{mm}$$

又因外圆柱面的直径 d_1 有制造误差，引起定位基准相对定位元件发生位置变化，其最大变化量即基准位移误差为

$$\Delta_Y = \frac{\delta_{d_1}}{2\sin(\alpha/2)} = \frac{0.013\text{mm}}{2\sin(90°/2)} = 0.0092\text{mm}$$

因工序基准 G 不在工件定位面（d_1 外圆柱面）上，故有

$$\Delta_D = \Delta_B + \Delta_Y = (0.028+0.0092)\text{mm} = 0.0372\text{mm}$$

计算所得定位误差

$$\Delta_D = 0.0372\text{mm} < (0.20\text{mm}\times 2)/3 \approx 0.13\text{mm}$$

故此定位方案可行。

6.3.3　定位误差分析计算应注意的问题

1）工件在夹具中定位时，不仅要限制工件的自由度，使工件在加工尺寸方向上有确定的位置，而且还必须尽量设法减少定位误差，以保证有足够的定位精度。

2）工件以平面定位时，由于定位基准面的形状误差（如定位基准面的平行度误差、两基准面间的垂直度误差等），也会引起基准位移误差，但误差值一般较小，可忽略不计。即工件以平面定位时，一般只考虑基准不重合误差，而忽略基准位移误差。

3）定位误差就是工序基准相对于被加工面在加工尺寸方向上所产生的最大位移量。若工序基准的位移方向与加工方向不一致，则只要考虑工序基准在加工尺寸方向上的最大位移即可。

4）某一工序的定位方案可以对本工序所有加工精度参数产生不同的定位误差，因此应对所有尺寸精度参数逐个分析计算其定位误差。

5）定位误差主要发生在采用夹具装夹工件，并按调整法保证加工精度的情况下。如果按逐件试切法加工，则不存在定位误差。

6）分析计算得出的定位误差值是指加工一批工件时可能产生的最大定位误差值，它是一个界限值，而不是指某一工件加工精度参数的定位误差具体数值。

6.3.4 “一面两孔”组合定位

实际生产中，一般机械零件很少以单一几何表面作为定位基准来定位，通常都是以两个以上的几何表面作为定位基准，即采取组合面定位，以达到定位要求。在成批量加工箱体、杠杆、盖板类零件时，大多是以工件上的一个平面和两个定位孔作为定位基准实现组合定位，简称“一面两孔”定位。此时工件上的两个孔可以是工件结构上原有的，也可以是因工艺上的定位需要而专门加工出来的（称为工艺孔）。采用“一面两孔”定位，能使工件在各道工序上的定位基准统一，进而可减少因定位基准多次变换而产生的定位误差，提高工件的加工精度；另外，还可减少夹具结构的多样性，便于其设计和制造。

1. 采用“一面两孔”定位须解决的主要问题

采用“一面两孔”定位时，平面采用支承板定位，限制工件的三个自由度；两个孔采用圆柱定位销定位，各限制工件的两个自由度。因两销在连心线方向上的移动自由度被重复限制，出现了过定位。

由于两定位销中心距和两定位孔中心距都在规定的公差范围内变化，孔心距与销心距很难完全相等，当一批工件以其两个孔定位装入夹具的定位销中时，就可能出现工件安装干涉甚至无法装入两销的严重情况。为此，采用“一面两孔”组合定位时，必须正确处理过定位，并要控制各定位元件对定位误差的综合影响。

2. 解决“一面两孔”定位问题的有效方法

采用“一面两孔”定位时，工件上两定位孔的定位元件通常采用一个短圆柱销和一个短削边定位销来增大连心线方向的间隙，以补偿中心距的误差，消除过定位（削边销限制一个转动自由度）的影响。同时，也因在垂直连心线方向上该销的直径并未减小，从而使工件的转角误差没有增大。这是解决“一面两孔”过定位问题的最有效的方法。

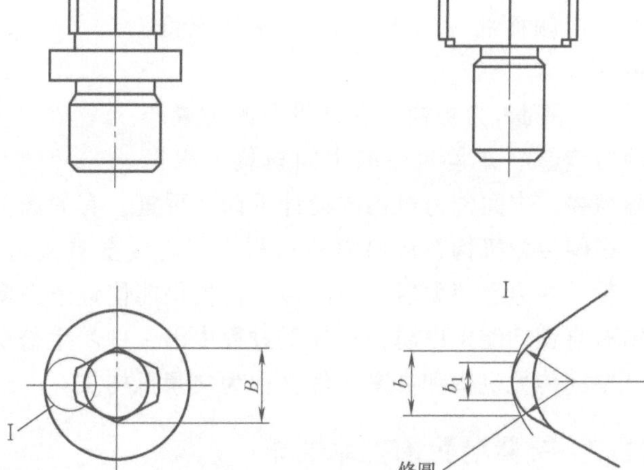

图 6-40　削边定位销的结构

削边定位销已经标准化，其结构如图 6-40 所示。其中，A 型（又名菱形定位销）结构刚性好，应用广，主要用于定位销直径为 3~50mm 的场合；B 型结构简单，容易制造，但刚性差，主要用于销径大于 50mm 的场合。菱形定位销的结构设计不当会影响工件的定位精度。

两定位销中心距的公称尺寸应等于工件上两定位孔中心距的平均尺寸，其公差一般为两定位孔中心距公差的 1/5~1/3。圆柱销直径的公称尺寸应等于与之配合的工件孔的下极限尺寸，其公差带一般取 g6 或 h7。为使工件顺利装卸，需控制菱形定位销的直径 d 和削边宽度

b，可查手册确定。

注意：采用“一面两孔”定位时，削边定位销的安装应使其削边方向垂直于两销的连心线。

6.4 工件的夹紧

机械加工前，工件通过夹具上的定位装置获得正确加工位置后，还必须在夹具上设置一定的夹紧装置将工件可靠地夹牢，以保证工件在加工过程中不致因受到切削力、惯性力或重力等的作用而产生位置偏移或振动，并保持已经确定好的加工位置。也就是说，只解决定位问题，还不能保证加工的正常进行。工件在夹具中的夹紧，也是一个很重要的问题。把工件压紧，使工件在加工过程中始终保持正确位置的装置称为夹紧装置。

6.4.1 夹紧装置的组成

夹紧装置是夹具的重要组成部分，也是夹具设计的难点，尽管夹紧方式多种多样，但其组成却大体相同。一般夹紧装置主要由以下三部分组成，如图 6-41 所示。

1）力源装置：即产生原始夹紧力的装置，通常是指机动夹紧时所用的气动、液动、电动等动力装置。如图 6-41 所示摆动气缸 4。若力源来自人的力量，则称为手动夹紧。

2）夹紧元件：即直接夹紧工件的元件，它是夹紧装置的最终执行元件，与工件直接接触而将工件夹紧，如各种螺钉、压板等。

3）中间传力机构：它是将力源装置产生的力传递给夹紧元件的中间机构。根据实际需要，中间传力机构的设计可简、可繁，有的场合甚至可以不设中间传力机构。

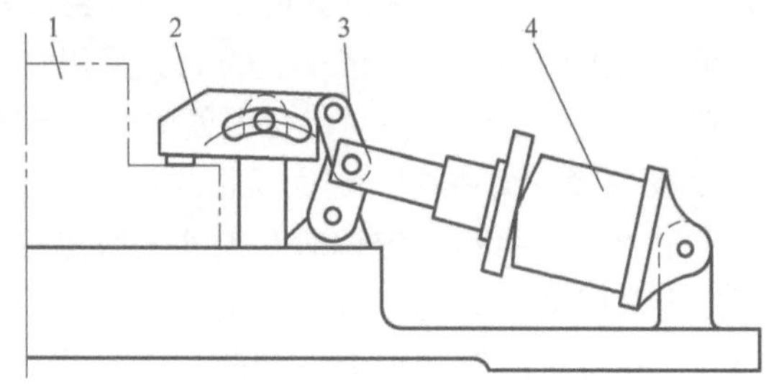

图 6-41 夹紧装置组成
1—工件 2—夹紧元件 3—中间传力机构
4—力源装置（摆动气缸）

中间传力机构在传递力的过程中起着改变夹紧力的大小、方向和自锁的作用。所谓自锁，就是在力源消失后，中间传力机构仍能使整个夹紧系统处于可靠的夹紧状态。手动夹紧必须有自锁功能，以防止在加工过程中因工件产生松动而影响加工，甚至造成事故。

中间传力机构和夹紧元件合称为夹紧机构。

6.4.2 夹紧装置的基本要求

夹紧装置设计得好坏，对工件的加工质量、生产率，以及操作者的劳动强度都有直接影响。夹紧装置的设计要合理地解决以下两个问题：一是正确选择和确定夹紧力的方向、作用点及大小；二是合理选择或设计力的传递方式及夹紧机构。因此，在设计夹紧装置时应满足下列基本要求。

1）夹紧作用准确、安全、可靠，不破坏工件的定位位置。

2）夹紧动作迅速，操作方便，安全省力。

3）夹紧力的大小要适当，既要保证工件在整个加工过程中位置稳定不变，又要保证工件不产生明显的变形或不损伤工件表面。

4）结构工艺性好，便于制造、调整和维修。

6.4.3　夹紧力的确定

因夹紧装置是用来夹紧工件的，而要把工件夹紧，就必须对工件施以一定的夹紧力。所以，设计和选用夹紧装置的核心问题就是如何合理地确定夹紧力的方向、大小和作用点（称为夹紧力的三要素）。夹紧力三要素的确定是一个综合性的问题，必须综合考虑工件的结构特点、加工要求，定位元件的结构及布置，切削力的方向和大小等因素。

1. 夹紧力方向的确定原则

夹紧力的方向主要和工件定位基准的配置情况，以及工件所受外力的作用方向等有关。

1）夹紧力的指向应有助于定位，而不破坏定位。由于工件在夹具中的位置是由定位元件来确定的，因此，只有使夹紧力方向朝向定位元件，才能可靠地保证工件与定位元件的密切接触，从而达到巩固定位的目的。很显然，应使夹紧力优先指向主要定位基准面。这是因为主要定位基准面的面积较大，消除工件的自由度数目多，容易保证工件安装稳定，有利于保证加工精度。

如图6-42所示，在直角形工件上镗孔，由于工件的左端面与底面有垂直度误差，为保证被镗孔与左端面的垂直度要求，选左端面为主要定位基准面，以符合基准重合原则；同时，夹紧力方向应垂直于主要定位基准面（即左端面）。若夹紧力指向底面 A（限制两个自由度），不仅装夹稳定性较差，而且因工件左端面与底面的垂直度误差，使被加工孔与左端面的垂直度要求也难以保证。

2）夹紧力的指向应有利于减小夹紧力，即夹紧力的方向应使所需的夹紧力最小。当夹紧力和切削力、工件重力的方向均相同时，加工过程中所需的夹紧力最小。另外，夹紧力越小，工件的夹紧变形越小，夹紧装置越紧凑，从而能简化夹紧装置的结构和便于操作，进而减少工人的劳动强度，提高劳动生产率。

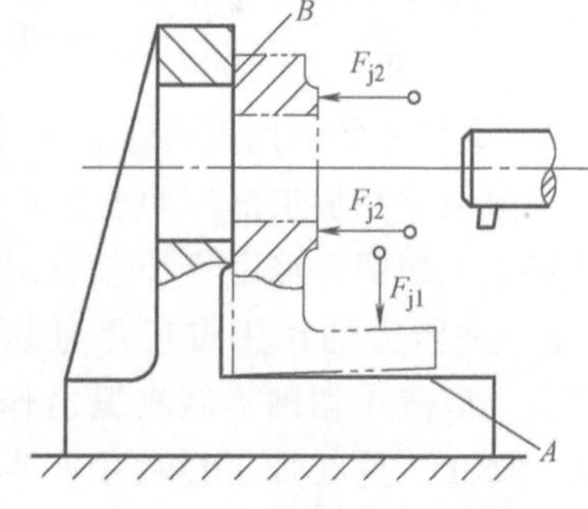

图6-42　夹紧力方向的选择

如图6-43a所示，夹紧力 F_j 与切削力方向相反，则夹紧力至少要大于切削力；而在图6-43b中，夹紧力 F_j 与主切削力方向一致，此时切削力有帮助夹紧的作用，使得所需夹紧力较小。

3）夹紧力的指向应有利于增强夹紧系统的刚性，亦即夹紧力的方向应使工件变形小。由于工件在不同方向和部位的刚性是不同的，所以在不同的方向对工件施加夹紧力时，产生的变形也不一样。这一点对于刚性较差的工件夹紧尤为重要。值得注意的是，如果夹紧力指向主要定位基准，工件容易产生变形而不能保证加工质量时，可以使夹紧力指向

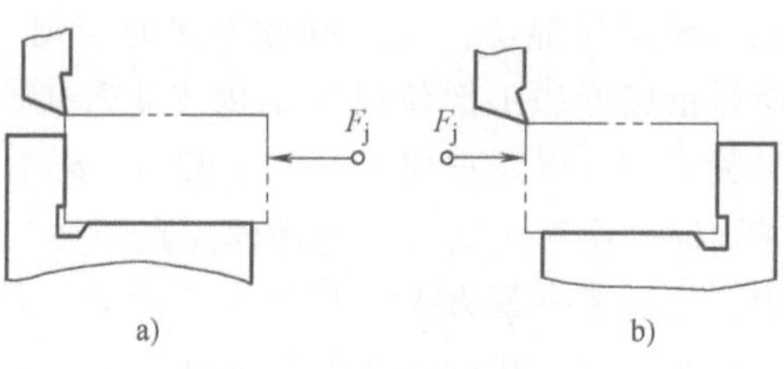

图6-43　夹紧力与切削力方向

工件刚性较大的部位。例如薄壁套筒工件的加工，由于其轴向刚度比径向刚度大，用卡爪径向夹紧易引起工件较大的变形；若沿轴向施加夹紧力，则变形情况将大为改善，从而可减少加工误差，有利于加工过程的稳定性。

2. 夹紧力作用点的确定原则

在夹紧力方向确定好的前提下，还应确定作用点的位置。夹紧力的作用点位置选择得是否恰当，将直接影响工件的夹紧效果。另外，正确选择夹紧力作用点对于促进工件可靠定位、防止发生夹紧变形、保证工件加工精度等方面都有很大帮助。为此，在选择夹紧力作用点时应遵循以下原则。

1）夹紧力的作用点应对准定位支承或落在定位元件支承范围内。即着力点应能保持定位稳固，不致使工件产生颠覆力矩而引起工件产生位移或倾斜，导致定位破坏。如图 6-44 所示，夹紧力作用点不恰当，产生了使工件翻转的力矩，破坏了工件的定位，作用点应改为图中箭头所指位置。

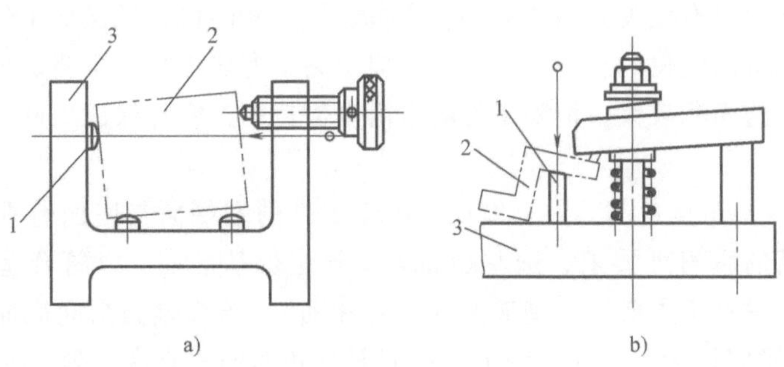

图 6-44　夹紧力作用点的位置

1—定位支承元件　2—工件　3—夹具体

2）夹紧力的作用点应落在工件刚性较好的部位，以减小工件的夹紧变形。即夹紧力作用点应避免放在加工部位的上方或容易引起较大变形的地方。为此，常常应使其靠近工件上筋或壁处，如图 6-45 所示的正误对比。

3）夹紧力的作用点应尽量靠近被加工部位，以减小切削力绕夹紧力作用点的力矩，防止工件在加工过程中产生转动或位移，破坏定位。另外，夹紧力作用点靠近加工表面，可提高加工部位的夹紧刚性，从而防止或减少工件振动。当着力点只能远离切削部位，造成刚性不足时，则可在尽量接近加工部位设置辅助支承和辅助夹紧机构，以防止加工时产生振动，影响加工质量。如图 6-46 所示的零件，在铣削 *A*、*B* 两端面时，由于主要夹紧力的作用点距加工面较远，所以在靠近加工表面的地方设置了辅助支承，增加了夹紧力 F_j'，以提高工件的装夹刚性。

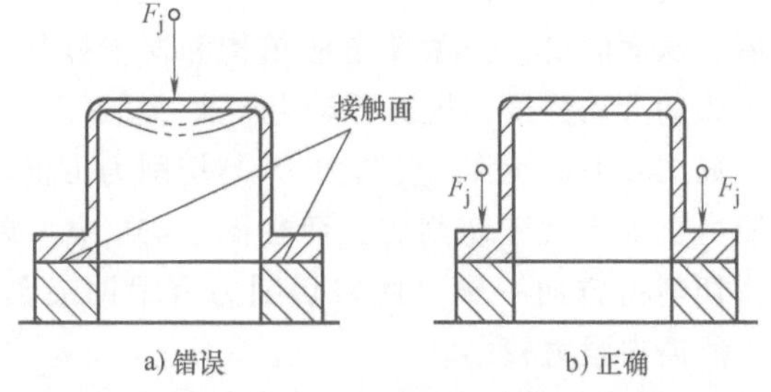

图 6-45　夹紧力的作用点应落在工件刚性较好的部位

必须指出，在设计夹紧装置时，同时满足上述有关夹紧力的方向、作用点的选择原则，有时是很困难的，但应根据加工性质、工件的形状特点、重力和外力的作用情况等因素，力求使主要矛盾得到解决。

3. 夹紧力大小的估算

夹紧力的大小对于保证定位稳定、夹紧可靠、确定夹紧装置的结构尺寸等都有很大影响。夹紧力过小，则夹紧不稳定，在加工过程中工件仍会发生位移而破坏定位，轻则影响加工质量，重则造成生产事故；夹紧力过大，将会增大夹紧装置的结构尺寸，也会使夹紧变形增大，从而影响加工质量。所以，在夹紧力方向、作用点确定之后，还须确定切合实际的恰当的夹紧力大小。

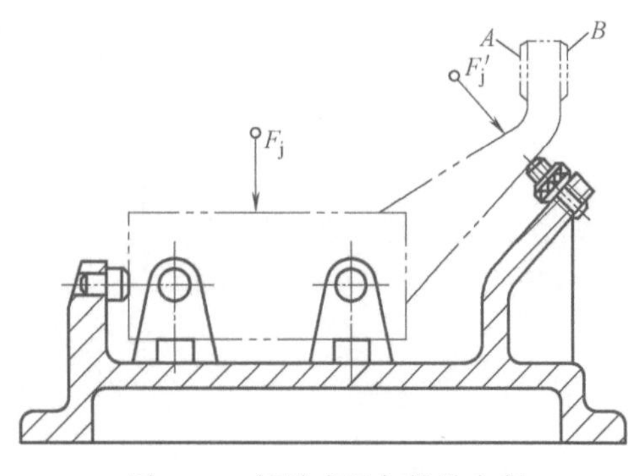

图 6-46 辅助支承与辅助夹紧

在加工过程中，工件受到切削力、离心力、惯性力及重力的作用，理论上夹紧力的作用效果应与上述各力（矩）平衡，但在不同条件下，这些作用力（矩）在平衡力系中对工件所起的作用并不相同。如常规切削加工中、小型工件时，起决定作用的因素是切削力（矩）。此外，切削力本身在加工过程中随切削过程的进行而变化，很难用准确的公式确定其大小。夹紧力的大小还与工艺系统的刚度、夹紧机构的传动效率等有关，因此夹紧力的计算是一个很复杂的问题，一般只能粗略估算。

目前，大多采用切削原理实验公式粗略算出切削力（矩），再对夹紧力进行简化估算。

估算夹紧力时，首先假设系统为刚性系统，切削过程处于稳定状态。常规情况下，为简化计算，只考虑切削力（矩）对夹紧力的影响，切削力（矩）用切削原理的实验公式计算。对于重型工件，应计入工件重力对夹紧力的影响；在工件高速运动的场合，必须计入惯性力，尤其在精加工时，惯性力常是影响夹紧力的主要因素。其次，分析并弄清对夹紧最不利的加工瞬时位置和情况，将此时所需的夹紧力定为最大值；然后根据此时受力情况列出静力平衡方程式，即可算出理论上的夹紧力 F_j。最后按下式计算出实际需要的夹紧力

$$F_{jK}=KF_j \tag{6-5}$$

式中 F_{jK}——实际需要的夹紧力；

K——安全系数，一般取 $K=1.5\sim3$，粗加工取大值，精加工取小值；

F_j——在最不利的条件下由静力平衡计算出的夹紧力。

对于夹具设计，上述估算办法的准确程度是能满足要求的。

6.4.4 基本夹紧机构

由夹紧装置的组成中可以看出，不论采用何种力源（手动或机动）形式，所有外加的作用力转化为夹紧力都必须通过夹紧机构。因此，夹紧机构是夹紧装置中的一个很重要的组成部分。基本夹紧机构就是指夹具中最常用的斜楔夹紧机构、螺旋夹紧机构、偏心夹紧机构以及由它们组合而成的夹紧机构。

1. 斜楔夹紧机构

利用斜面楔紧作用的原理直接或间接夹紧工件的机构，称为斜楔夹紧机构。如图 6-47 所示为几种斜楔夹紧机构的应用实例。

图 6-47a 所示为在工件上钻削相互垂直的 ϕ8mm 和 ϕ5mm 小孔。工件装入夹具后，用锤敲击斜楔大头，则楔块对工件产生夹紧力并对夹具体产生正压力，从而把工件夹紧。加工完

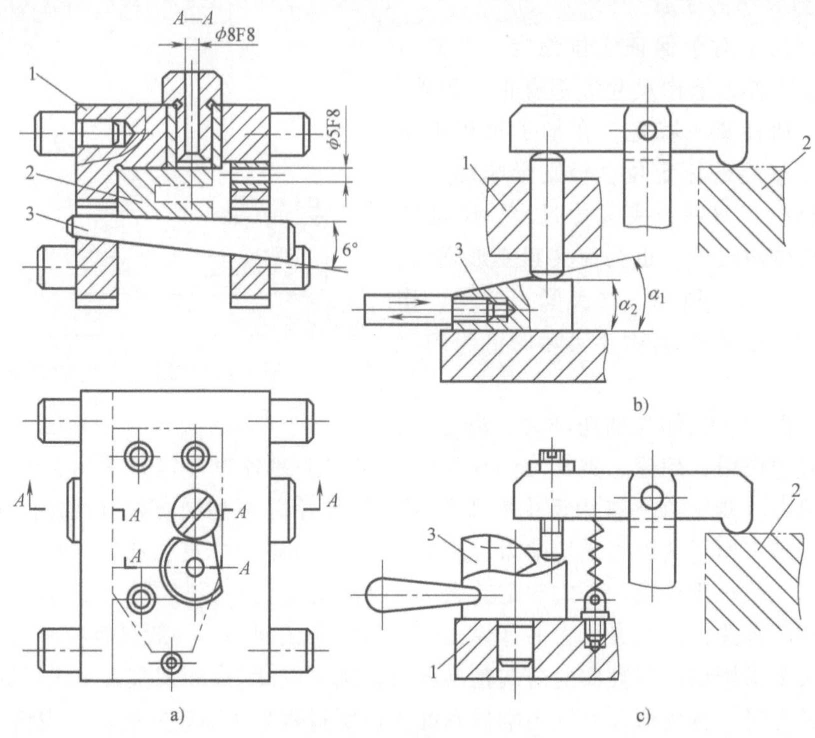

图 6-47　斜楔夹紧机构

1—夹具体　2—工件　3—斜楔

毕后，用锤敲击小头即可松开工件。由于用斜楔直接夹紧工件，产生的夹紧力较小，且操作费时费力，故在实际生产中多数情况是将斜楔与其他机构联合使用。图 6-47b 所示为斜楔与滑柱组成的夹紧机构，图 6-47c 所示为由端面斜楔与压板组合而成的夹紧机构。

（1）夹紧力计算　斜楔在受原始作用力 F_Q 作用以后产生的夹紧力 F_j，可按力的平衡条件求出。取斜楔为受力对象，斜楔夹紧时的受力情况如图 6-48a 所示。斜楔与工件相接触的一面受到工件对它的反力（即夹紧力）F_j 和摩擦力 F_1 的作用，而斜楔与夹具体相接触的一面受到夹具体给它的反力 F_N 和摩擦力 F_2 的作用。在此五个力的作用下，斜楔处于平衡状态。

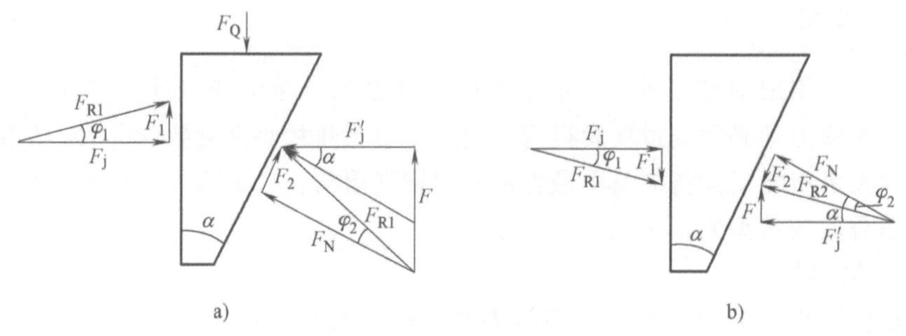

图 6-48　斜楔夹紧受力分析

根据静力平衡原理得

$$F_j' = F_j \qquad F_Q = F_1 + F$$

因为 $F_1 = F_j\tan\varphi_1 \qquad F = F_j\tan(\varphi_2+\alpha)$ （α 为斜楔升角）

所以，斜楔夹紧力的近似计算公式为

$$F_j = \frac{F_Q}{\tan\varphi_1 + \tan(\varphi_2+\alpha)} \tag{6-6}$$

通常取 $\varphi_1 = \varphi_2 = 4° \sim 6°$，$\alpha = 6° \sim 10°$。由于 φ_1、φ_2、α 均很小，式（6-6）可简化为

$$F_j = \frac{F_Q}{\tan(\alpha+2\varphi)} \tag{6-7}$$

此简化公式计算夹紧力的误差不超过 7%，一般能满足夹具的设计要求。

（2）自锁条件　一般对夹具的夹紧机构都要求具有自锁性能。斜楔在外力 F_Q 消失或撤除后，摩擦力的方向应与斜楔试图退出松开的方向相反。此时斜楔的受力情况如图 6-48b 所示。F_N 和 F_2 可合并成合力 F_{R2}，再把它分解成水平分力 F_j' 和垂直分力 F。力 F 有使斜楔松开的趋势，欲使斜楔具有自锁性能，必须有

$$F_1 > F$$

因为 $F_1 = F_j\tan\varphi_1 \qquad F = F_j'\tan(\alpha-\varphi_2) \qquad F_j = F_j'$

所以 $$\tan\varphi_1 > \tan(\alpha-\varphi_2)$$

因 φ_1、φ_2、α 均为很小的正数，由极限知识可得到

$$\varphi_1 > \alpha - \varphi_2 \quad 或 \quad \alpha < \varphi_1 + \varphi_2 \tag{6-8}$$

即可得出斜楔夹紧的自锁条件：斜楔升角 α 必须小于两处摩擦角之和（$\varphi_1+\varphi_2$）。

一般钢铁材料、光滑平面的摩擦系数 $f = 0.1 \sim 0.15$，摩擦角 $\varphi \approx 6°$，因此，$\alpha < 12°$。但考虑到斜楔的实际工作条件，为了可靠起见，对于手动夹紧，一般取 $\alpha = 6° \sim 8°$。因 $\tan 6° \approx 0.1 = 1/10$，故斜楔的斜度一般按 1∶10 设计。在采用气动或液压夹紧且不考虑自锁时，升角可取大些，一般 $\alpha = 15° \sim 30°$。

（3）工作特点　斜楔夹紧机构具有一定的增力作用。当给斜楔施加一个较小的外力 F_Q 时，工件可获得一个比 F_Q 大好几倍的夹紧力 F_j；而且当 F_Q 一定时，α 越小，则增力作用越大。因此，在以气动或液压作为力源的高效率机械化夹紧装置中，常用斜楔作为增力机构。

斜楔的夹紧行程一般很小，而且夹紧行程直接与斜楔的升角有关。升角 α 越小，自锁性越好，但夹紧行程也越小；反之，升角 α 越大，则自锁性越差，而夹紧行程却越大。因此，增加夹紧行程是和斜楔的自锁性能相矛盾的。当原始作用力 F_Q 一定时，斜楔升角越小，自锁性越好，夹紧力也越大，但夹紧行程变小，且夹紧力增大多少倍，夹紧行程就缩小多少倍。

由于手动的斜楔夹紧机构在夹紧工件时既费时又费力，且夹紧力小，波动大，效率极低，所以实际上很少采用。特别是其夹紧行程很小，因而对工件的夹紧尺寸的偏差要求严格，否则，就会出现夹不着或无法夹紧的情况。因此，斜楔夹紧机构主要用于机动夹紧装置中，且对毛坯的质量要求较高。

2. 螺旋夹紧机构

采用螺旋副直接夹紧或与其他元件（如垫圈、压板等）组合实现夹紧工件的机构，统称为螺旋夹紧机构。由于螺旋夹紧机构结构简单，制造容易，夹紧可靠，夹紧行程不受限制，特别是其具有增力大、自锁性能好两大特点，所以在手动夹紧装置中应用广泛。其主要

缺点是夹紧动作慢，辅助时间长，工作效率较低。因此应尽可能采用一些快速螺旋夹紧机构以克服其缺点。

（1）单个螺旋夹紧机构　直接用螺钉、螺母夹紧工件的机构，称为单个螺旋夹紧机构，如图 6-49 所示。在图 6-49a 中，用螺钉头部直接夹紧工件，容易损伤受压表面，并在旋紧螺钉时易引起工件转动，因此常在螺钉头部安装一摆动压块（其结构已标准化），如图 6-49b 所示。由于该摆动压块只随螺钉前后移动，而不与螺钉一起转动，所以，在夹紧时不仅能与工件的夹压面保持良好的接触，而且不会带动工件旋转和损伤工件。

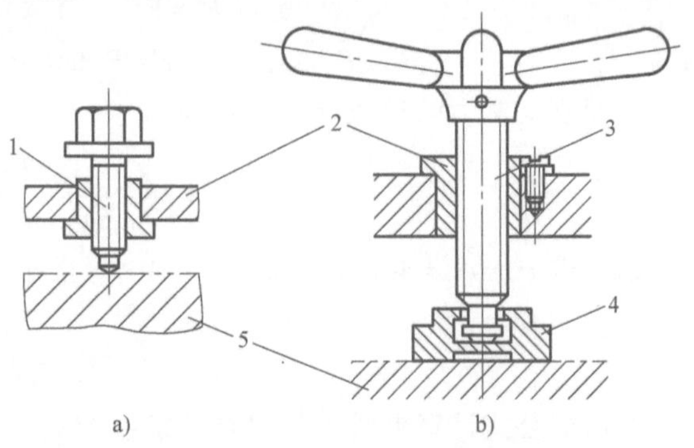

图 6-49　单个螺旋夹紧机构

1—螺钉　2—螺母套　3—螺杆　4—摆动压块　5—工件

（2）快速螺旋夹紧机构　为迅速夹紧工件，减少辅助时间，可采用各种快速接近或快速撤离工件的螺旋夹紧机构，如图 6-50 所示。其中，图 6-50a 为带有开口垫圈的螺母夹紧机构，螺母的最大外径小于工件的孔径，松开螺母并取下开口垫圈，工件即可穿过螺母被取出；图 6-50b 为快卸螺母结构，螺孔内钻有光滑斜孔，其直径略大于螺纹公称直径，螺母旋出一段距离后，就可取下螺母；图 6-50c 为回转压板夹紧机构，旋松螺钉后，将回转压板逆时针转过适当角度，工件便可取出。

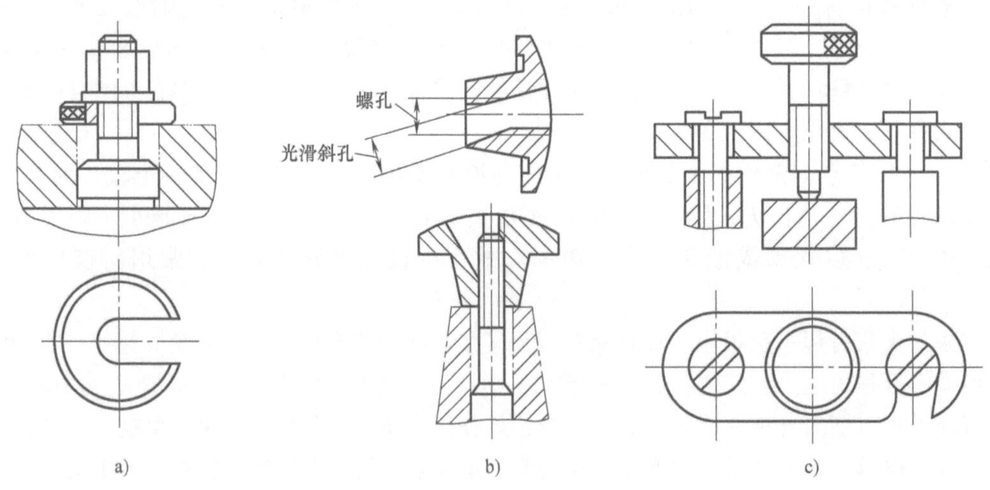

图 6-50　快速螺旋夹紧机构

（3）螺旋压板夹紧机构　该螺旋夹紧机构结构简单，夹紧力和夹紧行程都较大，而且还可以通过压板所形成的杠杆比加以调节，因此，在手动夹紧装置中应用极为广泛。

图 6-51 所示为常见的几种螺旋压板夹紧机构。

图 6-51a 所示机构中螺旋压紧位于压板中间，螺母下使用一球面垫圈；压板尾部的支柱顶端也做成球面，以便在夹紧过程中，压板根据工件表面位置做少量偏转；件 2 为移动压板，该机构主要用于增大夹紧行程。图 6-51b 所示机构主要起改变夹紧力方向的作用，在适

当调节力臂时，也可以实现增力作用或增大夹紧行程。图 6-51c 所示机构主要起增力作用。当夹具在总体布局上位置受限，无法采用外形尺寸较大的螺旋压板夹紧机构时，可采用图 6-51d 所示的螺旋钩形压板机构（设计时可参考有关手册）。当工件的高度尺寸不同，须进行适当的调节时，可采用图 6-51e 所示的万能自调式螺旋压板机构。

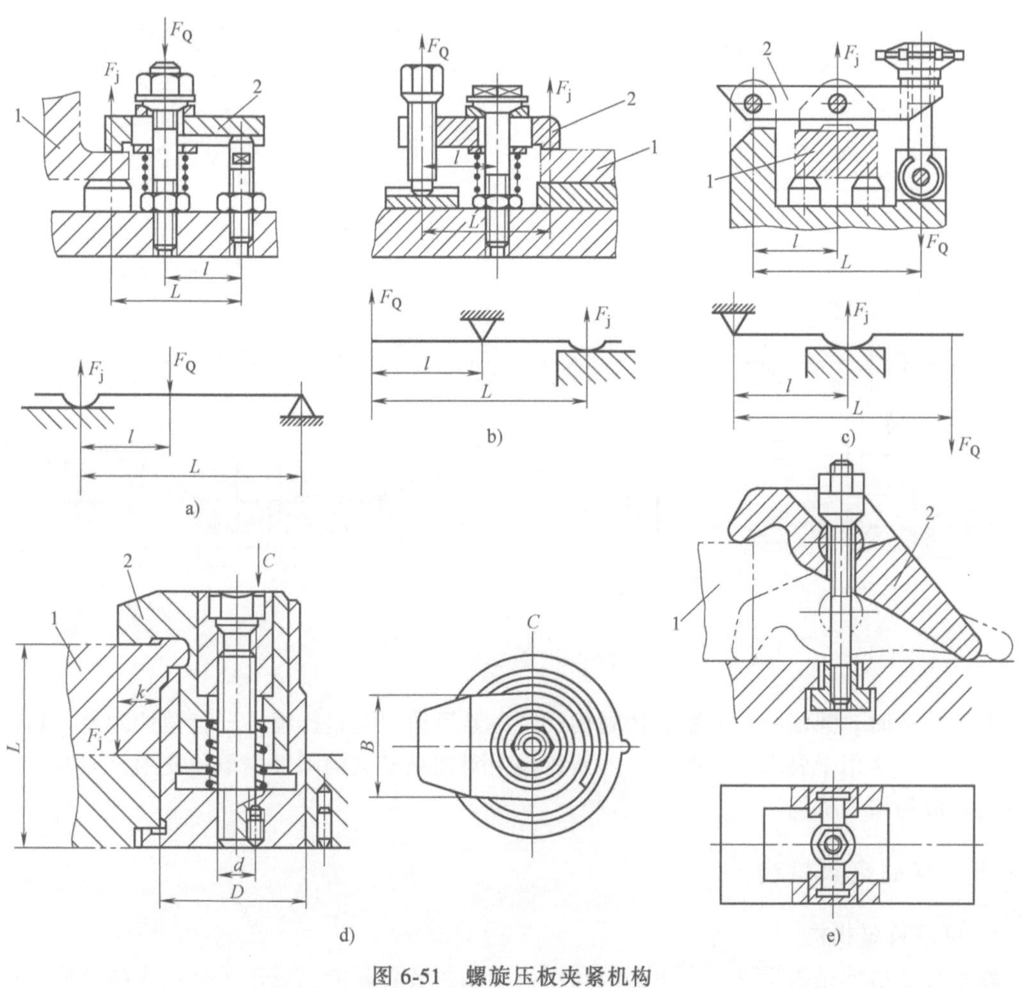

图 6-51　螺旋压板夹紧机构

1—工件　2—压板

3. 偏心夹紧机构

用偏心件直接夹紧或与其他元件组合而实现夹紧工件的机构，称为偏心夹紧机构。常用的偏心件是圆偏心轮和偏心轴。图 6-52 所示为常见的几种偏心夹紧机构。图 6-52a、b 中采用的是圆偏心轮，图 6-52c 中采用的是偏心轴，图 6-52d 中采用的是有偏心圆弧的偏心叉。

偏心夹紧机构的特点是结构简单，夹紧动作迅速，使用方便，但增力比和夹紧行程都不大，结构抗振性能差，自锁可靠性差，只适用于切削负荷不大、无很大振动、所需夹紧行程小、工件不大的手动夹紧装置中，如钻床夹具。

上述三种基本夹紧机构都是利用斜面原理增力的。螺旋夹紧机构的增力系数最大，在同值的原始作用力 F_Q 和正常的尺寸比例情况下，其增力比 i_p 比圆偏心夹紧机构大 6～7 倍，比斜楔夹紧机构大 20 倍。在使用性能方面，螺旋夹紧机构不受夹紧行程的限制，夹紧可靠，

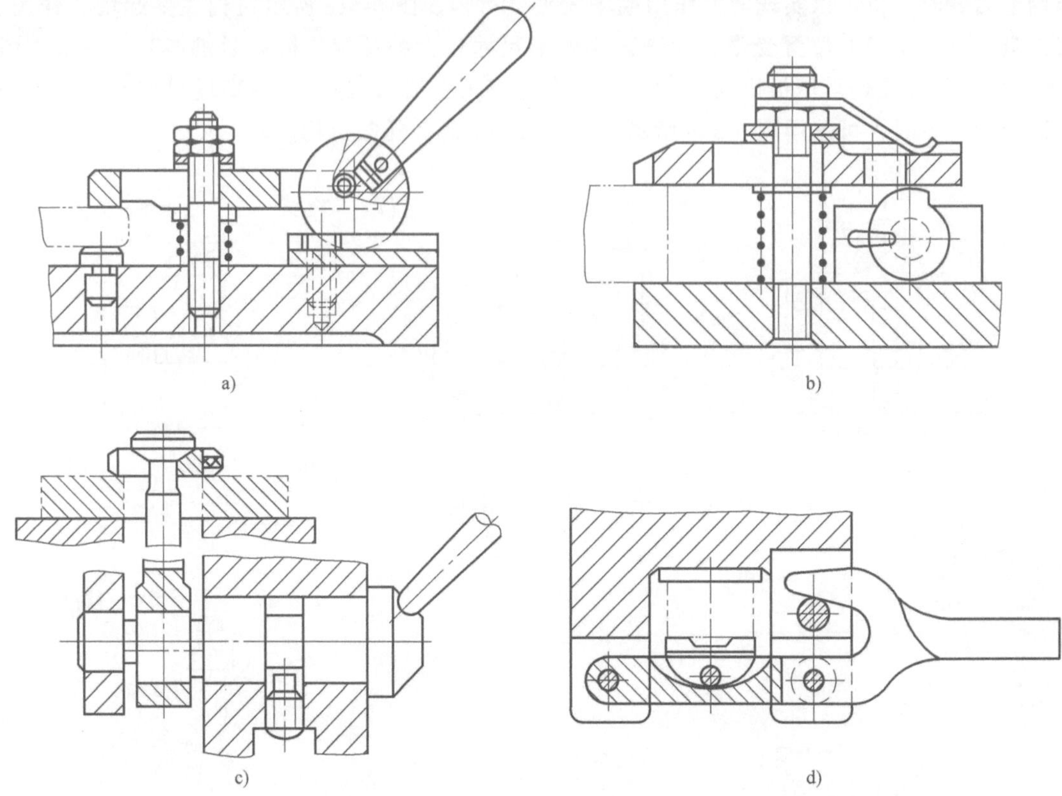

图 6-52　偏心夹紧机构

但夹紧工件费时。圆偏心轮夹紧机构则相反，夹紧迅速但夹紧行程小，自锁性能差。这两种夹紧方式一般多用于要求自锁的手动夹紧机构。斜楔夹紧机构则很少单独使用，而常与其他元件组合成为增力机构。

6.4.5　其他夹紧机构

1. 联动夹紧机构

联动夹紧机构是指操纵一个手柄或利用一个动力装置就能完成若干个动作的机构。有些夹具需要同时有几个点或从几个方向对工件进行夹紧，而有些夹具需要同时夹紧几个工件，这时，为了提高生产率，减少工件装夹时间，可以采用各种联动夹紧机构。

图 6-53a 所示为双向浮动四点单件联动夹紧机构。由于摇臂 2 可以转动并与摆动压块 1、3 铰接，因此，当拧紧螺母 4 时，便可以从两个相互垂直的方向上实现四点联动夹紧。

图 6-53b 所示为复合式多件联动夹紧机构。浮动件为压板、摆动压块和球面垫圈。

2. 定心夹紧机构

在机械加工中，常遇到许多以轴线、对称中心为工序基准的工件，为了使定位基准与工序基准重合，就必须采用定心夹紧机构。定心夹紧机构是一种特殊的夹紧机构，具有在实现定心、对中作用的同时并将工件夹紧的特点，即在夹紧过程中，能使工件相对于某一轴线或某一对称面保持对称性。定心夹紧机构中与工件定位基准相接触的元件，既是定位元件也是夹紧元件（称为工作元件）。如常见的自定心卡盘、弹簧筒夹

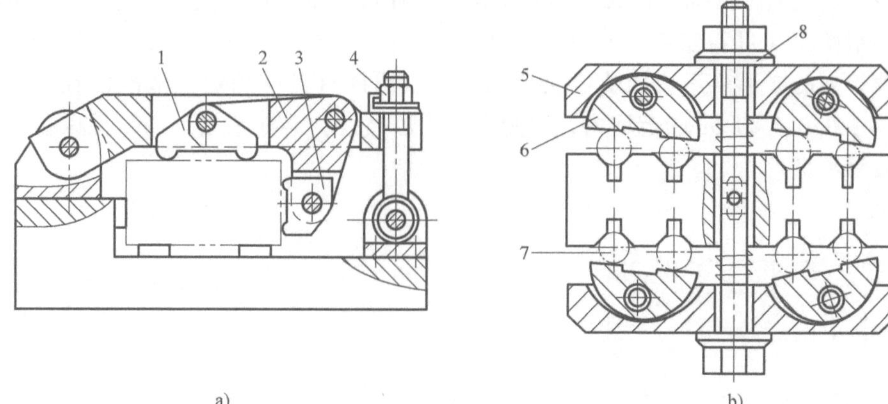

图 6-53　联动夹紧机构

1、3、6—摆动压块　2—摇臂　4—螺母　5—压板　7—工件　8—球面垫圈

等均属于定心夹紧机构。

定心夹紧机构之所以能实现准确定心和对中，就在于它利用了工作元件的等速移动或均匀弹性变形的方式，来消除定位副制造不准确误差或定位尺寸偏差对定心或对中的不利影响，使这些误差或偏差相对于所定中心的位置，能均匀对称地分配在工件的定位基准面上。

图 6-54a 所示为齿条传动的虎钳式定心夹紧机构。齿条 1 和 3 分别与 V 形块 6 和气缸活塞杆 4 连接，齿轮 2 空套在固定轴上，当活塞杆左移时，两 V 形块对向移动，从而将工件定心并夹紧；松开时，其移动相反。图 6-54b 所示为斜楔式定心夹紧机构。拧动螺母 8 时，由于斜面 A、B 的作用，使两组活动块 7 同时等距外伸，直至每组圆周上均匀布置的三个活动块均与工件孔壁接触，使工件得到定心并夹紧；反向拧动螺母，工件即被松开。这类定心夹紧机构的装夹精度低，但夹紧力和夹紧行程较大，一般适用于装夹精度要求不高的场合。

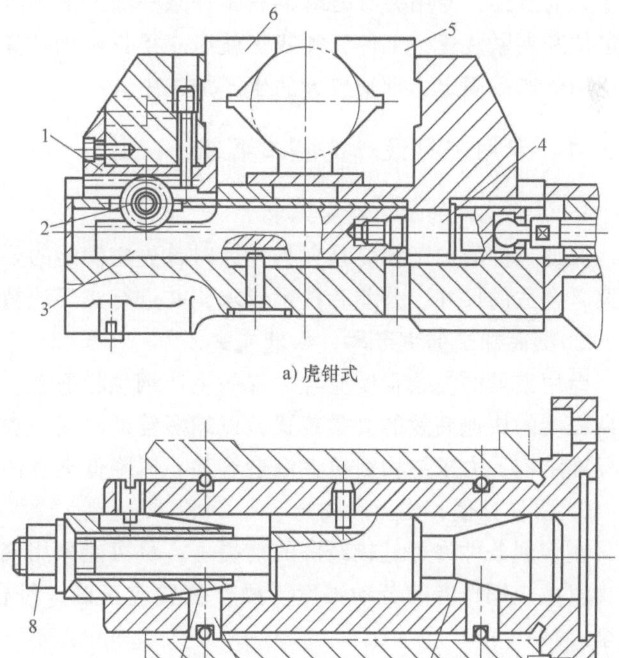

图 6-54　以等速移动原理工作的定心夹紧机构

1、3—齿条　2—齿轮　4—活塞杆　5、6—V 形块　7—活动块　8—螺母

图 6-55a 所示为以外圆柱面为定位基准的弹簧夹头定心夹紧机构。旋转螺母 4 时，锥套 3 的内锥面迫使弹性筒夹 2 上的簧瓣向心收缩，从而将工件定心并夹紧。图 6-55b 所示为以工件孔为定位基准的弹簧心轴定心夹紧机构。旋转螺母 4 时，锥套 3 的外锥面迫使弹性筒夹 2 两端的簧瓣向外均匀扩

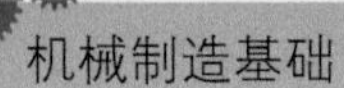

张，从而将工件夹紧。反向转动螺母，带退锥套，便可卸下工件。这两种定心夹紧机构结构简单，定心精度高（可稳定在 ϕ0.04~ϕ0.10mm 之间），操作方便、迅速，应用十分广泛。但由于弹性筒夹的变形量不宜过大，夹紧力不大，因此对工件的定位基准面有一定精度要求，其公差须在 0.1~0.5mm 范围内，否则夹爪变形过大，会导致夹爪与工件以及弹性筒夹与锥套的接触不良。

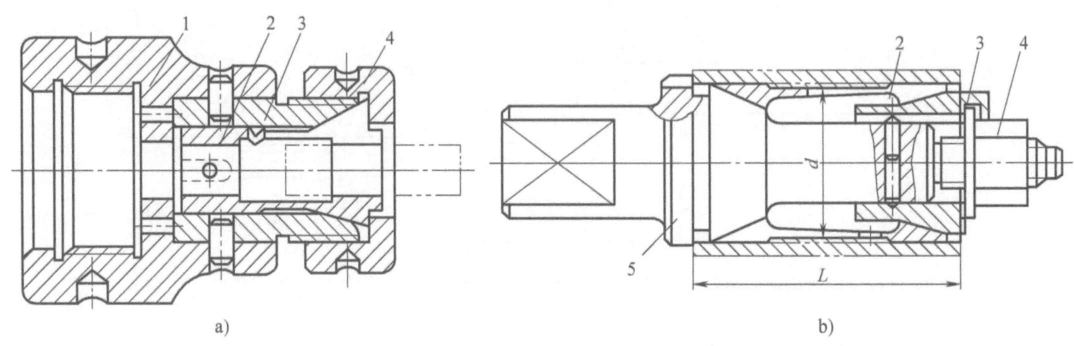

图 6-55　弹簧夹头和心轴

1—夹具体　2—弹性筒夹　3—锥套　4—螺母　5—心轴

6.5　专用夹具设计

如前所述，专用夹具是对某一零件某一加工工序而专门设计制造的。这类夹具上有专门的定位和夹紧装置，工件无须找正就能获得正确的位置，易获得较高的加工精度和生产率，广泛用于产品固定、批量较大的生产加工中。

6.5.1　专用夹具设计的基本要求

1. 保证工件的加工精度要求

保证工件的加工精度是夹具设计时首先应满足的要求。为此，专用夹具应有合理的定位方案，合适的尺寸、公差和技术要求，并进行必要的精度分析。

2. 提高加工的生产率，降低成本

专用夹具的复杂程度应与工件的生产纲领相适应。应根据工件生产批量的大小选用不同复杂程度的快速高效的夹紧装置，以缩短辅助时间，提高生产率。同时，尽可能采用标准件与标准结构，力求结构简单，制造容易，以降低夹具的制造成本。

3. 操作方便、省力和安全

在客观条件许可且较经济的前提下，尽可能采用气动、液压和气液联合等机械化夹紧装置，以减轻操作者的劳动强度。操作位置应正确，符合操作工人的操作习惯，并注意操作安全。

4. 便于排屑

排屑是夹具设计中的一个重要问题。因为切屑积聚在夹具中时，会破坏工件正确可靠的定位；切屑带来的大量热量会引起热变形，从而影响加工质量；清扫切屑又要花费一部分辅助时间；切屑积聚严重时，还会损坏刀具或造成事故。因此，设计夹具时应考虑切屑的排除

问题，必要时可设置排屑结构。

5. 有良好的工艺性

专用夹具的结构应简单、合理，便于加工、装配、检验和维修。专用夹具的制造属于单件生产。当夹具的最终精度由调整或修配保证时，夹具上应设置调整或修配结构，如适当的调整间隙、可修磨的垫片等。

总之，在设计夹具时，针对具体设计的夹具，结合上述各项基本要求，最好提出几种设计方案并进行综合分析和比较，以期达到高质、高效、低成本的综合经济效果，其中保证质量是最基本的要求。

6.5.2　专用夹具设计的步骤

在专用夹具的设计过程中，必须充分收集设计资料，明确设计任务，优选设计方案。整个设计过程，大体可分为以下几个阶段。

1. 明确设计任务，收集并研究有关资料

首先应分析研究被加工零件的零件图、工序图、工艺规程和设计任务书，了解工件的生产纲领、本工序的加工要求，以及前后工序的联系；然后了解所用机床、刀具的规格和安装尺寸，夹具制造车间的生产条件和技术现状，并收集设计夹具的各种标准、工厂规定及有关夹具设计的参考资料。

2. 拟订夹具结构方案，绘制夹具草图

确定夹具的结构方案是夹具设计的关键一步。为使设计出的夹具先进、合理，常常需要拟订几种不同的结构方案，经分析比较后选择最佳方案。设计过程中需进行必要的计算，如工件加工精度分析、夹紧力的计算、部分夹具零件结构尺寸校核计算等。主要解决如下问题。

1）确定工件的定位方案，设计定位装置。

2）确定工件的夹紧方案，设计夹紧装置。

3）确定其他元件或装置的结构形式，如导向和对刀装置、分度装置和连接装置等。

4）确定夹具体的结构形式及夹具在机床上的安装方式。

5）在构思夹具结构方案的同时绘制出夹具结构草图，以便检查方案的合理性和可行性。

3. 绘制夹具装配图

结构方案经讨论审查后，便可正式绘制夹具装配图。夹具装配图应按国家标准绘制，图形比例应尽量取 1：1，以便使绘出的图样具有良好的直观性。工件过大时比例可为1：2或1：5，工件过小时比例可为2：1。装配图的视图数应在能清楚地表示各零件相互关系的原则上尽量少，主视图应尽可能按夹具面对操作者的方向绘制。夹具装配图应把夹具的工作原理、各种装置的结构及其相互关系表达清楚。夹具装配图的绘制次序一般如下。

1）用双点画线将工件的轮廓外形、定位基准面、夹紧表面及加工表面绘制在各个视图的合适位置上。在夹具装配图中，工件可看作是透明体，它不遮挡后面的线条。被加工表面上的加工余量，可用网纹线或粗线表示。

2）按照工件的形状和位置，依次绘出定位装置、夹紧装置、其他装置和夹具体。

3）标注必要的尺寸、公差和技术要求。

4）编制夹具明细表及标题栏。

4. 绘制夹具零件图

为简化夹具设计和制造，应尽可能采用标准元件。标准的夹具零件及部件可按有关标准选择设计。夹具中的非标准零件应自行设计和制造，为此必须绘制其零件图。零件图的绘制应符合国家制图标准规定，其主视图的选择应尽可能与零件的工作位置相一致。非标准零件的公差和技术要求应依据夹具装配图中的公差和技术要求，参照同类零件并考虑本单位的生产条件来决定。

在实际工作中，上述设计步骤并非一成不变，但它在一定程度上反映了设计夹具所要考虑的问题和设计经验，因此，对于缺乏设计经验的人员来说，遵循一定的方法、步骤进行设计是很有益的。

6.5.3 夹具装配图上技术要求的制订

制订合理的夹具装配图上的技术要求，是夹具设计中的一项重要工作。因为它直接影响工件的加工精度，也关系到夹具制造的难易程度和经济效果。

1. 夹具装配图上应标注的尺寸和公差

1）夹具的最大轮廓尺寸。

2）影响工件定位精度的有关尺寸和公差，如定位元件与工件的配合尺寸和配合公差代号、各定位元件之间的位置尺寸和公差等。

3）影响刀具导向精度或对刀精度的有关尺寸和公差，如导向元件与刀具之间的配合尺寸和配合公差代号，各导向元件之间、导向元件与定位元件之间的位置尺寸和公差，或者对刀用塞尺的尺寸，对刀块工作表面到定位表面之间的位置尺寸和公差。

4）影响夹具安装精度的有关尺寸和公差，如夹具与机床工作台或主轴的连接尺寸及配合处的尺寸和配合公差代号，夹具安装基准面与定位表面之间的位置尺寸和公差。

5）其他影响工件加工精度的尺寸和公差，主要指夹具内部各组成元件之间的配合尺寸和配合公差代号。如定位元件与夹具体之间、导向元件与衬套之间、衬套与夹具体之间的配合尺寸及公差等。

2. 夹具装配图上应标注的技术要求

1）各定位元件的定位表面之间的相互位置精度要求。

2）定位元件的定位表面与夹具安装基准面之间的相互位置精度要求。

3）定位元件的定位表面与导向元件的工作表面之间的相互位置精度要求。

4）各导向元件的工作表面之间的相互位置精度要求。

5）定位元件的定位表面或导向元件的工作表面与夹具找正基准面之间的位置精度要求。

6）与保证夹具装配精度有关的或与检验方法有关的特殊的技术要求，如夹具的操作、平衡、安全、装配使用中的注意事项等，可用文字在夹具装配图上加以说明。

3. 夹具装配图上极限与配合的确定

1）对于直接影响工件加工精度的夹具公差，如夹具装配图上应标注的第2）、3）、4）三类尺寸，其公差通常取工件相应尺寸公差或位置公差的1/5~1/2。

当工件精度要求较高，公差值较小时，宜取其公差的1/3~1/2；当工件精度要求低，公差值较大，生产批量较大时，宜取其公差的1/5~1/3，以便延长夹具的使用寿命，同时不增加夹具制造的难度。当工件的加工尺寸为未注公差尺寸时，夹具上相应的尺寸公差值按标准公差等级 IT9~IT11 选取；当工件的位置要求未注公差时，夹具上相应的位置公差值按标准公差等级 IT7~IT9 选取；夹具上主要角度的公差一般取为工件相应角度公差的 1/5~1/2，常取±10′，要求严格时可取±(1′~5′)；当工件上的角度未注公差时，夹具上相应的角度公差值可取为±(3′~10′)。

2）对于直接影响工件加工精度的配合类别，应根据配合公差（间隙或过盈）的大小，通过计算或类比确定，应尽量选用优先配合。

3）对于与工件加工精度无直接影响的夹具尺寸极限与配合，如定位元件与夹具体的配合尺寸公差，夹紧装置各组成零件间的配合尺寸公差等，其中位置尺寸公差值一般按标准公差等级 IT9~IT11 选取，夹具的外形轮廓尺寸可不标注公差，按标准公差等级 IT13 确定。其他的几何公差数值、配合类别可参考有关夹具设计手册或机械设计手册确定。

6.5.4　专用夹具设计实例

设计任务书：试设计成批生产条件下，在 Z525 立式钻床上钻削图 6-56 所示拨叉零件上 ϕ8.4mm 螺纹底孔的钻床夹具。

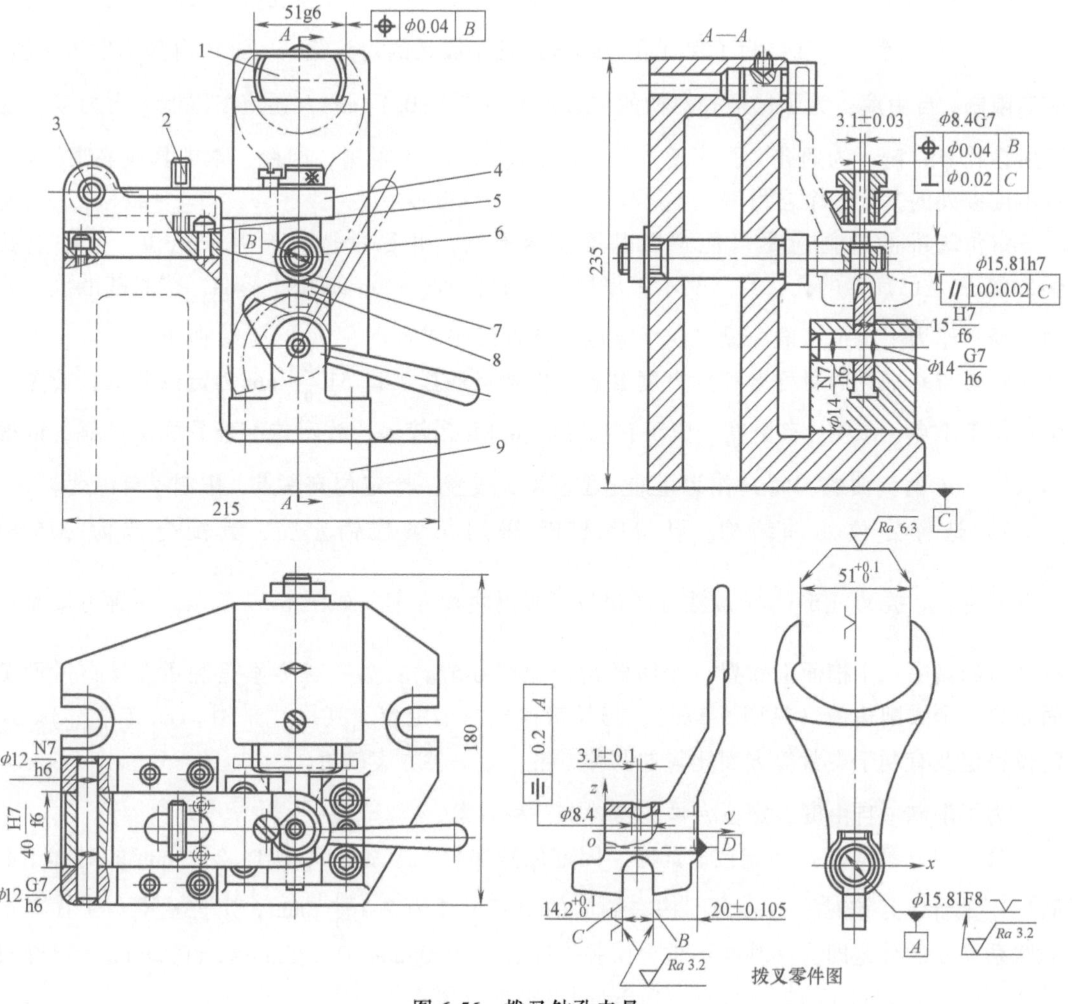

图 6-56　拨叉钻孔夹具

1—防转扁销　2—锁紧螺钉　3—销轴　4—钻模板　5—支承钉　6—定位心轴　7—模板座　8—偏心轮　9—夹具体

1. 设计任务的分析

1）孔 $\phi8.4$mm 为自由尺寸，可一次钻削保证。该孔在轴线方向的设计基准是槽 $14.2^{+0.1}_{0}$mm 的对称中心平面，要求距离为（3.1±0.1）mm，该尺寸精度通过钻模是完全可以保证的；孔 $\phi8.4$mm 在径向方向的设计基准是孔 $\phi15.81$F8 的中心线，其对称度公差为 0.2mm，用夹具可保证。

2）孔 $\phi15.81$F8、槽 $14.2^{+0.1}_{0}$mm 和拨叉口 $51^{+0.1}_{0}$mm 是前工序已完成的尺寸；本工序的后续工序是以孔 $\phi8.4$mm 为底孔攻螺纹 M10。

3）立钻 Z525 的最大钻孔直径为 $\phi25$mm，主轴端面到工作台的最大距离 H 为 700mm，工作台面尺寸为 375mm×500mm，其空间尺寸完全能满足夹具的布置和加工范围的要求。

4）本工序为单一的孔加工，夹具可采用固定式结构。

2. 设计方案论证

（1）定位方案的选择

1）确定所需限制的自由度，选择定位基准并确定各基准面上支承点的分布。为了保证所钻孔 $\phi8.4$mm 对基准孔 $\phi15.81$F8 垂直，并对该孔中心线的对称度符合要求，应当限制工件 $\vec{x}$、$\hat{x}$ 和 $\hat{z}$ 三个自由度；为了保证孔 $\phi8.4$mm 处于拨叉的对称面（z 面）内且不发生扭斜，应当限制 $\hat{y}$ 自由度；为了保证孔对槽的位置尺寸（3.1±0.1）mm，还应当限制 $\vec{y}$ 自由度。由于所钻孔 $\phi8.4$mm 为通孔，孔深度方向的自由度 $\vec{z}$ 可以不限制，因此，本夹具应当限制除 $\vec{z}$ 自由度以外的其余五个自由度。

定位基准的选择应尽可能遵循基准重合原则，并尽量选用精基准定位。工件上孔 $\phi15.81$F8 是已加工的孔，且又是本工序要加工的孔 $\phi8.4$mm 的设计基准，按照基准重合原则选择它作为主定位基准，设置四个定位支承点限制工件的 $\vec{x}$、$\vec{z}$、$\hat{x}$、$\hat{z}$ 四个自由度，以保证所钻孔与基准孔的对称度和垂直度要求；以加工的拨叉口 $51^{+0.1}_{0}$mm 为定位基准，设置一个定位支承点，限制 $\hat{y}$ 自由度，由于它离 $\phi15.81$F8 孔较远，故定位准确且稳定可靠；以槽 $14.2^{+0.1}_{0}$mm 两侧面或端面 D 作为止推定位基准，设置一个定位支承点，限制 $\vec{y}$ 自由度。

2）选择定位元件结构。孔 $\phi15.81$F8 采用长圆柱销定位，其配合选为 $\phi15.81\dfrac{\text{F8}\left(^{+0.043}_{+0.016}\right)}{\text{h7}\left(^{0}_{-0.018}\right)}$。拨叉口 $51^{+0.1}_{0}$mm 槽面的定位可采用两种方案，如图 6-57 所示。一种方案是在拨叉口的其中一个槽面上布置一个防转销（见图 6-57a）；另一种方案是利用拨叉口的两侧面布置一个大削边销（见图 6-57b），与长销构成两销定位，其尺寸采用 51g6 $\left(^{-0.010}_{-0.029}\right)$。从定位稳定及有利于夹紧等方面比较这两种方案，后一种方案较好。

为了限制 $\vec{y}$ 自由度，定位元件的布置有三种方案。

第一种方案是以 D 面定位。此时，因定位基准与工序基准（槽 $14.2^{+0.1}_{0}$mm 的对称中心面）不重合，且该对称中心面到槽右侧面的距离尺寸为 $7.1^{+0.05}_{0}$mm，定位基准与工序基准的联系尺寸的公差即为其基准不重合误差，即 $\Delta_{B1}=0.05\text{mm}+0.105\text{mm}\times2=0.26\text{mm}$，已超过尺寸（3.1±0.1）mm 的加工公差（0.2mm），故此方案不能采用。

第二种方案是以槽口两侧面中的任一面为定位基准，采用圆柱销单面定位。这时，由于

工序基准是槽的对称中心面，仍属于基准不重合，槽口尺寸变化所形成的基准不重合误差为

$$\Delta_{B2}=0.05\text{mm}<1/3\times0.2\text{mm}\approx0.067\text{mm}$$

此方案可用。

第三种方案是以槽口两侧面的对称平面为定位基准，采用具有对称结构的定位元件（可伸缩的锥形定位销或带有对称斜面的偏心轮等）定位，此时，定位基准与工序基准完全重合，基准不重合误差可以消除，$\Delta_{B3}=0$。

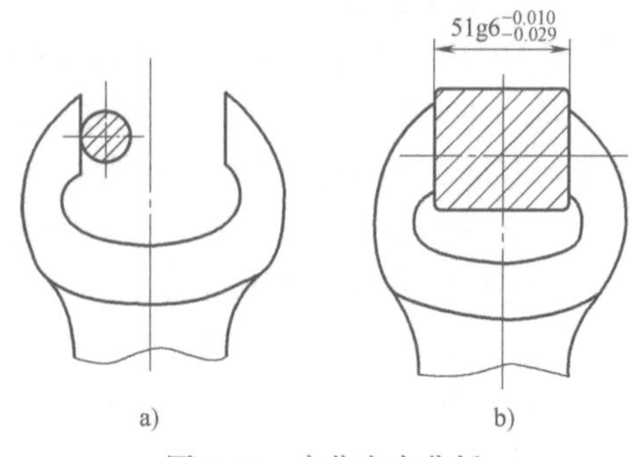

图 6-57　定位方案分析

比较上述三种方案，第一种方案不能保证加工精度；第二种方案具有结构简单、定位精度可以保证的优点；第三种方案定位误差较小，但其结构比前两种方案复杂。从大批量生产的条件来看，第三种方案虽然结构复杂一点，但能完成夹紧的任务，因此第三种方案是较恰当的，如图 6-58 所示。

3）定位误差分析计算。影响对称度的定位误差为：

$$\Delta_D=D_{max}-d_{min}=(15.81+0.043)\text{mm}-(15.81-0.018)\text{mm}=0.061\text{mm}$$

此值小于工件相应尺寸公差的 1/3(1/3×0.2mm≈0.066mm)，能满足要求。

影响所钻孔是否在 z 平面上的角度误差为：

$$\Delta_\alpha=\arctan\frac{X_{1max}+X_{2max}}{2L}=\arctan\frac{(0.1+0.029)\text{mm}+(0.043+0.018)\text{mm}}{2\times95\text{mm}}=3'26''$$

即工件在任意方向偏转时，总角度误差为 ±3′26″，此值远小于自由角度公差（±50′）。

综上所述，本定位方案由于采用了圆偏心轮式定心夹紧装置，它兼有定心和夹紧的作用，故能保证槽面与偏心轮接触良好，基准位移误差较小；又因基准重合，故定位误差更小，而且操作也较方便、迅速，结构也不太复杂，故采用此定位方案较合理。

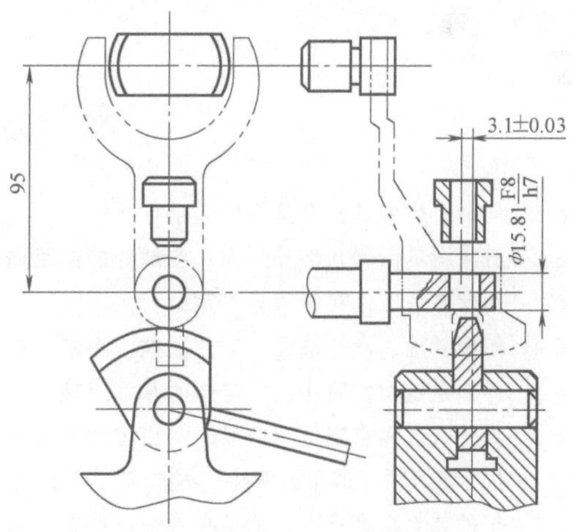

图 6-58　定位、夹紧元件的布置

（2）夹紧机构的确定　当定位心轴水平放置时，在 Z525 立式钻床上钻 ϕ8.4mm 孔的钻削力和扭矩均由定位心轴来承担。这时，工件的夹紧有以下两种方案。

1）在心轴轴向施加轴向力夹紧。此时可在心轴端部采用螺纹夹紧装置，夹紧力与切削力处于垂直状态。这种结构虽然简单，但装卸工件却比较麻烦。

2）在槽 $14.2^{+0.1}_{0}$mm 中采用带对称斜面的偏心轮定位件夹紧，偏心轮转动时，对称斜面楔入槽中，斜面上的向上分力迫使工件上孔 ϕ15.81F8 与定位心轴的下母线紧贴，而轴向分力又使斜面与槽紧贴，使工件在轴向被偏心轮固定，起到了既定位又夹紧的作用。

显然，第二种方案具有操作方便的优点。

3. 总体结构分析

按设计步骤，先在各视图部位用双点画线画出工件的外形，然后围绕工件布置定位、夹紧和导向元件，如图 6-58 所示，再进一步考虑零件的装卸、各部件结构单元的划分、加工时操作的方便性和结构工艺性等问题，使整个夹具形成一个整体。

图 6-56 为该夹具的总体结构设计装配图，从图中可以看出，该夹具有如下特点。

1）夹具采用整体铸件结构，刚性较好。为保证铸件壁厚均匀，将内腔掏空；为减少加工面，各部件的结合面处设置铸件凸台。

2）定位心轴 6 和定位防转扁销 1 均安装在夹具体的立柱上，并通过夹具体上的孔与底面的平行度，保证心轴与夹具底面的平行度。

3）为了便于装卸零件和钻孔后进行攻螺纹，夹具采用了铰链式钻模板结构。钻模板 4 用销轴 3 采用基轴制装在模板座 7 上，翻下时与支承钉 5 接触，以保证钻套的位置精度，并用锁紧螺钉 2 锁紧。

4）钻套孔对心轴的位置，在装配时，通过调整模板座来达到要求。在设计时，提出了钻套孔中心线对心轴轴线的位置度公差为 ϕ0.04mm。夹具调整达到此要求后，在模板座与夹具体上配钻、铰定位孔，并用定位销固定。

5）偏心轮装在其支座中，安装调整夹具时，偏心轮的对称斜面的中心面与夹具钻套孔中心线保持（3.1±0.03）mm 的距离，并在调整好后用定位销固定。

6）夹紧时，通过手柄顺时针转动偏心轮，使其对称斜面楔入工件槽内，在定位的同时将工件夹紧。由于钻削力不大，故工作可靠。

该夹具对工件定位考虑合理，且采用偏心轮使工件既定位又夹紧，简化了夹具结构，适用于成批生产。

复习思考题

6-1 何谓机床夹具？夹具的作用是什么？

6-2 机床夹具由哪几部分组成？各部分的作用如何？

6-3 为什么说工件夹紧不等于定位？

6-4 何谓基准、设计基准、工艺基准、测量基准和装配基准？试举例说明。

6-5 什么是定位？简述工件定位的基本原理。

6-6 为什么说六点定位原理只能解决工件的自由度的消除问题（即能解决“定与不定”的矛盾）不能解决定位精度问题（即不能解决“准与不准”的矛盾）？并举例说明。

6-7 工件装夹在夹具中，凡是有六个定位支承点，即为完全定位，凡是超过六个定位支承点就是过定位，不超过六个定位支承点，就不会出现过定位。这种说法对吗？为什么？

6-8 欠定位和过定位是否都不允许存在？为什么？

6-9 什么是可调支承？什么是辅助支承？它们有何区别？使用时应注意什么问题？

6-10 什么是自位支承（浮动支承）？它与辅助支承的作用有何不同？

6-11 确定工件在夹具中应限制的自由度数目的依据是什么？

6-12 一面两孔组合定位时，需要解决的主要问题是什么？其定位误差应如何计算？

6-13 试分析比较斜楔、螺旋、偏心三种基本夹紧机构的优缺点及其应用范围。

6-14 定心夹紧机构的实质是什么？适用于哪些场合？

6-15　专用夹具设计的基本要求、基本依据和设计的一般步骤是什么？

6-16　如图 6-59 所示零件，毛坯为 ϕ35mm 棒料，批量生产时其机械加工过程为：在锯床上切断下料；车一端面并钻中心孔，调头车另一端面并钻中心孔；在另一台车床上将整批工件的螺纹一边都车至 ϕ30mm，调头再调换车刀车削整批工件的 ϕ18mm 外圆；换一台车床车 ϕ20mm 外圆；在铣床上铣削两平面，转 90°后，铣削另外两平面；最后车螺纹，倒角。试分析其工艺过程的组成。

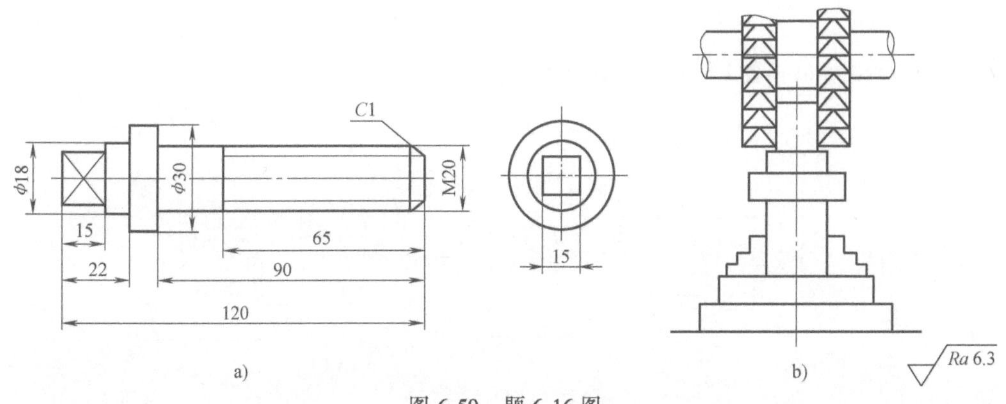

图 6-59　题 6-16 图

6-17　分析图 6-60 所示各定位方案，并回答以下问题：①各定位元件所限制的自由度；②判断有无欠定位或过定位现象，为什么？

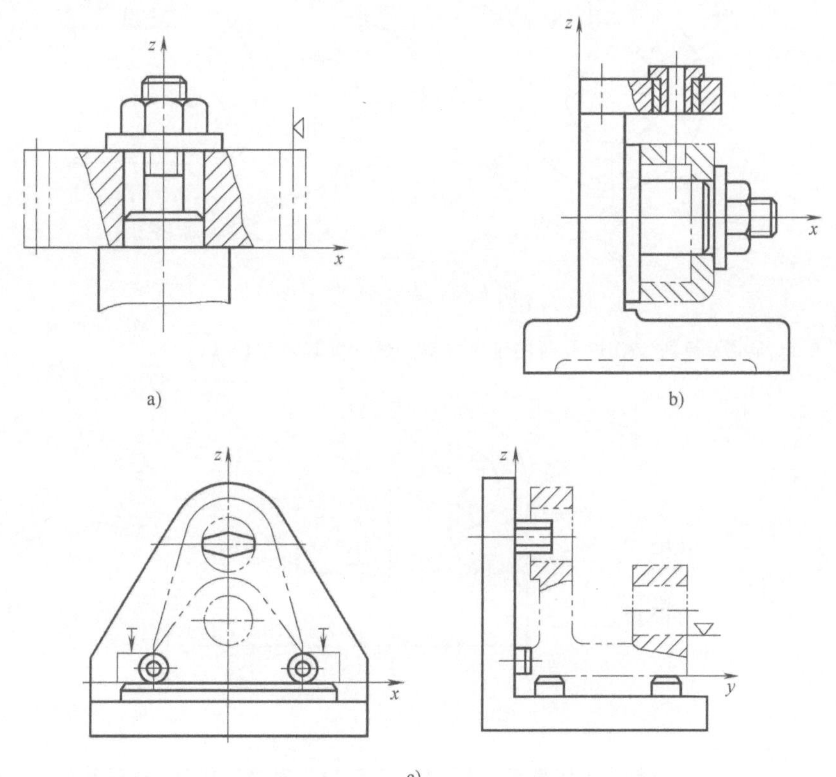

图 6-60　题 6-17 图

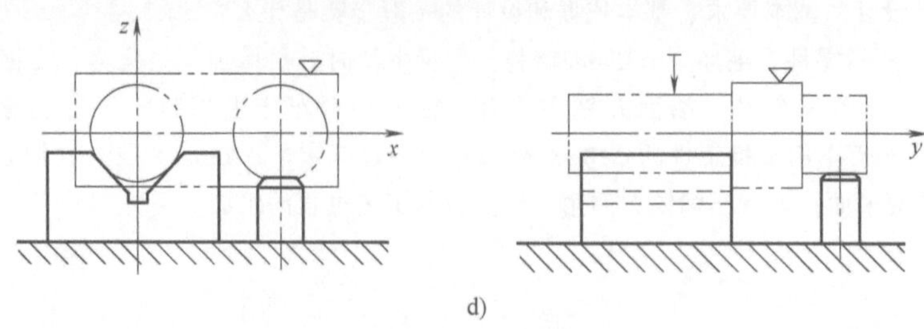

图 6-60　题 6-17 图（续）

6-18　试分析图 6-61 中各工件需要限制的自由度。

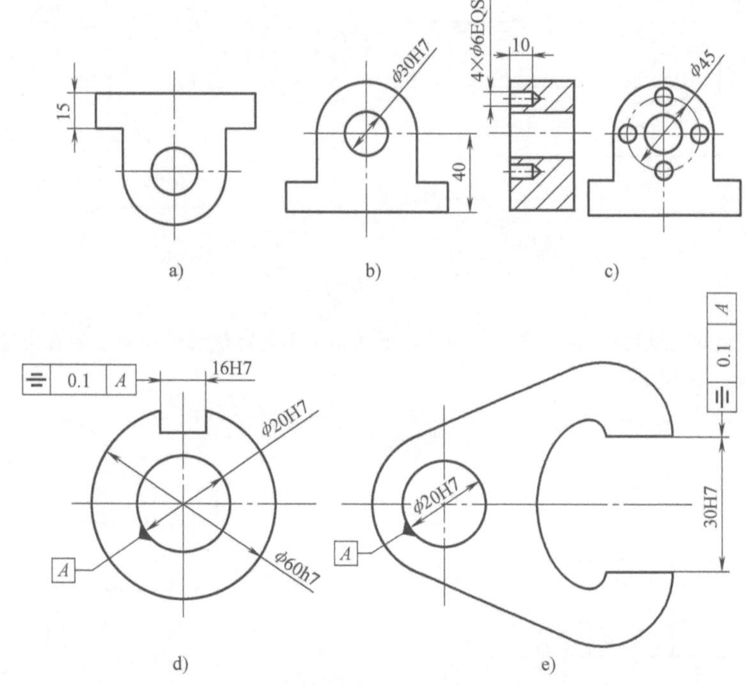

图 6-61　题 6-18 图

6-19　图 6-62 所示为镗削 ϕ30H7 孔时的定位方案，试计算其定位误差。

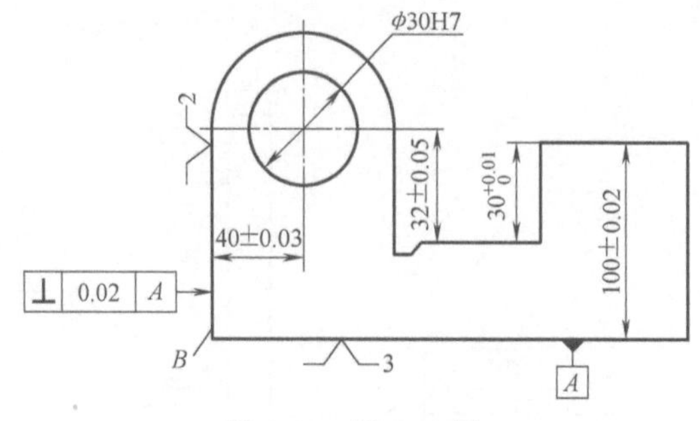

图 6-62　题 6-19 图

6-20　图 6-63a 所示为工件铣槽工序简图，图 6-63b 所示为工件定位简图。试计算加工尺寸 $90_{-0.15}^{\ 0}$mm 的定位误差。

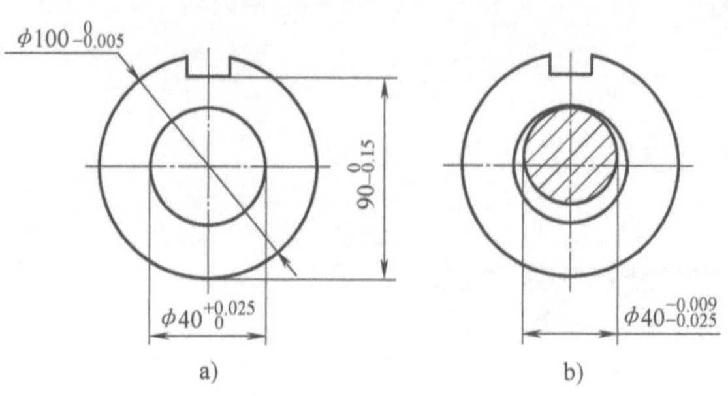

图 6-63 题 6-20 图

6-21 如图 6-64 所示，支架以其两个 $\phi22_{0}^{+0.1}$mm 孔及一平面作为定位基准。其孔 1、孔 2 分别装在夹具的圆柱销（$\phi22g6_{-0.020}^{-0.007}$mm）和菱形销（$\phi22f7_{-0.041}^{-0.020}$mm）上，试计算钻孔时工序尺寸 25mm 及 68mm 的定位误差。

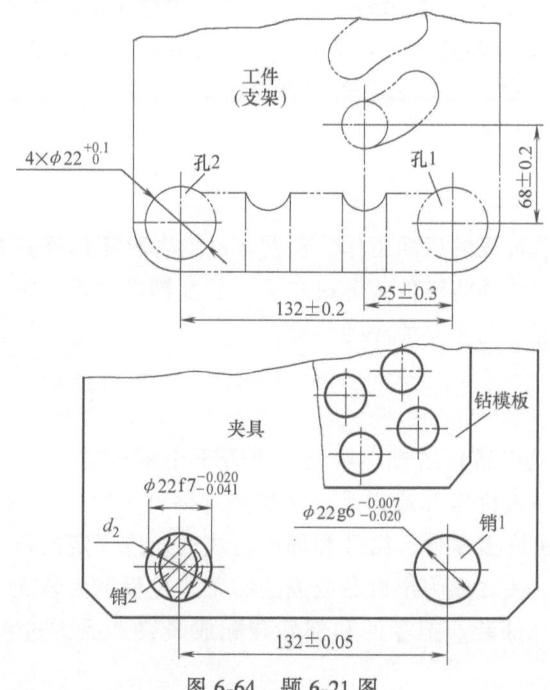

图 6-64 题 6-21 图

6-22 试分析图 6-65 中夹紧力的作用点与方向是否合理，为什么？若不合理，如何改进？

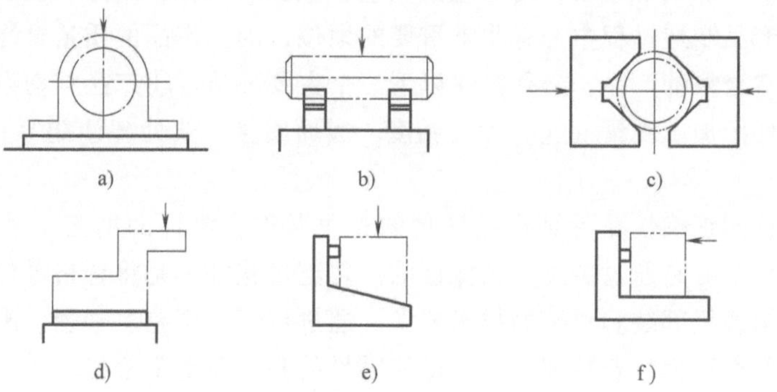

图 6-65 题 6-22 图

第7章 机械装配工艺基础

教学要求：通过本章的学习，了解机械装配的概念、装配精度及其与零件精度间的关系；掌握保证装配精度的方法、装配的组织形式以及影响装配精度的因素；了解装配尺寸链的概念；掌握装配尺寸链的建立和计算方法；掌握装配工艺规程的制订方法。

7.1 概述

装配是整个机械制造过程的后期工作。机器产品的各种零部件只有经过正确的装配，才能达到产品的质量要求。怎样将零件装配成产品，装配精度和零件精度的关系，以及达到装配精度的方法，都是装配工艺所要关注的问题。

7.1.1 装配的概念

零件是构成机器（或产品）的最小单元。将若干个零件结合在一起，成为机器的某一部分，称为部件。直接进入机器（或产品）装配的部件称为组件。

任何机械产品都是由许多零件、组件和部件组成的。按规定的技术要求，将零件、组件和部件进行配合和连接，使之成为半成品或成品的工艺过程称为装配。把零件装配成部件的过程称为部件装配，简称部装。把零件和部件装配成最终产品的过程称为总成装配，简称总装。

机器的装配是整个机器制造过程中的最后一个阶段。为了使产品达到规定的技术要求，装配不仅是指零部件的结合过程，还应包括调整、检验、试验、涂漆和包装等工作。

机械装配在产品制造过程中占有非常重要的地位，因为产品的质量最终是由装配工作来保证的。为了制造合格的产品，必须抓住以下三个主要环节：①产品结构设计的正确性；②组成产品的各零件的加工质量（包括加工精度、表面质量、热处理性能等）；③装配质量和装配精度。

产品结构设计的正确性是保证产品质量的先决条件，零件的加工质量是产品质量的基础，而产品的质量最终是通过装配工艺保证的。装配过程并不是将合格零件简单地连接起来的过程，而是根据各级部装和总装的技术要求，通过校正、调整、平衡、配作及反复检验来保证产品质量的复杂过程。若装配不当，即使零件的制造质量都合格，也不一定能装配出合格的产品；反之，即使零件的质量不十分良好，但只要在装配中采取合适的工艺措施，也能使产品达到或基本达到规定的要求。

7.1.2　装配工作的基本内容

1. 清洗

机械产品一般都比较精细，其精度要求都是在毫米级以下的。任何微小的脏物、杂质都会影响产品的装配质量，尤其是对于轴承、密封件、精密偶件、相互接触或相互配合的表面，以及有特殊清洗要求的零件，稍有杂物就会影响产品的质量。所以，装配前要对零件进行清洗，去除零件表面的油污及机械杂质。

零件清洗的方法有擦洗、浸洗、喷洗和超声波清洗等。清洗液一般用煤油、汽油、碱液及各种化学清洗液。清洗工艺的要点就是根据工件的清洗要求、工件材料、生产批量的大小以及油污、杂质的性质和黏附情况等正确选择清洗方法、清洗液，以及清洗时的温度、压力、时间等参数。此外，还应注意使清洗过的零件具有一定的防锈能力。

2. 刮削

为在装配过程中达到高精度配合要求，常对有关零件进行刮削。刮削能提高零件的尺寸、形状、位置和接触精度，但劳动强度大，因此，常采用机械加工方法来代替，如用精磨、精刨代替刮削等。

3. 平衡

对于转速高、运转平稳性要求高的机器（如精密磨床、内燃机、电动机等），为了防止在使用过程中因旋转件质量不平衡产生的离心惯性力而引起振动，装配时必须对有关旋转零件进行平衡，必要时还要对整机进行平衡。

平衡的方法分为静平衡和动平衡。对于长度比直径小很多的圆盘类零件（如飞轮、带轮等），一般只需进行静平衡，即在静力平衡下确定其不平衡量和位置，并在一个平面内予以消除。而对于长度较大的旋转体零件（如鼓状轴类零件、汽轮机转子、电机转子等），因材质不均而引起的静力不平衡和力偶不平衡必须通过动平衡予以消除。通常可用以下方法消除不平衡。

（1）配重法　用螺纹连接、补焊、胶接等方法加配质量。

（2）减重法　用钻、铣、磨、锉、刮等方法去除不平衡质量。

（3）调节法　在预制的平衡槽内改变平衡块的位置和数量。

4. 零部件的连接

装配过程中有大量的连接工作，连接的方式一般有以下两种。

（1）可拆连接　即相互连接的零件拆卸时不损坏任何零件，且拆卸后能重新装配。常见的有螺纹连接、键连接、销连接及间隙配合连接等。

（2）不可拆连接　即零件相互连接后是不可拆卸的，若要拆卸，则会损坏某些零件。常见的有焊接、铆接和过盈配合连接等。

5. 校正、调整与配作

为了保证部装和总装的精度，在批量不大的情况下，常需进行校正、调整与配作工作。校正是指产品中相关零部件相互位置的找正、找平，并通过各种调整方法以达到装配精度。校正必须重视基准，校正的基准面力求与加工和装配基准面相一致。

调整是指相关零部件相互位置的具体调节工作。通过相关零部件位置的调整来保证其位置精度或某些运动副的间隙。

配作是指以已加工工件为基准，加工与其相配的另一工件，或将两个（或两个以上）工件组合在一起进行加工的方法，如配钻、配铰、配刮及配磨等。配作和校正、调整工作是结合进行的。在装配过程中，为消除加工和装配时产生和累积的误差，在利用校正工艺进行测量和调整之后，才能进行配作。

6. 产品验收及试验

机械产品装配完成后，应根据有关技术标准和规定的技术要求，对其进行全面的检验和必要的试验，合格后才准予出厂。

另外，产品验收合格后还应对产品进行涂漆和包装，因为外观和包装的完美是促进产品销售的一个重要措施。

7.1.3 装配工作的形式

装配工作组织得好与坏，对装配效率的高低、装配周期的长短均有较大影响，应根据产品的结构特点、装配要求、批量大小等因素合理确定装配的组织形式和方法。

1. 装配的组织形式

（1）固定式装配　即产品的装配是固定在一个或几个组内完成的，装配时工作地点不变，产品位置也不变。它又分为集中装配和分散装配两种形式。

集中装配是指部装和总装均由一个工人或一组工人在一个工作地点完成。这种装配形式对工人的技术水平要求较高，装配周期长，适用于装配精度较高的单件小批量生产的产品或新产品试制。

分散装配是指把产品装配分为部装和总装，并分配给个人或各小组以平行作业的组织形式来完成。采用这种装配形式时，装配工人密度增加，生产周期短，效率高，适用于成批生产或较复杂的大型机器的装配。

固定式装配具有产品装配周期较长、占用生产面积大、对装配工人的技术水平要求高等特点，适用于中小批量以下的生产，或质量、体积较大，装配时不便移动的重型机器的生产。

（2）移动式装配　被装配产品用连续或间歇传送的工具运载，顺次经过各装配工作地点，以完成全部装配工作，这种装配形式称为移动式装配。每个装配工作地点的工人只完成一定工序的装配任务，全部装配由各工序共同完成。它也有自由移动装配和强制移动装配两种形式。

自由移动装配时，产品的移动速度无严格要求，即按自由节奏间歇移动并进行装配，适用于修配、调整量较多的装配。

强制移动装配时，产品的移动速度有严格要求，即按一定的速度连续移动并进行装配。每道装配工序都必须在规定的时间内完成，否则，整个装配工作将无法正常进行。如汽车在自动线上的装配。

移动式装配的特点是装配过程划分得较细，每个工作地点重复完成固定的工序，可大量采用专用设备及工艺装备，生产率高，质量易保证，对工人的技术水平要求不高，但工人的劳动强度较大，主要适用于大批大量生产。

2. 装配工序的集中与分散

装配工序的集中与分散是拟订装配工艺路线、划分装配单元时考虑的主要问题，应根据产品的生产规模、现场生产条件、装配方法及组织形式等合理运用。

大批大量生产（如汽车、拖拉机生产）时，装配工序多采用分散原则，以达到高度的均衡性和严格的节奏性；可采用高效的工艺装备，建立移动式流水线或自动装配线。

单件小批量生产时，装配工艺灵活性较大，设备通用，组织形式以固定式为主，装配工序宜采用集中原则。

成批生产时，可根据产品结构、现场生产条件、装配方法等合理选择工序集中或分散，或部分集中部分分散。

7.2 装配精度

7.2.1 装配精度的概念

装配精度是产品设计时根据使用性能要求规定的、装配时必须保证的质量指标，可根据机器的工作性能来确定。装配精度一般包括零部件间的尺寸精度、位置精度、相对运动精度和接触精度。

（1）零部件间的尺寸精度　零部件间的尺寸精度包括距离精度和配合精度。距离精度是零部件之间的相对距离尺寸要求，如卧式车床主轴与尾座套筒中心线等高即属此项精度。配合精度是配合面间的间隙或过盈要求。

（2）零部件间的位置精度　零部件间的位置精度包括平行度、垂直度、同轴度及各种跳动等。如卧式车床主轴轴线相对床身导轨的平行度等，就属于位置精度。

（3）零部件间的相对运动精度　零部件间的相对运动精度是指有相对运动的零部件间在运动方向和运动位置上的精度。运动方向上的精度是指零部件间相对运动的直线度、平行度、垂直度等，如卧式车床床鞍的移动在水平面内的直线度。运动位置上的精度是指传动精度，如车床上车削螺纹时主轴与刀架移动的相对运动精度等。

（4）接触精度　接触精度是指相互配合表面、接触表面间接触面积的大小和接触点的分布情况。如齿轮啮合面、锥体与锥孔配合面及导轨副之间均有接触精度要求。

不难看出，上述各装配精度之间存在一定的关系，如接触精度是尺寸精度和位置精度的基础，而位置精度又是相对运动精度的基础。

7.2.2 装配精度与零件精度的关系

机器及其部件都是由零件组合而成的，零件的加工精度，特别是关键零件的加工精度，对装配精度有很大影响。装配精度有时与一个零件的精度有关，有时则同时与几个零件的精度有关。

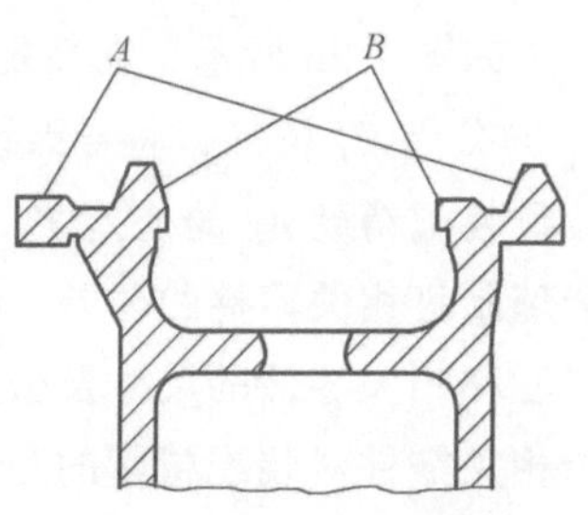

图 7-1　床身导轨简图
A—溜板移动导轨　*B*—尾座移动导轨

如图 7-1 所示，在卧式车床的装配中，要满足尾座移动对溜板移动的平行度要求，主要取决于床身上溜板移动的导轨 *A* 与尾座移动的导轨 *B* 的平行度，以及导轨面间的接触精度。

一般而言，多数的装配精度与和它相关的若干个零部件的加工精度有关，所以应合理地规定和控制这些相关零部件的加

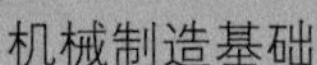

工精度，在加工条件允许时，使它们的加工误差累积起来仍能满足装配精度的要求。但是，对于有些要求较高的装配精度，如果完全靠相关零件的加工精度来直接保证，则零件的加工精度将会很高，从而给加工带来较大的困难。如图 7-2a 所示，卧式车床主轴与尾座套筒中心线的等高度（A_0）要求很高（约 0.06mm），而要使主轴箱 1、尾座 2、底板 3 的有关尺寸 A_1、A_3、A_2 的累积误差不大于 0.06mm 却很难保证，也很不经济。此时，可通过装配时适当地修配底板 3 来保证装配精度。这样做虽然增加了装配的劳动量，但从整个产品制造的全局分析，仍是经济可行的。

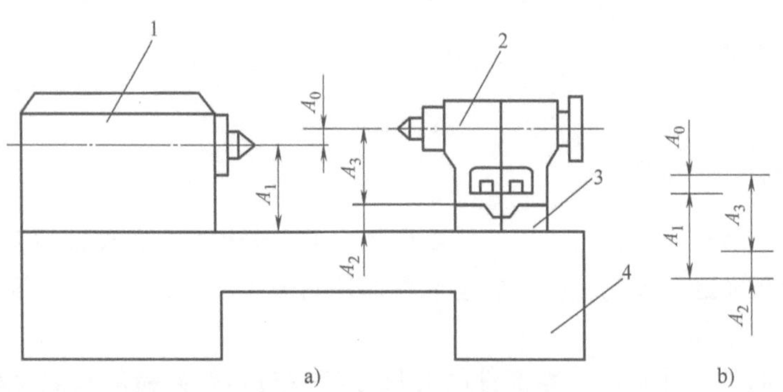

图 7-2　主轴箱主轴与尾座套筒中心线等高示意图

1—主轴箱　2—尾座　3—底板　4—床身

由此可见，产品的装配精度和零件的加工精度有密切的关系，零件的加工精度是保证装配精度的基础，但装配精度并不完全取决于零件的加工精度。装配精度的保证，应从产品的结构、机械加工和装配方法等方面进行综合考虑，故将尺寸链的基本原理应用到装配中。建立装配尺寸链和解算装配尺寸链是进行综合分析的有效手段。

7.3　装配尺寸链

7.3.1　装配尺寸链的概念

在产品或部件的装配中，由相关零部件的有关尺寸（表面或中心线间距离）或相互位置关系（平行度、垂直度或同轴度）所组成的尺寸链，称为装配尺寸链。

如图 7-2b 所示，在装配环节中，每个相关零件的尺寸公差对装配精度的影响是不同的。A_1 的公差 T_1 增加，将导致装配精度 A_0 的公差 T_0 减小；而 A_2、A_3 的公差 T_2、T_3 增加，将导致装配精度 A_0 的公差 T_0 增大。为了正确和定量地分析每个相关零件对装配精度的影响，合理制订相关零件的公差，确定恰当的装配方法，需要将尺寸链原理应用到装配中。把装配精度和相关零件的尺寸及公差建立一个首尾相接的封闭尺寸链，从尺寸链的计算中，找出每个相关零件对装配精度的影响程度，从而合理确定相关零件的制造公差，并根据零件的制造公差正确选择装配方法。

机械产品或部件的装配精度是由相关零件的加工精度与合理的装配方法共同保证的。应用装配尺寸链原理可以方便地研究装配精度和零件精度的关系，从而使产品的质量能够在结构设计和制造工艺上最合理、最经济地得到保证。

装配尺寸链的基本特征依然是尺寸（或相互位置关系）组合的封闭形式。装配尺寸链的封闭环同样不具有独立变化的特性，它是装配后间接形成的，多为产品或部件的装配精度指标。装配尺寸链的组成环是对装配精度有直接影响的相关零件上的尺寸或相互位置关系。根据每个组成环对封闭环的影响不同，又可分为增环和减环。图 7-2b 所示的装配尺寸链中，装配精度 A_0 是封闭环，相关零件尺寸 A_1、A_2 及 A_3 是组成环，由于 A_2、A_3 增大时，封闭环 A_0 也增大，所以 A_2、A_3 是增环；如果 A_1 增大，则 A_0 减小，所以 A_1 是减环。

7.3.2　装配尺寸链的形式

装配尺寸链按照各环的几何特性和所处的空间位置，可分为线性尺寸链、角度尺寸链、平面尺寸链和空间尺寸链。其中最常见的是前两种形式。

线性尺寸链是由相关零件上互相平行的直线尺寸（距离尺寸）所组成的尺寸链。如图 7-2b 所示，它所涉及的都是距离尺寸的精度问题。这种尺寸链最典型，求解也最方便，其他类型的尺寸链都可转化为线性尺寸链来求解。

角度尺寸链是由相关零件上或零件间的位置关系（平行、垂直、同轴等）组成的尺寸链，它所涉及的都是相互位置精度问题。如图 7-3 所示的装配关系中，铣床主轴轴线相对工作台台面的平行度要求 α_0 为封闭环。分析铣床结构后可知，影响上述装配精度的有关零件有工作台、转台、床鞍、升降台和床身等。其相应的组成环为：

α_1——工作台面对其导轨面的平行度；

α_2——转台导轨面对其下支承平面的平行度；

α_3——床鞍上平面对其下导轨面的平行度；

α_4——升降台水平导轨对床身导轨的垂直度；

α_5——主轴回转轴线对床身导轨的垂直度。

它们所组成的尺寸链就是角度尺寸链。这种尺寸链的特点是其组成环的基本尺寸为零。

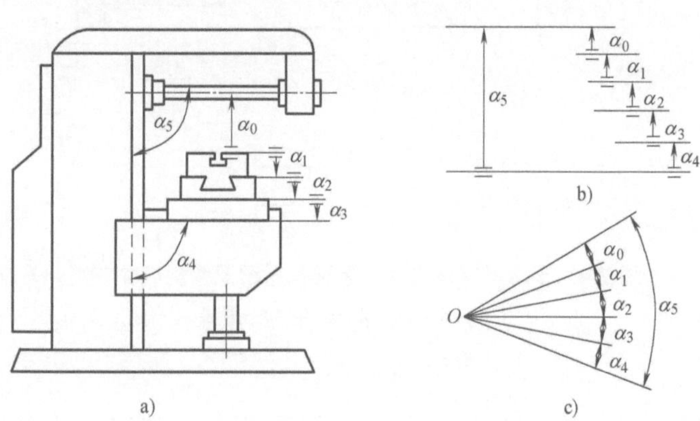

图 7-3　角度装配尺寸链示例

7.3.3　装配尺寸链的建立

装配尺寸链的建立就是在产品或部件装配图上，根据装配精度的要求，找出与该项精度有关的零件及有关的尺寸，最后画出相应的尺寸链图。建立装配尺寸链是解决装配精度问题的第一步，只有建立的装配尺寸链正确，求解尺寸链才有意义。因此，查找相关零件是建立装配尺寸链的关键。

建立装配尺寸链应注意以下基本原则。

1. 封闭原则

尺寸链的封闭环和组成环一定要构成一个封闭的环链，在查找组成环时，从封闭环出发寻找相关零件，一定要回到封闭环。

2. 环数最少（最短路线）原则

由尺寸链的基本原理可知，封闭环的公差等于各组成环公差之和。当封闭环公差一定时，组成环环数少，分配到各组成环的公差就大，便于按照经济精度加工零件，也便于实现装配精度要求。因此，装配尺寸链应力求组成环最少，且每个相关零件只能有一个尺寸列入尺寸链，即一件一环原则。要使组成环最少，就要注意相关零件的判别，保留对装配精度有影响的零件，舍弃对装配精度影响很小或无影响的零件，或将几个零件合并成部件，求解出合并的尺寸及公差后再列入装配尺寸链。

例如，在图 7-4 所示尾座顶尖套筒装配时，要求后盖 3 装入后，螺母 2 在尾座顶尖套筒内的轴向窜动不大于某一数值。如果按图 7-4c 所示建立尺寸链，发现后盖 3 有两个尺寸 B_1 和 B_2 作为装配尺寸链中的组成环，这不符合一件一环的原则。这时应先解决 B_1 和 B_2 的工艺尺寸链，即把 B_1、B_2、A_3 组合在一起建立工艺尺寸链，A_3 作为封闭环，求解所得的封闭环尺寸 A_3 再进入装配尺寸链，如图 7-4b 所示。

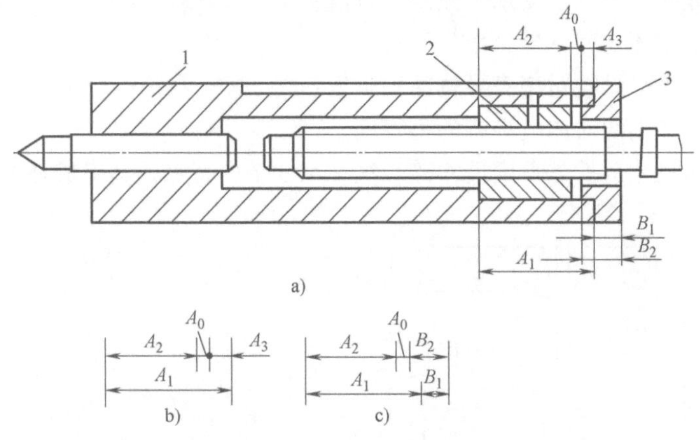

图 7-4 车床尾座顶尖套筒装配关系图及装配尺寸链图

1—顶尖套筒 2—螺母 3—后盖

3. 精确原则

当同一装配结构在不同位置方向上有装配精度要求时，应按不同方向分别建立装配尺寸链。例如常见的蜗杆副结构，为保证正常啮合，对蜗杆副两轴线间的距离（影响啮合间隙）、蜗杆轴线与蜗轮中心平面的对称度均有一定要求，这是两个不同位置的装配精度，因此需要在两个不同方向分别建立装配尺寸链。

下面以图 7-5 所示的轴系部件在箱体两滑动轴承上的装配为例，说明装配尺寸链建立的方法和步骤。

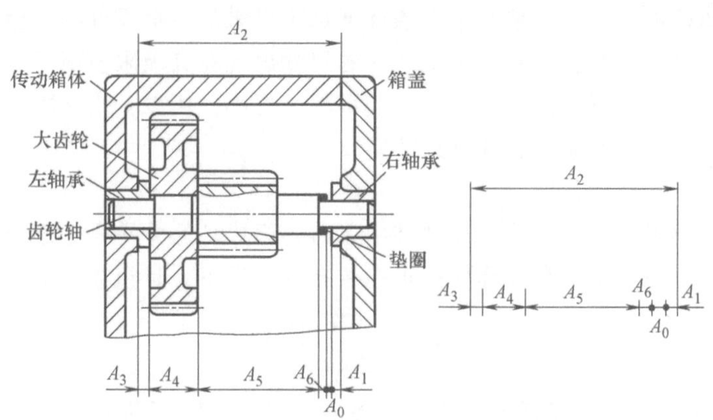

图 7-5 轴系部件在箱体两滑动轴承上的装配

（1）确定封闭环 建立装配尺寸链，首先要正确确定封闭环，一般产品或部件的装配精度就是封闭环。轴系部件上的零件如图 7-5 所示，为避免轴端与滑动轴承端面的摩擦，在轴向要保证适当的间隙 A_0。间隙 A_0 就是轴系部件轴向尺寸的装配精度。间隙 A_0 的大小与大齿轮、齿轮轴、垫圈、左/右轴承等零件有关。选择间隙 A_0 为封闭环，因为它是装配环节中最后形成的尺寸。

（2）查找组成环 为了迅速而正确地查明各组成环，必须分析产品或部件的结构，了解各个零件连接的具体情况。查找组成环就是找出与封闭环相关的零件及相关尺寸。方法是从封闭环出发，按逆时针或顺时针方向依次寻找相邻零件，直至返回到封闭环，形成封闭环链。但并不是所有的相邻零件都是组成环，因此还要进行判别。如图 7-5 所示，从间隙 A_0 向右查找，其相邻零件是右轴承、箱盖、传动箱体、左轴承、大齿轮、齿轮轴和垫圈，共 7 个零件，通过判断，箱盖对间隙大小并无影响，应舍去，剩余 6 个零件，其对应的相关尺寸为 A_1、A_2、A_3、A_4、A_5、A_6，符合一件一环原则。

（3）画出装配尺寸链图 根据找出的封闭环和组成环，按零件的邻接关系即可画出装配尺寸链图，并判断组成环的性质。

对于多环组成的尺寸链，由于不能直观地判断某一组成环对封闭环的影响是增大还是减小，可用箭头方向判断组成环的性质。具体方法为：任意选定封闭环的箭头方向，沿着封闭环，依次标出组成环的箭头方向，最后返回封闭环。凡是箭头方向和封闭环的箭头方向相反的组成环，即为增环；凡是箭头方向和封闭环的箭头方向相同的组成环，即为减环。本例中，选封闭环 A_0 箭头方向为逆时针旋转，沿着封闭环，依次标出各组成环的箭头方向，最后返回到封闭环，组成环 A_2 的箭头方向和 A_0 相反，是增环；A_1、A_3、A_4、A_5、A_6 的箭头方向和 A_0 相同，均为减环。判定了各环的性质后，就可运用尺寸链原理进行计算了。

7.3.4 装配尺寸链的计算

装配尺寸链的计算方法也有极值法和概率法。

极值法的解算公式与工艺尺寸链中的相同，在此不详述。极值法考虑了最坏的情况，因而能确保装配精度 100%合格。但当封闭环公差较小而组成环较多时，此法分配给每个组成环的公差很小，因而造成零件加工困难或成本太高。

由概率论的知识可知，在正常的生产条件下加工出来的一批零件中，绝大多数零件的尺寸都出现在其平均尺寸左右，只有极少数零件的尺寸出现在其极限值附近；而且，一个尺寸链中的每个零件的尺寸都正好处在极限尺寸的可能性更小。所以，当装配精度高且组成环的数目较多时，应按概率论的原理来计算尺寸链。

1. 计算公式

根据概率论的原理可知，在装配尺寸链中，若各组成环尺寸符合正态分布，则装配后形成的封闭环也符合正态分布。在各环均是正态分布的前提下，且组成环的数目为 m，则有

$$T_0 = \sqrt{\sum_{i=1}^{m} T_i^2} \tag{7-1}$$

式（7-1）表明：当各组成环尺寸符合正态分布时，封闭环的公差等于各组成环公差的平方和的平方根。当各组成环尺寸不符合正态分布时，有

$$T_0 = \sqrt{\sum_{i=1}^{m} K_i^2 T_i^2} \tag{7-2}$$

式中　K_i——相对分散系数，表示各种分布曲线的不同分布性质。

K_i 的值可从有关资料查取。若各组成环公差相等，均等于平均公差 T_m，则

$$T_m = \frac{T_0}{\sqrt{m}} = \frac{\sqrt{m}}{m} T_0 \tag{7-3}$$

由此可知，各组成环的平均公差比极值法放大了 $\sqrt{m}$ 倍。m 值越大，T_m 越大。可见概率法适用于环数较多的尺寸链。

各环的上、下极限偏差可按下式计算

$$\mathrm{ES}A = \Delta_m + \frac{T}{2} \tag{7-4}$$

$$\mathrm{EI}A = \Delta_m - \frac{T}{2} \tag{7-5}$$

式中　Δ_m——平均偏差。

2. 计算示例

【例 7-1】　如图 7-6 所示的双联转子泵装配简图，要求轴向装配间隙为 0.05～0.15mm，已知各组成环尺寸为：$A_1 = 41\text{mm}$，$A_2 = A_4 = 17\text{mm}$，$A_3 = 7\text{mm}$。请分别按极值法和概率法确定各组成环尺寸的公差和上、下极限偏差。

解：(1) 建立装配尺寸链　从图 7-6 可以看出，壳体、左外转子、隔板、右内转子（内、外转子的厚度尺寸相同，可看作是一个零件）的轴向尺寸 A_1～A_4 与装配间隙要求 A_0（封闭

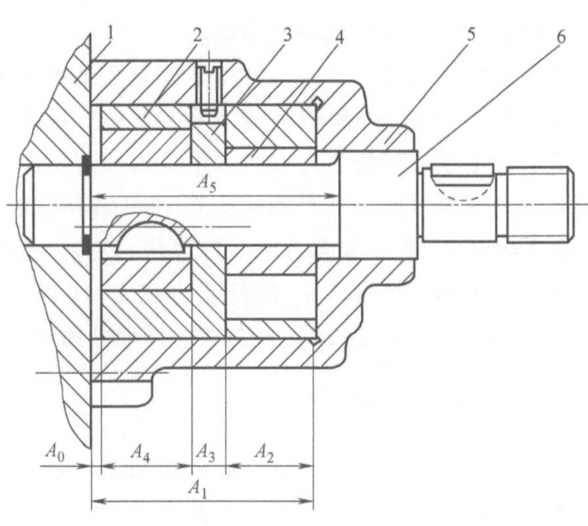

图 7-6　双联转子泵装配简图及其装配尺寸链

1—机体　2—外转子　3—隔板　4—内转子　5—壳体　6—轴

环）已构成封闭图形，故轴向尺寸 A_5 对此项装配间隙无影响。所以，该装配尺寸链由 A_0 与 A_1、A_2、A_3、A_4 构成。

（2）极值法计算

① 计算封闭环的公称尺寸。由尺寸链关系很容易计算出

$$A_0=A_1-A_2-A_3-A_4=(41-17-7-17)\,\text{mm}=0$$

所以 $$A_0=0^{+0.15}_{+0.05}\,\text{mm},\ T_0=0.15\text{mm}-0.05\text{mm}=0.1\text{mm}$$

② 计算各组成环的平均公差。极值法的关键就是要使各环尺寸公差之间满足公式

$$T_0=\sum_{i=1}^{m}T_i$$

所以，可求得 $$T_m=\frac{T_0}{m}=\frac{0.1\text{mm}}{4}=0.025\text{mm}$$

③ 选协调环，分配公差，并确定上、下极限偏差。由于一条尺寸链有多个未知数，所以计算时需要先选择一个容易加工的尺寸作为“协调环”，留待最后计算，然后根据各环平均公差的大小并适当考虑各环尺寸大小、加工难易程度等情况制订其余各环的公差，并按“入体”原则确定其偏差。从图 7-6 可以看出，隔板结构简单，容易加工，故选隔板尺寸 A_3 作为协调环。A_1 尺寸较大，又是内表面，较难加工，应多给些公差，所以取 $T_1=0.05\text{mm}$；A_2、A_4 尺寸相同，结构也相同，公差也应相同，所以取 $T_2=T_4=0.02\text{mm}$。

由 $$T_0=T_1+T_2+T_3+T_4$$

得 $$T_3=T_0-T_1-T_2-T_4=0.1\text{mm}-0.05\text{mm}-2\times0.02\text{mm}=0.01\text{mm}$$

再按“入体”原则，得出

$$A_1=41^{+0.05}_{0}\,\text{mm},\ A_2=A_4=17^{0}_{-0.02}\,\text{mm}$$

④ A_3 的上、下极限偏差计算。

由 $$\text{ES}A_0=\text{ES}A_1-\text{EI}A_2-\text{EI}A_3-\text{EI}A_4$$

得 $$\text{EI}A_3=\text{ES}A_1-\text{EI}A_2-\text{EI}A_4-\text{ES}A_0=[0.05-(-0.02)-(-0.02)-0.15]\,\text{mm}=-0.06\text{mm}$$

再由 $$\text{EI}A_0=\text{EI}A_1-\text{ES}A_2-\text{ES}A_3-\text{ES}A_4$$

得 $$\text{ES}A_3=\text{EI}A_1-\text{ES}A_2-\text{ES}A_4-\text{EI}A_0=0-0-0-0.05\text{mm}=-0.05\text{mm}$$

所以 $$A_3=7^{-0.05}_{-0.06}\,\text{mm}$$

（3）概率法计算

① 计算封闭环的公称尺寸。计算同极值法。

② 各组成环的平均公差。概率法的关键就是要使各环尺寸公差之间的关系满足式（7-1），所以，由式（7-3）得

$$T_m=\frac{T_0}{\sqrt{m}}=\frac{0.1\text{mm}}{\sqrt{4}}=0.05\text{mm}$$

③ 选协调环，分配公差，并确定上、下极限偏差。同样的道理，选 A_3 为协调环。

取 $T_1=0.08\text{mm}$，$A_1=41^{+0.08}_{0}\,\text{mm}$；$T_2=T_4=0.04\text{mm}$；$A_2=A_4=17^{0}_{-0.04}\,\text{mm}$。由式（7-1）得

$$T_0=\sqrt{T_1^2+T_2^2+T_3^2+T_4^2}$$

所以 $$T_3=\sqrt{T_0^2-T_1^2-T_2^2-T_4^2}=\sqrt{0.1^2-0.08^2-2\times0.04^2}\,\text{mm}=0.02\text{mm}$$

④ A_3 的上、下极限偏差计算。先计算各环的平均偏差

$$\Delta_{m0}=\frac{0.15\text{mm}+0.05\text{mm}}{2}=+0.1\text{mm}$$

$$\Delta_{m1}=\frac{0.08\text{mm}+0}{2}=+0.04\text{mm}$$

$$\Delta_{m2}=\Delta_{m4}=\frac{0+(-0.04\text{mm})}{2}=-0.02\text{mm}$$

因为
$$\Delta_{m0}=\Delta_{m1}-\Delta_{m2}-\Delta_{m3}-\Delta_{m4}$$

所以
$$\Delta_{m3}=\Delta_{m1}-\Delta_{m2}-\Delta_{m4}-\Delta_{m0}=0.04\text{mm}-2\times(-0.02\text{mm})-0.1\text{mm}=-0.02\text{mm}$$

然后计算 A_3 的上、下极限偏差。由式（7-4）和式（7-5）可得

$$\text{ES}A_3=\Delta_{m3}+\frac{T_3}{2}=-0.02\text{mm}+\frac{0.02\text{mm}}{2}=-0.01\text{mm}$$

$$\text{EI}A_3=\Delta_{m3}-\frac{T_3}{2}=-0.02\text{mm}-\frac{0.02\text{mm}}{2}=-0.03\text{mm}$$

所以
$$A_3=7^{-0.01}_{-0.03}\text{mm}$$

由例 7-1 可知，封闭环公差一定时，组成环数越多，分配给每个环的公差越少。所以建立尺寸链时要遵循“最短路线原则”。与极值法相比较，用概率法计算可使各组成环得到较多的公差，因而有利于降低零件的加工成本。但概率法只能保证约 99.73%的合格率，即每装 1000 台产品，可能有 3 台产品不合格而需要重装。

7.4 保证产品装配精度的方法

由于产品的精度最终要靠装配工艺来保证，因此，用什么方法能够以最快的速度、最小的装配工作量和较低的成本达到较高的装配精度要求，是装配工艺的核心问题。在生产实践中，人们根据不同的产品结构、不同的生产类型和不同的装配要求创造了许多巧妙的装配方法，归纳起来有四种：互换法、选配法、修配法和调整法。

7.4.1 互换法

互换法要求零件具有互换性，装配时各相关零件不用经过任何选择、调整、修配，组装后就能达到装配精度要求。若日后使用过程中某零件磨损或损坏，再买一个新的同类零件更换上去即可正常使用。这种方法的实质就是直接靠零件的制造质量来保证装配精度。

根据装配尺寸链的计算方法不同，互换法又分为“完全互换法”和“不完全互换法”。

1. 完全互换法

若在确定各相关零件的尺寸公差和偏差时采用极值法求解，就可保证按此法计算的尺寸偏差制造的每个零件组装后都能达到装配精度要求，因此称为完全互换法。其优点是：装配操作简单、容易，对工人的技术水平要求不高，装配生产率高；装配时间定额稳定，易于组织装配流水线和自动线；方便企业间的协作和用户维修。其缺点是：对零件的加工精度要求较高，增加了加工成本。当组成环较多而装配精度要求又较高时，会导致零件加工困难甚至不可能实现。

完全互换法常用于装配精度不高的场合，或装配精度虽较高但组成环很少的场合，在汽车、拖拉机、轴承、缝纫机、自行车及轻工家用产品中应用最为广泛。

完全互换法装配尺寸链的计算公式和方法与前面工艺尺寸链的计算公式和方法相同。

2. 不完全互换法

若在确定各相关零件的尺寸公差和偏差时采用概率法求解，就可保证按此法计算的尺寸偏差制造的绝大部分零件组装后都能达到装配精度要求，只有约 0.27%的产品可能出现不合格的情况，因此称为不完全互换法。此法具有完全互换法的全部优点，同时还能使零件的加工难度降低，从而降低了加工成本。虽不能保证 100%合格，但只要采取适当措施确保加工过程稳定，不合格的数量是很少的，不会造成大量返工，因此对装配工作影响不大。

不完全互换法用于大批量生产中装配精度较高而组成环又较多的场合。

【例 7-2】 图 7-7a 所示为齿轮与某轴的装配关系，轴固定不动，齿轮在轴上回转，要求保证装配后齿轮与挡圈的轴向间隙为 0.1～0.35mm。已知 $A_1=30$mm，$A_2=5$mm，$A_3=43$mm，$A_4=3_{-0.05}^{\ 0}$mm（标准件），$A_5=5$mm。现采用不完全互换法装配，试确定各组成环的公差和上、下极限偏差。

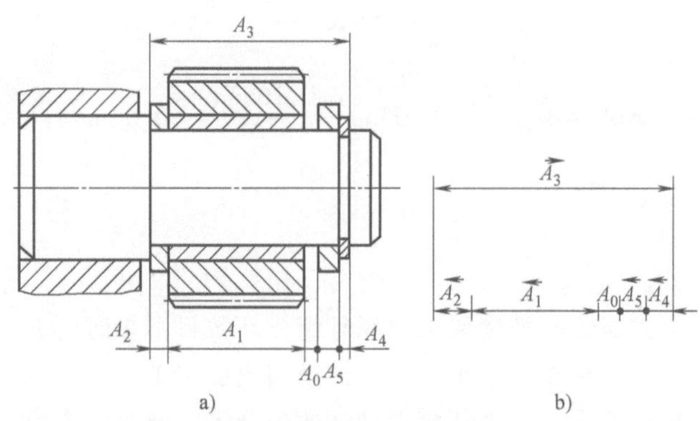

图 7-7 齿轮与轴的装配关系

解：采用概率法计算其装配尺寸链。

(1) 画装配尺寸链图，校验各环基本尺寸，并确定封闭环的尺寸　根据题意，要保证的轴向间隙是最后获得的尺寸，确定为封闭环，即 $A_0=0_{+0.10}^{+0.35}$mm，$T_0=0.25$mm。相关尺寸 A_1、A_2、A_3、A_4、A_5 是组成环，建立装配尺寸链如图 7-7b 所示。用箭头方向判定组成环性质，其中，A_3 的箭头方向和封闭环 A_0 的箭头方向相反，是增环；其余各组成环的箭头方向和封闭环的箭头方向相同，是减环。

封闭环的公称尺寸为

$$A_0=A_3-(A_1+A_2+A_4+A_5)=[43-(30+5+3+5)]\text{mm}=0$$

由此可知，组成环的公称尺寸的已定数值无误。

(2) 确定各组成环公差和极限偏差　假设该产品在大批大量生产条件下，工艺过程稳定，组成环尺寸趋近于正态分布，则各组成环的平均公差为

$$T_m=\frac{T_0}{\sqrt{m}}=\frac{0.25\text{mm}}{\sqrt{5}}\approx 0.11\text{mm}$$

环 A_3 为一轴类零件，与其他组成环相比较易加工，故选择 A_3 为协调环。根据各组成环公称尺寸大小与零件加工难易程度，以平均公差 T_m 为基础，从严选取各组成环的公差，即 $T_1=0.14$mm；$T_2=0.08$mm；$T_4=0.05$mm（标准件）；$T_5=0.08$mm。

按单向入体原则确定组成环的上、下极限偏差，即 $A_1=30_{-0.14}^{\ 0}$mm，$A_2=A_5=5_{-0.08}^{\ 0}$mm，$A_4=3_{-0.05}^{\ 0}$mm（标准件）。

（3）计算协调环公差和极限偏差　由式（7-1）得

$$T_3=\sqrt{T_0^2-(T_1^2+T_2^2+T_4^2+T_5^2)}=\sqrt{0.25^2-(0.14^2+0.08^2+0.05^2+0.08^2)}\text{mm}=0.166\text{mm}$$

协调环的平均偏差满足

$$\Delta_{m0}=\sum_{i=1}^{m}\vec{\Delta}_{mi}-\sum_{i=k+1}^{m}\overleftarrow{\Delta}_{mi}=\Delta_{m3}-(\Delta_{m1}+\Delta_{m2}+\Delta_{m4}+\Delta_{m5})$$

即

$$\Delta_{m3}=\Delta_{m0}+(\Delta_{m1}+\Delta_{m2}+\Delta_{m4}+\Delta_{m5})=0.225\text{mm}+(-0.07-0.04-0.025-0.04)\text{mm}=0.05\text{mm}$$

协调环的上、下极限偏差为

$$ESA_3=\Delta_{m3}+\frac{T_3}{2}=0.05\text{mm}+\frac{0.16\text{mm}}{2}=0.13\text{mm}$$

$$EIA_3=\Delta_{m3}-\frac{T_3}{2}=0.05\text{mm}-\frac{0.16\text{mm}}{2}=-0.03\text{mm}$$

所以，协调环 $A_3=43_{-0.03}^{+0.13}$mm。

7.4.2　选配法

在大批大量生产中，当装配精度要求很高且组成环数目不多时，若采用互换法装配，将对零件精度要求很高，给机械加工带来困难，甚至超出加工工艺实现的可能性，例如内燃机活塞与缸套的配合，滚动轴承内、外环与滚动体的配合等。此时，不宜只提高零件的加工精度，而应采用选配法来保证装配精度。

选配法是先将配合副中的各零件（组成环）的公差适当放大到经济可行的程度，即按经济精度加工，然后再通过选择合适的零件进行装配，以保证装配精度。选配法有以下三种形式。

1. 直接选配法

装配工人从待装零件中，凭经验选择合适的互配零件进行装配，以满足装配精度要求，这种方法称为直接装配法。如发动机活塞和活塞环的装配常采用这种方法。装配时，工人将活塞环装入活塞环槽内，凭手感判断其间隙是否合适，如不合适，重新挑选活塞环，直至合适为止。直接选配法的特点是装配简单，装配质量和生产率取决于工人的技术水平。此方法适用于装配零件（组成环）数目较少的产品，不适用于节拍较严的装配组织形式。

2. 分组装配法

分组装配法是指在成批或大量生产中，将产品中各配合副的零件按实测尺寸分组，装配时按组进行互换装配，以达到装配精度的方法。如滚动轴承的装配、活塞与活塞销的装配均用此法。

图 7-8a 所示为汽车发动机活塞与活塞销的配合连接情况，采用分组法装配。要求在冷

态时活塞销孔与活塞销的装配过盈量为 0.0025~0.0075mm，即封闭环 $A_0=0^{+0.0075}_{+0.0025}$mm，$T_0=$ 0.005mm（配合公差仅为 0.005mm）。

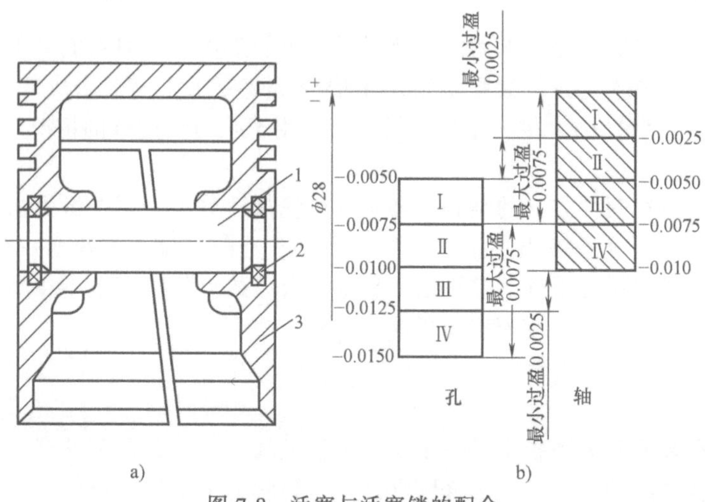

图 7-8 活塞与活塞销的配合

1—活塞销 2—挡圈 3—活塞

若采用完全互换法装配，活塞销和销孔的公差（按“等公差分配”）只有 0.0025mm。如果此配合选用基轴制，则活塞销外径 $d=\phi28^{\ 0}_{-0.0025}$mm，销孔直径 $D=\phi28^{-0.0050}_{-0.0075}$mm，这样高的制造精度难以保证，故生产中采用分组装配法。将销和销孔的尺寸公差在同方向上放大四倍，即得到活塞销外径 $d=\phi28^{\ 0}_{-0.01}$mm，销孔直径 $D=\phi28^{-0.005}_{-0.015}$mm，这样活塞销可在无心磨床上加工，销孔可在金刚镗床上加工。然后用精密量具测量销和销孔的实际尺寸，并按实测尺寸将活塞和活塞销分成四组，分别涂上不同颜色加以区分，以便同组进行装配。活塞销与活塞销孔的尺寸分组见表 7-1。

表 7-1 活塞销与活塞销孔尺寸分组 （单位：mm）

组别	标志颜色	活塞销外径 $d=\phi28^{\ 0}_{-0.01}$	活塞销孔直径 $D=\phi28^{-0.005}_{-0.015}$	配合情况	
				最小过盈	最大过盈
Ⅰ	红色	$\phi28^{\ 0}_{-0.0025}$	$\phi28^{-0.0050}_{-0.0075}$	0.0025	0.0075
Ⅱ	白色	$\phi28^{-0.0025}_{-0.0050}$	$\phi28^{-0.0075}_{-0.0100}$		
Ⅲ	黄色	$\phi28^{-0.0050}_{-0.0075}$	$\phi28^{-0.0100}_{-0.0125}$		
Ⅳ	绿色	$\phi28^{-0.0075}_{-0.0100}$	$\phi28^{-0.0125}_{-0.0150}$		

由表 7-1 和图 7-8b 可以看出，各组的极限和配合性质与原装配要求相同，满足了装配精度要求。分组装配法的关键是保证分组后各组的配合性质和配合精度与原装配要求相同，同时还要保证对应组配合件的数量配套。因此，实施分组装配法应满足下列条件。

1）配合件的公差应相等，公差增大的方向要相同，增大的倍数要等于分组数。

2）分组数不宜过多（一般 3~5 组），只要零件加工精度能较容易获得即可。否则将增加零件测量和分组的工作量，并使零件的储存、运输及装配工作复杂化。

3）应采取措施使配合件的尺寸分布呈正态分布，以防止因同组配合件数量不配套而造成部分零件积压或浪费。

由以上可知，分组装配法虽然增加了测量、分组的工作量，但降低了零件的加工精度要求，从而降低了加工成本。分组装配法适用于配合精度要求很高、组成环（配合零件）数目少（一般只有两三个）的大批大量生产场合，多用于孔与轴配合的情况。

3. 复合选配法

复合选配法是上述两种方法的结合，即零件先测量、分组，再在组内选配。其实质仍是直接选配法，只是通过分组缩小了选配范围，提高了选配速度，能满足一定的装配节拍要求。此外，该方法具有配合零件公差可以不相等、公差放大倍数可以不相同、装配质量高等优点。如发动机气缸与活塞的装配多采用这一方法。

7.4.3 修配法

修配法是指在装配时修去指定零件上预留的修配量，以达到装配精度的方法。

在装配中，被修配的组成环称为修配环，其零件称为修配件。修配件上留有修配量，修配尺寸的改变可通过刨削、铣削、磨削及刮研等方法来实现。修配法的优点是零件只需按经济精度加工，装配时通过修配获得高的装配精度。其缺点是零件修配工作量大且不能互换，生产率低，不便组织流水作业，对工人的技术水平要求较高。但在装配精度高且组成环数目多时，采用修配法就显示出了优势。修配法装配主要用于单件、小批量生产。

生产中常用的修配法有以下三种。

1. 单件修配法

在多环尺寸链中，预先选定某一固定的零件作修配件，装配时对其进行修配，以保证装配精度。如图 7-9 所示，床身 1 与压板 3 之间的间隙 A_0 是靠修配压板 3 的 C 面或 D 面即改变尺寸 A_2 来保证的，A_2 为修配环。装配时，经过反复试装、测量、拆卸和修配 C 面（或 D 面），最后保证装配间隙 A_0 的要求。

2. 合并修配法

此法是将两个或多个零件合并在一起当作为一个修配环进行修配加工。合并加工的尺寸可看作一个组成环，这样减少了组成环的数目，扩大了组成环的公差，有利于减少修配量。例如，卧式车床的尾座装配，为了减少总装时对尾座底板的刮研量，一般先把尾座和底板的配合平面加工好，并配刮横向小导轨，然后再将二者装配为一体，以底板的底面为定位基准，镗削尾座的套筒孔，直接控制尾座套筒孔至底板底面的尺寸，使加工精度容易保证，而且可以给底板底面留较小的刮研量（0.2mm 左右）。

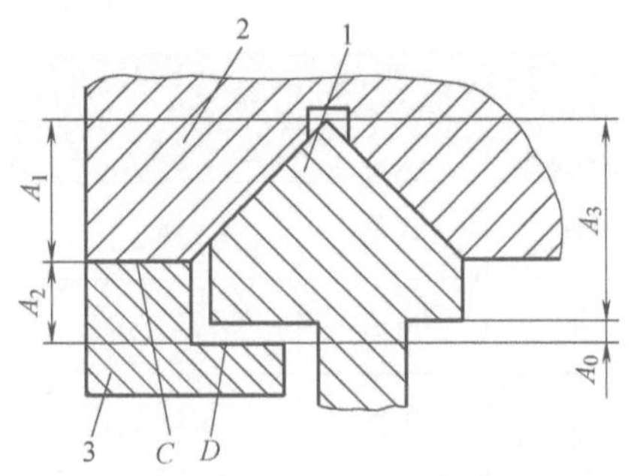

图 7-9 机床导轨间隙装配关系

1—床身 2—导轨 3—压板

合并加工修配法虽有上述优点，但此方法要求合并的零件对号入座（配对加工），给加工、装配、组织生产带来了不便，因此多用于单件小批量生产。

3. 自身加工修配法

自身加工修配法也称“就地加工”修配法。在机床制造中，由于机床本身具有切削加

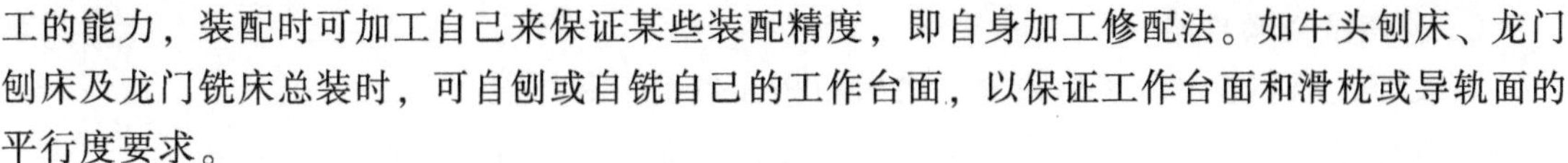

工的能力，装配时可加工自己来保证某些装配精度，即自身加工修配法。如牛头刨床、龙门刨床及龙门铣床总装时，可自刨或自铣自己的工作台面，以保证工作台面和滑枕或导轨面的平行度要求。

7.4.4　调整法

调整法是指在装配时通过改变产品中可调整件的相对位置或选用合适的调整件达到装配精度的方法。调整法与修配法相似，各组成环可以按经济精度加工，由此而引起的封闭环累积误差，在装配时通过调整某一零件的位置或更换某一不同尺寸的组成环（调节环）来补偿，从而达到规定的装配精度。调整法通常采用极值法计算。根据调整方法的不同，调整法分为以下三种。

1. 可动调整法

它是通过改变调整零件的位置来保证装配精度的。常用的调整零件有螺栓、楔铁、挡环等。采用这种方法时，调整过程中不需拆卸零件，调整方便，能获得较高的装配精度；同时，当产品在使用过程中因某些零件的磨损而使装配精度下降时，可通过适当的调整来恢复原来的精度。因此，可动调整法在实际生产中应用较广，主要用于成批及大量生产的场合。

图 7-10 所示为可动调整法应用示例。图 7-10a 所示结构通过调整套筒 7 的轴向位置来保证它与齿轮的轴向间隙 Δ；图 7-10b 所示结构用螺钉调整镶条 6 的位置来保证燕尾导轨副的配合间隙；图 7-10c 所示结构用调整螺钉使楔块 3 上下移动来调整丝杠和螺母的轴向间隙。

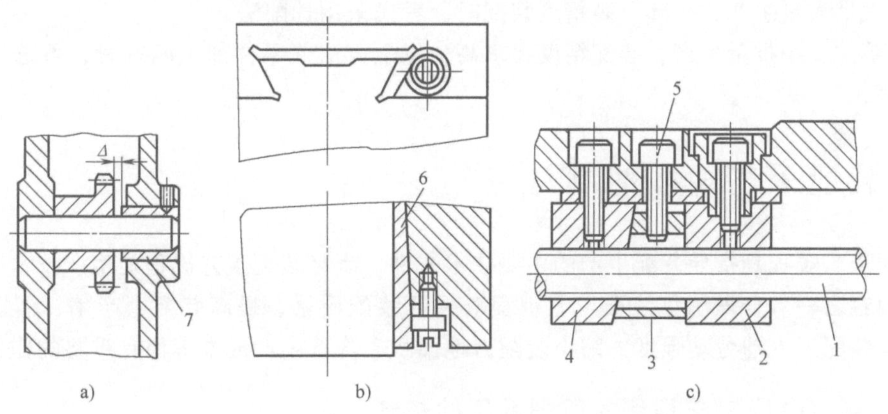

图 7-10　可动调整法应用示例

1—丝杠　2、4—螺母　3—楔块　5—螺钉　6—镶条　7—套筒

2. 固定调整法

固定调整法是指在装配尺寸链中选定一个或加入一个零件作为调节环，调节环是按一定尺寸间隔分级制成的一组零件，根据需要，选用某一尺寸级别的零件进行装配，从而保证装配精度。常用的调节件有垫圈、垫片、轴套等。

图 7-11 为固定调整法应用示例。装配时，根据装配尺寸链中封闭环 A_0 的要求，选择不同厚度的垫圈，来满足装配精度的需要。调节件预先按一定尺寸间隔制作，如 3.1mm，3.2mm，3.3mm，…，4.0mm 等，以供装配时选用。固定调整法装配适用于成批和大批大量生产，以及封闭环要求较严的多环尺寸链中。

3. 误差抵消调整法

在装配过程中通过调整相关零件之间的相互位置，利用误差的矢量特性，使其加工误差互相抵消一部分，以保证封闭环精度的装配方法，称为误差抵消调整法。

采用误差抵消调整法，在装配前需测出相关零部件误差的大小和方向，增加了辅助时间，对工人的技术水平要求也较高，但这种装配方法可获得较高的装配精度，一般用在批量不大的机床装配中。

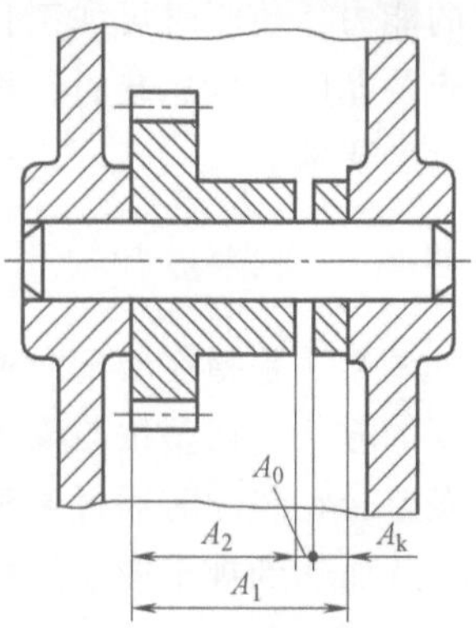

图 7-11　固定调整法应用示例

7.4.5　装配方法的选择

产品或部件的装配方法，通常在产品设计阶段即应确定。只有在装配方法确定后，再通过尺寸链的解算，才能合理地确定各个零件的加工精度。即使同一装配精度要求的同一产品，由于生产规模和生产条件等的差异，装配方法也有所不同。故选择装配方法时，应考虑产品的装配精度（封闭环要求）、结构特点（组成环数目）、生产纲领及现场生产条件等因素。具体选择时可参考以下几点。

1）在大量生产中，为满足生产率、经济性、维修方便和互换性要求，优先选择完全互换法。

2）装配精度不太高，而组成环数目多、生产节拍不严格时，可选用不完全互换法。

3）大批大量生产、少环、高精度装配时，考虑采用选配法。

4）单件、小批量生产，装配精度要求高，以上方法使零件加工困难时，可选用修配法或调整法。

7.5　装配工艺规程的制订

装配工艺规程是指导装配生产的主要技术文件，制订装配工艺规程是生产技术准备工作的主要内容之一。合理制订装配工艺规程对保证装配质量、提高装配生产率、缩短装配周期、减轻装配工人的劳动强度、缩小装配占地面积、降低生产成本等都有重要的作用。

7.5.1　制订装配工艺规程的原则及原始资料

1. 制订装配工艺规程的原则

（1）保证产品装配质量　保证装配质量是装配工作的首要任务。

（2）提高装配生产率　合理安排装配顺序和工序、尽量减少钳工装配的工作量、缩短装配周期等，有利于提高装配生产率。

（3）降低装配成本　如减小装配生产面积，减少工人的数量和降低对工人技术等级的要求，尽量采用通用装备以减少装配投资等。

2. 制订装配工艺规程的原始资料

1）产品的总装配图和部件装配图，以及主要零件图。

2）产品验收技术条件，即产品质量标准和验收依据。

3）产品的生产纲领。

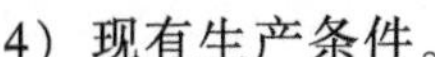

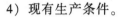

4）现有生产条件。

7.5.2　制订装配工艺规程的内容及步骤

1. 制订装配工艺规程的主要工作内容

1）划分装配单元，明确装配方法。

2）规定所有零件、部件的装配顺序。

3）划分装配工序，确定装配工序内容。

4）确定工人的技术等级和时间定额。

5）确定各装配工序的技术要求、质量检验方法和工具。

6）确定装配时零部件的输送方法及需要的设备、工具。

7）选择和设计装配过程中所需的工具、夹具和专用设备。

2. 制订装配工艺规程的步骤

（1）分析研究产品装配图及验收技术条件　包括审查图样的完整性、正确性，了解产品结构，审查结构工艺性，并明确各零部件之间的装配关系；分析产品装配的技术要求和检查验收方法，并明确装配中的关键技术问题。

（2）确定装配方法与组织形式　装配方法及组织形式的确定主要取决于产品的结构特点（尺寸和重量等）和生产纲领，以及装配技术要求和现场生产条件。

（3）划分装配单元，确定装配顺序

1）划分装配单元是制订工艺规程中最重要的一环，对于大批大量生产、结构复杂的产品尤为重要。只有合理地将产品分解为可独立装配的单元后，才能合理安排装配顺序和划分装配工序，以便组织平行或流水作业。

2）选择装配基准件至关重要。每个装配单元，都要选定某一零件或比它低一级的组件作为装配基准件。装配基准件通常应为产品的基体或主干零部件，应有较大的体积和重量，有足够的支承面，以满足陆续装入零件或部件时的稳定性要求。如床身零件是床身组件的装配基准零件，床身组件是机床产品的装配基准组件。

3）确定装配顺序，并绘制装配系统图。装配顺序是由产品结构和装配组织形式决定的。产品的装配总是从基准件开始，从零件到部件，从内到外，从下到上，以不影响下道工序为原则，并以装配系统图的形式表示出来。

当结构比较简单、组成产品的零部件较少时，可以只绘制产品装配系统图；否则，需分别绘制各装配单元的装配系统图。装配单元系统图如图 7-12 所示。

图 7-12 中的每一零件、分组件或组件都用长方格表示，长方格上方注明装配单元、组件、零件的名称，左下方填写装配单元的编号，右下方填写数量。装配单元的编号必须和装配图及零件明细栏中的编号一致。

绘制装配单元系统图时，先画出一条横线，左端画出代表基准件的长方格，右端画出代表部件或产品的长方格。然后按装配顺序由左至右，将代表直接装到基准件上的零件或组件的长方格从横线中引出，零件画在横线上面，组件画在横线下面。如果装在基准件上的组件不再是单独的装配单元，则在该装配单元系统图上应把组件的装配顺序表达清楚，具体画法是：在代表直接装在基准件上的组件的长方格下画一条竖线，线的下端画出代表该组件装配的基准件长方格，然后按装配顺序，将代表直接装在该组件上的零件或下一级组件的长方格

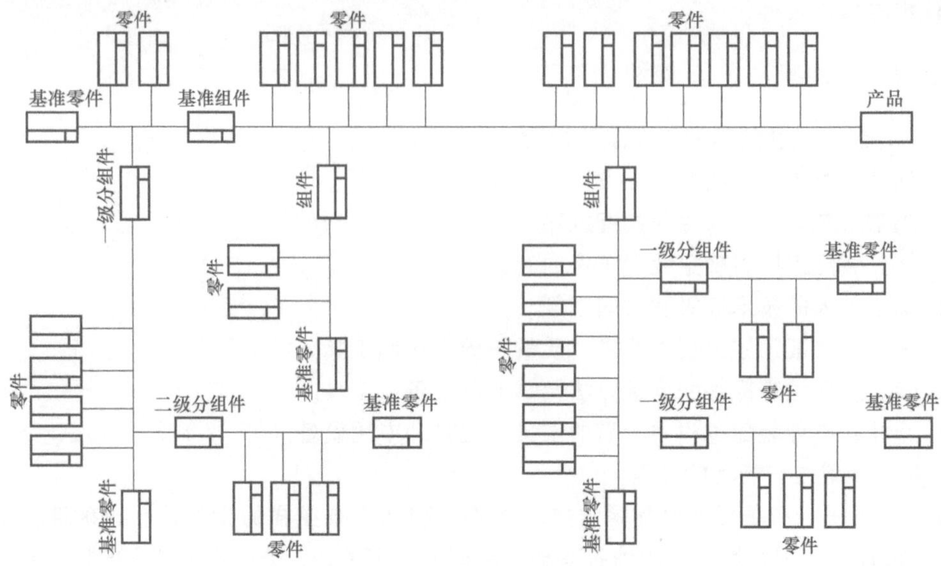

图 7-12　装配单元系统图

从竖线上引出，零件画在竖线的左边，组件画在竖线的右边。

如果装配过程中，需要进行一些必要的配作加工，如焊接、配刮、配钻、攻螺纹等，可在装配工艺系统图上加以注明，如图 7-13 所示。

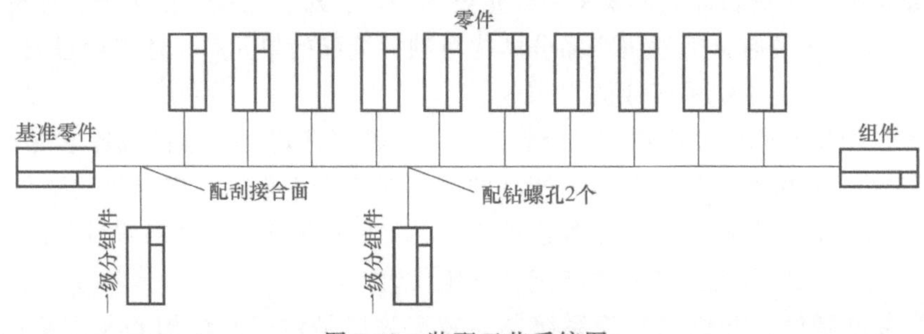

图 7-13　装配工艺系统图

(4) 划分装配工序　包括确定工序内容、设备、工艺装备及时间定额；制订各工序装配操作范围和规范，如过盈配合的压入方法、温差法装配的装配温度、紧固螺栓连接的旋转扭矩、配作要求等；制订各工序装配质量要求及检测项目、检测方法等。

在划分工序时，要注意以下两点。

① 在采用流水线装配形式时，整个装配工艺过程应划分为多少道工序，主要取决于装配节拍的长短。

② 组件的重要部分，在装配工序完成后必须进行检查，以保证质量。在重要而又复杂的装配工序中，不易用文字明确表达时，还必须画出部件局部的指导性装配图样。

(5) 编写工艺文件　主要编写装配工艺卡，它包含完成装配工艺过程所必需的一切资料。

(6) 制订产品检测与试验规范　产品装配完毕之后，应按产品图样要求制订检测与试验规范。其主要内容如下。

1) 检测和试验的项目及检验质量指标。

2）检测和试验的方法、条件与环境要求。

3）检测和试验所需工艺装备的选择与设计。

3. 制订装配工艺规程的几点要求

1）“预处理工序”先进行，如零件的清洗、倒角、去毛刺、涂漆等工序要安排在前。

2）“先下后上”，即先装处于机器下部的零部件，再装处于机器上部的零部件，使机器在整个装配过程中其重心始终处于稳定状态。

3）“先内后外”，使先装部分不会成为后续作业的障碍。

4）“先难后易”，即先装难于装配的零部件，因为开始装配时活动空间较大，便于安装、调整、检测及机器的翻转。

5）“先重大后轻小”，即先安装体积、重量较大的零部件，后安装体积、重量较小的零部件。

6）“先精密后一般”，即先将影响整台机器精度的零部件安装、调试好，再装一般要求的零部件。

7）安排必要的检验工序，特别是对产品质量和性能有影响的工序，在它的后面一定要安排检验工序，检验合格后方可进行后续的装配。

8）电线、液压油管、润滑油管的安装工序应合理穿插在整个装配过程中，不能疏忽。

复习思考题

7-1　什么叫装配？装配工作的基本内容有哪些？

7-2　举例说明装配精度与零件精度的关系。

7-3　装配的生产组织形式有哪几种？各有何特点？

7-4　保证产品装配精度的方法有哪几种？各有何特点？如何选择？

7-5　影响装配精度的因素有哪些？确定装配顺序时应考虑哪些原则？

7-6　如图7-14所示蜗轮蜗杆机构，装配精度要求蜗杆中心线与蜗轮中心线共面，允许的误差为0~0.05mm，只许蜗杆偏左。已知各组成环尺寸为：$A_1=120$mm，$A_2=50$mm，$A_3=130$mm，$A_4=40$mm。请分别用极值法和概率法确定各有关尺寸的公差和上、下极限偏差。

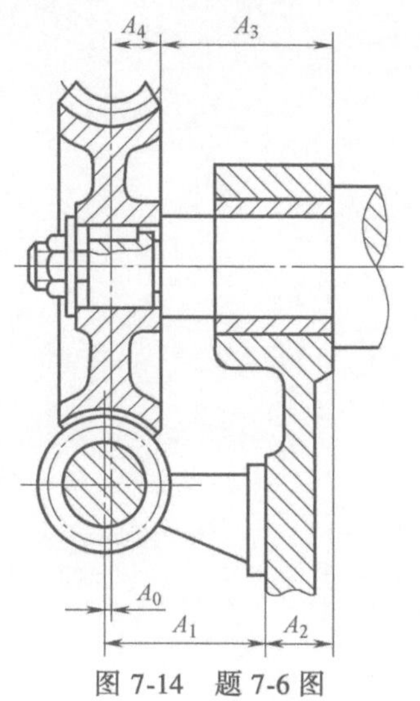

图7-14　题7-6图

7-7　如图 7-15 所示齿轮箱部件，根据使用要求，齿轮轴肩与轴承端面间的轴向间隙应在 1～1.75mm 范围内。已知各零件的基本尺寸为：$A_1=101\text{mm}$，$A_2=50\text{mm}$，$A_3=A_5=5\text{mm}$，$A_4=140\text{mm}$。

1）试确定当采用完全互换法装配时，各组成环尺寸的公差及上、下极限偏差。

2）试确定当采用不完全互换法装配时，各组成环尺寸的公差及上、下极限偏差。

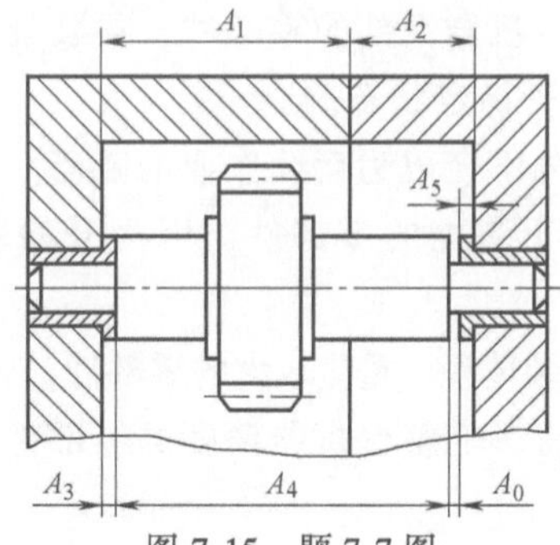

图 7-15　题 7-7 图

第8章 机械加工质量分析

教学要求：通过本章的学习，使学生理解机械加工质量的概念，了解影响加工精度的主要因素及提高加工精度的措施；理解表面质量的一些基本概念，了解分析表面质量的方法及改善表面质量的工艺措施，用于解决生产实际问题。

机械产品的工作性能和使用寿命除取决于零件的材料和热处理方式外，在很大程度上与零件的加工质量和产品的装配精度直接相关，而零件的加工质量又是整个产品质量的基础。零件的加工质量包括机械加工精度（简称加工精度）和机械加工表面质量（简称表面质量）两个方面。

8.1 加工精度

8.1.1 加工精度的概念

加工精度是指零件加工后的几何参数（尺寸、几何形状和相互位置）的实际值与理想值之间的符合程度。符合程度越好，加工精度越高。经加工后零件的实际几何参数与理想零件的几何参数总是存在差异，这个差异称为加工误差。研究加工精度的目的，就是研究如何把各种加工误差控制在允许的范围内（即公差范围内）。

加工精度包括以下三个方面。

1）尺寸精度：限制加工表面与其基准间的尺寸误差不超过一定的范围。

2）几何形状精度：限制加工表面的宏观几何形状误差，如圆度、圆柱度、平面度、直线度等。

3）相互位置精度：限制加工表面与其基准间的相互位置误差，如平行度、垂直度、同轴度、位置度等。

8.1.2 影响加工精度的主要因素

在机械加工中，机床、夹具、刀具和工件构成一个完整的系统即工艺系统，加工精度问题涉及整个工艺系统的精度问题，而工艺系统中的种种误差在不同的具体条件下，以不同的程度反映为工件的加工误差。工艺系统中的误差是产生零件加工误差的根源，因此把工艺系统的误差称为原始误差，如图8-1所示。研究各种原始误差的物理实质，掌握其变化的基本规律，是保证和提高零件加工精度的基础。

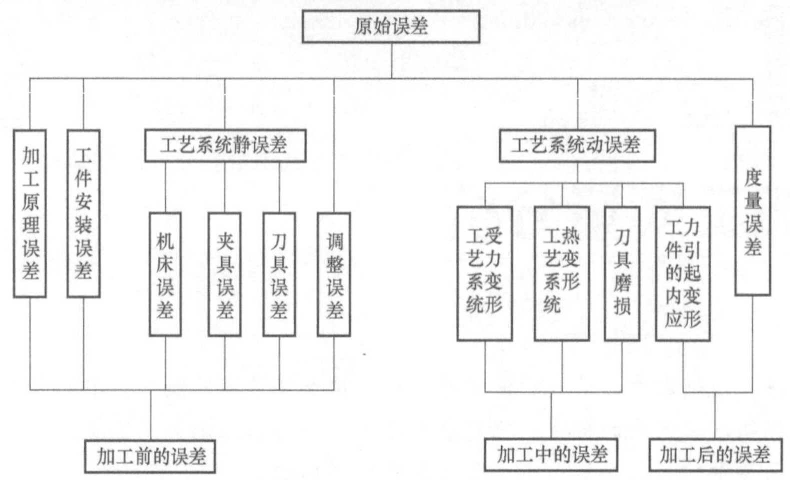

图 8-1 原始误差组成框图

1. 加工原理误差

加工原理误差是指采用了近似的成形运动或近似的切削刃轮廓进行加工而产生的误差。比如数控机床一般只具有直线插补和圆弧插补功能，因此在加工非圆曲线轮廓时，必须用许多小直线段或圆弧去逼近曲线，刀具连续地将这些小线段加工出来，便得到了所需的非圆曲线轮廓形状。逼近的精度可由每段小线段的长度来控制。因此，在曲线或曲面的数控加工中，刀具相对于工件的成形运动是近似的。

采用近似的成形运动或近似的切削刃轮廓，虽然会带来加工原理误差，但往往可简化机床结构或刀具形状，提高生产效率，且能得到满足要求的加工精度。因此，只要这种方法产生的误差不超过允许的误差要求，往往比准确的加工方法能获得更好的经济效益，在生产中仍能得到广泛的应用。

2. 调整误差

在机械加工中，总要对工艺系统进行各种调整工作。由于调整不可能绝对准确，因而会产生调整误差。

工艺系统的调整方法有试切法和调整法两种，不同的调整方式有不同的误差来源。

1）试切法。单件小批量生产中普遍采用试切法。加工时先在工件上试切，根据测得的尺寸与图样要求的差值，来调整刀具与工件的相对位置，然后再进行试切、再测量、再调整，直至符合规定的尺寸要求后才正式切削出整个待加工表面。试切法所带来的调整误差有测量误差、机床进给机构的位移误差。

2）调整法。在成批大量生产中，广泛采用试切法（或样件、样板）调整好刀具与工件的相对位置，然后保持这种相对位置不变来加工一批零件，从而获得所要求的零件尺寸。与采用样件（或样板）调整相比，采用试切调整比较符合实际情况，可得到较高的加工精度，但调整较费时。因此，实际使用时可先根据样件（或样板）进行初调，然后试切一些工件，再根据情况进行精确微调，这样既可以缩短调整时间，又能得到较高的加工精度。

3. 工艺系统静误差

（1）机床误差　引起机床误差的原因是机床制造、安装误差和磨损。在机床的各类误差中，对工件加工精度影响较大的主要是主轴回转误差和导轨误差。

1）主轴回转误差。机床主轴是用来传递主要切削运动并带动工件或刀具做回转运动的重要零件。主轴回转运动精度是机床的主要精度指标之一，主要影响零件加工表面的几何形状精度、位置精度和表面粗糙度。主轴回转误差主要包括其径向圆跳动、轴向窜动和摆动。

造成主轴径向圆跳动的主要原因是轴径与轴承孔圆度误差、轴承滚道的形状误差、轴与孔安装后不同轴以及滚动体误差等。主轴径向圆跳动将造成工件的形状误差。

造成主轴轴向窜动的主要原因有推力轴承端面滚道的跳动、轴承间隙等。以车床为例，主轴轴向窜动将造成车削端面与轴线的垂直度误差。

主轴前后轴颈的不同轴以及前后轴承、轴承孔的不同轴，会造成主轴出现摆动现象。摆动不仅会造成工件尺寸误差，而且还会造成工件的形状误差。

提高主轴旋转精度的方法主要有提高主轴组件的设计、制造和安装精度，采用高精度的轴承等；或者通过工件的定位基准或被加工面本身与夹具定位元件之间组成的回转副来实现工件相对于刀具的转动，如外圆磨床头架上的固定顶尖，这样机床主轴组件的误差就不会对工件的加工质量造成影响。

2）导轨误差。导轨是确定机床主要部件相对位置的基准件，也是运动的基准，它的各项误差直接影响工件的加工精度。以数控车床为例，当床身导轨在水平面内出现弯曲（前凸）时，工件会产生腰鼓形（见图 8-2a）误差；当床身导轨与主轴轴心在垂直面内不平行时，工件会产生鞍形（见图 8-2b）误差；而当床身导轨与主轴轴心在水平面内不平行时，工件上会产生锥形（见图 8-2c）误差。

事实上，数控车床导轨在水平面和垂直面内的几何误差对加工精度的影响程度是不一样的。影响最大的是导轨在水平面内的弯曲或与主轴轴线的平行度，而导轨在垂直面内的弯曲或与主轴轴线的平行度对加工精度的影响则很小，甚至可以忽略。如图 8-3 所示，当导轨在水平面和垂直面内都有一个误差 Δ 时，前者造成的半径方向的加工误差 $\Delta_R=\Delta$，而后者 $\Delta_R\approx\Delta^2/d$，完全可以忽略不计。因此数控机床导轨的水平方向为误差敏感方向，而其垂直方向则为误差非敏感方向。同样，对于原始误差所引起的刀具与工件间的相对位移，如果该误差产生在加工表面的法线方向，则对加工精度构成直接影响，即为误差敏感方向；若位移产生在加工表面的切线方向，则不会对加工精度构成直接影响，即为误差非敏感方向。

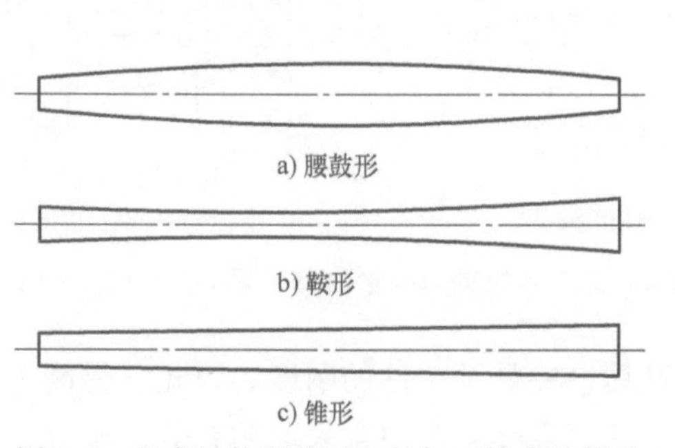

图 8-2 机床导轨误差对工件加工精度的影响

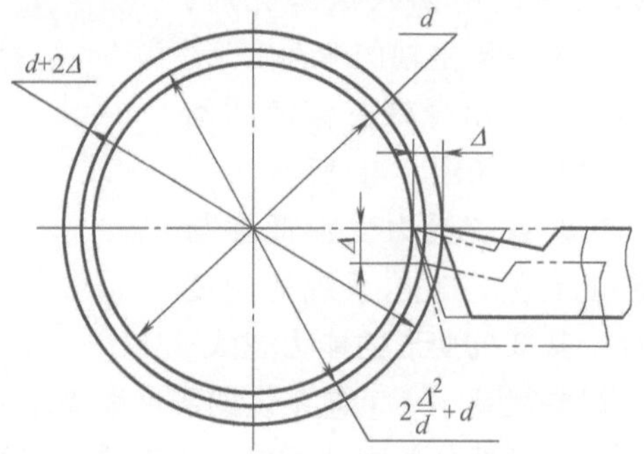

图 8-3 车床导轨的几何误差对加工精度的影响

减小导轨误差对加工精度的影响可以通过提高导轨的制造、安装和调整精度来实现。

（2）夹具误差　产生夹具误差的主要原因是各夹具元件的制造、装配误差及夹具在使用过程中工作表面的磨损。

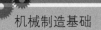

夹具误差将直接影响工件表面的位置精度及尺寸精度，其中对加工表面的位置精度影响最大。

为了减少夹具误差所造成的加工误差，夹具的制造误差必须小于工件的公差，一般常取工件公差的1/5~1/3。对于容易磨损的定位元件和导向元件，除应采用耐磨性好的材料制造外，还应采用可拆卸结构，以便磨损到一定程度时能及时更换。

(3) 刀具误差　刀具的制造误差和磨损是产生刀具误差的主要原因。刀具误差对加工精度的影响，因刀具的种类、材料等的不同而异。

1）定尺寸刀具（如钻头、铰刀、键槽铣刀、丝锥及圆拉刀等）的尺寸精度将直接影响工件的尺寸精度。

2）成形刀具（如成形车刀、成形铣刀、成形砂轮等）的形状精度将直接影响工件的形状精度。

3）展成刀具（如齿轮滚刀、花键滚刀、插齿刀等）的切削刃形状必须是加工表面的共轭曲线，因此切削刃的形状误差将影响工件的形状精度。

4）一般刀具（如车刀、铣刀、镗刀）的制造精度对加工精度没有直接影响。刀具在切削过程中都不可避免地要产生磨损，刀具的磨损会影响刀具与工件被加工表面的相对位置，直接造成工件的尺寸误差和形状误差。

4. 工艺系统动误差

(1) 工艺系统受力变形引起的加工误差　工艺系统在切削力、传动力、惯性力、夹紧力以及重力等的作用下，会产生相应的变形（一般来说，工艺系统的受力变形通常是弹性变形），从而破坏已调好的刀具与工件之间的正确位置，使工件产生几何形状误差和尺寸误差。

例如车削细长轴时，在切削力的作用下，工件因弹性变形而出现“让刀”现象，使工件产生腰鼓形的圆柱度误差，如图8-4a所示。又如，在内圆磨床上用横向切入法磨孔时，由于内圆磨头主轴的弯曲变形，磨出的孔会出现带有锥度的圆柱度误差，如图8-4b所示。

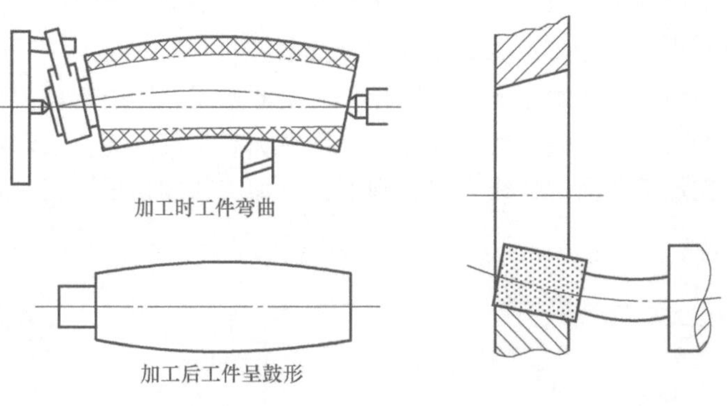

a) 腰鼓形圆柱度误差　　b) 带有锥度的圆柱度误差

图8-4　工艺系统受力变形的加工误差

工艺系统受力变形通常与其刚度有关，工艺系统的刚度越好，其抵抗变形的能力越大，加工误差就越小。工艺系统的刚度取决于机床、刀具、夹具及工件的刚度。因此，提高工艺系统各组成部分的刚度可以提高工艺系统的整体刚度。实际生产中常采取的有效措施有：减小接触面间的表面粗糙度值，增大接触面积，适当预紧，减小接触变形，提高接触刚度；合理地布置肋板，提高局部刚度；增设辅助支承，提高工件刚度（如车削细长轴时利用中心架或跟刀架提高工件刚度）；合理装夹工件，减少夹紧变形（如加工薄壁套时采用开口过渡环或专用卡爪夹紧），如图8-5所示。

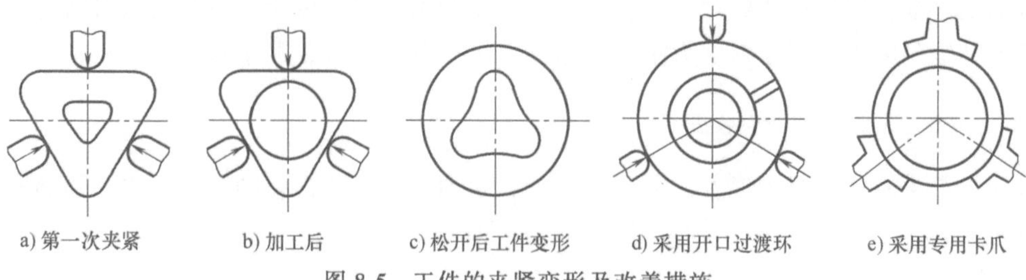

图 8-5 工件的夹紧变形及改善措施

（2）工艺系统热变形产生的误差及改善措施 切削加工时，工艺系统由于受切削热、机床传动系统的摩擦热及外接辐射热等因素的影响，常发生复杂的热变形，导致工件与切削刃之间已经调整好的相对位置发生变化，从而产生加工误差。

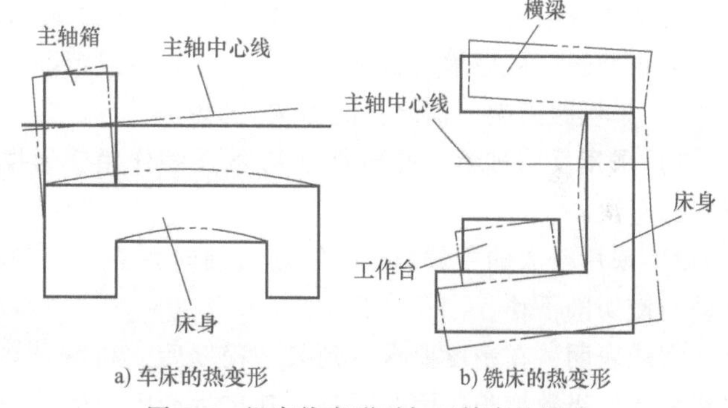

图 8-6 机床热变形对加工精度的影响

1）机床的热变形。引起机床热变形的因素主要有电动机、电器和机械动力源的能量损耗转化产生的热；传动部件、运动部件在运动过程中发生的摩擦热；切屑或切削液落在机床上所传递的切削热；还有外界的辐射热等。这些热都将或多或少地使机床床身、工作台和主轴等部件发生变形，如图 8-6 所示。

为了减小机床热变形对加工精度的影响，通常在机床设计上从结构和润滑等方面对轴承、摩擦片及各传动副采取措施，以减少发热。凡是可能从主机分离出去的热源，如电动机、变速箱、液压装置和油箱等，均置于床身外部，以减少它们对主机的影响。在工艺措施方面，加工前让机床空运转一段时间，使其达到或接近热平衡时再调整机床加工零件，或将精密机床安装在恒温室中使用。

2）工件的热变形。产生工件热变形的主要原因是切削热的作用，工件因受热膨胀而影响其尺寸精度和形状精度。

为了减小工件热变形对加工精度的影响，常常采用切削液冷却，带走大量的热量；也可通过选择合适的刀具或改变切削参数来减少切削热的产生；对于大型或较长的工件，采用弹性后顶尖，使其在夹紧状态下末端能有自由伸缩的可能。

（3）工件内应力引起的误差 内应力是指去掉外界载荷后仍残留在工件内部的应力，它是由于工件在加工过程中，其内部宏观或微观组织发生不均匀的体积变化而产生的。

具有内应力的工件处于一种不稳定的相对平衡状态，它的内部组织有强烈要求恢复到一种稳定的没有内应力的状态的倾向。一旦外界条件发生变化，如环境温度改变、继续进行切削加工、受到撞击等，内应力的暂时平衡就会被打破而进行重新分布，工件将产生相应的变形，从而破坏原有的精度。

为了减小或消除工件内应力对加工精度的影响，在设计工件结构时，应尽量简化结构，尽可能做到壁厚均匀，以减少在铸、锻毛坯制造中产生的内应力；在毛坯制造之后或粗加工后、精加工之前，安排时效处理以消除内应力；切削加工时，将粗、精加工分开进行，使粗加工后有一定的间隔时间让内应力重新分布，以减少其对精加工的影响。

8.1.3 提高加工精度的途径

实际生产中有许多减小误差的方法和措施，从消除或减小误差的技术上看，可将这些措施分成两大类。

1. 误差预防技术

误差预防技术是指采取相应措施来减少或消除误差，即减少误差源或改变误差源与加工误差之间的数量转换关系。

例如，在车床上加工细长轴时，因工件刚度小，容易产生弯曲变形而造成几何形状误差。其主要原因是径向力 F_p 会顶弯工件，轴向力 F_f 在顺向进给时会压弯工件，切削热使工件产生热伸长，从而增大了轴向力等。为减少或消除误差，可采用以下一些措施。

1）采用跟刀架，消除径向力 F_p 的影响。

2）采用反向进给，使轴向力 F_f 的压缩作用变为拉伸作用；同时采用弹性顶尖，消除可能的压弯误差。

3）采用较大的主偏角车刀可增大轴向力 F_f，工件在强有力的拉伸作用下还能消除径向颤动，使切削平稳。

实践表明，在精度要求达到某一程度后，利用误差预防技术来提高加工精度所花费的成本将呈几何级数增长，因此限制了其在生产中的进一步应用。

2. 误差补偿技术

误差补偿技术是指在现存的原始误差条件下，通过分析、测量进而建立数学模型，并以这些原始误差为依据，人为地在工艺系统中引入一个附加的误差，使之与工艺系统原有的误差相抵消，以减小或消除工件的加工误差。

例如数控机床采用的滚珠丝杠，为了消除热伸长的影响，在精磨时有意将丝杠的螺距加工得小一些，装配时预加载荷拉伸，使螺距拉大到标准螺距，产生的拉应力用来吸收丝杠发热引起的热应力。

从提高加工精度的角度考虑，在现有的工艺系统条件下，误差补偿技术是一种行之有效的方法，特别是借助计算机辅助技术，这种方法可获得很好的实际效果。

8.2 表面质量

8.2.1 表面质量的概念

机械加工的表面质量是指工件在加工后的表面层状态。机械加工后的工件表面并非是完全理想的，而是存在着不同程度的微观不平度、残余应力、加工硬化及金相组织变化等。虽然只是极薄的一层，但工件表面对机械零件的使用性能，如耐磨性、疲劳强度、配合性质、耐蚀性等都有很大影响。表面质量主要包括表面层的几何形状和物理力学性能两个方面。

1. 表面层的几何形状

加工后的表面几何形状总是以“峰”和“谷”交替出现的形式偏离其理想的光滑表面，

如图 8-7 所示。

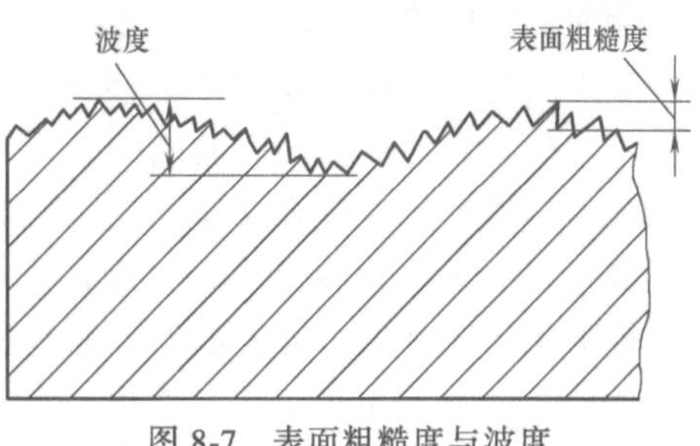

图 8-7　表面粗糙度与波度

1）表面粗糙度：即表面微观几何形状误差。评定的参数主要有轮廓算术平均偏差 Ra 或轮廓微观不平度十点平均高度 Rz。

2）波度：它是介于宏观与微观之间的周期性几何形状误差，主要是由加工过程中的振动所引起的。

2. 表面层的物理力学性能

表面层的物理力学性能主要包括以下三个方面。

1）表面层的加工硬化：指加工表面层在产生强烈的塑性变形后，其强度、硬度有所提高的现象。

2）表面层的残余应力：指加工中由于切屑的变形和切削热的影响，材料表层内产生的残余应力。

3）表面层金相组织的变化：指表面层因切削（特别是磨削）热使工件表层金相组织发生的变化。

8.2.2　表面质量对机械零件使用性能的影响

1. 对耐磨性的影响

零件的耐磨性与摩擦副的材料、表面硬度和润滑条件有关，在这些条件已确定的情况下，零件的表面质量就起着决定性作用。

当两个零件的表面接触时，其表面的凸峰顶部先接触，其实际接触面积远远小于理论上的接触面积。表面越粗糙，实际的接触面积就越小，凸峰处的单位面积压力就会越大，表面更容易磨损。即使在有润滑油的条件下，也会因接触处的压强超过油膜张力的临界值，破坏了油膜的形成而加剧表面层的磨损。

零件的表面粗糙度虽然对摩擦的影响很大，但并不是表面粗糙度值越小越耐磨。从图 8-8 所示的试验曲线可知，表面粗糙度 Ra 值与初期磨损量 Δ_0 之间存在一个最佳关系值，此点所对应的零件表面磨损量最小。在一定条件下，若零件的表面粗糙度值过大，则实际压强增大，凸峰间的挤裂、破碎和切断等作用加剧，磨损也就明显；若零件的表面粗糙度值过小，则紧密接触的两个光滑表面间不利于储存润滑油，两表面金属分子间产生较大的亲和力，磨损反而加剧。因此，零件的表面粗糙度值无论是过小还是过大（偏离最佳值太大），对耐磨性都是不利的。例如，高精度导轨面刮好后，为了改善润滑条件，常用珩磨产生交叉网纹或“刮花”，使之具有均匀细浅的凹坑来改善贮油条件，减轻零件的磨损。

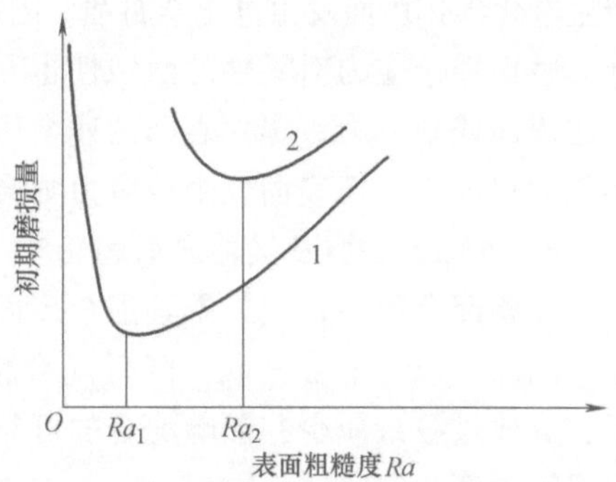

图 8-8　表面粗糙度与初期磨损量的关系
1—轻载荷　2—重载荷

试验表明，摩擦表面的最佳表面粗糙度根据不同材料和工作条件而异，重载荷情况下的最佳表面粗糙度值要比轻载荷时大。一般 Ra 值为 0.4~0.8μm。

表面层的加工硬化使零件的表面层硬度提高，从而使零件的耐磨性提高，一般能提高 0.5~1 倍。但如果加工硬化过度，会使金属组织疏松，零件的表面层金属变脆，甚至出现剥落现象，磨损反而会加剧，使耐磨性下降。图 8-9 给出了零件表面的冷硬程度与耐磨性的关系曲线。由图 8-9 可看出，存在一个最佳硬化程度，零件在该处的耐磨性最好。

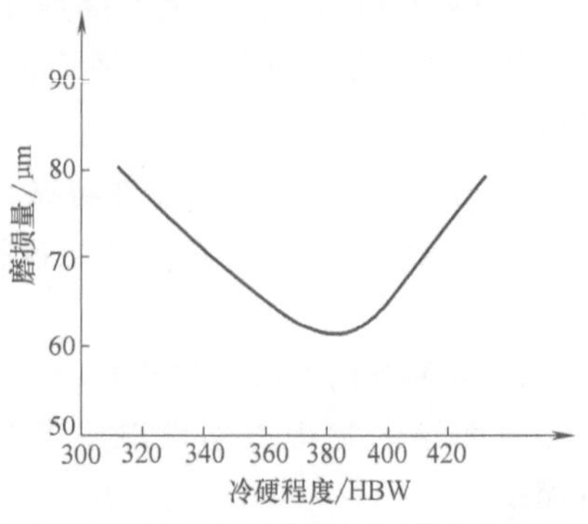

图 8-9　表面冷硬程度与耐磨性的关系

2. 对疲劳强度的影响

表面质量对零件的疲劳强度影响很大，因为在交变载荷的作用下，零件表面微观不平的凹谷处和表面层的划痕、裂纹等缺陷处容易引起应力集中，从而产生和扩大疲劳裂纹，造成零件的疲劳破坏。试验表明，减小表面粗糙度值可以使零件的疲劳强度提高。因此，对于一些重要零件的表面，如连杆、曲轴等，应进行光整加工，以减小零件的表面粗糙度值，提高其疲劳强度。

加工硬化对零件的疲劳强度影响也很大。表面层的加工硬化可以在零件表面形成一个冷硬层，因而能阻碍表面层疲劳裂纹的出现，从而使零件的疲劳强度提高。但如果零件表面层的冷硬程度与硬化深度过大，反而易产生微裂纹，甚至剥落，故零件的冷硬程度与硬化深度应控制在一定范围之内。

表面层的残余应力对零件的疲劳强度也有很大的影响。当表面层为残余压应力时，能延缓疲劳裂纹的扩展，提高零件的疲劳强度；当表面层为残余拉应力时，容易使零件表面产生裂纹而降低其疲劳强度。

3. 对耐蚀性的影响

零件的耐蚀性在很大程度上取决于零件的表面粗糙度。零件表面越粗糙，越容易积聚腐蚀性物质而发生化学腐蚀，且凹谷越深，渗透与腐蚀作用越强烈；在不同材料表面凸峰间还容易产生电化学作用而发生电化学腐蚀。因此，降低零件的表面粗糙度值可以提高零件的耐蚀性。

表面残余应力对零件的耐蚀性也有较大影响。表面加工硬化或金相组织变化，往往也会引起表面残余应力。零件表面的残余压应力使零件表面紧密，腐蚀性物质不易进入，可增强零件的耐蚀性；而表面残余拉应力则会降低零件的耐蚀性。

4. 对配合性质及其他方面的影响

互相配合的零件，如果其配合表面粗糙，对于间隙配合，则会使配合件很快磨损而增大配合间隙，改变配合性质，降低配合精度；对于过盈配合，则装配后配合表面的凸峰被挤平，有效过盈量减少，影响配合的可靠性。因此，对有配合要求的表面，必须规定较小的表面粗糙度值。

总之，零件的表面质量对零件使用性能、寿命的影响都是很大的。

8.2.3　影响表面质量的因素及改善途径

1. 影响表面粗糙度的工艺因素及改善措施

（1）工件材料　一般韧性较大的塑性材料，加工后表面粗糙度值较大，而韧性较小的塑性材料加工后容易获得较小的表面粗糙度值；对于同种材料，金相组织的粒度越细，热处理后得到的硬度越高，加工后表面粗糙度值就越小。因此，为了减小加工后的表面粗糙度值，常在切削加工前对材料进行调质或正火处理，以获得均匀、细密的晶粒和较大的硬度。

(2) 切削用量　在低速切削或变速切削时，切屑和加工表面的塑性变形小，也不容易产生积屑瘤，因此加工后表面粗糙度值小。但是在一定切削速度范围内加工塑性材料时，由于容易产生积屑瘤和鳞刺且塑性变形较大，因此表面粗糙度值较大，如图 8-10 所示。切削脆性材料时，切削速度对表面粗糙度的影响较小。

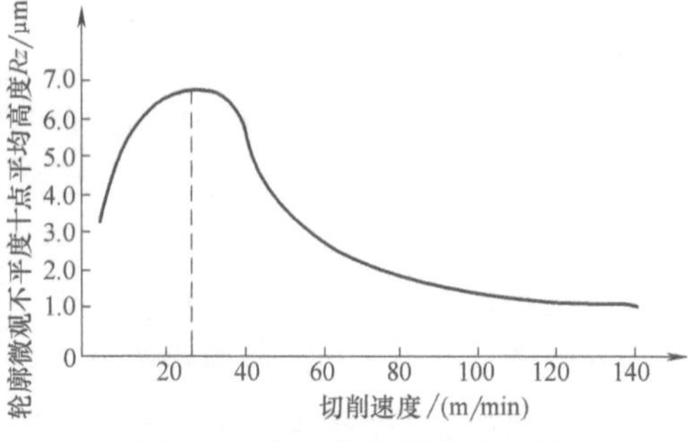

图 8-10　加工塑性材料时切削速度对表面粗糙度的影响

减小进给量可减小残留面积高度，使表面粗糙度值降低。但当进给量太小而切削刃又不够锋利时，切削刃不能切削而是挤压，反而会增大工件的塑性变形，使表面粗糙度值增大。

背吃刀量对表面粗糙度的影响不明显，一般可忽略。但当背吃刀量 $a_p<0.02$mm 时，由于切削刃不是绝对尖锐的，而有一定的圆弧半径，这时切削刃与工件产生挤压与摩擦，从而使表面恶化。因此，加工时不能选用过小的背吃刀量。

(3) 刀具材料、刀具的几何参数及表面粗糙度

1) 与工件材料分子间亲和力大的刀具材料，易产生积屑瘤和鳞刺，因此在其他条件相同的情况下，硬质合金刀具比高速钢刀具加工的表面粗糙度值小。用金刚石车刀加工，不易形成积屑瘤，故可获得更低的表面粗糙度值。

2) 由图 8-11a 可以看出，刀尖圆弧半径、主偏角、副偏角等均影响残留面积高度 H 的大小，因此减小刀尖圆弧半径，减小主偏角和副主偏角，都可以降低表面粗糙度值。

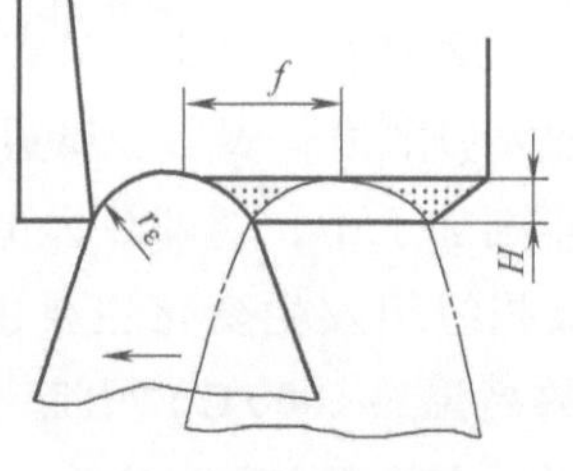

a) 带圆角半径r_ε刀的切削

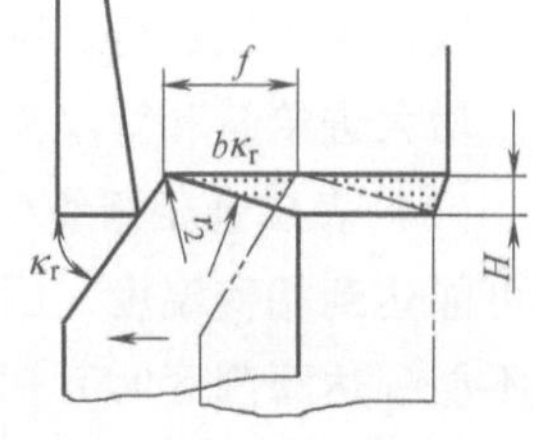

b) 尖刀切削

图 8-11　车削加工理论残留面积高度

尽管前角对表面粗糙度没有直接影响，但由于前角较大时有利于抑制积屑瘤和鳞刺的产生，故在中、低速范围内增大前角对降低表面粗糙度值有利。

3) 刀具前、后刀面越光洁，越能减少磨损，显然对降低表面粗糙度值有利。刀具前、后刀面的表面粗糙度 Ra 值不得大于 1.6μm。

4) 切削液。使用切削液能减少加工过程中刀具与工件加工表面间的摩擦，降低切削温度，从而减小材料的塑性变形，抑制积屑瘤与鳞刺的产生，因此能有效地减小表面粗糙度值。

5) 工艺系统振动。工艺系统的振动可引起切削刃与工件相对位置发生周期性的微幅变化，形成振纹，使表面粗糙度恶化。因此隔开振源、提高工艺系统刚度与抗振性可降低加工表面的表面粗糙度值。

2. 影响表面层物理力学性能的工艺因素及其控制措施

由于受到切削力和切削热的作用，表面金属层的物理力学性能会产生很大的变化，最主要的变化是表层显微硬度、金相组织的变化，以及在表层金属中产生残余应力等。

(1) 影响加工硬化的因素

1) 加工硬化的产生。机械加工过程中产生的塑性变形使晶格发生扭曲、畸变，晶粒间产生滑移，晶粒被拉长，这些都会使表面层金属的硬度增加，这种现象统称为加工硬化(或称为强化)。金属加工硬化的结果是使金属处于高能位不稳定状态，只要条件允许，金属的冷硬结构就会向比较稳定的结构转化，这种现象称为弱化。机械加工中产生的切削热将使金属在塑性变形中产生的冷硬现象得到一定的恢复。由于金属在加工过程中同时受到力和热的作用，因而加工后金属表面层的性质取决于强化和弱化两个过程的综合。

表层金属加工硬化的结果会增大表层金属变形的抗力，减小表层金属的塑性，使表层金属的物理性质（如密度、导电性、导热性等）发生变化。

2) 影响表层加工硬化的因素包括工件材料、刀具和切削用量三个方面。

① 工件材料：材料的塑性越大，加工硬化程度也越严重。碳钢中含碳量越大，强度越高，其塑性越小，加工硬化程度也越小。

② 刀具：刀具的前角越大，切削层金属的塑性变形越小，硬化层深度越小；刀尖圆弧半径越大，已加工表面在形成过程中受挤压越大，加工硬化也越大；随着刀具后刀面磨损量的增加，后刀面与已加工表面的摩擦也随之增加，硬化层深度也增加。

③ 切削用量：切削用量的三要素对加工硬化都有一定的影响。

随着切削速度的增大，塑性变形将不充分，加工硬化层的深度和硬化程度都会减小；同时，切削温度也会随之升高，恢复作用增大，因此加工硬化程度将减小。但若背吃刀量很大，恢复来不及进行，则冷硬层深度增大。因此，只宜选用较高的切削速度。

增大进给量和背吃刀量会增大切削力，表层金属塑性变形加剧，使加工硬化程度增加。

(2) 表层金相组织变化　车削加工中，切削热大部分被切屑带走，表层温度升高不大，不可能达到相变温度。因此，金相组织发生变化主要由磨削（尤其在切削液不充分或切削液不能到达磨削区时）时产生的高温（1000℃）引起。金相组织变化后，硬度下降，出现细微裂纹，甚至出现彩色氧化膜，这种现象称为烧伤。

磨削烧伤要尽量避免，如轴承内、外环经精磨后，检验员用肉眼检查不出烧伤在何处，必须用专业检查液逐个检查，以免烧伤部位成为将来使用中的隐患。磨削烧伤与温度有着十分密切的关系。因此，防止磨削烧伤可以从控制切削时的温度入手，通常从以下三方面考虑。

1) 合理选用磨削用量。磨削深度对磨削温度影响极大。加大横向进给量对减轻烧伤有利，但会导致工件表面粗糙度值变大，这时可采用较宽的砂轮来弥补。加大工件的回转速度，磨削表面的温度升高，但其增长速度与磨削深度的影响相比小得多。从要减轻烧伤同时又要尽可能保持较高的生产率方面考虑，在选择磨削用量（尤其粗磨）时，应选用较大的工件回转速度和较小的磨削深度。

2) 正确选择砂轮。磨削导热性差的材料（如耐热钢、轴承钢及不锈钢等）时，容易产生烧伤现象，应特别注意合理选择砂轮的硬度、结合剂和组织。硬度太高的砂轮，磨粒钝化之后不易脱落，砂粒在工件表面打滑，仅起挤压和摩擦作用，使磨削温度增高，容易产生烧伤。因此，为避免产生烧伤，应选择较软的砂轮。砂轮结合剂应具有一定弹性（如橡胶结合剂、树脂结合剂），这有助于避免烧伤。此外，为了减少砂轮与工件之间的摩擦热，在砂轮的孔隙内浸入石蜡之类的润滑物质，对降低磨削区的温度、防止工件烧伤有一定效果。

3）改善冷却条件。磨削时切削液若能直接进入磨削区，对磨削区进行充分冷却，就能有效地防止烧伤现象的产生。然而，目前常用的冷却方法（见图 8-12）效果很差，实际上没有多少切削液能够真正进入磨削区域。因此，必须采取切实可行的措施改善冷却条件，以防止烧伤现象产生。

内冷却是一种较为有效的冷却方法，如图 8-13 所示。其工作原理是：经过严格过滤的切削液通过中心主轴法兰套引入砂轮中心腔 3 内，由于离心力的作用，这些切削液就会通过砂轮内部的孔隙向砂轮边缘甩出，因此切削液就有可能直接注入磨削区。目前，内冷却装置未得到广泛应用，其主要原因是使用内冷却装置冷却时，磨床附近有大量水雾，操作劳动条件差，且在精磨加工时无法通过观察火花试磨对刀。

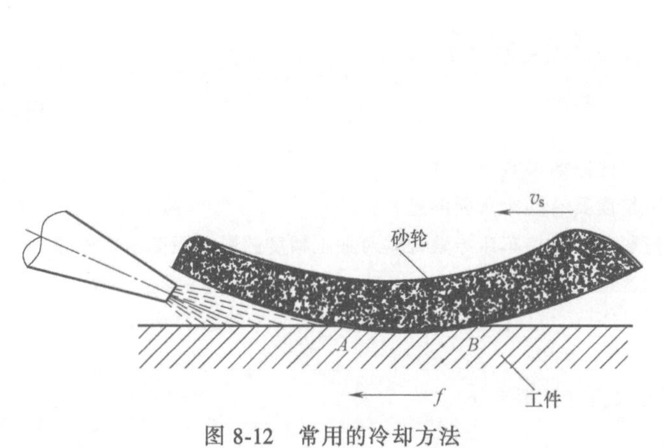

图 8-12　常用的冷却方法

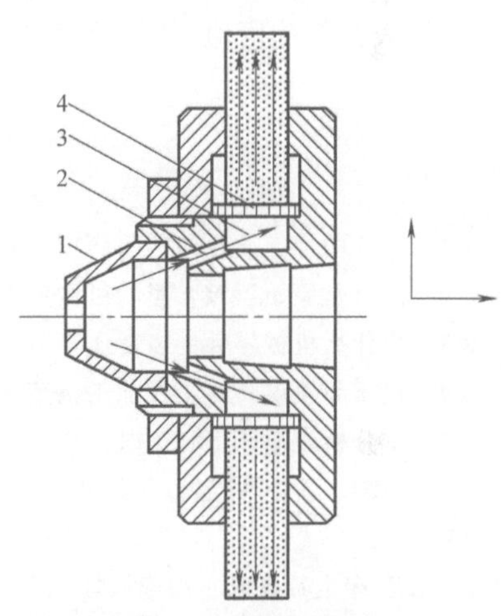

图 8-13　内冷却砂轮结构

1—锥形盖　2—切削液通孔　3—砂轮中心腔　4—有径向小孔的薄壁套

（3）表层的残余应力　机械加工时，工件表层产生残余应力的原因是表层金属的塑性变形使金属的密度发生变化。当刀具从工件上切除金属时，表层金属纤维被拉长，刀具后刀面与已加工表面的摩擦又加大了这种拉伸作用。刀具切离后，拉伸引起的弹性形变将逐渐恢复，而拉伸引起的塑性变形则不能恢复。表层金属的拉伸塑性变形，受到与它相连的内层未发生塑性变形的金属的阻碍，因此就在表层金属中产生残余压应力，而在内层金属中产生残余拉应力。

（4）表面强化工艺　表面强化工艺是指通过冷压加工方法使金属发生冷态塑性变形，以降低表面粗糙度值、提高表面强度，并在表面层产生残余压应力，使工件表面得到强化的工艺。冷压表面强化工艺是一种简便有效的加工方法，其应用十分广泛。

1）喷丸强化。喷丸强化利用大量快速运动的珠丸打击被加工工件的表面，使工件表面产生冷硬层和残余压应力，从而提高零件的疲劳强度和使用寿命。珠丸可以是铸铁珠丸，也可以是切成小段的钢丝（使用一段时间之后自然变成球状）。对于铝质工件，为避免表面残留铁质微粒而引起电解腐蚀，宜采用铝丸或玻璃丸。珠丸的直径一般为0.2~4mm。对于尺寸较小、要求表面粗糙度值较小的工件，应相应采用直径较小的珠丸。喷丸强化主要用于强化形状复杂或不宜用其他方法强化的工件，如板弹簧、螺旋弹簧、连杆、齿轮等。

2）滚压。滚压是利用经过淬硬和精细研磨过的滚轮或滚珠，在常温状态下对金属表面进行挤压，将表层的凸起部分向下压，凹下部分往上挤，这样逐渐将前工序留下的波峰压平，从而修正工件表面的微观几何形状的方法，如图8-14所示。此外，滚压还能使工件表面的金属组织细化，形成残余压应力。

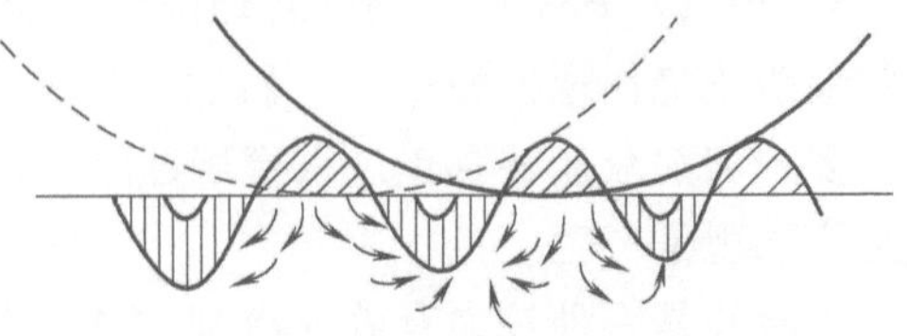
图8-14　滚压加工原理

3）挤压加工。挤压加工是将经过研磨的、具有一定形状的超硬材料（金刚石或立方氮化硼）作为挤压头，安装在专用的弹性刀架上，在常温状态下对金属表面进行挤压的方法。挤压后的金属表面粗糙度值下降，硬度提高，表面形成残余压应力，从而提高了表面的疲劳强度。

复习思考题

8-1　零件的加工质量包括哪两项内容？

8-2　什么是原始误差？影响机械加工精度的原始误差有哪些？

8-3　为什么机械零件的表面质量与加工精度具有同等重要的意义？

8-4　机床导轨误差对工件加工精度有何影响？数控车床导轨误差对加工精度的影响程度是怎样的？

8-5　试分析在车床上加工时，产生下列误差的原因。

1）在车床上采用自定心卡盘镗孔时，引起内孔与外圆的同轴度误差、端面与外圆的垂直度误差（见图8-15）。

2）在车床上镗孔时，引起被加工孔圆度误差（见图8-16）。

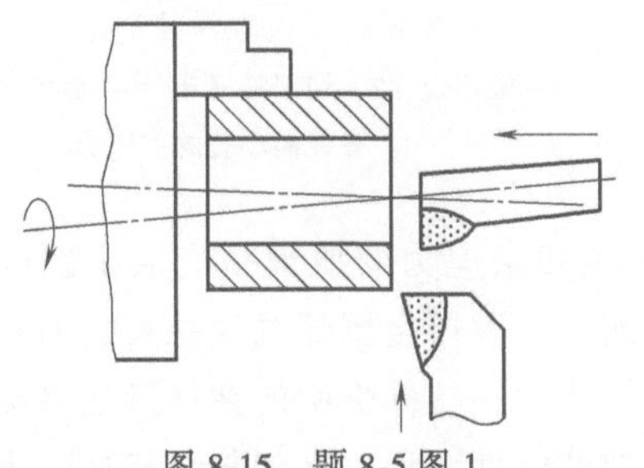
图8-15　题8-5图1

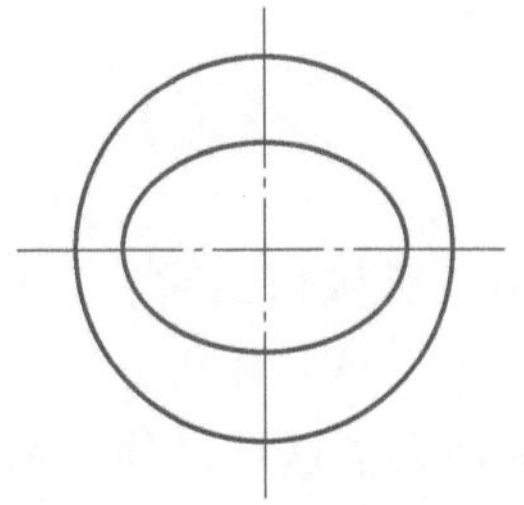
图8-16　题8-5图2

3）在车床上镗孔时，引起圆柱度误差（见图8-17）。

4）在车床上镗锥孔或车外锥体时，若刀具安装得高于或低于工件的中心线，将会引起什么误差？

5）采用两顶尖装夹车削外圆和轴肩时，外圆出现同轴度误差、两轴肩端面出现平行度误差（见图8-18）是什么原因造成的？应采取什么措施来保证加工精度达到图样要求？

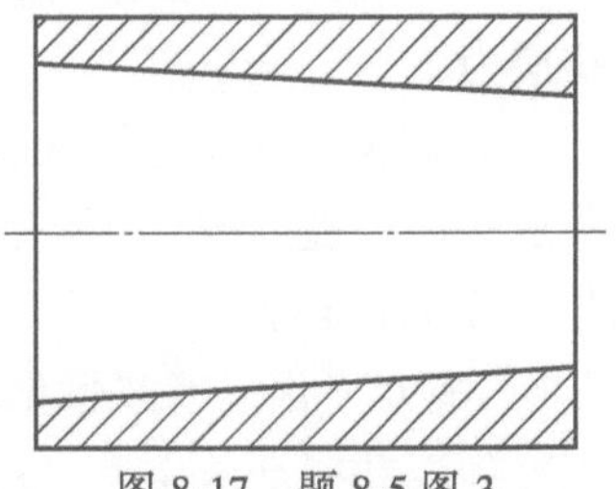
图8-17　题8-5图3

8-6　加工细长轴时，工艺系统应如何考虑？

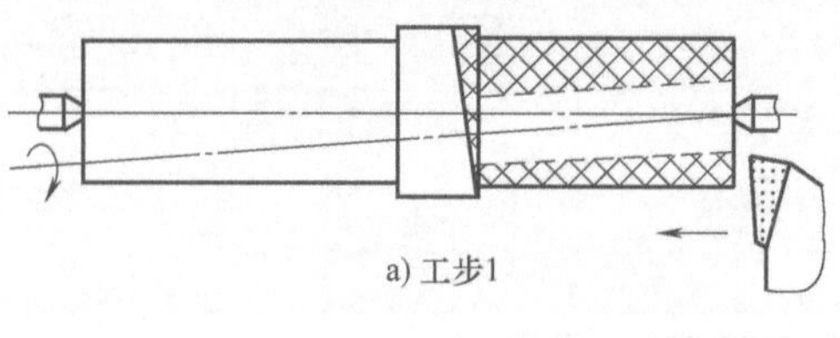
a) 工步1

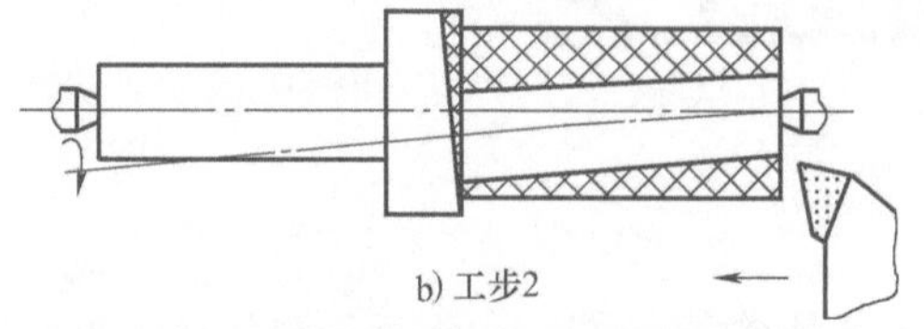
b) 工步2

图 8-18　用两顶尖装夹车削外圆与轴肩

8-7　影响表面粗糙度的工艺因素有哪些？其控制措施是什么？

第9章 零件特种加工工艺

教学要求：通过对本章的学习，学生应全面了解特种加工的特点和方法；掌握电火花加工的原理及方法；掌握线切割加工的原理及方法；熟悉超声加工、激光加工及水射流加工的原理和方法；了解智能制造和绿色制造的含义及发展趋势。

9.1 概述

20世纪50年代以来，随着航空航天工业、武器装备和核能工业的发展，对机电装备的强度质量比和性能价格比等要求越来越高，相应地所用新材料越来越难加工，零件形状与结构越来越复杂，加工精度与表面粗糙度等要求也越来越高。于是特种加工技术应运而生。

特种加工是相对于常规加工方式而言的，所以也被称为非传统加工（Non-traditional Machining，NTM），它泛指一些利用、电能、热能、光能、声能、磁力及化学能等达到去除或增加工件材料的非传统加工方法，见表9-1。

表9-1 常用特种加工方法分类

特种加工方法		能量来源	作用原理	英文缩写
电火花加工	电火花成形	电能、热能	熔化、汽化	EDM
	电火花线切割	电能、热能	熔化、汽化	WEDM
电化学加工	电解加工	电化学能	金属阳极溶解	ECM
	电解磨削	电化学能、机械能	阳极溶解、磨削	ECG
	电解研磨	电化学能、机械能	阳极溶解、研磨	ECH
	电铸	电化学能	金属离子阴极沉积	EF
	涂镀	电化学能	金属离子阴极沉积	EP
激光加工	激光切割、打孔	光能、热能	熔化、汽化	LBM
	激光打标记	光能、热能	熔化、汽化	LBM
	激光处理、表面改性	光能、热能	熔化、相变	LBT
电子束加工	切割、打孔、焊接	电能、热能	熔化、汽化	EBM
离子束加工	蚀刻、镀覆、注入	电能、动能	原子撞击	IBM
等离子弧加工	切割（喷镀）	电能、热能	熔化、汽化（涂覆）	PAM
超声加工	切割、打孔、雕刻	声能、机械能	磨料高频撞击	USM

（续）

特种加工方法		能量来源	作用原理	英文缩写
化学加工	化学铣削	化学能	腐蚀	CHM
	化学抛光	化学能	腐蚀	CHP
	光刻和腐蚀	光能、化学能	光化学腐蚀	PEP
快速成形	光固化成形	光能、化学能	光化学固化（光聚合）	SLA
	选择性激光烧结	光能、热能	光（热）烧结	SLS
	叠层实体制造	光能、热能、机械能	光热压	LOM
	熔融沉积成形	热能、机械能	热融化凝固	FDM
挤压珩磨（磨料流加工）		液流、机械能	磨料刮削	AFM
水射流切割（高压水切割）		液流、机械能	水流冲击	WJC

除了不是采用机械力和机械能进行加工之外，与传统加工方式相比，特种加工技术一般还具有以下特点。

1）工具硬度可以低于被加工材料的硬度，故加工的难易与工件硬度无关。

2）加工机理与一般切削方法普遍不同，同时由于工具与工件往往非接触，加工过程中不存在显著的机械切削力。

3）加工适用范围广，不受工件材料的物理、化学和力学性能的限制，可以加工硬的、软的、脆的、耐热或高熔点金属，以及非金属材料。

4）易于加工复杂型面、微细表面及柔性、低刚度零件。

5）能获得良好的加工表面质量，热应力、残余应力、冷作硬化及热影响区等影响均比较小。

6）特种加工能量易于转换和控制，往往可以同时实现粗、精加工，主运动速度较低、机床结构简单，因此便于推广应用。

7）特种加工技术还可用于精密和超精密加工，以及镜面光整加工，甚至纳米级（原子级）加工。

特种加工技术种类繁多，加工原理各不相同，其中以电火花和电解加工为主要方式的电加工技术是其主体。这是因为电加工技术已成为模具制造业中不可缺少的加工手段，尤其是在难加工材料和复杂结构加工中具有独特的优势。

特种加工技术为新产品设计与开发提供了许多加工手段，并已成为当前机械制造领域不可或缺的加工方法，尤其是对新型武器装备和航空航天装备的研制和生产起到了至关重要的作用。

目前，特种加工技术主要用于难加工材料（如淬火钢、硬质合金、陶瓷、金刚石等）的加工，以及模具型腔与复杂型面的加工。随着科学技术的进步，特种加工技术的发展方向为：提高加工精度和表面质量，提高生产率和自动化程度，发展几种方法联合使用的复合加工，发展纳米级的微细加工与超精密加工等。

尽管特种加工技术优点突出，并且应用日益广泛，但是各种特种加工技术的能量来源、作用形式和工艺特点却不尽相同，其应用范围自然也不一样，而且均具有一定的局限性。为了更好地应用和发挥各种特种加工技术的最佳功能及效果，必须依据工件材料、尺寸、形状、精度、生产率、经济性等情况进行具体分析，区别对待，以便合理选择特种加工方法。

本章主要介绍目前工业上常用的电火花加工技术，大致介绍一下电解加工技术、超声加工和激光加工技术。

9.2 电火花加工

电火花加工（Electrical Discharge Machining，EDM）是直接利用电能对零件进行加工的一种方法，其加工原理是使工件和工具电极之间产生周期性的、瞬间的脉冲放电，依靠电火花产生的高温将局部金属熔蚀，从而在工件上形成与工具电极截面形状相同的精确形状，并具有一定尺寸和表面质量的工件表面。电火花加工是基于脉冲放电的腐蚀原理，故也称为放电加工或电蚀加工。

9.2.1 电火花加工原理

如图 9-1 所示，在充满液体介质的工具电极和工件之间的很小间隙上施加脉冲电压，当两极间隙达到一定值时，其间的绝缘液体介质最先被击穿而电离成电子和正离子，形成放电通道。在电场力的作用下，电子高速奔向阳极，正离子奔向阴极，产生火花放电。工具电极由电液伺服系统控制进给。放电通道中的电子、正离子受到磁场力和周围液体介质的压缩，致使通道截面积很小而电流密度很大；此外，由于放电时间很短，且发生在放电区的一点，所以能量高度集中，使放电区的温度高达 10000~12000℃，于是工件上这一小部分材料被迅速熔化或汽化，并具有爆炸性质。爆破力将熔化或汽化了的金属微粒迅速抛出，并在液体介质中很快冷却且凝固成细小的金属颗粒，被循环的液体介质带走。每次放电后在工件表面上形成一个微小凹坑，放电过程多次重复进行，大量微小凹坑重叠在工件上，即可把工具电极的轮廓形状精确地复制在工件上，从而达到放电加工的目的。

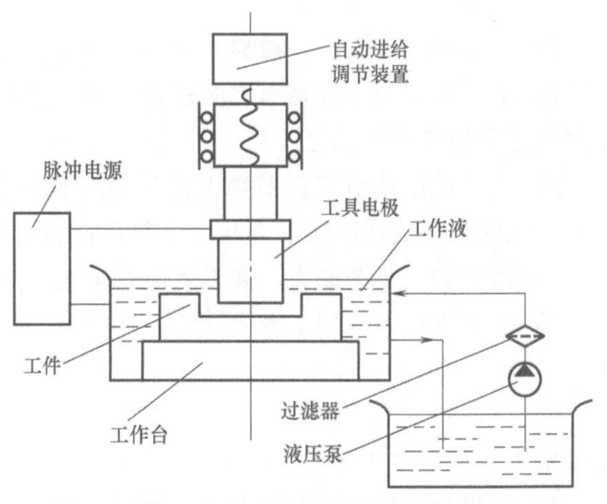

图 9-1 电火花加工原理示意图

在电火花加工时，不仅工件电极被蚀除，工具电极也同样遭到蚀除，但两极的蚀除量是不一样的。为了减少工具电极损耗和提高生产率，加工中应使工具电极的电蚀程度比工件小得多，因此，应根据加工要求正确选择极性，将工具电极接到蚀除量小的一极。一般来说，当直流脉冲电源为高频时，工件接电源正极；电源为低频时，工件接电源负极；当用钢作工具电极材料时，工件一般接负极。

试验结果表明，电火花加工的微观过程是电力、磁力、热力、流体动力化学等综合作用的结果。这一过程大致可分为以下几个连续的阶段：①极间介质的电离、击穿，形成放电通道；②极间介质热分解，电极材料熔化与汽化；③电极材料的抛出；④极间介质的消电离。

电火花加工去除材料必须具备的条件包括以下几方面。

1）放电形式必须是瞬时的脉冲性放电，放电的持续时间一般为 $10^{-7}\sim10^{-3}$s，这种瞬时放电必须是持续进行的，所以电火花加工机床必须采用脉冲电源。

2）工具电极和工件表面间必须保持一定的放电间隙，并且在工作过程中能稳定地维持这一间隙。间隙的大小应根据加工质量和加工效率要求的电流密度来确定，通常为数微米到数百微米。

3）输送到两电极之间的能量强度要足够大。因为电火花加工必须有足够的脉冲放电强度，一般要求局部集中电流密度达到 $10^5\sim10^8$A/cm^2 才能实现工件材料的局部熔化和汽化。

4）电火花放电必须在有较高绝缘强度的液体介质中进行，以便产生脉冲性的火花放电，又能使废屑、焦油、炭黑等电蚀产物从电极间隙中悬浮排出，同时还有助于冷却电极和工件表面。

9.2.2　电火花加工的工艺特点

1. 电火花加工的优点

1）电火花可加工任何硬、脆、韧、软和高熔点的导电材料。

2）电火花加工时无切削力，有利于小孔、薄壁、空槽及各种复杂截面的型孔和型腔的加工，也适于精密与微细加工。

3）当脉冲宽度不大时，热影响区域很小，便于提高加工质量，也适于加工热敏感性强的材料。

4）脉冲参数可任意调节，能在同一台机床上连续进行粗、半精与精加工。精加工时，尺寸精度可达 0.005mm、表面粗糙度值为 $Ra0.8\sim1.6\mu m$；精微加工时，尺寸精度可达 0.001mm，表面粗糙度值为 $Ra0.01\sim0.05\mu m$。

5）由于直接使用电能加工，易于实现进给运动的自动化控制。

2. 电火花加工的局限性

1）一般加工速度较慢。安排工艺时，可采用机械加工去除大部分余量后再进行电加工，以求提高生产率。

2）存在电极损耗和二次放电现象。电极损耗多集中在尖角或底面，电蚀产物可能会引起二次放电，从而形成加工斜度，甚至会导致加工无法继续。

3）电火花加工主要用于加工金属等导电材料，只有在特定条件下才可用于加工半导体材料和非导电材料。

4）电火花加工在专用的电火花加工机床上进行。

目前电火花加工主要有两种类型：电火花成形加工和电火花线切割，另外，还有电火花高速小孔加工、电火花磨削、电火花展成加工和电火花表面强化与刻字等。

9.2.3　影响电火花成形加工工艺的主要因素

影响电火花成形加工工艺的因素包括极性效应、覆盖效应、电加工参数（规准）、工件材料的热性能和工作液，以及加工过程的稳定性等。

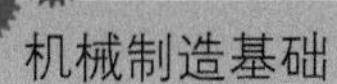

1. 极性效应

由于正、负极性设定不同，即便相同材料也会存在放电蚀除量不一样的现象，这种现象被称为极性效应。一般认为，在电火花放电过程中，正、负电极表面将分别受到电子和正离子的轰击与瞬时热能作用。由于电子的质量和惯性均小，容易获得很高的加速度和速度，在击穿放电的初始阶段就有大量的电子奔向正极，足够的能量将使正极材料迅速熔化和汽化。而正离子的质量和惯性较大，起动和加速较慢，在放电击穿的初始阶段，大量的正离子来不及到达阴极表面，因而材料熔化较少。所以在采用短脉冲进行精加工时，电子的轰击作用大于正离子的轰击作用，使正极的蚀除速度明显大于负极的蚀除速度，这时工件应接正极，称为正极性加工。而当采用长脉冲进行粗加工时，质量和惯性大的正离子将有足够的时间加速、到达并轰击负极表面，此时负极的蚀除速度将大于正极，这时工件应接负极，称为负极性加工。

2. 覆盖效应

在材料放电蚀除过程中，一个电极的电蚀产物会转移到另一个电极表面上，形成一定厚度的覆盖层，这种现象称为覆盖效应。覆盖效应对于被覆盖电极将起到保护和补偿作用，并且这种覆盖层将处在一种不断形成和不断被破坏的循环过程中，因此，应合理利用和控制覆盖效应，以降低工具电极的损耗，并保证加工质量。

在油类介质中加工时，覆盖层主要是石墨化的碳素层，其次是黏附在电极表面的金属微粒黏结层。影响覆盖效应的主要因素有脉冲参数与波形，以及电极材料和工作液类型等。例如，增大脉冲放电能量有助于覆盖层的生长，减小脉冲间隔有利于在各种电规准下生成覆盖层，采用铜电极加工钢材时覆盖效应较明显，油类工作液在高温作用下生成的大量碳粒子有助于碳素层的生成等。

3. 电加工参数

在电加工参数选择方面，主要是根据加工质量要求确定放电电压、放电电流和脉冲参数（脉冲周期、占空比或者脉冲宽度、脉冲间隔）。在电火花加工中，无论是正极还是负极，都存在单个脉冲的蚀除量与单个脉冲能量在一定范围内成正比的关系。因此，提高放电蚀除量和生产率的主要途径在于增加单个脉冲能量和提高脉冲频率。但需要注意的是，脉冲间隔太短将难以保证极间介质的消电离，同时导致不能实现加工蚀除所需的电弧放电；且随着单个脉冲能量的增大，加工表面粗糙度值也将随之增大。显然，从加工精度方面考虑，单个脉冲能量应尽可能小，同时应加大放电频率。

4. 工件材料的热性能

每次脉冲放电时，在放电通道内及正负电极的放电点周围区域都将获得大量的热，这些热量的一小部分将散失至电极放电点的外围和工作液中，而大部分都将消耗于工件材料的比热容、熔化热和汽化热中。因此，当脉冲放电能量相同时，工件金属材料的热性能指标如熔点、沸点、比热容、熔化热和汽化热以及热导率越高，则放电蚀除量越少，工件越难加工。另外，当单个脉冲能量一定时，脉冲电流幅值越小而脉冲宽度越大，则散失的热量将越多，放电蚀除效率也会降低。当脉冲电流幅值过大而脉冲宽度过小时，虽然散失的热量变少了，但抛出电蚀产物中的汽化比例会增加，消耗过多的汽化热也会降低放电蚀除效率。因此，电加工参数的合理选取应该结合工件材料和加工质量要求进行综合考虑。

5. 工作液

电火花加工一般应在工作液介质中进行。工作液要求具有绝缘、压缩通道、消电离和冷却等作用。工作液介质要求有较高的绝缘性能，这样放电击穿可以在较小的电极间隙中实现，有利于提高仿形加工精度，并且在放电结束后能迅速恢复间隙绝缘状态。介电性能好、密度和黏度大的工作液，有利于压缩放电通道及提高放电区域的能量密度。但黏度过大时则不利于电蚀产物正常排出。

电火花加工多采用油类工作液。粗加工时，脉冲能量大，加工间隙大，爆炸排屑抛出能量强，宜选用介电性能好、黏度较大的机油。在半精、精加工时，放电间隙小，排屑较困难，宜选用黏度小、流动性和渗透性好的煤油作为工作液。常用的电火花加工工作液还有乳化液和去离子水等。

用各种油类以及其他碳氢化合物作为工作液时，在放电过程中不可避免地会产生大量炭黑，严重影响电蚀产物的排除及加工速度，这种影响对于精密加工来说应予避免。所以，最好采用不含碳的液体介质，其中水是最方便的一种。此外，水还具有流动性好、散热性好、不易起弧、不燃、无味、价廉等特点。但普通水是弱导电液，会产生离子导电的电解过程，目前还只在某些大能量粗加工中采用。而在精密加工中，多采用绝缘强度比普通水高的蒸馏水、去离子水或乙醇水溶液作为工作液。

6. 加工过程的稳定性

加工过程的稳定性对于获取加工质量和保证加工效率极为重要。特别是随着加工面积、加工深度以及加工型面复杂程度的增加，都将极大地增加电蚀产物及时排除的难度，从而影响加工稳定性。

9.2.4　电火花成形加工的方法

电火花成形加工是利用火花放电蚀除金属的原理，用工具电极对工件进行复制加工的工艺方法。电火花成形机床可加工普通机械加工难以加工或无法加工的特殊材料和复杂形状的零件，且不受材料及热处理状况的影响，常用于模具的制造。其应用范围可分为两大类。

1）穿孔加工：用于加工型孔（圆孔、方孔、多边形孔和异形孔）、曲线孔（弯孔、螺纹孔）、小孔、微孔，如落料模、复合模、拉丝模、喷嘴、喷丝孔等。

2）型腔加工：包括锻模、压铸模、挤压模、塑料模，以及整体叶轮、叶片等各种典型零件的加工。

1. 电火花加工机床

典型的电火花加工机床主要由主机（包括自动调节系统的执行机构）、脉冲电源、间隙自动进给调节系统、工作液净化及循环系统几部分组成。根据加工对象的不同，其布局有立柱框梁式、滑枕式、龙门式等。

（1）脉冲电源　脉冲电源的功用是将常用的工频交流转换成频率较高的单向脉冲电流，从而给电火花加工提供放电能量。脉冲电源对加工电规准的选用、加工过程状态稳定性的控制，以及加工质量和加工效率都具有极其重大的影响。

对脉冲电源的要求包括：①能提供足够的放电能量，以保证放电蚀除加工生产率的实现（一般成形加工速度约为 $10mm^3/min$，线切割加工速度为 $20mm^2/min$）；②脉冲波形、输出电压、峰值电流、脉冲宽度和脉冲间隔等参数应有较宽的调节量，以满足粗、半精和精加工的需要；③工作性能稳定，结构简单，操作与维修方便。

（2）机床主机　如图 9-2 所示，机床主机部分主要包括主轴头、床身、立柱、工作液箱及工作液槽等。床身和立柱是机床的主要基础件，要有足够的刚度。床身工作台面与立柱导轨面间应有一定的垂直度要求，还应有较好的精度保持性，这就要求导轨具有良好的耐磨性。

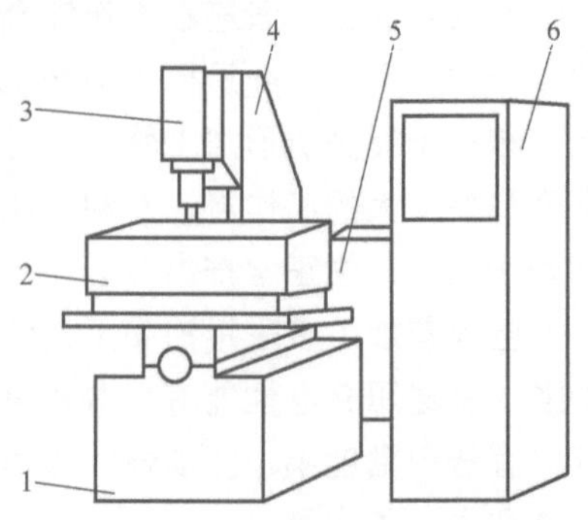

图 9-2　电火花加工机床主机
1—床身　2—工作液槽　3—主轴头
4—立柱　5—工作液箱　6—脉冲电源

（3）工作液循环过滤系统　工作液循环过滤系统包括工作液（煤油）箱、电动机、泵、过滤装置、工作液槽、油杯、管道、阀门及测量仪表等。

放电间隙中的电蚀产物除了靠自然扩散、定期抬刀以及使工具电极附加振动等来排除之外，常采用强迫循环的办法加以排除，以免间隙中的电蚀产物过多，引起已加工过的侧表面间二次放电而影响加工精度。此外，强迫循环也可带走一部分热量。

工作液强迫循环的方式如图 9-3 所示。图 9-3a、b 所示为冲油式，较易实现，排屑冲刷能力强，一般常采用；但电蚀产物需通过已加工区，仍可能引起二次放电。图 9-3c、d 所示为抽油式，加工间隙中将抽入新的工作液，但在加工过程中，分解出来的气体（H_2、C_2H_2 等）易积聚在抽油回路的死角处，遇电火花引燃会爆炸，因此一般用得较少；但在要求小间隙、精加工时也会采用。

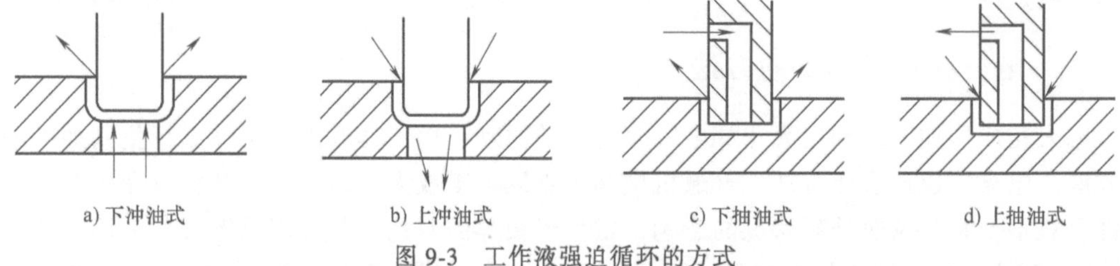
a) 下冲油式　b) 上冲油式　c) 下抽油式　d) 上抽油式

图 9-3　工作液强迫循环的方式

电火花成形加工时会产生大量的金属微粒碎屑、炭黑等电蚀产物，同时工作液在使用过程中也会分解气体，从而使工作液的绝缘性能下降，造成放电加工过程的不稳定。因此，工作液须加以过滤、净化而循环使用。单件小批量生产或精微加工时，可采用自然沉淀法。一般机床多采用介质过滤法，过滤介质有黄沙、木屑、硅藻土、活性炭和过滤纸等。其中压力管路纸质滤芯过滤器使用最普遍。

2. 电火花穿孔成形加工

电火花穿孔成形加工是利用火花放电蚀除金属的原理，用工具电极对工件进行复制加工的一种工艺方法，穿孔成形加工时，工具电极为与被加工表面有相同截面或形状的成形电极，加工时工具电极和工件间只有一个相对伺服进给运动。具体应用包括冲模（包括凹模及卸料板、固定板）、粉末冶金模、挤压模（型孔）、小孔（$\phi0.01\sim\phi3$mm 小圆孔或异形孔）、深孔等。

图 9-4 所示为凹模的电火花加工示意图。设凹模的内孔加工尺寸为 L_2，工具电极相应的尺寸为 L_1，单面火花间隙值为 S_L，则 $L_2=L_1+2S_L$。其中，火花间隙值 S_L 主要取决于脉冲参

数与机床的精度，只要加工电规准选择恰当，并保证加工的稳定性，火花间隙值 S_L 的误差是很小的。因此，只要工具电极的尺寸精确，用它加工出的凹模也是比较精确的。

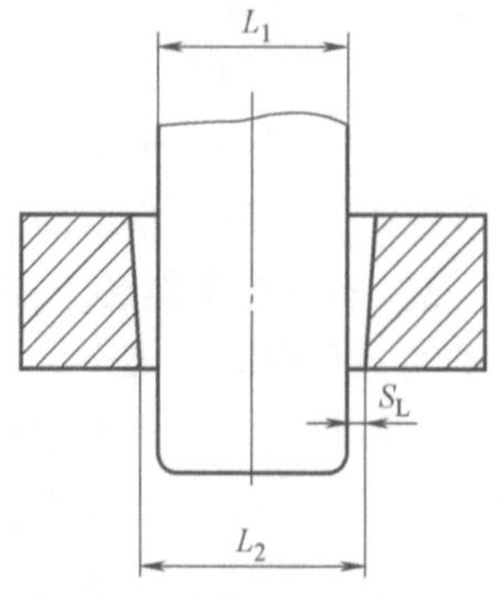

图 9-4　凹模的电火花加工

对于冲模，配合间隙是一个很重要的质量指标，它的大小与均匀性都直接影响冲压件的质量及模具的寿命，在加工中必须予以保证。达到配合间隙的方法有直接配合法、修配冲头法和修配电极法。电火花穿孔加工常用“钢打钢”直接配合法。

由于线切割加工机床的性能不断改善，现可很方便地加工出任何配合间隙的冲模，而且有线切割功能的线切割机床还可直接切割出刃口斜度和落料角，因此，近年来绝大多数冲模皆可采用线切割直接加工。

3. 电火花型腔加工

电火花型腔加工可用于加工锻模、压铸模、胶木模、塑料模、挤压模等各类型腔模及各种复杂的型腔零件。一般电火花型腔加工是通过切削预加工后的精加工。型腔模预加工和多电极加工示意图如图 9-5 所示。

型腔模加工难度较大，主要因为是不通孔加工，工作液循环和电蚀产物排除条件差，工具电极损耗后无法靠主轴进给补偿精度，金属蚀除量大；其次是加工面积变化大，加工过程中电规准的变化范围也较大，且由于型腔复杂，电极损耗不均匀，对加工精度影响很大，因此，对型腔模的电火花加工，既要求蚀除量大，加工速度高，又要求电极损耗低，并保证所要求的精度和表面粗糙度。

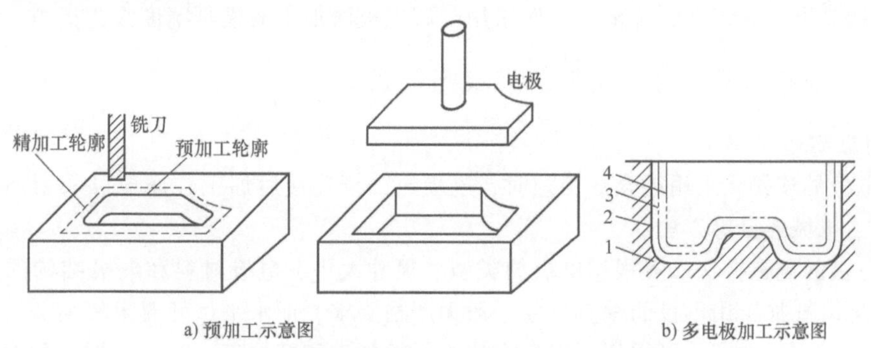

a) 预加工示意图　b) 多电极加工示意图

图 9-5　型腔模预加工和多电极加工示意图

1—模块　2—精加工后的型腔　3—半精加工后的型腔　4—粗加工后的型腔

由于型腔模的工艺特点所限，其电火花加工工艺方法主要有单电极平动法、多电极更换法和分解电极法等。

1）单电极平动法。单电极平动法在型腔模电火花加工中应用最广泛，它可采用一个电极完成型腔的粗、半精、精加工。首先采用低损耗（$\theta<1\%$）、高生产率的粗规准进行加工，然后利用平动头相对于工件做微小的平面小圆运动，进行仿形加工。在减小电规准进行半精或精加工时，依次加大工具电极的平动量，以补偿前后两个加工规准之间型腔侧面的放电间隙差和表面微观不平度差，实现型腔侧面仿形修光，以及整个型腔模的加工。

单电极平动法的优点在于只使用一个电极、一次装夹定位，即可通过平动改善工件侧面的表面粗糙度并达到±0.05mm的加工精度，且改善了工作液的供给与排屑状况，使工具电极损耗均匀，加工过程趋于稳定。其缺点是尖角部位电极损耗较大，同时电极上的每一个点都按平动头的偏心平动半径做圆周运动，使倾角半径由偏心半径决定，因而难以获得高精度的型腔模，特别是难以加工出倾棱、倾角的型腔。

2）多电极更换法。多电极更换法是采用多个形状相同但尺寸各异的工具电极依次更换加工同一个型腔，每个电极加工时都将把上一规准的大部分放电痕迹和几何误差去掉的加工方法。一般用两个电极进行粗、精加工就可满足要求。当型腔模的加工精度和表面质量要求很高时，才采用三个或更多个电极进行加工。但要求多个电极的一致性好，制造精度高。另外，更换电极时要求重复定位、装夹精度高，因此一般只用于精密型腔的加工。例如，盒式磁带、收录机、电视机等机壳的模具，都是用多个电极加工出来的。

3）分解电极法。分解电极法是单电极平动法和多电极更换法的综合应用。其工艺灵活性强，仿形精度高，适用于尖角、窄缝、沉孔、深槽多的复杂型腔模具加工。根据型腔的几何形状，可把电极分解成主型腔和副型腔电极并分别制造，即可先加工出主型腔，后用副型腔电极加工尖角、窄缝等部位的副型腔。

该方法的优点是可以根据主、副型腔不同的加工条件，选择不同的电极材料和加工规准，有利于提高加工速度和改善加工表面质量。缺点是更换电极时主型腔和副型腔电极之间要求有精确的定位。

近年来，国外已广泛采用像加工中心那样具有电极库的3~5坐标数控电火花机床。事先即可把复杂型腔分解为简单表面和相应的简单电极，并编制好程序，在加工过程中可自动更换电极和转换规准，以实现复杂型腔的加工。同时配合一套高精度快速装卸工夹具系统，则可大大提高电极的装夹定位精度，使采用分解电极法加工的模具精度大为提高。

9.2.5 电极制造及工件、电极的装夹与找正

1. 电极制造

1）电极的连接。采用混合法工艺时，电极与凸模连接后加工。连接可采用环氧树脂胶合、锡焊、机械连接等方法。

2）电极的制造方法。应根据电极的类型、尺寸大小、电极材料和电极结构的复杂程度等进行考虑。孔加工用电极的垂直尺寸一般无严格要求，而水平尺寸要求较高。

若适合于切削加工，可用切削加工方法进行粗加工和精加工。对于纯铜、黄铜等材料制作的电极，其最后加工可采用刨削或由钳工精修来完成。也可采用电火花线切割加工来制作电极。

直接用钢凸模作电极时，若凸、凹模配合间隙小于放电间隙，则凸模作为电极部分的断面轮廓必须均匀缩小。可采用6%（体积分数，后同）氢氟酸（HF）、14%硝酸（HNO_3）、80%蒸馏水（H_2O）所组成的溶液浸蚀。此外，还可采用其他种类的腐蚀液进行浸蚀。当凸、凹模配合间隙大于放电间隙，需要扩大用作电极部分的凸模断面轮廓时，可采用电镀法。单边扩大量在0.06mm以下时表面镀铜；单边扩大量超过0.06mm时表面镀锌。

3）型腔加工用电极。这类电极的水平和垂直方向尺寸要求都较严格，与穿孔加工用电极相比，加工困难。对于纯铜电极，除采用切削加工方法加工外，还可采用电铸法、精密锻造法等进行加工，最后由钳工精修达到要求。由于使用石墨坯料制作电极时，机械加工、抛

光都很容易，所以以机械加工方法为主。当石墨坯料尺寸不够时，可采用螺栓连接或用环氧树脂、聚氯乙烯醋酸液等粘接，制造成拼块电极。拼块要用同一牌号的石墨材料，要注意石墨在烧结制作时形成的纤维组织方向，避免不合理拼合，否则会引起电极的不均匀损耗，降低加工质量。石墨纤维方向及拼块组合如图 9-6 所示。

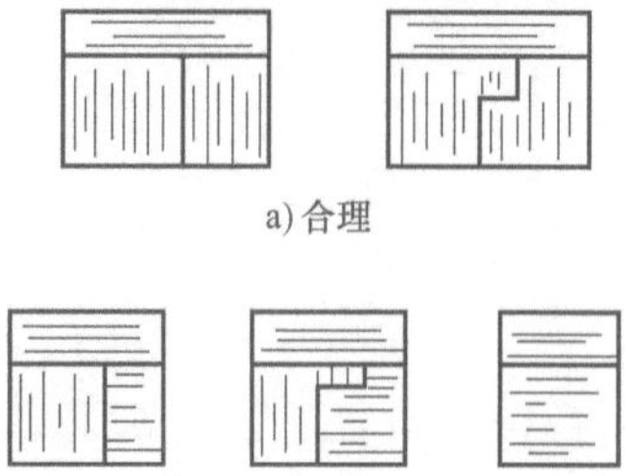

a) 合理

b) 不合理

图 9-6　石墨纤维方向及拼块组合

2. 工件的装夹和找正

电火花成形加工工件的找正、装夹与电极的定位，其目的是使工件与电极之间可实现沿 x、y、z 等各坐标轴方向的相对移动。

工件工艺基准的找正是工件装夹的关键，一般以水平工作台为依据。如电火花加工模具型腔时，规则的模板工件一般以分模面作为工艺基准，将工件自然平置在工作台上，使工件的工艺基准平行于工作台面，即完成了水平找正。

当加工工件上、下两平面不平行，或支承的面积太小，不能平置时，则必须采用辅助支承措施，并根据不同精度要求采用指示表进行水平找正，如图 9-7 所示。

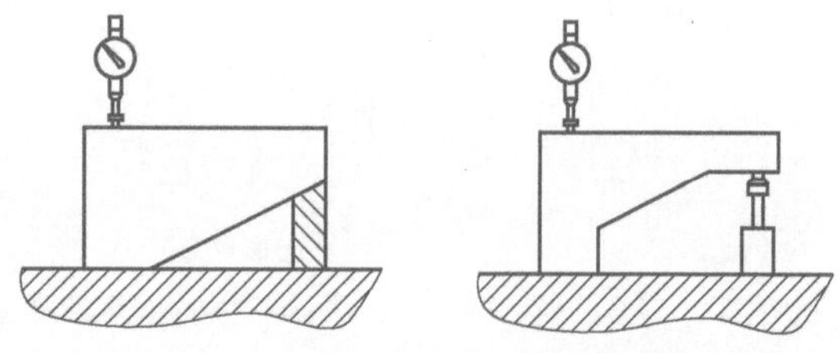

图 9-7　用辅助支承找正工件水平面

当加工单个规则的圆形型腔时，工件水平找正后即可压紧以备加工。但对于多孔或任意形状的型腔，除水平找正外，还必须找正与工作台 x，y 坐标轴平行的基准。例如，规则的长方体工件，预先确定互相垂直的两个侧面作为工艺基准，依靠沿 x，y 两坐标轴的移动，用指示表找正两个侧基准面。若工件为非规则形状，应在工件上划出基准线，通过沿 x，y 坐标轴移动，用固定的划针进行工件的找正。若需要精密找正，必须采取措施，专门加工一些定位表面或设计及制造专用夹具。

在电火花加工中，工件和工具电极所受的力较小，因此工件装夹的夹紧力要比切削加工时低。为使装夹工件时不改变定位时所得到的正确位置，在保证工件位置不变的情况下，夹紧力应尽可能小。

3. 电极的装夹和找正

在电火花加工中，机床主轴的进给方向都应垂直于工作台，因此电极的工艺基准必须平行于机床主轴轴线，即电极的装夹与找正必须保证电极的进给加工方向垂直于工作台平面。

(1) 电极的装夹　由于在实际加工中碰到的电极形状各不相同，加工要求也不一样，因此电极的装夹方法和电极夹具也不相同。下面介绍几种常用的电极夹具。

图 9-8a 所示为电极套筒，适用于一般圆电极的装夹。

图 9-8b 所示为电极柄结构，适用于直径较大的圆电极、方电极、长方形电极，以及几何形状复杂而在电极一端可以钻孔、套螺纹的固定电极。

图 9-8c 所示为钻夹头结构，适用于直径范围在 $\phi1 \sim \phi13$mm 之间的圆柄电极。

图 9-8d 所示为 U 形夹头，适用于方电极和片状电极。

图 9-8e 所示为可内冲油的管状电极夹头。

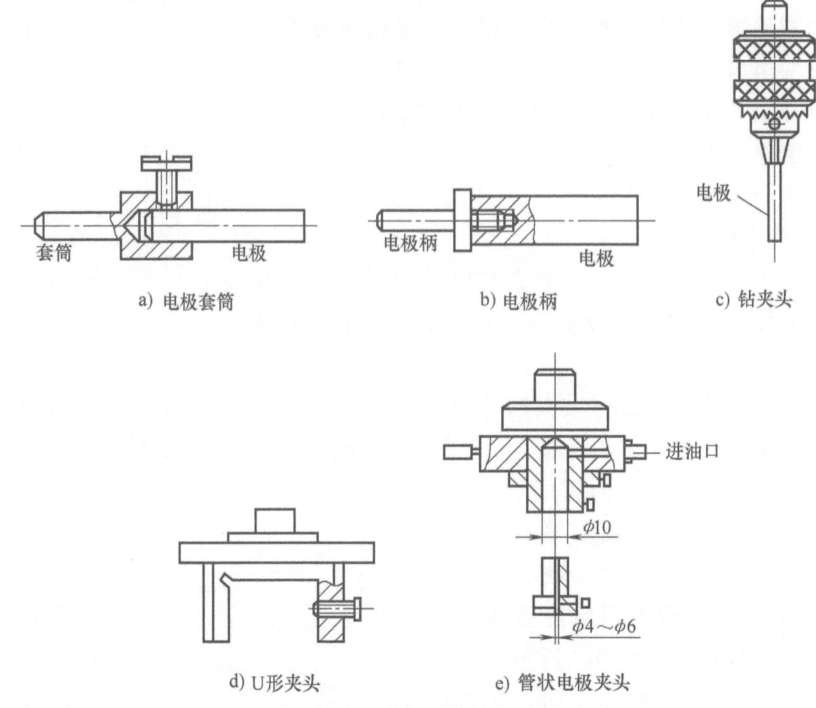

a) 电极套筒　b) 电极柄　c) 钻夹头

d) U形夹头　e) 管状电极夹头

图 9-8　几种常用的电极夹具

除上面介绍的常用夹具外，还可根据要求设计专用夹具。

(2) 电极的找正　电极的找正方式有自然找正和人工找正两种。所谓自然找正，就是利用电极在电极柄和机床主轴上的正确定位来保证电极与机床的正确关系；而人工找正一般以工作台面的 x、y 水平方向为基准，用指示表、量块或 90°角尺（见图 9-9）在电极横、纵（即 x、y 方向）两个方向进行垂直找正和水平找正，保证电极轴线与主轴进给轴线一致，保证电极工艺基准与工作台面 x、y 基准平行。

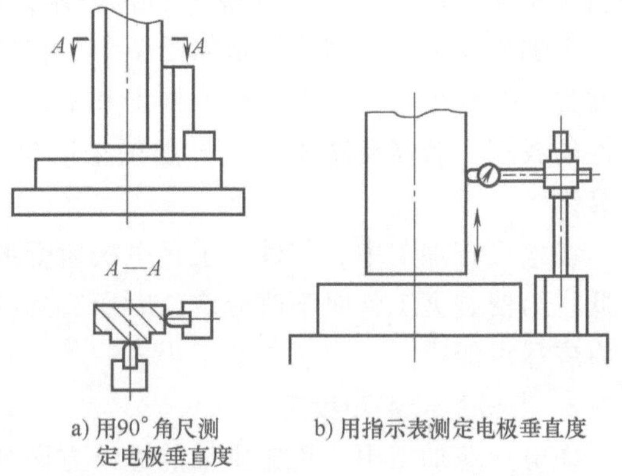

a) 用90°角尺测定电极垂直度　b) 用指示表测定电极垂直度

图 9-9　用 90°角尺、指示表测定电极垂直度

实现人工找正时，要求电极的吊装装置上装有具有一定调节量的万向装置，通过该装置将电极与主轴头相连接。图 9-10 所示为常见的钢球铰链式垂直调整装置，电极或电极夹具装夹在电极装夹套 4 内，通过 4 个调整螺钉来调整电极垂直度。找正操作时，将指示表顶压在电极的工艺基准面上，通过沿坐标轴移动（垂直基准找正时沿 z 坐标轴移动，水平基准找正时沿 x 和 y 坐标轴移动），观察表上读数的变化，估测误差值，并不断调整万向装置的方向来补偿误差，直到找正为止。

在电极外形不规则、无直壁等情况下，就需要借助辅助基准。一般常用的找正方法如下。

方法 1：按电极固定板基准面找正。在制造电极时，电极轴线必须与电极固定板基准面垂直。找正时，用指示表保证固定板基准面与工作台面平行，以保证电极与工件对正，如图 9-11 所示。

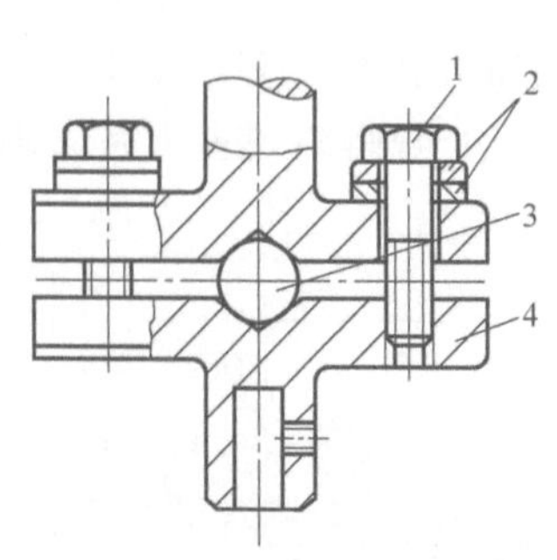

图 9-10 钢球铰链式垂直调整装置

1—调整螺钉 2—球面垫圈 3—钢球 4—电极装夹套

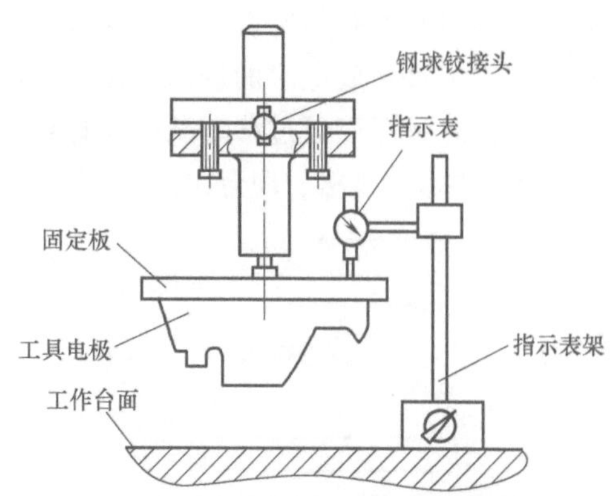

图 9-11 按电极固定板基准面找正

方法 2：按电极放电痕迹找正。电极端面为平面时，除上述方法外，还可用弱规准在工件平面上放电，打印记，并调节到四周均匀地出现放电痕迹（俗称放电打印法），达到找正的目的。

方法 3：按电极端面进行找正。主要指电极侧面不规则，而电极的端面又在同一平面时，可用量块或等高块，通过“撞刀保护”功能测量端面，使四个等高点尺寸一致，即可认定电极端面与工作台面平行，如图 9-12 所示。

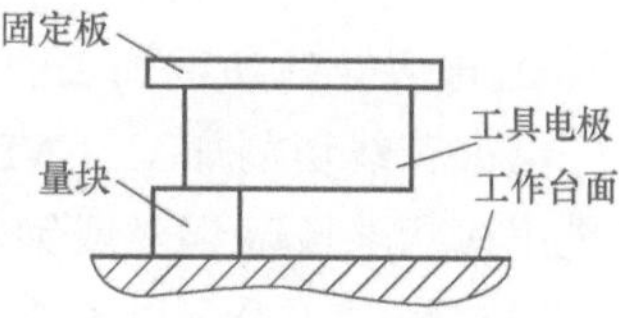

图 9-12 按电极端面进行找正

（3）工件与电极的对正 工件与电极的工艺基准找正以后，必须将工件和电极的相对位置对正，才能在工件上加工出位置准确的型腔。常用的定位方法主要有以下几种。

① 移动坐标法。如图 9-13 所示，先将电极移出工件，通过沿 x 坐标轴移动使电极与工件的垂直基准接近，同时密切监视电压表上的指示值，当电压表上的指示值急剧变低的瞬间（此时电极的垂直基准正好与工件的垂直基准接触），停止移动。然后沿 x 坐标轴移动（$\Delta+x_0$），工件和电极 x 方向对正。在 y 轴上重复以上操作，使工件和电极 y 方向对正。

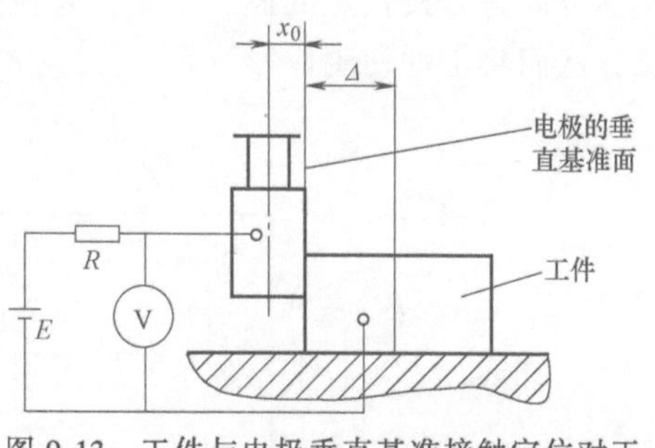

图 9-13 工件与电极垂直基准接触定位对正

在数控电火花机床上，可用其“端面定位”功能代替电压表，当电极的垂直基准正好与工件的垂直基准接触时，机床自动记录下坐标值并反转停止。然后同样按上述方法使工件和电极对正。如果模具工件是规则的方形或圆形，还可用数控电火花机床上的“自动定位”功能进行自动定位。

② 划线打印法。如图 9-14 所示，在工件表面划出型孔轮廓线。将已安装正确的电极垂直下降，与工作表面接触，用眼睛观察并移动工件，使电极对准工件后将工件紧固。或用粗

规准初步电蚀打印后观察定位情况，再调整位置。当底部或侧面为非平面时，可用 90°角尺作基准。这种方法主要适用于型孔位置精度要求不太高的单型孔工件。

③ 复位法。这种情况多用于电极的重修复位（如用多电极加工同一型腔）。对正时，电极应尽可能与原型腔相符合。对正原理是利用电火花机床自动保持电极与工件之间的放电间隙功能，通过火花放电时的进给深度来判断电极与原型腔的符合程度。只要电极与原型腔未完全符合，总是可以通过移动某一坐标或某一方向，继续加大进给深度。如图 9-15 所示，只要向左移动电极，即会加大进给深度。通过反复调整，直至两者工艺基准完全对准为止。

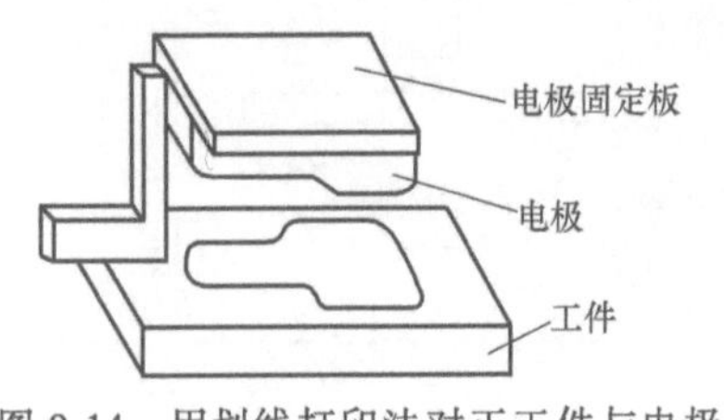

图 9-14　用划线打印法对正工件与电极

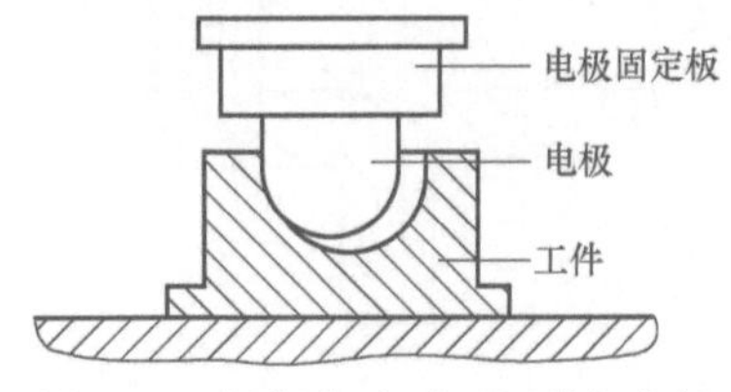

图 9-15　用复位法对正工件与电极

9.3　电火花线切割加工

9.3.1　电火花线切割加工原理、特点及应用

1. 电火花线切割加工的原理

电火花线切割加工（WEDM）是 20 世纪 50 年代最早在苏联发展起来的一种工艺方法，它是用线状电极（铜丝或钢丝）靠火花放电对工件进行切割成形的。

图 9-16a、b 所示为高速走丝电火花线切割加工示意图。脉冲电源 3 的正极连接工件 2，负极和工具电极（钼丝 4）相连，储丝筒 7 将使钼丝做正反向交替移动。在电极丝和工件之间浇注工作液介质。利用钼丝 4 作工具电极进行切割。工件可随着工作台在水平面上的两个坐标方向各自按预定的控制程序，并根据火花间隙大小做伺服进给移动，可合成各种曲线轨迹，从而将工件切割成形。

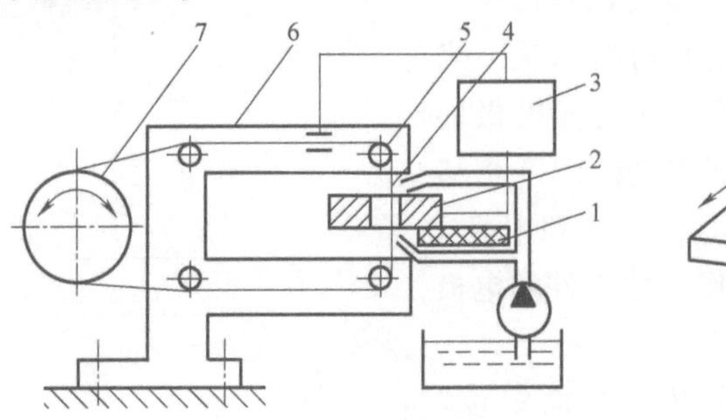

a) 加工装置示意图

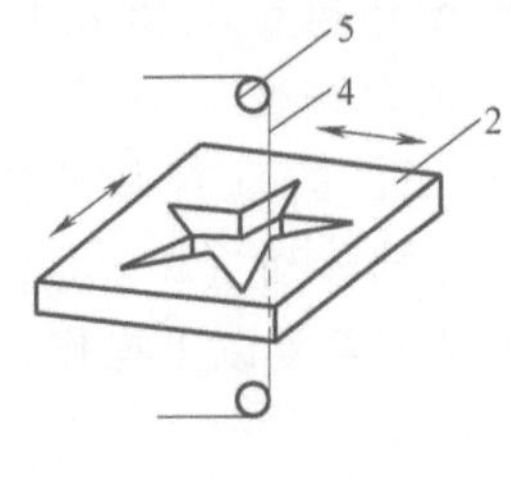

b) 走丝工艺示意图

图 9-16　高速走丝电火花线切割加工示意图

1—绝缘底板　2—工件　3—脉冲电源　4—钼丝　5—导轮　6—丝架　7—储丝筒

电火花线切割机床按走丝速度可分为快走丝（高速走丝，WEDM-HS）和慢走丝（低速走丝，WEDM-LS）两种类型。快走丝速度一般为 10m/s，电极丝可双向往返运行，并可以

循环反复使用。这是我国生产和使用的主要机种，也是我国独创的电火花线切割加工模式。

快走丝线电极材料常用直径为 $\phi0.10 \sim \phi0.30$mm 的钼丝（有时也用钨丝或钨钼丝）。线切割小圆角或窄缝时，也可采用直径为 $\phi0.6$mm 的铜丝。工作液通常采用乳化液。快走丝线切割机床结构简单、价格便宜、生产率高，但由于运行速度快，工作时机床振动较大。钼丝和导轮的损耗快，加工精度和表面粗糙度不如慢速走丝线切割机床，其加工精度一般为 0.01~0.02mm，表面粗糙度为 $Ra1.25 \sim 2.5\mu m$。

慢走丝速度通常为 2~8m/min，电极丝仅从一个单方向通过加工间隙，不能重复使用，避免了因电极丝的损耗而降低加工精度。同时，由于走丝速度慢，机床及电极丝的振动小，因此具有走丝平稳、无振动、加工精度高等优点，精度可达 0.005mm，表面粗糙度 Ra 值不大于 0.32μm。

慢走丝常用黄铜丝（有时也采用纯铜、钨、钼和各种合金的涂覆线）作为电极丝，铜丝直径通常为 $\phi0.10 \sim \phi0.35$mm。慢走丝线切割机床的工作液一般采用去离子水、煤油等，生产率较高。慢走丝线切割机床是国外生产和使用的主要机种，代表着电火花线切割机床的发展方向。它主要由日本、瑞士等国生产，目前国内也有企业引进国外先进技术或与外企合作生产慢走丝线切割机床。

2. 电火花线切割加工的工艺特点

与电火花成形加工相比，电火花线切割加工具有以下特点。

1）由于工具电极是直径较小的细丝，故脉冲宽度、平均电流等不能太大，参数取值范围较小。工件常接电源正极。

2）省掉了成形的工具电极，大大降低了成形工具电极的设计和制造费用。准备时间、加工周期短，这对新产品的试制很有意义。

3）采用水或水基工作液，不会引燃起火，但由于工作液的电阻率远比煤油小，因而在开路状态下，仍有明显的电解电流，适度的电解效应对于改善表面粗糙度有益。

4）因为电极丝与工件始终有相对运动，尤其是快走丝线切割加工，一般没有稳定电弧放电状态，因此，线切割加工的间隙状态可以认为是由正常火花放电、开路和短路这三种状态组成的。

5）由于采用移动的长电极丝进行加工，使单位长度电极丝的损耗较少，从而对加工精度的影响比较小。特别是在慢走丝线切割加工时，电极丝只使用一次，其损耗对加工精度的影响更小。

6）虽然加工的对象主要是平面形状，但是除了由金属丝直径决定的内侧圆角的最小直径的限制外，任何复杂的形状都可以加工。

7）由于电极丝比较细，可以加工微细异形孔、窄缝和复杂形状的工件。由于切缝很窄，且只对工件材料进行套料加工，实际金属去除量很少，材料的利用率很高，特别是能有效地节约贵重的材料。

8）依靠微型计算机控制电极丝轨迹和间隙补偿，同时加工凹、凸两种模具时，间隙可任意调节。

9）理论上，任何复杂形状的零件，只要能编制加工程序就可以进行线切割加工。

10）线状电极与工件之间存在着疏松接触式轻压放电现象。近年来的研究表明，当柔性电极丝与工件接近到通常认为的放电间隙（8~10μm）时，并不发生火花放电。只有当工件将电极丝顶弯，偏移一定距离（几微米至几十微米）时，才发生正常的火花放电。可以认为，在电极丝和工件之间存在着某种电化学作用而产生的绝缘薄膜介质，当电极丝被顶弯所造成的作用力和电极丝相对工件的移动摩擦使这种介质减薄到可被击穿的程度，才发生火花放电。

3. 电火花线切割加工的典型应用

电火花线切割可用于加工各种难加工材料、复杂表面和有特殊要求的零件、刀具和模具，特别是在新产品单件试制时可直接使用线切割制作零件，通过线切割还可制作精美的工艺美术品。电火花线切割加工已广泛应用于国防与民用的生产和科研中，目前国内外的线切割机床已占电火花加工机床的60%以上。

（1）线切割加工模具　线切割适合切割加工各种形状的冲模，通过调整不同的间隙补偿量，只需一次编程就可以切割凸模、凸模固定板、凹模及卸料板等。模具配合间隙、加工精度通常都能达到0.01~0.02mm（快走丝机）和0.002~0.005mm（慢走丝机）的要求。此外，还可加工挤压模、粉末冶金模、弯曲模、塑压模等，也可加工带锥度的模具。

（2）线切割加工电极　一般穿孔加工用的电极和带锥度型腔加工用的电极，以及铜钨、银钨合金之类材料的电极，用线切割加工特别经济。同时线切割也适用于加工微细复杂形状的电极。

（3）切割零件　在试制新产品时，用线切割可在坯料上直接割出零件。例如试制切割特殊微电机硅钢片定转子铁心，不需另行制造模具，可大大缩短制造周期、降低成本。另外，修改设计、变更加工程序比较方便，加工薄件时还可多片叠在一起加工。在零件制造方面，可用于加工品种多、数量少的零件，切割特殊难加工的导电材料，材料试验样件及各种型孔、型面、特殊齿轮、凸轮、样板、成形刀具。有些具有锥度切割的线切割机床，可以加工出上下异形面。采用线切割还可进行微细加工，切割异形槽等。

9.3.2 影响线切割加工工艺指标的主要因素

1. 主要工艺指标

（1）切割速度 v_{wi}　在保持一定表面粗糙度的切割加工过程中，单位时间内电极丝中心线在工件上切过的面积总和称为切割速度，单位为mm^2/min。切割速度是反映加工效率的一项重要指标，数值上等于电极丝中心线沿图形加工轨迹的进给速度乘以工件厚度。通常快走丝线切割的切割速度为$40\sim80mm^2/min$，慢走丝线切割的切割速度可达$350mm^2/min$。

（2）切割精度　线切割加工后，工件的尺寸精度、形状精度（如直线度、平面度、圆度等）和位置精度（如平行度、垂直度、倾斜度等）称为切割精度。快走丝线切割的切割精度可达±0.01mm，一般为±（0.015~0.02）mm；慢走丝线切割的切割精度可达±0.001mm。

（3）表面粗糙度　线切割加工的工件表面粗糙度通常用轮廓算术平均值偏差 *Ra* 值表示。快走丝线切割时，*Ra* 值一般为1.25~2.5μm；慢走丝线切割时，*Ra* 值可达0.32μm。

2. 影响工艺指标的主要因素

（1）脉冲电源主要参数的影响

1）峰值电流 I_e 是决定单脉冲能量的主要因素之一。I_e 增大时，线切割加工速度提高，但表面质量变差，电极丝损耗比较大甚至导致断丝。

2）脉冲宽度 t_i 主要影响加工速度和表面粗糙度。加大 t_i 可提高加工速度，但表面质量变差。

3）脉冲间隔 t_0 直接影响平均电流。t_0 减小时，平均电流增大，切割速度加快；但 t_0 过小时，会引起电弧和断丝。

4）空载电压 u_i 的影响。该值的变化会引起放电峰值电流和电加工间隙的改变。u_i 提高时，加工间隙增大，切缝宽，排屑变易，提高了切割速度和加工稳定性；但易造成电极丝振动，降低加工面形状精度和表面质量。通常 u_i 的提高还会使电极丝损耗量加大。

5）放电波形的影响。在相同的工艺条件下，高频分组脉冲常常能获得较好的加工效果。

电流波形的前沿上升比较缓慢时，电极丝损耗较少。但当脉冲宽度很窄时，必须要有陡的前沿才能进行有效的加工。

（2）电极及其走丝速度的影响

1）电极丝直径的影响。线切割加工中使用的电极丝，其直径一般为 $\phi0.03\sim\phi0.35$mm。电极丝材料不同，其直径范围也不同，一般纯铜丝为 $\phi0.15\sim\phi0.30$mm，黄铜丝为 $\phi0.1\sim\phi0.35$mm，钼丝为 $\phi0.06\sim\phi0.25$mm，钨丝为 $\phi0.03\sim\phi0.25$mm。切割速度与电极丝直径成正比，电极丝直径越大，切割速度越快，而且还有利于厚工件的加工；但是电极丝直径的增加，要受到加工工艺要求的约束，另外，增大加工电流时，加工表面的表面质量会变差，所以电极丝直径的大小，要根据工件厚度、材料和加工要求确定。

2）电极丝走丝速度的影响。在一定范围内，随着走丝速度的提高，线切割速度也可以提高，提高走丝速度有利于电极丝把工作液带入较大厚度的工件放电间隙中，有利于电蚀产物的排除和放电加工的稳定。走丝速度也影响电极在加工区的逗留时间和放电次数，从而影响电极丝的损耗。但走丝速度过高时，将使电极丝的振动加大，导致精度、切割速度降低并使表面粗糙度值增加，且易造成断丝，所以，快走丝线切割加工时的走丝速度一般以小于10m/s为宜。

在慢走丝线切割加工中，电极丝的材料和直径有较大的选择范围，高生产率时可用直径为 $\phi0.3$mm 以下的镀锌黄铜丝，允许较大的峰值电流和汽化爆炸力；精微加工时可用直径为 $\phi0.03$mm 以上的钼丝。由于电极丝张力均匀，振动较小，所以加工稳定性、表面粗糙度、精度指标等均较好。

（3）工件厚度及材料的影响　工件材料较薄时，工作液容易进入并充满放电间隙，对排屑和消电离有利，加工稳定性好。但工件太薄时，金属丝易产生抖动，对加工精度和表面质量不利。工件较厚时，工作液难于进入和充满放电间隙，加工稳定性差，但电极丝不易抖动，因此加工精度和表面质量较好。切割速度随厚度的增加而增加，但达到某一最大值（一般为 $50\sim100\text{mm}^2/\text{min}$）后开始下降，这是因为厚度过大时，排屑条件变差。工件材料不同，其熔点、汽化热、热导率等都不一样，因而加工效果也不同。例如若采用乳化液加工：

1）加工铜、铝、淬火钢时，加工过程稳定，切割速度高。

2）加工不锈钢、磁钢、未淬火高碳钢时，稳定性较差，切割速度较低，表面质量不太好。

3）加工硬质合金时，比较稳定，切割速度较低，表面质量好。

此外，机械传动精度（如导轨、轴承、导轮等的磨损、传动误差）和工作液（种类、浓度及其洁净程度）都会影响加工效果。当导轮、轴承偏摆，工作液上下冲水不均匀时，会使加工表面产生上下凹凸相间的条纹，工艺指标将变差。

(4) 诸因素对工艺指标的相互影响关系　前面分析了各主要因素对电火花线切割加工工艺指标的影响。实际上，各因素对工艺指标的影响往往是相互依赖又相互制约的。

切割速度与脉冲电源的电参数有直接的关系，它将随单个脉冲能量的增加和脉冲频率的提高而提高。但有时也受到加工条件或其他因素的制约。因此，为了提高切割速度，除了合理选择脉冲电源的电参数外，还要注意其他因素的影响，如工作液种类、浓度、洁净程度的影响，线电极的材料、直径、走丝速度和抖动的影响，工件材料和厚度的影响，切割加工进给速度、稳定性和机械传动精度的影响等。合理地选择搭配各因素指标，可使两极间维持最佳的放电条件，以提高切割速度。

表面质量主要取决于单个脉冲放电能量的大小，但线电极的走丝速度和抖动状况等因素对表面质量的影响也很大。而线电极的工作状况则与所选择的线电极材料、直径和张紧力大小有关。

加工精度主要受机械传动精度的影响，但线电极的直径、放电间隙大小、工作液喷流量大小和喷流角度等也会影响加工精度。

因此，在线切割加工时，要综合考虑各因素对工艺指标的影响，善于取其利，去其弊，以充分发挥设备性能，达到最佳的切割加工效果。

9.3.3　线切割加工工件的装夹及位置找正方法

1. 工件的装夹和位置找正

(1) 对工件装夹的基本要求

1) 工件的装夹基准面应清洁无毛刺；经过热处理的工件，在穿丝孔或凹模类工件扩孔的台阶处，要清理热处理液的渣物及表面氧化膜。

2) 夹具精度要高，工件至少有两个侧面固定在夹具或工作台上，如图 9-17 所示。

3) 装夹工件的位置要有利于工件的找正，并能满足加工行程的需要；工作台移动时，不得与丝架相碰。

4) 装夹工件的作用力要均匀，不得使工件变形或翘起。

5) 批量零件加工时，最好采用专用夹具，以提高效率。

6) 细小、精密、壁薄的工件应固定在辅助工作台或不易变形的辅助夹具上，如图 9-18 所示。

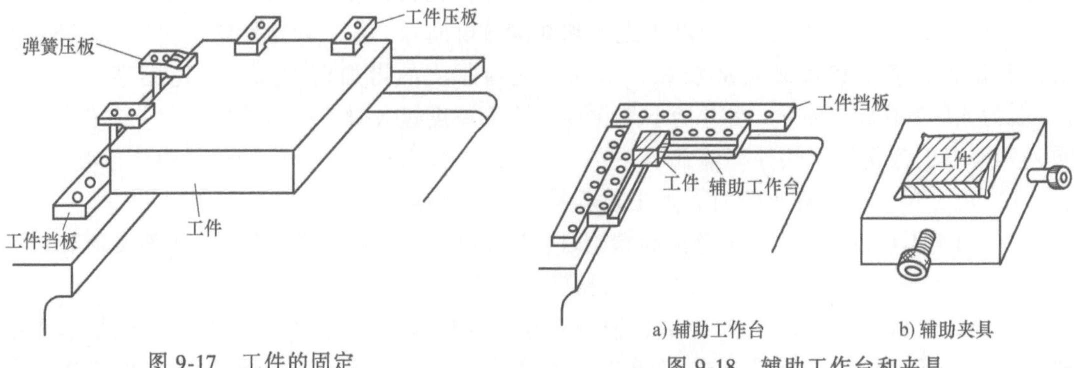

图 9-17　工件的固定

图 9-18　辅助工作台和夹具

（2）工件的装夹方式

1）悬臂支承方式。图 9-19 所示的悬臂支承方式通用性强，装夹方便；但工件平面与工作台面找平困难，且工件受力时位置易变化，因此，只在工件加工要求低或悬臂部分小的情况下使用。

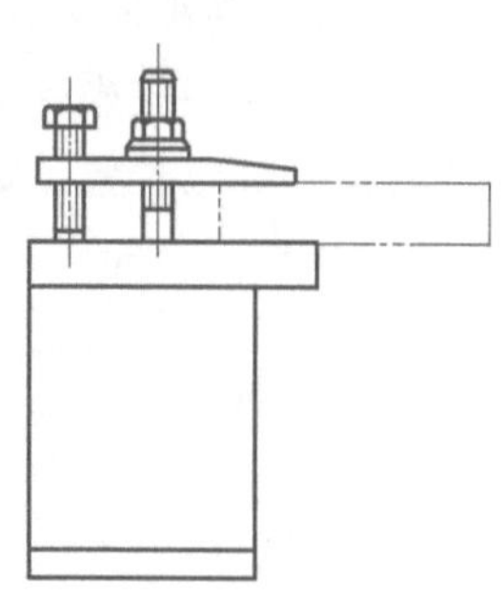

图 9-19　悬臂支承方式

2）两端支承方式。两端支承方式是将工件两端固定在夹具上，如图 9-20 所示。这种方式装夹方便，支承稳定，定位精度高；但不适于小工件的装夹。

3）桥式支承方式。桥式支承方式是在两端支承的夹具上放两块支承垫铁，如图 9-21 所示。此方式通用性强，装夹方便，小型工件也适用。

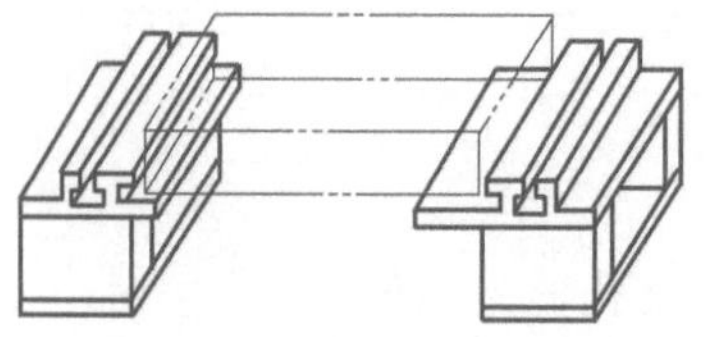

图 9-20　两端支承方式

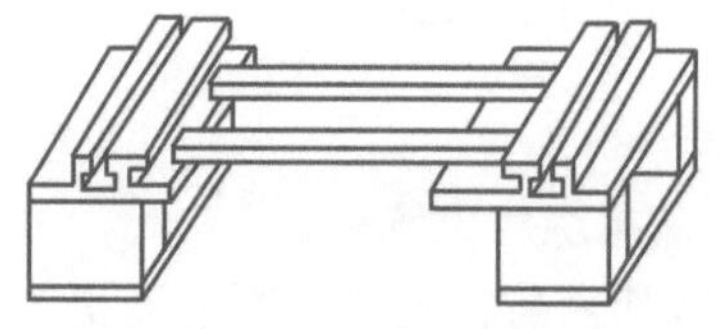

图 9-21　桥式支承方式

4）板式支承方式。板式支承方式是根据常规工件的形状，采用具有矩形或圆形孔的支承板装夹工件，如图 9-22 所示。此方式装夹精度高，适用于常规与批量生产；同时，也可增加纵、横方向的定位基准。

5）复式支承方式。在通用夹具上装夹专用夹具，便成为复式支承方式，如图 9-23 所示。此方式对于批量加工尤为方便，可缩短装夹和找正时间，提高加工效率。

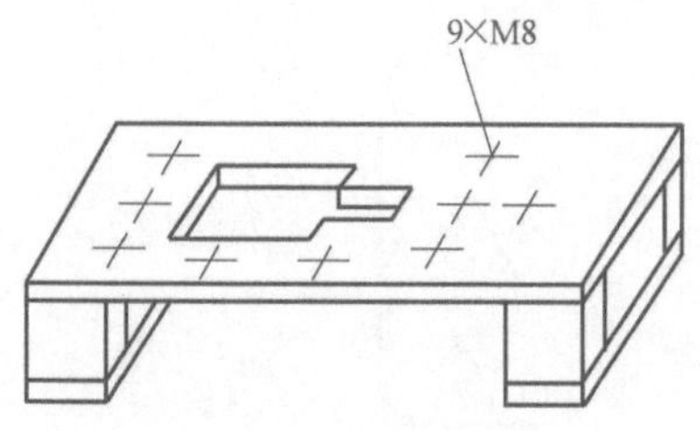

图 9-22　板式支承方式

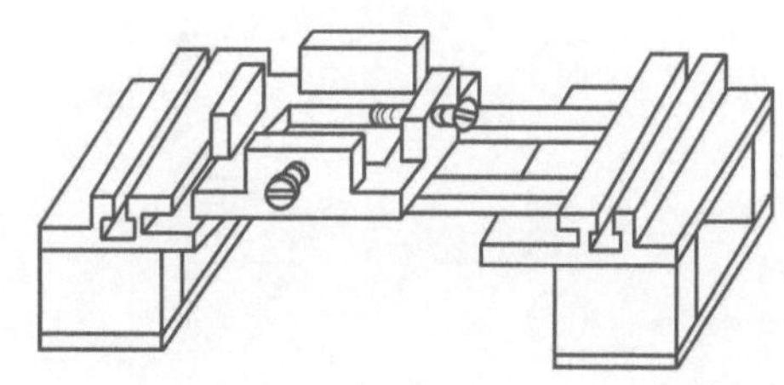

图 9-23　复式支承方式

（3）工件位置的找正方法

1）拉表法。拉表法是利用磁力表架，将指示表固定在丝架或其他固定位置上，指示表头与工件基准面接触，然后往复移动床鞍，按指示表指示数值调整工件。找正应在三个方向上进行，如图 9-24 所示。

2）划线法。工件待切割图形与定位基准之间的相互位置要求不高时，可采用划线法，如图 9-25 所示。将划针固定在丝架上，划针尖指向工件图形的基准线或基准面，纵（或横）向移动床鞍，据目测调整工件进行找正。该法也可以在表面质量较差的基准面找正时使用。

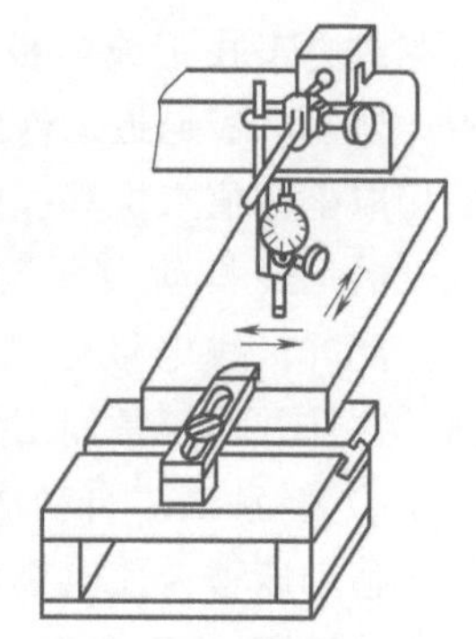

图 9-24　拉表法找正

3）固定基准面靠定法。利用通用或专用夹具纵、横方向的基准面，经过一次找正后，保证基准面与相应坐标方向一致，于是具有相同加工基准面的工件可以直接靠定，就可保证工件的正确加工位置，如图 9-26 所示。

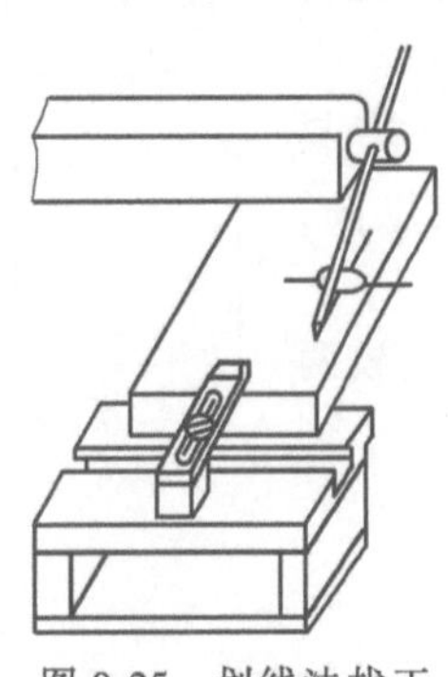
图 9-25 划线法找正

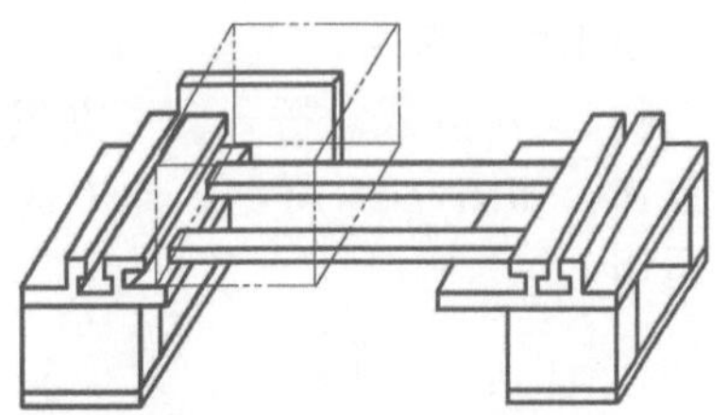
图 9-26 固定基面靠定法找正

2. 线电极的位置校正

在线切割前，应确定线电极相对于工件基准面或基准孔的坐标位置。

1）目视法。对于加工要求较低的工件，在确定线电极与工件有关基准线或基准面的相互位置时，可直接利用目视或借助 2~8 倍的放大镜进行观察。图 9-27 所示为观察基准面找正线电极位置。当线电极与工件基准面初始接触时，记下相应床鞍的坐标值。线电极中心与基准面重合的坐标值，则是记录值减去线电极半径值。

图 9-28 所示为观测基准线找正线电极位置。利用穿丝孔处划出的十字基准线，观测线电极与十字基准线的相对位置，移动床鞍，使线电极中心分别与纵、横方向基准线重合，此时的坐标值就是线电极的中心位置。

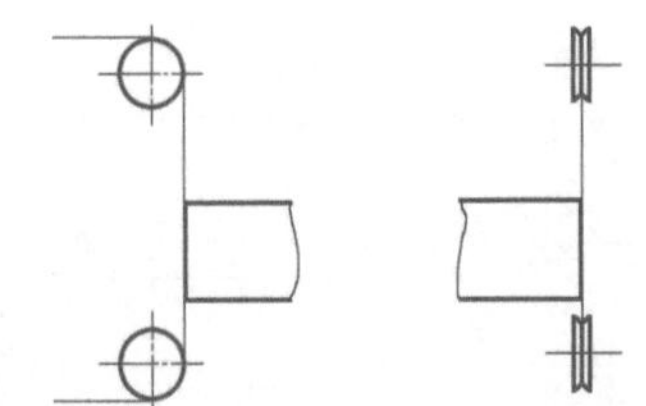
图 9-27 观测基准面找正线电极位置

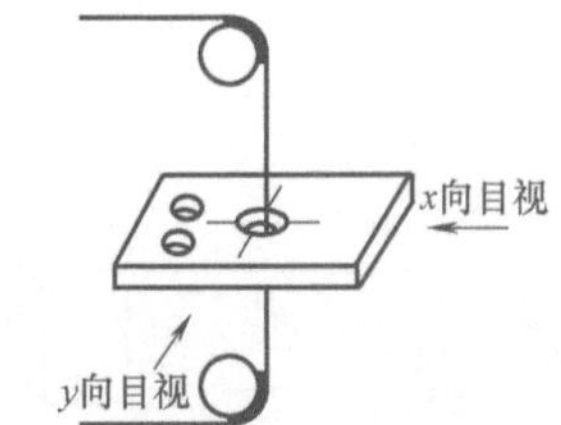

图 9-28 观测基准线找正线电极位置

2）火花法。火花法是利用线电极与工件在一定间隙时发生火花放电来找正线电极的坐标位置的，如图 9-29 所示。移动拖板，使线电极逼近工件的基准面，待开始出现火花时，记下拖板的相应坐标值来推算线电极中心坐标值。此法简便、易行，但线电极的运转抖动会导致误差，放电也会使工件的基准面受到损伤。此外，线电极逐渐逼近基准面时，开始产生脉冲放电的距离，往往并非正常加工条件下线电极与工件间的放电距离。

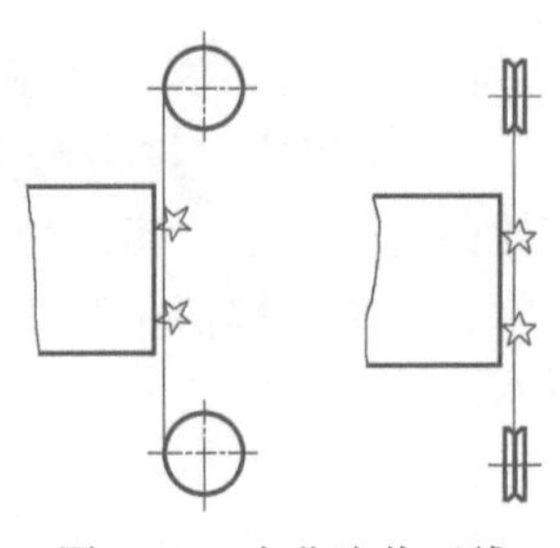
图 9-29 火花法找正线电极位置

3）自动法。自动法用于线电极在孔中心定位。具体方法为：横向移动床鞍，使电极丝与孔壁相接触，记下坐标值 x_1，反向移动床鞍至另一导通点，记下相应坐标值 x_2，将拖板移至两者绝对值之和的一半处，即

$(|x_1|+|x_2|)/2$ 的坐标位置。同理也可得到 y_1 和 y_2，则基准孔中心与线电极中心相重合的坐标值为 $((|x_1|+|x_2|)/2,\ (|y_1|+|y_2|)/2)$。

9.4　超声加工

超声加工是利用工具端面做超声振动，通过磨料悬浮液加工脆硬材料的一种成形方法。加工原理如图 9-30 所示，加工时，在工具 1 和工件 2 之间加入液体（水或煤油等）和磨料混合的悬浮液 3，并使工具以很小的力 F 轻轻压在工件上。超声换能器 6 产生 16000Hz 以上的超声频纵向振动，并借助于变幅杆可把振幅放大到 0.05~0.1mm，进而驱动工具端面做超声振动，迫使工作液中悬浮的磨粒以很大的速度和加速度不断地撞击、抛磨被加工表面，把被加工表面的材料粉碎成很细的微粒，并从工件上打击下来。虽然每次打击下来的材料很少，但由于每秒钟打击的次数多达 16000 次以上，所以仍有一定的加工速度。与此同时，工作液受工具端面超声振动作用而产生的高频、交变的液压正负冲击波产生的“空化”作用，促使工作液钻入被加工材料的微裂纹处，加剧了机械破坏作用。所谓空化作用，是指当工具端面以很大的加速度离开工件表面时，加工间隙内形成负压和局部真空，在工作液体内形成很多微空腔；当工具端面以很大的加速度接近工件表面时，空泡闭合，引起极强的液压冲击波，可以强化加工过程。此外，正负交变的液压冲击也使磨料悬浮液在加工间隙中强迫循环，使变钝了的磨粒及时得到更新。

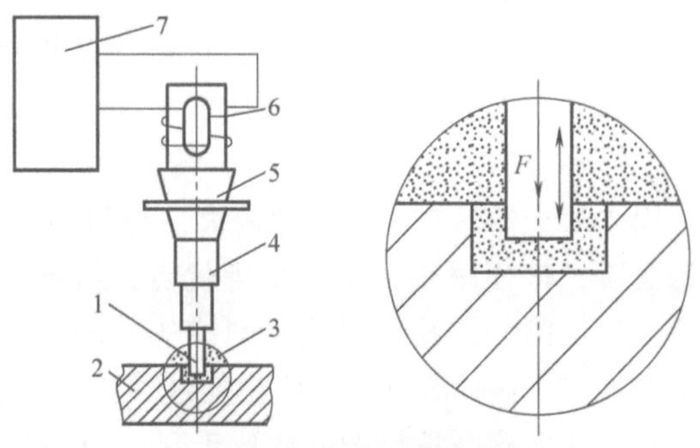

图 9-30　超声加工原理图

1—工具　2—工件　3—磨料悬浮液　4、5—变幅杆

6—超声换能器　7—超声波发生器

超声加工具有以下特点。

1）适合于加工各种脆硬材料，特别是不导电的非金属材料，例如玻璃、陶瓷（氧化铝、氮化硅等）、石英、锗、硅、玛瑙、宝石、金刚石等。对于导电的硬质金属材料，如淬火钢、硬质合金等，也能进行加工，但加工生产率较低。

2）由于工具可用较软的材料做成较复杂的形状，故不需要使工具和工件做比较复杂的相对运动，因此超声加工机床的结构比较简单，只需一个方向轻压进给，操作和维修方便。

3）由于去除加工材料是靠微小磨料瞬时局部的撞击作用，故工件表面的宏观切削力很小，切削应力、切削热很小，不会引起变形及烧伤，表面粗糙度值也较低，可达 $Ra1$ ~ 0.1μm，加工精度可达 0.01~0.02mm，而且可以加工薄壁、窄缝、低刚度零件。

9.5　激光加工

激光与其他光源相比具有很好的相干性、单色性和方向性，通过光学系统可以使它聚焦成一个极小的光斑（直径仅几微米到几十微米），从而获得极高的能量密度。当能量密度极高的激光束照射在被加工表面上时，光能被加工面吸收，并转换成热能，使照射斑点的局部区域材料在千分之几秒甚至更短的时间内迅速被熔化甚至汽化，从而达到材料去除的目的。为了帮助去除物的排除，还需对加工区吹气或吸气，吹氧（加工金属时）或吹保护性气体（CO_2、N_2）等。

激光加工的基本设备包括激光器、电源、光学系统及机械系统四部分，如图 9-31 所示。其中激光器是最主要的器件。激光器按照所用的工作物质种类可分为固体激光器、气体激光器、液体激光器和半导体激光器。激光加工中广泛应用固体激光器（工作物质有红宝石、钕玻璃及掺钕钇铝石榴石 YAG）和气体激光器（工作物质为 CO_2 分子）。

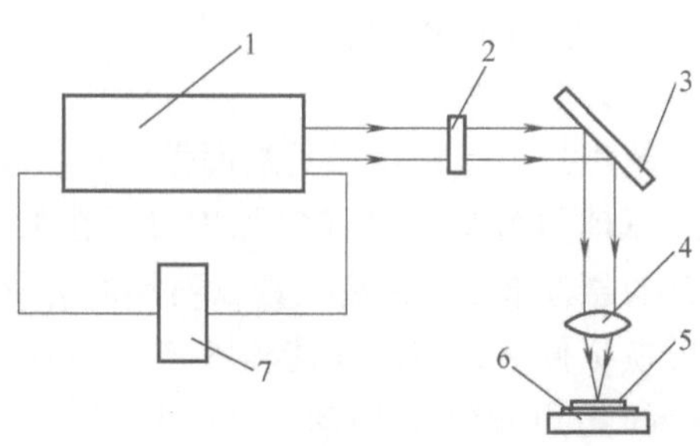

图 9-31　激光加工示意图
1—激光器　2—光圈　3—反射镜　4—聚焦镜　5—工件　6—工作台　7—电源

固体激光器具有输出能量较大，峰值功率高，结构紧凑，牢固耐用，噪声小等优点，因而应用较广，如切割、打孔、焊接、刻线等。随着激光技术的发展，固体激光器的输出能量逐步增大，目前单根 YAG 晶体棒的连续输出能量已达数百瓦，几根棒串联起来可达数千瓦。但固体激光器的能量效率都很低，红宝石激光器为 0.1%~0.3%，钕玻璃激光器为 1%，YAG 激光器为 1%~2%。

CO_2 激光器能量效率高（可达 20%~25%），其工作物质 CO_2 来源丰富，结构简单，造价低廉，且输出功率大，从数瓦到数万瓦，既能连续工作又能脉冲工作。所输出的激光为波长 10.6μm 的红外光，是 YAG 激光器波长的 10 倍，对眼睛的危害比 YAG 激光小。其缺点是体积大，输出的瞬时功率不高，噪声较大。现已广泛用于金属热处理、钢板切割、焊接、金属表面合金化、难加工材料的加工等方面。

激光加工具有以下特点。

1）不需要加工工具，故不存在工具磨损问题，这对高度自动化生产系统非常有利，国外已在柔性制造系统中采用激光加工机床。

2）激光束的功率密度很高，几乎对任何难加工材料（金属和非金属）都可以加工。

3）激光加工是非接触加工，加工中的热变形、热影响区都很小，适用于微细加工。

4）通用性强，同一台激光加工装置可进行多种加工，如打孔、切割、焊接等都可以在同一台机床上进行。

这一新兴的加工技术正在改变着过去的生产方式，使生产率大大提高。随着激光技术与电子计算机数控技术的密切结合，激光加工技术的应用将会得到更快、更广泛的发展，将在生产加工技术中占有越来越重要的地位。

当前激光加工存在的问题是：设备价格高，一次性投资大，更大功率的激光器尚在试验研究阶段，不论是激光器本身的性能质量，还是使用者的操作技术水平都有待进一步的提高。

9.6　水射流切割

水射流切割（Water Jet Cutting，WJC）又称液体喷射加工（Liquid Jet Machining,

LJM)，是利用高压高速水流对工件的冲击作用来去除材料的，有时简称水切割，如图9-32所示。采用水或带有添加剂的水，以500～900m/s的高速冲击工件进行加工或切割，水经水泵后通过增压器增压，储液蓄能器使脉动的液流平稳。水从孔径为0.1～0.5mm的人造蓝宝石喷嘴喷出，直接压射在工件加工部位上。加工深度取决于液压喷射的速度、压力及压射距离。被水流冲刷下来的“切屑”随着液流排出，入口处束流的功率密度可达10^6 W/mm^2。

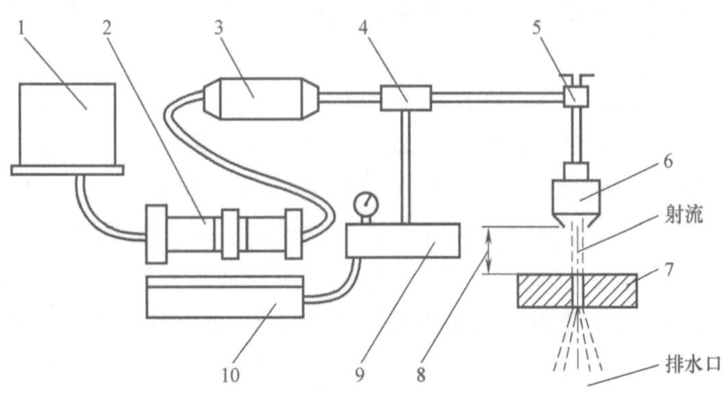

图9-32　水射流切割原理图

1—带有过滤器的水箱　2—水泵　3—储液蓄能器　4—控制器　5—阀　6—蓝宝石喷嘴　7—工件　8—压射距离　9—液压机构　10—增压器

水射流切割可以加工较薄、较软的金属和非金属材料，如铜、铝、铅、塑料、木材、橡胶、纸等材料和制品。

水射流切割可以代替硬质合金切槽刀具，而且切口的质量很好。所加工的材料厚度少则几毫米，多则几百毫米，汽车工业中用水射流来切割石棉制动片、橡胶基地毯、复合材料板、玻璃纤维增强塑料等。在航天工业中用以切割高级复合材料、蜂窝状层板、钛合金元件和印制电路板等。

9.7　智能制造

智能制造（Intelligent Manufacturing，IM）源于人工智能的研究。20世纪80年代以来，人工智能的研究从一般思维规律的探讨，发展到以知识为中心的研究方向，各式各样不同功能不同类型的专家系统纷纷应运而生，出现了“知识工程”新理念，并开始用于制造系统中。

近20年来，随着产品性能的完善化及其结构的复杂化、精细化，以及功能的多样化，产品所包含的设计信息和工艺信息量猛增，生产线和生产设备内部的信息流量随之增加，制造过程和管理工作的信息量也必然剧增，因而促使制造技术发展的热点与前沿，转到提高制造系统对于爆炸性增长的制造信息处理的能力、效率及规模上。

1. 智能制造的含义

智能制造技术是指在制造工业的各个环节，以一种高度柔性和高度集成的方式，通过计算机模拟人类专家的智能活动，进行分析、判断、推理、构思和决策，旨在取代或延伸制造环境中人的部分脑力劳动，并对人类专家的制造智能进行收集、存储、完善、共享、继承与发展的技术。

智能制造系统（IMS）基于智能制造技术，借助计算机综合应用人工智能技术、智能制造设备、材料技术、现代管理技术、制造技术、信息技术、自动化技术和系统工程技术，在国际标准化和互换性的基础上，使得制造系统中的经营决策、生产规划、作业调度、制造加

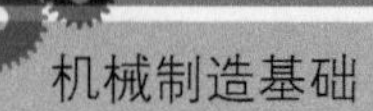

工和质量保证等各子系统分别智能化，成为网络集成的高度自动化的制造系统。

2. 智能制造的特征

智能制造作为一种新的制造模式，能够取代或延伸制造环境中人的部分脑力劳动。与传统的制造系统相比，智能制造系统具有以下特征。

(1) 自组织能力　自组织能力是指智能制造系统中的各种智能设备，能够按照工作任务的要求，自行集结成一种最合适的结构，并按照最优的方式运行。完成任务以后，该结构随即自行解散，以备在下一个任务中集结成新的结构。自组织能力是 IMS 的一个重要标志。

(2) 自律能力　IMS 能根据周围环境和自身作业状况的信息进行监测和处理，并根据处理结果自行调整控制策略，以采用最佳行动方案。这种自律能力使整个制造系统具备抗干扰、自适应和容错等能力。

(3) 自学习能力　IMS 能以原有专家知识为基础，在实践中不断进行学习，完善系统知识库，并删除库中有误的知识，使知识库趋向最优。

(4) 自适应能力　能够随时发现错误或预测错误的发生并改正或预防；系统有应付外界突发事件的能力；能够自动调整自身参数来适应外部环境，使自己始终运行在最佳状态下。

(5) 整个制造环境的智能集成　IMS 在强调各生产环节智能化的同时，更注重整个制造环境的智能集成。这是 IMS 与面向制造过程中的特定环节、特定问题的“智能化孤岛”的根本区别。IMS 涵盖了产品的市场、开发、制造、服务与管理整个过程，把它们集成为一个整体，系统地加以研究，实现整体的智能化。

3. 智能制造的研究内容

(1) 智能制造理论和系统设计技术　智能制造概念提出时间还不长，其理论基础和技术体系还在形成中，它的精确内涵和关键设计技术还需进一步研究。

(2) 智能机器的设计　智能机器是智能制造系统中模拟人类专家活动的工具之一，因此对智能机器的研究在智能制造系统中占重要地位，常用的智能机器包括智能机器人、智能加工中心、智能数控机床和自动引导小车等。

(3) 智能制造单元技术的集成　人们在过去的研究中，以研究人工智能在制造领域的应用为出发点，开发了众多的面向制造过程中特定环节、特定问题的智能单元，形成了一个个“智能化孤岛”，它们是智能制造研究的基础，为使这些“智能化孤岛”面向智能制造，使其成为智能制造的单元技术，必须研究它们在智能制造系统中的集成，并进一步完善和发展这些智能单元。

9.8　绿色制造

工业文明使人类赖以生存的地球遭到了日益严重的破坏，在这种背景下，绿色制造技术应运而生。20 世纪 90 年代，人们提出绿色制造（Green Manufacturing，GM）的概念，绿色制造又称“清洁生产”或“面向环境的制造”。近年来，国际标准化组织提出了关于环境管理的 ISO 14000 系列标准，使绿色制造的研究更加活跃。

1. 绿色制造的内涵

基于生命周期的概念考虑，可以将绿色制造定义为：在不牺牲产品功能、质量和成本的

前提下，系统考虑产品开发制造及其活动对环境的影响，使产品在整个生命周期中对环境的负面影响最小，资源利用率最高，并使企业经济效益和社会效益协调优化。

绿色制造技术是指在保证产品的功能、质量、成本的前提下，综合考虑环境影响和资源效率的现代制造模式。它使产品从设计、制造、使用到报废的整个产品生命周期中不产生环境污染或环境污染最小化，符合环境保护要求，对生态环境无害或危害极少，节约资源和能源，使资源利用率最高，能源消耗最低。

绿色制造技术要求产品从设计、制造、使用一直到产品报废回收的整个生命周期对环境影响最小，资源利用效率最高，也就是说，要在产品整个生命周期内，以系统集成的观点考虑产品环境属性，改变了原来末端处理的环境保护办法，对环境保护从源头抓起，并考虑产品的基本属性，使产品在满足环境目标要求的同时，保证产品应有的基本性能、使用寿命、质量等。

绿色制造涵盖了绿色制造过程和绿色产品两个方面。

绿色制造过程，要求运用节省资源的制造技术、环保型制造技术、再制造技术，即减少制造过程中的资源消耗、避免或减少制造过程对环境的不利影响、加强报废产品的再生与利用。绿色制造过程主要包括以下三个方面的内容。

（1）节省资源的制造技术　减少制造过程中的能源消耗；减少原材料损耗；减少制造过程中的其他消耗，如刀具消耗、液压油消耗、润滑油消耗、冷却液消耗、涂油和包装材料消耗等。

（2）环保型制造技术　杜绝或减少有毒、有害物质的产生；减少粉尘污染与噪声污染；工作环境设计。

（3）再制造技术　再制造技术指产品报废后，对其进行拆卸和清洗，对其中的某些零部件采用表面工程或其他加工技术进行翻新和再装配，使零部件的形状、尺寸和性能得到恢复和再利用。

绿色产品，就是要求产品在全生命周期内做到节能、节省资源、环保、便于回收利用。

2. 绿色制造的战略原则

（1）“不断运用”原则　即将绿色制造技术不断运用到社会生产的全部领域和社会持续发展的整个过程。

（2）预防性原则　即对环境影响因素从末端治理追溯到源头，并采取一切措施最大限度地减少污染物的产生。

（3）一体化原则　即将空气、水、土地等环境因素作为一个整体考虑，避免污染物在不同介质之间进行转移。

3. 绿色制造技术的研究内容

（1）绿色设计技术，即面向环境的设计，指在产品及其生命周期全过程的设计中，充分考虑资源和环境的影响，充分考虑产品的功能、质量、开发周期和成本，优化各有关设计因素，使得产品及其制造过程对环境的总体影响减到最小。

（2）制造企业的物能资源优化技术　制造企业的物能资源消耗不仅涉及人类有限资源的消耗问题，而且物能资源废弃物是当前环境污染的主要源头。因此研究制造系统的物能资源消耗规律，应研究面向环境的产品材料选择；应研究物能资源的优化利用技术，应研究面向产品生命周期和多个生命周期的物流和能源的管理和控制等。

（3）绿色企业资源管理模式和绿色供应链　绿色制造的企业中，企业的经营与生产管理必须考虑资源消耗和环境影响及其相应的资源成本和环保处理成本，以提高企业的经济效益和环境效益，其中绿色制造的整个产品周期的绿色制造资源或企业资源管理模式及其绿色供应链是研究的主要内容。

（4）绿色制造的数据库和知识库　研究绿色制造的数据库和知识库，为绿色设计、绿色材料选择、绿色工艺规划和回收处理方案设计提供数据支持和知识支持。

（5）绿色制造的实施工具和产品　研究绿色制造的支撑软件，包括 CAD 系统、绿色工艺规划系统、绿色制造的决策支撑系统、ISO 14000 国际认证的支撑系统等。

（6）绿色集成制造系统的运行模式　只有从系统集成的角度，才可能真正有效地实施绿色制造。绿色集成制造系统将企业中各项活动中的人、技术、经营管理、物能消耗和生态环境，以及信息流、能量流和资金流有机集成，并实现企业和生态环境的整体优化，达到产品上市快、质量好、成本低、服务好、有利于环境，赢得竞争的目的。绿色集成制造系统的集成运行模式主要涉及绿色设计、产品生命周期及其物流过程、产品生命周期的外延及其相关环境等。

（7）制造系统环境影响评估系统　环境影响评估系统要对产品生命周期中的各个环节的资源消耗和环境影响的情况进行评估，评估的主要内容包括：制造过程中物料资源的消耗状况，制造过程中能源的消耗状况，制造过程对环境的污染状况，产品使用过程对环境的污染状况，产品寿命终结后对环境的污染状况等。

（8）绿色制造的社会化问题研究　绿色制造是一种企业行为，但需要以法律行为和政府行为作为保证和制约，研究绿色制造及其企业管理涉及社会对于环保的要求和相应的政府法规。只有合理制定有关资源优化利用和综合利用、环境保护等方面的法规，才能真正推动绿色制造的实施。

复习思考题

9-1　试比较传统的金属切削加工与特种加工之间的区别。

9-2　试比较电火花加工与电火花线切割加工的异同点。

9-3　电火花加工前需要做哪些找正？

9-4　试述激光加工的特点及应用。

9-5　简述超声加工原理。

9-6　简述电解加工及激光加工的概念并说明其应用范围。

9-7　试比较电子束加工和离子束加工的原理、特点和应用范围。

9-8　什么是水射流切割？有什么优点？

9-9　简述智能制造及绿色制造的含义及意义。

第10章 典型零件加工工艺设计案例分析

教学要求：通过本章的学习，学生应掌握简单轴类、套类及箱体类零件的加工工艺的制订方法；掌握圆柱齿轮加工工艺的编制方法；能够合理安排热处理工序在零件加工工艺路线中的位置。

对典型、中等复杂程度的零件，综合运用前面所学的知识，制订出相对合理的机械加工工艺规程，将有助于更好地理解、掌握机械制造工艺所涉及的相关内容，有助于提高综合分析问题的能力。这里必须指出的是，零件工艺规程的制订千变万化，具体的工艺路径并非只有一条，本章所给出的单件小批量生产中轴、套、齿轮和箱体类零件的工艺规程的编制，仅起一个示范作用。在具体学习和实际应用中，读者应该根据实际工作条件，制订更为切合实际的各零件的工艺规程。

10.1 典型轴类零件加工工艺案例分析

图10-1所示为圆柱齿轮减速器的输出轴，工件材料为45钢，要求调质处理190～230HBW。下面以此为例说明在单件小批量生产中一般轴类零件的机械加工工艺过程。

1. 零件主要技术要求分析

1）ϕ55mm轴颈尺寸公差等级为IT6，为了保证与单列圆锥滚子轴承的配合性质，采用了包容要求，并对圆柱度提出了进一步的要求（0.005mm），表面粗糙度$Ra\leqslant0.8\mu m$，是加工要求最高的部位。

2）中间ϕ58mm处安装从动齿轮，为了保证齿轮的运动精度，除按IT6给出尺寸公差，还规定了对基准轴线$A—B$的径向圆跳动公差（0.025mm），表面粗糙度$Ra\leqslant0.8\mu m$。

3）ϕ60mm处两轴肩都是止推面，对配合件起定位作用，要求保证对基准轴线$A—B$的端面圆跳动公差（0.015mm），表面粗糙度$Ra\leqslant1.6\mu m$。

4）宽度为14mm、16mm的两键槽中心平面分别对ϕ45mm、ϕ58mm外圆轴线规定了对称度公差（0.02mm）。

2. 毛坯的选择

该输出轴外圆直径尺寸相差不大，且属于单件小批量生产，可选热轧圆钢为坯料，根据查表或计算取整，确定加工余量，毛坯直径取ϕ68mm，长度取260mm。

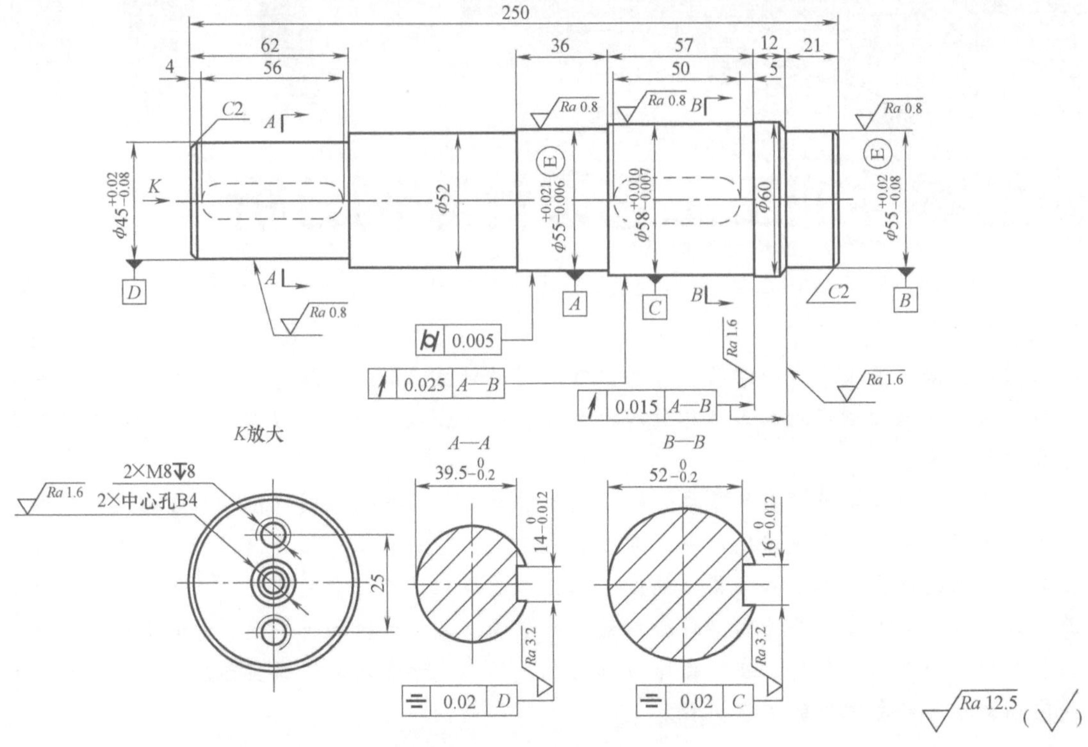

图 10-1 圆柱齿轮减速器输出轴

3. 定位基准的选择

为保证各配合表面的位置精度要求，一般选用两端中心孔为精基准加工各段外圆、轴肩等。为保证定位基准的精度和表面粗糙度，热处理后应修研中心孔。在第一道工序中第一次安装以毛坯外圆为粗基准。

4. 加工方案的选择

除 ϕ60mm、ϕ52mm 两段外圆面采用粗车-半精车的加工方案外，其余四段外圆面的尺寸公差等级均为 IT6，表面粗糙度 *Ra* 值也较小，采用粗车-半精车-粗磨-精磨的加工方案。ϕ60mm 两端轴肩与 ϕ55mm、ϕ58mm 外圆面同时加工，最后需在磨床上用砂轮靠磨，以保证位置精度和表面粗糙度要求。两键槽可在立式铣床上用键槽铣刀加工。左端面 2×M8 的螺孔在台式钻床上钻孔和攻螺纹。

5. 加工顺序的安排

两端中心孔是加工各段外圆面、轴肩的定位基准面，故应先加工。车削外圆面时，粗、精加工分阶段进行，并采用工序集中的原则，粗车和半精车之间安排调质处理，以消除内应力。两键槽和左端面螺孔应在磨削前完成加工。减速器输出轴的机械加工工艺过程见表 10-1。

表 10-1 减速器输出轴的机械加工工艺过程

工序号	工序名称	工序内容	加工简图	设备
1	下料	ϕ68mm×260mm		锯床

（续）

工序号	工序名称	工序内容	加工简图	设备
2	车	①车端面； ②钻中心孔； ③粗车 ϕ67mm 外圆长度至尺寸 100mm； ④粗车 ϕ57mm 外圆长度至尺寸 19mm	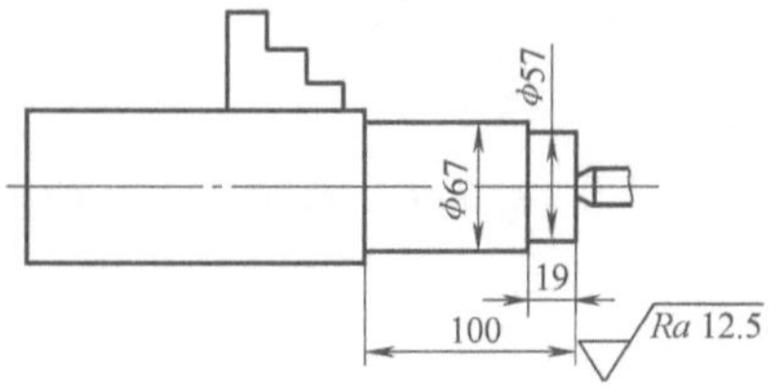	卧式车床
		①车端面长度至尺寸 250mm； ②钻中心孔	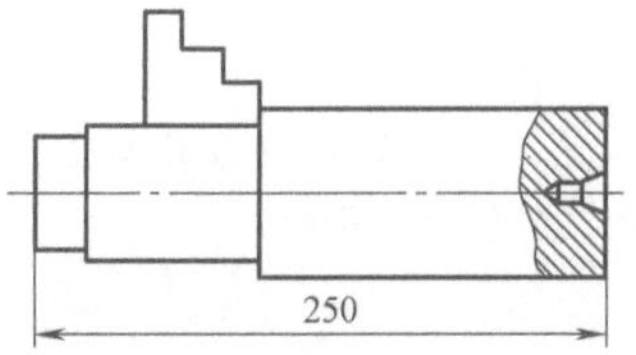	
		①粗车 ϕ60mm 外圆长度至尺寸 220mm； ②粗车 ϕ57mm 外圆长度至尺寸 163mm； ③粗车 ϕ54mm 外圆长度至尺寸 127mm； ④粗车 ϕ47mm 外圆长度至尺寸 60mm	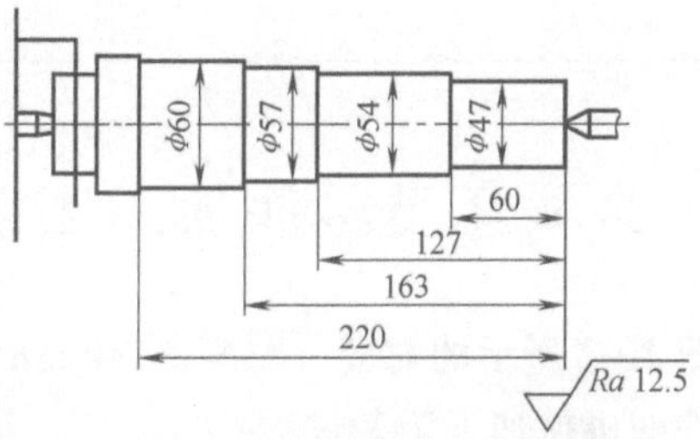	
3	调质	调质热处理 190~230HBW		
4	钳	修研两顶尖孔	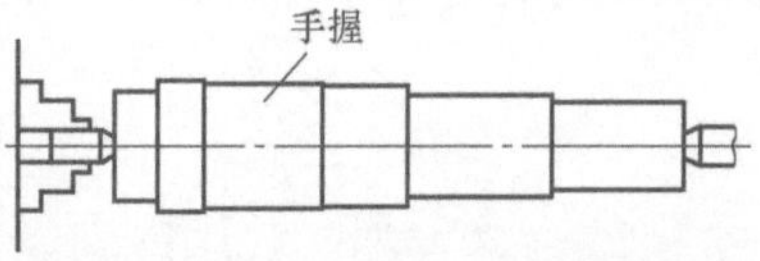	卧式车床
5	车	①半精车 ϕ65mm 至尺寸； ②半精车一端外圆至 $\phi 55.4^{+0.1}_{0}$mm×(20.8±0.1)mm； ③倒角	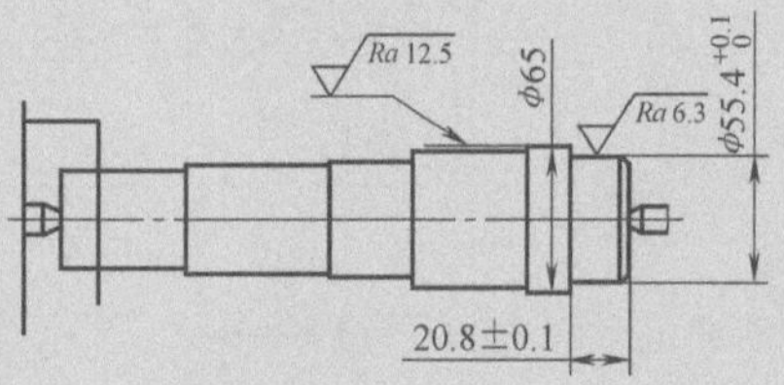	卧式车床
6	划线	划左端面 2×M8 螺孔及两键槽加工线		划线平台
7	铣	粗、精铣两键槽至尺寸		立式铣床
8	钳	钻 2×M8 底孔，攻螺纹		台式钻床

（续）

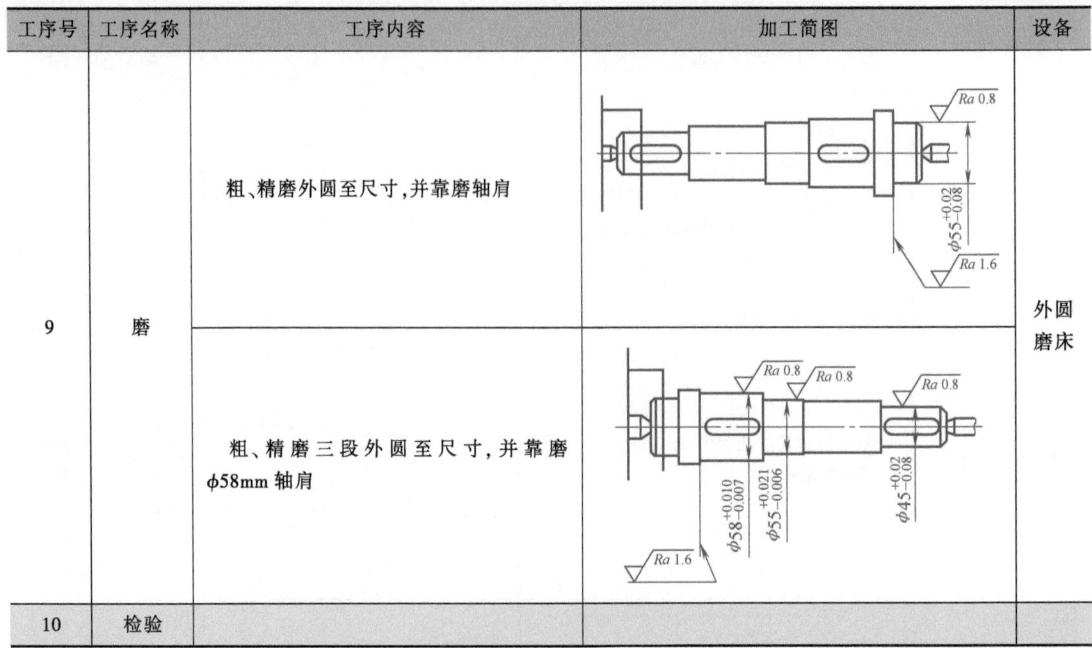

工序号	工序名称	工序内容	加工简图	设备
9	磨	粗、精磨外圆至尺寸，并靠磨轴肩		外圆磨床
		粗、精磨三段外圆至尺寸，并靠磨 ϕ58mm 轴肩		
10	检验			

10.2 典型套类零件加工工艺案例分析

以图 10-2 所示的衬套（材料为 ZCuSn5Pb5Zn5）为例，说明在单件小批量生产中一般的套类零件的机械加工工艺过程。

1. 零件主要技术要求分析

1）ϕ17mm 内孔的尺寸公差等级为 IT7，ϕ28mm 外圆的尺寸公差等级为 IT6，表面粗糙

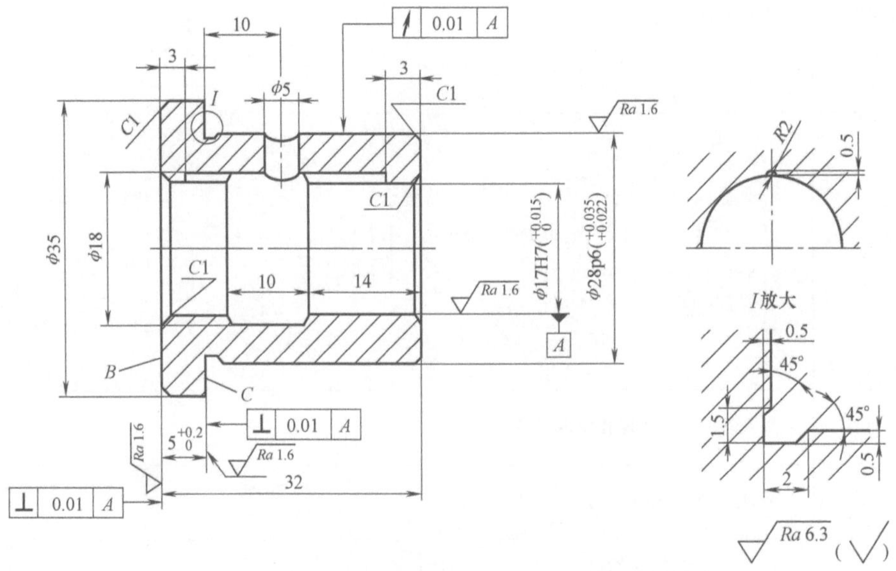

图 10-2　衬套

度 $Ra \leqslant 1.6\mu m$，是衬套的主要加工面。

2）$\phi 28mm$ 外圆对 $\phi 17mm$ 内孔轴线 A 的径向圆跳动公差为 0.01mm，即衬套的内外表面有较高的同轴度要求。

3）端面 B、C 对 $\phi 17mm$ 内孔轴线 A 的垂直度公差为 0.01mm，且端面 B、C 的表面粗糙度 $Ra \leqslant 1.6\mu m$，因为端面 B、C 为装配面，故端面和 $\phi 17mm$ 内孔轴线要垂直。

2. 毛坯的选择

衬套材料为 ZCuSn5Pb5Zn5，内外圆直径相差不大，毛坯选用棒料。

3. 定位基准的选择

选用外圆作粗基准。精基准的选择主要是如何保证内外圆的同轴度要求，精车外圆时以内孔为定位基准，内孔安装在锥度心轴上，用两顶尖装夹。这样，定位基准和设计基准一致，容易保证图样规定的位置精度要求。

4. 加工方案的选择

考虑到工件材料性质、生产类型等因素，$\phi 28mm$ 外圆面、端面 C 采用粗车-精车的加工方案；$\phi 35mm$ 外圆一次车削就能达到要求；$\phi 17mm$ 内孔采用钻-扩-铰的加工方案；$\phi 18mm \times 10mm$ 内沟槽则用车削加工，$\phi 5mm$ 小孔在立式钻床上划线找正后加工。

5. 加工顺序的安排

套类零件加工的主要工艺问题是保证各表面间位置精度和防止薄壁件的变形。主要表面加工分在几次安装中进行，先粗加工外圆面并精加工孔，然后以内孔为精基准最后精加工外圆面，而其他的外圆面、内孔和端面加工也在此同时完成。铜的热膨胀系数比钢大，为减少热变形引起的误差，在粗、精加工之间应使工件充分冷却，合理使用切削液。衬套的机械加工工艺过程见表 10-2。

表 10-2　衬套的机械加工工艺过程

工序号	工序名称	工序内容	加工简图	设备
1	车	①车端面； ②车外圆 $\phi 35mm$ 至尺寸； ③粗车外圆 $\phi 28p6$ 至 $\phi 28.5^{+0.3}_{0}mm$，长度尺寸 $27^{-0.4}_{-0.5}mm$； ④车沟槽； ⑤倒角 $C1$； ⑥切断，长度为 32.5mm	C1 $\phi 35$ $\phi 28.5^{+0.3}_{0}$ $27^{-0.4}_{-0.5}$ 32.5 Ra 6.3	卧式车床
2	车	①车端面 B 长度至尺寸 32mm； ②钻孔 $\phi 15.5mm$； ③车孔 $\phi 16.8^{+0.3}_{0}mm$； ④车内沟槽 $\phi 18mm \times 10mm$ 至尺寸； ⑤铰孔 $\phi 17H7$ 至尺寸； ⑥车拉油槽 $R2mm$ 至深度尺寸 0.5mm； ⑦倒角 $C1$	C1 0.5 C1 C1 $\phi 28.5^{+0.3}_{0}$ 14 10 Ra 1.6 $\phi 17H7$ $\phi 18$ B 32 Ra 1.6 Ra 6.3 (√)	卧式车床

（续）

工序号	工序名称	工序内容	加工简图	设备
3	车	①车外圆 ϕ28p6 至尺寸； ②精车端面 C 至尺寸 $5^{+0.2}_{0}$mm； ③倒角 $C1$	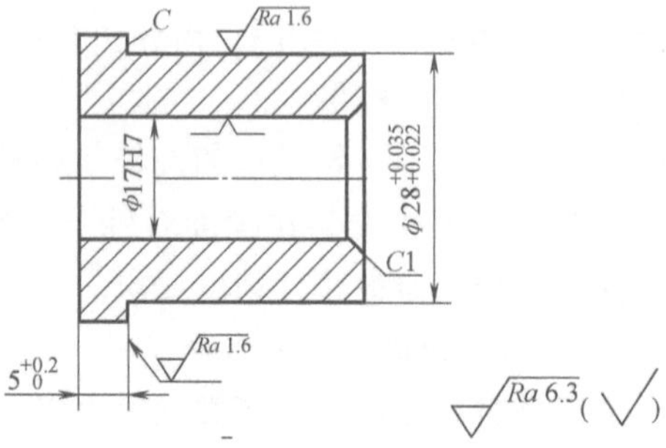	卧式车床
4	钳	①划孔 ϕ5mm 尺寸线； ②钻孔 ϕ5mm 至尺寸； ③修毛刺	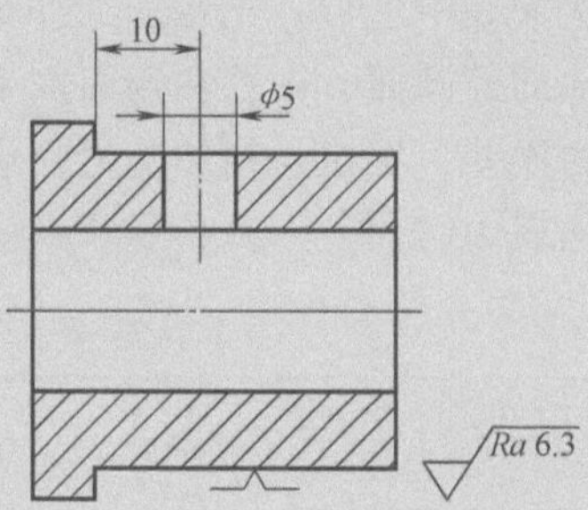	立式钻床
5	检验			

10.3 典型箱体类零件加工工艺案例分析

现以图 10-3 所示两级圆柱齿轮减速器箱体的加工为例，说明在单件小批量生产中，一般箱体零件的机械加工工艺过程。为了便于制造和装配，减速器的结构是分离式的，箱体通常由箱盖和底座两部分组成，分别进行划线、加工，然后对装合成一个整体的箱体。

1. 零件主要技术要求分析

分离式减速器箱体的主要技术要求如下。

1）底座的底面与对合面的平行度公差为 0.5mm/ 1000mm，对合面的表面粗糙度 $Ra \leqslant$ 1.6μm，对合面的接合间隙不大于 0.03mm。

2）轴承孔的尺寸公差等级为 IT7，表面粗糙度 $Ra \leqslant 1.6$μm，圆柱度公差不大于孔径公

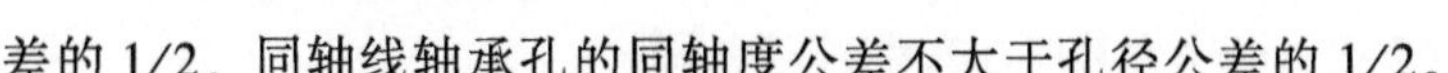

差的 1/2，同轴线轴承孔的同轴度公差不大于孔径公差的 1/2。

3）轴承孔轴线间距离公差要求分别为（200±0.05）mm 和（150±0.045）mm，平行度公差应根据箱体内齿轮的轴线平行度公差来换算。

减速器箱体的主要加工表面有：主要平面（底座的底面和对合面、箱盖的对合面和顶部方孔面、轴孔的端面等）、主要孔（ϕ170H7、ϕ130H7、ϕ110H7 轴承孔及孔内环槽等）、其他加工部分（连接孔、螺孔、销孔、油标孔以及孔的凸台面等）。

2. 毛坯的选择

箱体零件的毛坯通常采用铸铁件，因为灰铸铁具有较好的耐磨性、减振性以及良好的铸造性能和切削性能，价格也较便宜。

3. 定位基准的选择

箱体零件在单件小批量生产时常以装配面为精基准，这样符合基准重合的原则，在实际加工中还以底座的底面为精基准加工各轴承孔。而粗基准一般选择非加工面，采用划线找正法安装。另外，箱体的体积、质量较大，应尽量减少工件的运输和装夹次数。为了便于保证各加工表面的位置精度，应在一次装夹中尽量多加工一些表面。

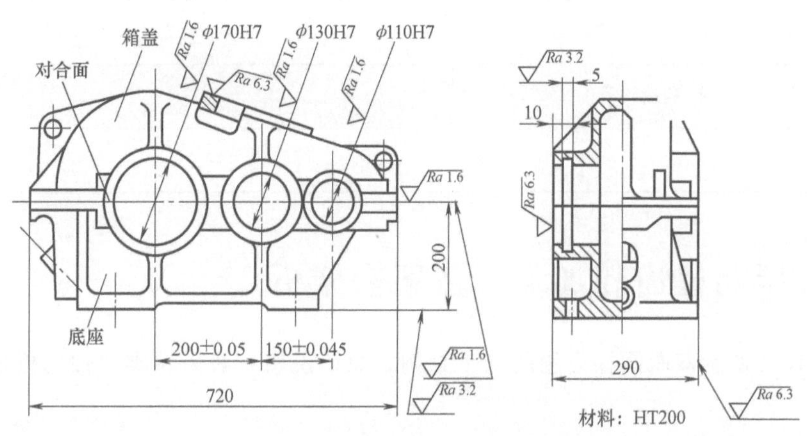

图 10-3　两级圆柱齿轮减速器箱体

4. 加工方案的选择

轴承孔通常采用卧式镗床镗削，其端面可以同时加工出来，也可在铣床或刨床上加工。对合面及底面等主要平面的粗、精加工，通常在龙门刨床或龙门铣床上完成，小型箱体也可用牛头刨床刨削。连接孔、螺孔、销孔等的加工，选择在摇臂钻床上钻孔及攻螺纹。

5. 加工顺序的安排

整个加工过程分为两大阶段，即先对箱盖和底座分别进行加工，然后对装合好后的箱体进行加工。前一阶段主要完成平面和紧固孔加工，后一阶段主要加工完整的轴承孔及其端面。在两个阶段之间安排钳工工序，进行合箱，完成定位销孔的加工等。安排箱体工艺，应遵循先面后孔的原则，对分离式减速器箱体还应遵循组装后镗孔的原则。此外，镗轴承孔时，必须以底座的底面为定位基准，所以底座的底面应先加工。对于平面加工的顺序，应先加工对合面，再加工其他平面。

减速器箱体的机械加工工艺过程见表 10-3。

表 10-3　减速器箱体的机械加工工艺过程

工序号	工序名称	工序内容	设备
1	划线	底座:划对合面、底面、轴承孔两端面加工线 箱盖:划对合面、方孔端面、轴承孔两端面加工线	划线平台
2	刨	底座:粗、精刨对合面、底面、轴承孔两端面 箱盖:粗、精刨对合面、方孔端面、轴承孔两端面	龙门刨床
3	划线	底座:划底面各连接孔、油塞孔、油标孔加工线 箱盖:划各连接孔、销孔、螺孔、吊装孔加工线	划线平台
4	钻	底座:钻底面各连接孔、油塞底孔、油标孔,各孔端锪平。将箱盖和底座合在一起,按箱盖对合面上已钻的连接孔钻底座对合面上的连接孔,并锪平 箱盖:钻各连接孔、销孔、螺孔的底孔、吊装孔	摇臂钻床
5	钳	①对底座、箱盖各螺孔攻螺纹;②底座和箱盖合箱	摇臂钻床
6	钻	钻、铰销孔,打入定位销	摇臂钻床
7	划	划轴承孔加工线	划线平台
8	镗	粗、精镗轴承孔	镗床
9	检验		

10.4　典型圆柱齿轮加工工艺案例分析

现以图 10-4 所示双联圆柱齿轮的加工为例，简单说明一般齿轮类零件的机械加工工艺过程。

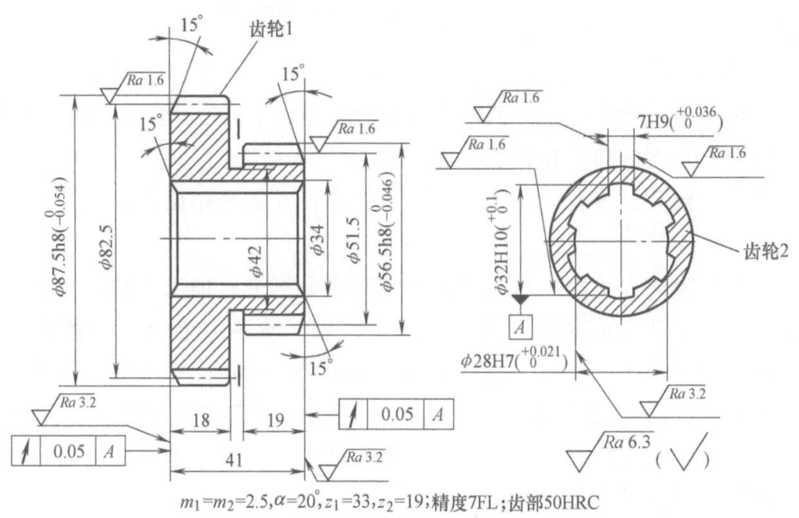

图 10-4　双联圆柱齿轮

1. 零件主要技术要求分析

图 10-4 所示的双联圆柱齿轮 1、2 轮缘间的轴向尺寸为 4mm，距离较小，齿轮 2 齿形的加工方法选择受到限制，通常只能选择插齿。

齿轮精度等级为 7 级。两侧端面与轴线有垂直度要求，表面粗糙度为 $Ra3.2\mu m$。

两端孔口 $\phi 34mm$ 成 15°倒角，必须在粗加工中车至尺寸，并应考虑精车余量。否则，工件套在花键心轴上后，精车端面时会将心轴车坏，或端面车不平；因花键孔在拉削时定位基准是浮动的，无法保证孔与外圆的同轴度，因此车削齿坯时，先粗车齿坯各外圆和端面，各留精车余量 1~2mm，待拉削花键孔后，套上花键心轴再精车各部分至尺寸，以保证孔与外圆的同轴度，以及孔与端面的垂直度。

齿形加工时，以花键孔定位于心轴上。

2. 毛坯的选择和加工

材料为 40Cr；毛坯为锻件。

齿面加工前的齿坯加工，在整个齿轮加工工艺过程中占有很重要的地位，因为齿面加工和检测所用的基准必须在此阶段加工出来；无论从提高生产率，还是从保证齿轮的加工质量角度考虑，都必须重视齿坯的加工。

齿坯加工中，应保证齿轮内孔、端面的精度基本达到规定的技术要求，因为这些表面常常作为定位基准，它们的精度影响齿轮的加工精度。对于齿轮上除齿形以外的次要表面的加工，也应尽可能在齿坯加工的过程中完成。

3. 定位基准的选择

齿轮定位基准的选择，常因齿轮的结构形状不同而有所差异。

带轴齿轮主要采用顶尖定位，轴上孔径大时则采用锥堵。顶尖定位的精度高，且能做到基准统一。

带孔齿轮在加工齿面时常采用以下两种定位、夹紧方式。

(1) 以内孔和端面定位　即以工件内孔和端面联合定位，确定齿轮的中心和轴向位置，并采用面向定位端面的夹紧方式。这种方式可使定位基准、设计基准、装配基准和测量基准重合，定位精度高，生产率高，适于批量生产。但对夹具的制造精度要求较高。

(2) 以外圆和端面定位　工件和夹具心轴的配合间隙较大，用千分表找正外圆以决定中心的位置，并以端面定位；从另一端面夹紧。这种方式因每个工件都要找正，所以生产率低；且对齿坯的内、外圆同轴度要求高，而对夹具精度要求不高，适于单件、小批量生产。

4. 加工方案的选择

齿轮加工的工艺路线主要应根据齿轮材料、热处理方式、齿轮结构及尺寸、精度要求和生产批量等条件确定。

一般工艺路线如下：

毛坯制造—毛坯热处理—齿坯加工—齿形加工—齿面热处理—齿轮定位面精加工—齿面的精整加工。

圆柱齿轮典型加工工艺方案如下。

(1) 拉孔方案（大批大量生产）　调质—车端面、钻孔、扩孔—拉孔—粗、精车另一端面和外圆—滚齿或插齿—热处理—齿形精整加工—以齿形定位磨内孔。

（2）车孔方案　车端面、钻孔、粗车内孔—以孔定位粗车另一端面及外圆—调质—以外圆定位半精车、精车端面和内孔—以孔定位精车另一端面和外圆—滚齿或插齿—热处理—齿形精整加工—磨内孔。有的方案最后一次热处理采用高频淬火，此时就不需齿形精整加工，也不需磨削内圆。

5．加工顺序的安排

加工工艺路线的拟订，双联圆柱齿轮的参考加工工艺过程见表 10-4。

表 10-4　双联圆柱齿轮加工工艺过程

工序号	工序名称	工 序 内 容	设备
1	锻	锻造并退火，检查	模锻锤
2	热处理	调质（250HBW），检查	
3	车	自定心卡盘夹 ϕ87.5h8 毛坯外圆，找正 车端面；粗车外圆 ϕ56.5h8 至 ϕ57.5mm，粗车沟槽至 ϕ43mm×3mm，尺寸 19mm 车至 19.5mm；倒角	卧式车床
4	车	自定心卡盘夹 ϕ56.5h8 粗车后的外圆表面 车端面，尺寸 41mm 车至 42mm，粗车外圆 ϕ87.5h8 至 ϕ88.5mm，钻孔至 ϕ27mm，车孔至 ϕ27.80mm，铰孔 ϕ28H7 至尺寸；两端孔口 ϕ34mm 成 15°倒角；检查	卧式车床
5	拉	拉花键孔 6mm×28mm×32mm×7mm 至尺寸，检查	拉床
6	车	套花键心轴，装夹于两顶尖间 车外圆 $\phi 87.5h8(^{\ 0}_{-0.054})$ 至尺寸；车外圆 $\phi 56.5h8(^{\ 0}_{-0.046})$ 至尺寸；车两端面至尺寸 41mm；车沟槽 ϕ42mm 至尺寸，保持尺寸 18mm、19mm；齿部倒角；检查	卧式车床
7	插齿	工件以花键孔定位于心轴上，找正心轴 按图样要求插齿 $z_1=33$、$z_2=19$，检查	插齿机
8	倒角	工件以花键孔定位于心轴上，找正 按图样要求齿部倒角	齿轮倒角机
9	热处理	高频感应淬火，齿部淬硬（50HRC），检查	
10	珩齿	工件以花键孔定位于花键心轴上。珩齿 $z_1=33$、$z_2=19$ 至尺寸，检查	齿轮珩磨机
11	钳	去毛刺，清洗，涂防锈油，入库	

复习思考题

10-1　加工轴类零件时，常以什么作为统一的精基准？为什么？

10-2　如何保证套类零件外圆面、内孔及端面的位置精度？

10-3　安排箱体类零件的加工工艺时，为什么一般要依据“先面后孔”的原则？

10-4　制订图 10-5 所示零件在单件小批量生产条件下的机械加工工艺过程。

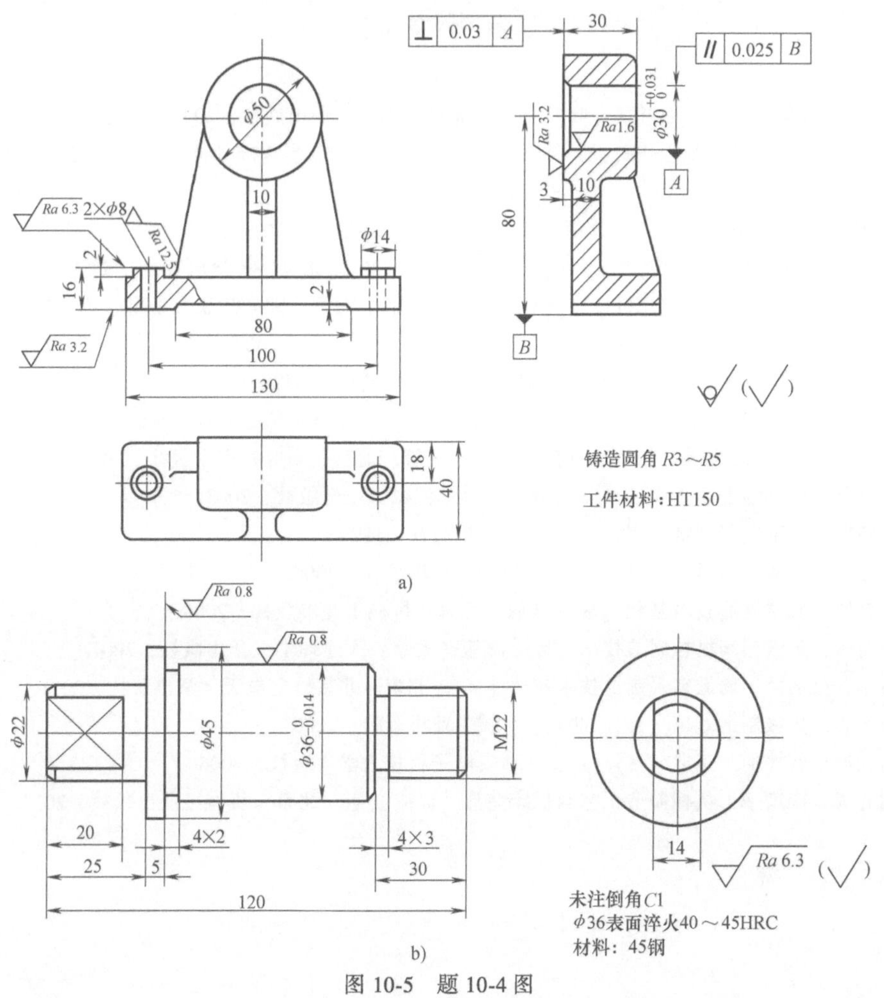

图 10-5　题 10-4 图

参 考 文 献

[1] 王运炎，朱莉. 机械工程材料 [M]. 3 版. 北京：机械工业出版社，2009.

[2] 侯书林，朱海. 机械制造基础：上册 工程材料及热加工工艺基础 [M]. 2 版. 北京：北京大学出版社，2011.

[3] 孙学强. 机械制造基础 [M]. 3 版. 北京：机械工业出版社，2016.

[4] 全国科学技术名词审定委员会. 机械工程名词：二 [M]. 北京：科学出版社，2003.

[5] 涂序斌，高宗华，蔡天作. 机械制造基础 [M]. 2 版. 北京：北京理工大学出版社，2012.

[6] 张建华. 精密与特种加工技术 [M]. 北京：机械工业出版社，2003.

[7] 京玉海. 机械制造技术基础 [M]. 重庆：重庆大学出版社，2005.

[8] 吕明. 机械制造技术基础 [M]. 2 版. 武汉：武汉理工大学出版社，2010.

[9] 张力真，徐允长. 金属工艺学实习教材 [M]. 3 版. 北京：高等教育出版社，2001.

[10] 李云程. 模具制造工艺学 [M]. 2 版. 北京：机械工业出版社，2008.

[11] 沈剑标. 金工实习 [M]. 北京：机械工业出版社，1999.

[12] 恽达明. 金属切削机床 [M]. 北京：机械工业出版社，2005.

[13] 卢秉恒. 机械制造技术基础 [M]. 3 版. 北京：机械工业出版社，2008.

[14] 鲁昌国，黄宏伟. 机械制造技术 [M]. 2 版. 大连：大连理工大学出版社，2007.

[15] 易军，梁洁萍，周敬东. 制造技术基础 [M]. 北京：北京航空航天大学出版社，2011.

[16] 张辛喜. 机械制造基础 [M]. 北京：机械工业出版社，2009.

[17] 赵长旭. 数控加工工艺 [M]. 西安：西安电子科技大学出版社，2006.

[18] 刘守勇，李增平. 机械制造工艺与机床夹具 [M]. 3 版. 北京：机械工业出版社，2013.